国家科学技术学术著作出版基金资助出版

相变热-动力学

刘 峰 黄林科 著

科 学 出 版 社

北 京

内 容 简 介

在我国制造业从数量扩张向质量提高转型的历史时期，对成分/工艺-组织-性能的精确定量理解成为金属材料科学与工程领域亟待解决的共性、基础性难题。本书立足于热力学和动力学，总结材料学和材料加工学中贯通成分/工艺-组织-性能的共性理论或规律，旨在用非平衡态热力学实现“将热力学应用于非平衡动力学过程”的目标。通过阐明热-动力学多样性、热-动力学相关性和热-动力学贯通性，解决贯通材料学与材料加工学的重大基础性难题——基于整体加工过程的微观组织预测和面向目标组织与性能的加工工艺设计。

本书可供金属材料加工与强韧化设计领域的科研、教学和工程技术人员阅读，也可作为材料科学及相关专业师生的参考书。

图书在版编目(CIP)数据

相变热-动力学/刘峰，黄林科著. —北京：科学出版社，2023.11

ISBN 978-7-03-074522-4

Ⅰ. ①相… Ⅱ. ①刘… ②黄… Ⅲ. ①相变-热力学-动力学 Ⅳ. ①O414

中国版本图书馆 CIP 数据核字(2022)第 252842 号

责任编辑：祝 洁／责任校对：崔向琳

责任印制：师艳茹／封面设计：陈 敬

科学出版社 出版

北京东黄城根北街 16 号

邮政编码：100717

http://www.sciencep.com

北京建宏印刷有限公司印刷

科学出版社发行　各地新华书店经销

*

2023 年 11 月第 一 版　开本：720×1000 1/16

2024 年 1 月第二次印刷　印张：14 3/4　插页：2

字数：300 000

定价：198.00 元

(如有印装质量问题，我社负责调换)

序

精确定量理解金属材料科学与工程领域中成分/工艺–组织–性能的关系已成为一个迫切需要解决的基础性难题。成分和工艺决定组织，而组织决定性能，已成为贯通材料学和材料加工学的共识，由此新工艺和新理论不断涌现。热力学和动力学领域颇具代表性的工作包括通过成分及工艺设计提升性能，面向关键组织与性能的成分和工艺设计，组织性能关联及强韧化机理研究。上述代表性工作给本领域带来发展和成绩，但无法解释上述共识背后科学与工程的偏离，即科学界专注于某种组织为何能提升力学性能，但忽视该组织的生产工艺过程；工业界专注于得到优异性能的成分和工艺，但忽视微观组织的强韧化机理。这种结果直接导致业界很难实现材料设计的定量化，也表明当前缺少能够贯通成分/工艺–组织–性能的普遍理论或规律。

可见，工业界关注目标材料的成分和制备工艺，而科学界关注某种组织为何有优异的性能。这种看似平常的差异，其实不平常。科学界关注新发现、新材料、高性能，但忽视如何得到；工业界关注设法得到目标组织，但忽视目标组织具备目标性能的微观机理。

能否统一科学与工程？

统一的道路很多，业界为此付出巨大的努力，很多耳熟能详的工作其实归属于统一的范畴，如某种组织针对某种性能提高，于是加工过程中尤其注意改善形成该组织的工艺等。这些方法多种多样，但大都不成体系，不够定量，过于就事论事。事实上，成分和工艺涉及相变和变形，从热力学和动力学而言，相变和变形可以统一为：热力学驱动力驱动下的动力学行为，前者是原子扩散或原子的整体位移，后者是原子在层面间的几个原子间距或小于一个原子间距的切变。只有从热力学和动力学出发，才有可能发现材料学和材料加工学中贯通成分/工艺–组织–性能的普遍理论或规律。

该书作者刘峰教授是西北工业大学凝固技术国家重点实验室的骨干学科带头人，二十余年来，专注于凝固与相变热力学和动力学的基础理论研究工作，成果丰厚。作者将近年来取得的成果，结合业界的发展，整理撰写成书，这对于相关的学术界和教育界，都是一件好事。正如该书所言，通过相变热–动力学阐明热–动力学多样性、热–动力学相关性和热–动力学贯通性，旨在解决贯通材料学与材料加工学的重大基础性难题：基于整体加工过程的微观组织预测和面向目标组织与性能的加工工艺设计。

蒋青　吉林大学
2022 年 10 月 12 日

前　言

在通常接触的相变中，热力学驱动力提供相变的方向和动力，相变能否发生也受控于原子跃迁穿过界面所需要克服的动力学能垒。因此，相变中存在热力学驱动力和动力学能垒的配合与博弈，只有两者均得到满足时，相变才会发生。根据本书作者提出的热力学驱动力与动力学能垒之间的定量关联，即热–动力学相关性可知，热力学驱动力的变化会引起动力学能垒的改变，两者间存在一定的函数关系。如何理解、发现并证明该函数关系是非常具有挑战性的课题，同时也说明其意义重大。如果可以在人文社会中找到同该科学理论相呼应的事实或现象，对理解上述关系无疑是莫大的支持。

立足于热力学和动力学研究相变，究其根本，在于追求科学的朴实和普适性。从人文社会中捕捉科学道理，将科学道理用于解释人文社会，这就是科学与人文的统一。人们做事情的激情对应于相变发生所需的热力学驱动力。激情高涨说明做事情的决心和信心很大，不需要动员便能众志成城。激情对应于热力学驱动力，说明这是一个状态量，取决于已经具备的条件，并体现出主体的主观意志。同理，人们做事情需要解决的困难对应于相变发生所需克服的动力学能垒。激情高涨但困难解决不了，事情还是做不成。困难对应于动力学能垒，说明这是一个过程量，它取决于事情发生的具体途径，并体现出客观条件的即时变化。激情与困难的博弈体现出事情发展过程中的本征规律，可以总结为激情高，做事情遇到的困难就会相对减少。看似形而上学，实则有其科学道理。例如，说某人雷厉风行，指的是他做事有激情，那么行事过程中相对难度就小，干得就快；说某人拖沓磨叽，指的是他做事没有激情，那么行事过程中相对难度就大，干得就慢。大家同仇敌忾，那么人心涣散可能带来的困难就会消失。“人心齐，泰山移”说的就是这个道理。我国“两弹一星”的实现是该科学规律人文精华的至高体现。

从激情与困难的逻辑关系中，可以引申出热力学驱动力与动力学能垒的相关性，即在相变过程中，热力学驱动力的提高总是对应动力学能垒的降低，反之亦然。大量的实验及理论结果均表明，在体系演化中，随热力学驱动力增大 (减小)，体系转变的动力学能垒减小 (增大)，反之亦然。非平衡凝固中，随过冷度 (热力学驱动力) 提高，凝固速率增大，溶质扩散 (动力学能垒较大) 被抑制而热扩散 (动力学能垒较小) 逐渐占据主导。凝固过程的有效动力学能垒随热力学驱动力提高而逐渐降低。固态相变过程中存在界面控制和体积扩散控制的竞争。例如，在 Fe-C

合金的奥氏体 (γ) → 铁素体 (α) 相变中，随冷速增大，热力学驱动力提高，相变由动力学能垒较大的体积扩散控制逐渐转变为能垒较小的界面控制。

金属热加工通过相变决定材料的最终组织和性能。随着非平衡技术的快速发展，热加工工艺趋于极端化和多样化，控制相变的热力学与动力学机制从简单近平衡条件下的相对独立转变为复杂远平衡条件下的高度关联。基于热–动力学独立处理的传统理论，已无法应对上述相变涉及的机理描述、组织预测和过程控制，这已成为高端制造业迫切需要解决的关键问题，也给金属材料非平衡相变研究带来挑战和机遇。热力学体现相变的驱动力，从而促进相变发生，动力学虽然表现为相变速率，但由于受控于动力学能垒而实际体现相变的阻力。正是驱动力和阻力的各自变化，以及两者间的协调，才使相变路径、相变产物及其形态发生千变万化。但是，热力学驱动力和动力学能垒的各自变化，热力学驱动力和动力学能垒之间及其同微观组织间的理论关联，以及热力学驱动力、动力学能垒同力学性能的理论关联，始终悬而未决。本书把上述三个问题定义为热–动力学的多样性、相关性和贯通性。

相变热–动力学通过阐明热–动力学多样性、相关性和贯通性，解决一个材料学科基础性难题：如何基于整体加工过程预测微观组织并设计出面向目标组织及性能的加工工艺。材料加工调控组织，进而决定随后的变形机理和力学性能；以微观组织为纽带，如果可以得到材料加工涉及相变的热力学和动力学同微观组织及其力学性能 (或变形机理) 之间的关联，那么便可以对成分和加工工艺进行有针对性的设计，即通过相变调控从而更大程度提高材料力学性能。

纵览世界科学史，可以感知，在自然科学上已经获益但尚不知缘由时，我们在人文生活中往往早已轻车熟路，游刃有余。生活中处理激情与困难间的关系并使之和谐，从而保证事情圆满完成，这是再普通不过的家常。然而，如何发现热力学驱动力与动力学能垒的关系并使之协调，从而控制相变的发生与发展，则刚被提出。这就是科学规律的魅力，尽管人类早已经从该规律获益，其原理却不得而知。提出能够贯通成分/工艺–组织–性能的普遍理论或规律，对当前的学术界依旧是巨大的难题。正是在对自然界敬畏和对自然规律渴求的执着心态下，本书试图总结材料学和材料加工学中的一些共性基础问题，以飨读者。

本书共 6 章，具体写作分工如下：第 1、6 章由刘峰撰写，第 2 章由刘峰和王慷撰写，第 3 章由刘峰和王天乐撰写，第 4 章由刘峰和张玉兵撰写，第 5 章由刘峰和黄林科撰写。本书图表由黄林科、张玉兵、王天乐、吴盼、张宇、刘海钰、张诗佳等修改。

本书相关研究工作得到了国家杰出青年科学基金项目 (51125002)、国家自然科学基金重点项目和重大项目 (52130110，51431008，51790481)，科技部“973”计划项目 (2011CB610403)、国家重点研发计划项目 (2017YFB0703001) 等资助，在此对国家有关部门长期以来的大力支持表示衷心感谢。本书撰写过程中得到吉林大学蒋青教授、西北工业大学介万奇教授等专家学者的大力支持，在此深表谢意。

本书的出版得到国家科学技术学术著作出版基金和西北工业大学精品学术著作培育项目的共同资助，在此一并表示诚挚感谢！

限于作者时间和精力，书中不足之处在所难免，请读者批评指正。

刘　峰

2022 年 12 月

目　录

第 1 章　绪　论

在外界条件 (如温度、压强、电磁场等) 作用下，物质可呈现出不同的原子 (分子) 结合状态、不同的结构形式 (如晶体结构)、不同的化学成分，并表现出不同的力学性能、物理和化学性质。当外界条件发生变化时，物相之间会发生转变，该过程即为相变。相变过程既博大到系统内、晶粒间的宏观输运，又细微至界面处、原子/分子间的跃迁，属于典型的宏–微观多尺度问题[1]。相变调控决定金属材料的组织和性能，热力学和动力学是指导相变调控的关键理论。因此，相变热–动力学旨在利用非平衡态热力学实现 “将热力学应用于非平衡动力学过程” 的目标，属于从普适性角度来研究宏观过程的共性。

相变包括扩散型和切变型，即原子的长程和短程运动，甚至是小于一个原子间距的整体位移；金属材料的变形大多涉及位错或孪生，是原子在层面间几个原子间距或小于一个原子间距的切变[2]。可见，相变和变形属于不同级别的原子运动，可统一为热力学驱动力驱动下的动力学行为。变形中的位错热–动力学表明，流变应力的提高对应位错自由运动能垒的降低，也就是说，加工硬化中位错所承受局部载荷的提高导致其继续开动所需的驱动力增大，体现为强度或流变应力的提高；与此同时，位错自由运动能垒降低导致位错密度快速增加，林位错增多，位错进一步演化的阻碍增强，最终体现为塑性较小时材料断裂。这就是位错理论框架下金属材料强度和塑性的 “互斥” 现象。本书认为，强塑性互斥源于热–动力学的协同或热–动力学互斥，因此可通过设计形成微观组织的加工过程来实现微观组织变形时强塑性的定量设计。

根据塑性变形中的经典位错理论，微观组织决定力学性能。通常，强度和塑性满足如下关系：

$$\sigma\varepsilon = \alpha G b^2 \rho^{1/2} \rho_{\mathrm{m}} l \tag{1-1}$$

式中，σ 为流变应力，随位错密度提升满足 $\sigma = M\alpha G b \rho^{1/2}$[3]，$M$ 为泰勒系数；G 为剪切模量；b 为 Burgers 矢量；ρ 为总体位错密度；ε 为塑性应变，随可动位错密度变化满足 $\varepsilon = \rho_{\mathrm{m}} bl/M$[4]；$\rho_{\mathrm{m}}$ 为可动位错密度；l 为位错平均自由程；α 为与 σ 相关的经验常数。

宏观力学性能的强塑性互斥是否反映位错演化的热–动力学协同，也就是说，体现大强度–大塑性组合的位错演化是否对应大热力学驱动力–大动力学能垒组合的相变，这一问题值得深入思考。为了回答上述问题，首先，需要澄清如何定义热力学驱动力和动力学能垒，即 ΔG 和 Q，两者依赖于相变调控必需的热力学和动力学，并且决定相变/变形的发生与发展。其次，需要阐明热力学稳定性的概念，即相变突破基体的结构稳定性而决定微观组织，位错突破基体的机械稳定性而反映强塑性。迄今为止，热力学和动力学，相变、变形和热力学稳定性，这些概念被人为割裂并相对独立地进行研究，将其集成的科学意义和潜在应用被忽视，这从根本上源自对热–动力学协同概念的认知不足。

简单近平衡条件下，传统理论认为热力学和动力学相对独立。为适应现代工业生产高效率、高性能要求，工艺趋于复杂化和极端化，导致热–动力学相互关联。因此，基于热–动力学相对独立的传统理论已无法处理复杂非平衡相变。为开展复杂非平衡条件下的精确相变调控，必须阐明热–动力学的协同或耦合作用[5-9]。例如，钢铁热机械加工过程 (thermo-mechanical control process, TMCP) 中，通过变形量和析出相的协同，可在增大再结晶驱动力的同时提高晶粒长大的动力学能垒，进而优化晶粒细化效果[10-13]；铝合金薄板连铸所产生的非平衡凝固效应 (即大热力学驱动力–小动力学能垒组合) 会贯通至后续固态相变，进而提高固溶与时效的效率[14]；激光 3D 打印近共晶 Al-Si 合金中独特的亚稳胞状组织便是扩散控制生长机制 (即小热力学驱动力–大动力学能垒组合) 向碰撞控制生长机制 (即大热力学驱动力–小动力学能垒组合) 转变的必然结果[15]。

根据热–动力学协同的基本理念[5-8]，稳定性堪称联系热力学驱动力和后续形核/生长的枢纽。热力学驱动力突破稳定性后，紧接着便是相应的形核/生长动力学机制。随着相变进行，“热力学驱动力－稳定性－形核/生长动力学” 这一链条循环重复，直到相变结束。那么，相变如何结束？稳定性的不同体现于不同热力学驱动力下的相或结构竞争，形核/生长体现于动力学机制的选择，相变演化则体现于转变过程中热力学驱动力的变化及相应形核/生长动力学机制的综合贡献，这就是所谓的 “热–动力学多样性”。热力学第二定律衍生出的 “普里高津” 学派认为，体系总是趋于尽可能快地耗散其自由能而结束相变的旅程。世间万物，要么尽可能快地趋于更稳定，要么尽可能快地走向更不稳定。快如前者，如第二相析出和晶粒长大，“小驱动力–大能垒” 是梦寐以求的佳境；快如后者，如马氏体相变和块体转变，“大驱动力–小能垒” 是屡试不爽的结果。为了更稳定，可以选择小驱动力–大能垒；为了更不稳定或者为了获得亚稳相，可以选择大驱动力–小能垒，这就是所谓的 “热–动力学相关性”。相关性从相变贯通至塑性变形中则演生出 “强塑性互斥” 的基本规律，引出所谓的 “热–动力学贯通性”。

图 1-1 给出了本书的主要内容及其相关性。第 2 章旨在阐述控制一阶相变的热力学和动力学基础理论，即不可逆热力学基础[1,15-18]、统计理论基础[19,20]，以及形核、生长、界面过程的热力学和动力学基础[21-23]。在此基础上，针对金属材料加工过程中常见的非平衡凝固和固态相变，对其热力学状态和动力学过程进行

建模，定义相变热–动力学的研究范畴及其特点：相变中热力学驱动力和动力学能垒各自的变化，即热–动力学多样性 (diversity of thermodynamics and kinetics, thermo-kinetic diversity)；热力学驱动力和动力学能垒的关联，即热–动力学相关性 (correlation between thermodynamics and kinetics, thermo-kinetic correlation)，以及连续相变或变形间的热–动力学贯通性 (connectivity of thermodynamics and kinetics, thermo-kinetic connectivity)。

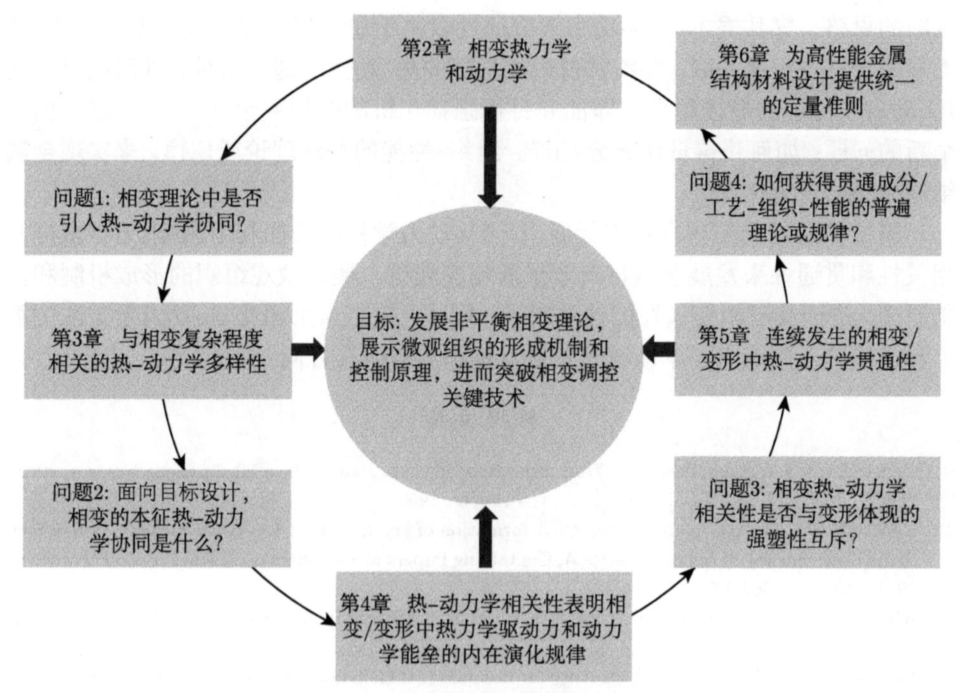

图 1-1　本书主要内容及其相关性

第 3 章旨在阐明热–动力学多样性。一方面，热–动力学多样性紧密连接不同非平衡条件下相变产物的尺寸、结构和形态选择的稳定性；另一方面，热–动力学多样性涉及形核和生长的热力学驱动力和动力学能垒，以及形核和生长模式。为了展示热–动力学多样性，业界开展了大量实验和理论研究[24-43]，这也引出一个普遍问题：面向目标设计，什么样的热–动力学组合是相变的本征行为。

为回答上述问题，第 4 章阐明相变和变形中本征存在的热力学驱动力和动力学能垒呈现互斥的热–动力学相关性。当前，几乎所有的材料设计研究均在于挖掘相变热力学、动力学同微观组织的定性关联，以期实现面向目标组织的成分和工艺设计。如果上述关联可以被数学解析化展示，此间的热–动力学相关性就可以被定量展示，定量设计材料也就可以实现。基于此，业界开展了借助加工参量同相变热–动力学函数间定量关联的相变调控，这直接产生了具体应用中，基于大热力学驱动力–大动力学能垒组合和小热力学驱动力–小动力学能垒组合的材料设计策略[44-54]。与此同时，一个问题也应运而生：形成微观组织的材料加工过程涉及的热–动力学相关性是否与微观组织变形体现的强塑性互斥。

为回答上述问题，第 5 章阐明连续发生的相变/变形中存在的热–动力学贯通性，进而澄清相变中界面迁移和变形中位错演化的经典热力学稳定性概念及其理论基础，并提出综合考虑热–动力学的广义稳定性概念，为成分和加工工艺设计提供新的思路。究其根本，热–动力学贯通性取决于如何将连续过程间不同的热–动力学组合进行定量关联，并阐明前后过程间的热–动力学遗传特性，进而选择不同热–动力学协同的最佳组合，即面向目标强韧化机制的相变设计[55-60]。这引出一个新的问题：如何获得贯通成分/工艺–组织–性能的普遍理论或规律，来实现金属结构材料的定量化设计。

第 6 章总结全书内容并进行展望，热–动力学协同旨在利用热–动力学多样性相关性和贯通性来发展金属材料非平衡相变理论，展示微观组织的形成机制和控制原理，进而突破相变调控的技术瓶颈。同时，提出未来相变热–动力学关注的重点科学问题，并给出了本领域的发展目标和重点研究方向。

参考文献

[1] CHRISTIAN J W. The Theory of Transformations in Metals and Alloys[M]. London: Newnes, 2002.

[2] 徐祖耀, 李麟. 材料热力学[M]. 2 版. 北京: 科学出版社, 1999.

[3] TAYLOR G I. The mechanism of plastic deformation of crystals. Part I.—Theoretical[J]. Proceedings of the Royal Society of London. Series A, Containing Papers of a Mathematical and Physical Character, 1934, 145(855): 362-387.

[4] ARGON A. Strengthening Mechanisms in Crystal Plasticity[M]. Oxford: Oxford University Press, 2008.

[5] PENG H R, LIU B S, LIU F. A strategy for designing stable nanocrystalline alloys by thermo-kinetic synergy[J]. Journal of Materials Science & Technology, 2020, 43: 21-31.

[6] WANG K, ZHANG L, LIU F. Multi-scale modeling of the complex microstructural evolution in structural phase transformations[J]. Acta Materialia, 2019, 162: 78-89.

[7] WANG K, SHANG S L, WANG Y, et al. Martensitic transition in Fe via Bain path at finite temperatures: A comprehensive first-principles study[J]. Acta Materialia, 2018, 147: 261-276.

[8] GHOSH G, OLSON G B. Kinetics of FCC→BCC heterogeneous martensitic nucleation—I. The critical driving force for athermal nucleation[J]. Acta Metallurgica et Materialia, 1994, 42(10): 3361-3370.

[9] GU B, LIU F. Characterization of structural inhomogeneity in $Al_{88}Ce_8Co_4$ metallic glass[J]. Acta Materialia, 2016, 112: 94-104.

[10] HONG M, WANG K, CHEN Y, et al. A thermo-kinetic model for martensitic transformation kinetics in low-alloy steels[J]. Journal of Alloys and Compounds, 2015, 647: 763-767.

[11] MATSUMURA Y, YADA H. Evolution of ultrafine-grained ferrite in hot successive deformation[J]. Transactions of the Iron and Steel Institute of Japan, 1987, 27(6): 492-498.

[12] WENG Y. Ultra-Fine Grained Steels[M]. Berlin: Springer Science & Business Media, 2009.

[13] YADA H, LI C M, YAMAGATA H. Dynamic $\gamma \rightarrow \alpha$ transformation during hot deformation in iron-nickel-carbon alloys[J]. ISIJ International, 2000, 40(2): 200-206.

[14] LIU F, YANG G C. Rapid solidification of highly undercooled bulk liquid superalloy: Recent developments, future directions[J]. International Materials Reviews, 2006, 51(3): 145-170.

[15] SURYANARAYANA C. Non-equilibrium Processing of Materials[M]. Amsterdam: Elsevier, 1999.

[16] JOU D, CASAS-VÁZQUEZ J, LEBON G. Extended Irreversible Thermodynamics[M]. Berlin: Springer, 1996.

[17] DE GROOT S R, MAZUR P. Non-equilibrium Thermodynamics[M]. North Chelmsford: Courier Corporation, 2013.

[18] ONSAGER L. Reciprocal relations in irreversible processes. I[J]. Physical Review, 1931, 37(4): 405-426.

[19] PENROSE O. Foundations of statistical mechanics[J]. Reports on Progress in Physics, 1979, 42(12): 1937-2006.

[20] LANGER J S. Statistical theory of the decay of metastable states[J]. Annals of Physics, 1969, 54(2): 258-275.

[21] EYRING H. The activated complex in chemical reactions[J]. The Journal of Chemical Physics, 1935, 3(2): 107-115.

[22] KELTON K F, GREER A L. Nucleation in Condensed Matter: Applications in Materials and Biology[M]. Amsterdam: Elsevier, 2010.

[23] KELTON K F. Crystal Nucleation in Liquids and Glasses[M]. San Diego: Academic Press, 1991.

[24] MUKHERJEE M, MOHANTY O N, HASHIMOTO S, et al. Strain-induced transformation behaviour of retained austenite and tensile properties of TRIP-aided steels with different matrix microstructure[J]. ISIJ International, 2006, 46(2): 316-324.

[25] HOU Z Y, HEDSTRÖM P, CHEN Q, et al. Quantitative modeling and experimental verification of carbide precipitation in a martensitic Fe-0.16 wt% C-4.0 wt% Cr alloy[J]. Calphad, 2016, 53: 39-48.

[26] XU Y, ALTOUNIAN Z, MUIR W B. Polytypic phase formation in $DyAl_3$ by rapid solidification[J]. Applied Physics Letters, 1991, 58(2): 125-127.

[27] LIU F, NITSCHE H, SOMMER F, et al. Nucleation, growth and impingement modes deduced from isothermally and isochronally conducted phase transformations: Calorimetric analysis of the crystallization of amorphous $Zr_{50}Al_{10}Ni_{40}$[J]. Acta Materialia, 2010, 58(19): 6542-6553.

[28] MULLINS W W, SEKERKA R F. Stability of a planar interface during solidification of a dilute binary alloy[J]. Journal of Applied Physics, 1964, 35(2): 444-451.

[29] BOETTINGER W J, CORIELL S R, GREER A L, et al. Solidification microstructures: Recent developments, future directions[J]. Acta Materialia, 2000, 48(1): 43-70.

[30] TRIVEDI R, KURZ W. Morphological stability of a planar interface under rapid solidification conditions[J]. Acta Metallurgica, 1986, 34(8): 1663-1670.

[31] GALENKO P K, DANILOV D A. Linear morphological stability analysis of the solid-liquid interface in rapid solidification of a binary system[J]. Physical Review E, 2004, 69(5): 051608.

[32] TILLER W A, JACKSON K A, RUTTER J W, et al. The redistribution of solute atoms during the solidification of metals[J]. Acta Metallurgica, 1953, 1(4): 428-437.

[33] LIU F, SOMMER F, BOS C, et al. Analysis of solid state phase transformation kinetics: Models and recipes[J]. International Materials Reviews, 2007, 52(4): 193-212.

[34] KEMPEN A T W, SOMMER F, MITTEMEIJER E J. Determination and interpretation of isothermal and non-isothermal transformation kinetics; The effective activation energies in terms of nucleation and growth[J]. Journal of Materials Science, 2002, 37(7): 1321-1332.

[35] LIU F, SOMMER F, MITTEMEIJER E J. Determination of nucleation and growth mechanisms of the crystallization of amorphous alloys; Application to calorimetric data[J]. Acta Materialia, 2004, 52(11): 3207-3216.

[36] LIU F, YANG G C. Effects of anisotropic growth on the deviations from Johnson-Mehl-Avrami kinetics[J]. Acta Materialia, 2007, 55(5): 1629-1639.

[37] FISCHER F D, SIMHA N K. Influence of material flux on the jump relations at a singular interface in a multicomponent solid[J]. Acta Mechanica, 2004, 171(3): 213-223.

[38] IRSCHIK H. On the necessity of surface growth terms for the consistency of jump relations at a singular surface[J]. Acta Mechanica, 2003, 162(1): 195-211.

[39] GALENKO P. Solute trapping and diffusion-less solidification in a binary system[J]. Physical Review E, 2007, 76(3): 031606.

[40] HENKELMAN G, JÓNSSON H. A dimer method for finding saddle points on high dimensional potential surfaces using only first derivatives[J]. The Journal of Chemical Physics, 1999, 111(15): 7010-7022.

[41] LIN B, WANG K, LIU F, et al. An intrinsic correlation between driving force and energy barrier upon grain boundary migration[J]. Journal of Materials Science & Technology, 2018, 34(8): 1359-1363.

[42] JÓNSSON H, MILLS G, JACOBSEN K W. Nudged Elastic Band Method for Finding Minimum Energy Paths of Transitions in Classical and Quantum Dynamics in Condensed Phase Simulations[M]. Singapore City: World Scientific, 1998.

[43] WEINAN E, REN W, VANDEN-EIJNDEN E. String method for the study of rare events[J]. Physical Review B, 2002, 66(5): 052301.

[44] DU J L, ZHANG A, ZHANG Y B, et al. Atomistic determination on stability, cluster and microstructures in terms of crystallographic and thermo-kinetic integration of Al-Mg-Si alloys[J]. Materials Today Communications, 2020, 24: 101220.

[45] WANG T L, DU J L, LIU F. Modeling competitive precipitations among iron carbides during low-temperature tempering of martensitic carbon steel[J]. Materialia, 2020, 12: 100800.

[46] WANG T L, DU J L, WEI S Z, et al. Ab-initio investigation for the microscopic thermodynamics and kinetics of martensitic transformation[J]. Progress in Natural Science: Materials International, 2021, 31(1): 121-128.

[47] OH-ISHI K, MENDIS C L, HOMMA T, et al. Bimodally grained microstructure development during hot extrusion of Mg-2.4 Zn-0.1Ag-0.1Ca-0.16Zr (at.%) alloys[J]. Acta Materialia, 2009, 57(18): 5593-5604.

[48] HUANG K, ZHANG K, MARTHINSEN K, et al. Controlling grain structure and texture in Al-Mn from the competition between precipitation and recrystallization[J]. Acta Materialia, 2017, 141: 360-373.

[49] TANGEN S, SJØLSTAD K, FURU T, et al. Effect of concurrent precipitation on recrystallization and evolution of the P-texture component in a commercial Al-Mn alloy[J]. Metallurgical and Materials Transactions A, 2010, 41: 2970-2983.

[50] SASAKI T T, YAMAMOTO K, HONMA T, et al. A high-strength Mg-Sn-Zn-Al alloy extruded at low temperature[J]. Scripta Materialia, 2008, 59(10): 1111-1114.

[51] JONES M J, HUMPHREYS F J. Interaction of recrystallization and precipitation: The effect of Al_3Sc on the recrystallization behaviour of deformed aluminium[J]. Acta Materialia, 2003, 51(8): 2149-2159.

[52] KWON O, DEARDO A J. Interactions between recrystallization and precipitation in hot-deformed microalloyed steels[J]. Acta Metallurgica et Materialia, 1991, 39(4): 529-538.

[53] AZIZI-ALIZAMINI H, MILITZER M, POOLE W J. A novel technique for developing bimodal grain size distributions in low carbon steels[J]. Scripta Materialia, 2007, 57(12): 1065-1068.

[54] SCHINHAMMER M, PECNIK C M, RECHBERGER F, et al. Recrystallization behavior, microstructure evolution and mechanical properties of biodegradable Fe-Mn-C(-Pd) TWIP alloys[J]. Acta Materialia, 2012, 60(6/7): 2746-2756.

[55] WATANABE T, OBARA K, TSUREKAWA S. In-situ observations on interphase boundary migration and grain growth during α/γ phase transformation in iron alloys[J]. Materials Science Forum, 2004, 467: 819-824.

[56] HUANG L K, LIN W T, LIN B, et al. Exploring the concurrence of phase transition and grain growth in nanostructured alloy[J]. Acta Materialia, 2016, 118(1): 306-316.

[57] HUANG L K, LIN W T, WANG K, et al. Grain boundary-constrained reverse austenite transformation in nanostructured Fe alloy: Model and application[J]. Acta Materialia, 2018, 154(1): 56-70.

[58] KOCKS U F, ARGON A S, ASHBY M F. Thermodynamics and kinetics of slip[J]. Progress in Materials Science, 1975, 19: 1-271.

[59] LIU F, HUANG L K, CHEN Y Z. Concurrence of phase transition and grain growth in nanocrystalline metallic materials[J]. Acta Metallurgica Sinica, 2018, 54(11): 1525-1536.

[60] HUANG L K, LIN W T, ZHANG Y B, et al. Generalized stability criterion for exploiting optimized mechanical properties by a general correlation between phase transformations and plastic deformations[J]. Acta Materialia, 2020, 201: 167-181.

第 2 章　相变热力学和动力学

2.1　引　　言

在相变过程中，母相在一定驱动力下通过原子 (或电子) 结构的重组而降低体系能量[1,2]。材料加工过程中往往涉及多个相变，以低合金钢为例[3]，其热机械加工 (TMCP) 过程涉及凝固、低温相 (铁素体、珠光体、贝氏体、马氏体) 向奥氏体转变、奥氏体向低温相转变、再结晶 (一种特殊相变)、共析转变、第二相析出等过程。受相变过程影响，相变产物含有不同的相和组织，进而表现出不同的力学、物理和化学性能。材料学着重研究材料成分和加工工艺对结构、显微组织形态的改变，进而研究对材料性能的影响，以指导并设计加工工艺。

为建立相变与工艺之间的联系，前人在相变理论方面做了很多研究，取得了显著成果，对现代材料设计和加工起到重要的促进作用。本书主要关注金属材料加工涉及的相变，这些相变一般与原子结构的重组相关，大多属于一级相变[1]。根据关注的问题，相变理论可大致分为热力学和动力学两方面[2,4]。相变热力学描述体系状态，主要针对自由能、焓值等热力学参量和相应材料性质的变化，旨在研究平衡系统各宏观性质之间的相互关系，揭示变化过程的方向和限度[2,4]；相变动力学针对体系状态参量随时间的演化，依赖转变路径，主要探讨动力学能垒、转变速率及体系特征参量 (新相晶核数量、尺寸、相分数等) 的演化问题[1,2,4]。涉及的理论基础主要基于经典平衡态热力学、唯象不可逆热力学和统计力学的理论：经典平衡态热力学主要用于计算材料的相图及相关性质；唯象不可逆热力学主要从非平衡过程能量耗散方面研究非平衡体系的演化，主要关注介观、宏观尺度演化；统计力学的理论主要从原子尺度出发，结合团簇动力学，发展相变的热力学和动力学理论。

基于经典平衡态热力学、唯象不可逆热力学和统计力学的理论方法，配合经典的唯象动力学理论 (见 3.5 节)，堪称对相变进行理论描述的基本范式。虽然前人在相变理论方面取得显著成果，但诸多物理假设的存在大大限制了上述理论的实际应用及其效果。鉴于此，本章首先结合相变的不可逆热力学基础和相变过程的相关统计理论基础，对相变中形核、生长和界面动力学进行简述，然后对当前领域内存在的问题进行归纳。

2.2 相变的不可逆热力学基础

2.2.1 相变的热力学驱动力

平衡态热力学根据不同的热力学函数和变量来描述系统的宏观状态，也能够定义状态改变的方向。例如，如果选择压力和温度作为实验控制参数，则吉布斯自由能可作为描述系统状态的热力学函数。如果处理的体系处于非平衡态(如非平衡凝固中的过冷熔体)，能否采用平衡态热力学中的概念描述物质的非平衡态还有待商榷。在统计力学的统计解释中，宏观热力学的概念只能应用于表现为遍历各态的系统[5,6]。例如，为处理过冷液相的热力学状态，Turnbull[7]提出液体的过冷状态可以长时间保持，可以认为是遍历系统[8]。以此类推，在一定近似处理下，非平衡体系的热力学状态仍可用相应的平衡态热力学函数来描述。

一般情况下，材料加工过程中，体系的外压较小 (如大气压)，对凝聚态相变过程的影响可以忽略。等压条件下纯金属的吉布斯自由能可表达为

$$G(T) = H(T) - TS(T) \tag{2-1}$$

式中，$G(T)$ 为吉布斯自由能；$H(T)$ 为焓；$S(T)$ 为熵；T 为温度。

图 2-1 给出恒定压强下温度诱发的 $\alpha \to \beta$ 相变和 $\alpha \to \gamma$ 相变的吉布斯自由能变化示意图。热力学状态决定相变的方向，上述相变发生时需保证热力学驱动力 (定义为新相与母相的自由能差)$\Delta G<0$，即自由能下降。在高温时 α 相的自由能更低，为稳定相；随着温度降低，β 相的自由能比 α 相更小，β 相为稳定

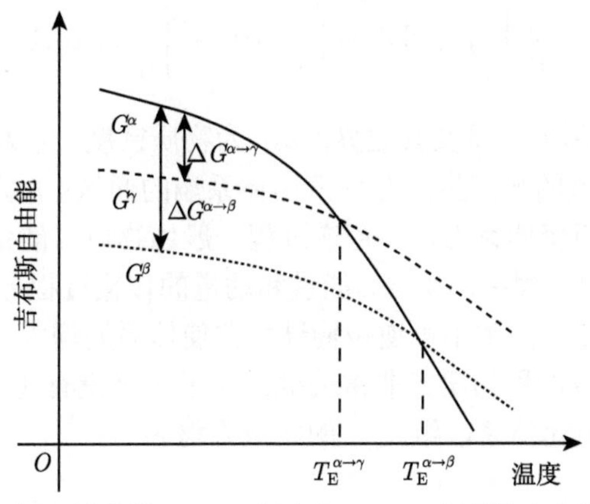

图 2-1 恒定压强下温度诱发的 $\alpha \to \beta$ 相变和 $\alpha \to \gamma$ 相变的吉布斯自由能变化示意图

相，在温度为 $T_{\mathrm{E}}^{\alpha\to\beta}$ 时出现 $\alpha\to\beta$ 相变，相变的热力学驱动力为 $\Delta G^{\alpha\to\beta}$；随着温度进一步降低，$\gamma$ 相的自由能比 α 相更小，α 相为稳定相，在 $T_{\mathrm{E}}^{\alpha\to\gamma}$ 时出现 $\alpha\to\gamma$ 转变，相变的热力学驱动力为 $\Delta G^{\alpha\to\gamma}$。根据基本的热力学关系，相变时的热力学驱动力可表示为

$$\Delta G(T)=\Delta H(T)-T\Delta S(T) \tag{2-2}$$

在相变过程的热力学分析中，相应的热力学参数可从热力学数据库获取[9]。

2.2.2 相变过程的自由能耗散

在相变过程中，体系一般存在多个不可逆过程，这些不可逆过程会耗散体系的自由能，从而使相变的热力学驱动力逐渐减小。不可逆过程的自由能耗散属于不可逆热力学范畴[10,11]，通过对自由能耗散或熵产生进行研究，得到体系演化的通量–驱动力关系。以多元非平衡体系为例，通过昂萨格 (Onsager) 关系得到熵产生，再利用最大熵产生原理 (maximum entropy production principle, MEPP) 得到体系的演化方程。

对于一个非平衡体系，熵的变化可写为两项之和：

$$\mathrm{d}S=\mathrm{d}S_{\mathrm{i}}+\mathrm{d}S_{\mathrm{e}} \tag{2-3}$$

式中，$\mathrm{d}S_{\mathrm{i}}$ 和 $\mathrm{d}S_{\mathrm{e}}$ 分别为体系内部动力学过程和外界作用导致的熵变化。根据热力学第二定律，对不可逆过程，$\mathrm{d}S_{\mathrm{i}}>0$ 成立；对于可逆过程，$\mathrm{d}S_{\mathrm{i}}=0$ 成立[11]。受外界条件影响，$\mathrm{d}S_{\mathrm{e}}$ 可以为正、负或零。对于开放体系 (存在与外界的物质和能量交换)，体系的熵守恒方程为[10,11]

$$\frac{\mathrm{d}}{\mathrm{d}t}\int_{\Omega}\rho_{\mathrm{M}}s\mathrm{d}V=\int_{\Omega}\sigma_{\mathrm{s}}\mathrm{d}V-\int_{\partial\Omega}J_{\mathrm{s}}n\mathrm{d}A \tag{2-4}$$

式中，Ω 和 $\partial\Omega$ 分别为体系及其边界；ρ_{M} 为物质密度；s 为单位质量物质的熵；σ_{s} 为单位时间内局域的熵产生；J_{s} 为流出体系熵的通量；n 为体系边界处向外的法向量。在非平衡相变体系内，不可逆过程一般由物质、能量和动量的传输过程决定。例如，在凝固过程中，物质、能量和动量的传输过程分别对应于组元扩散、热传导和对流，正是这三类不可逆传输过程致使体系熵增大、自由能降低，因此传输方程对于不可逆过程的研究非常关键。对于一个没有化学反应 (局域内没有新物质生成) 的 n 组元体系，组元 k 的守恒方程为

$$\frac{\partial\rho_k}{\partial t}=-\mathrm{div}\left(\rho_k v_k\right) \tag{2-5}$$

式中，ρ_k 和 v_k 分别为组元 k 的密度和对流速度。当假定局域平衡时[11,12]，体系的熵变可以用吉布斯方程描述[12]

$$T\mathrm{d}s = \mathrm{d}u + p\mathrm{d}v_\rho - \sum_{k=1}^{n} \mu_k \mathrm{d}c_k \tag{2-6}$$

式中，u 为内能密度；p 为静水压强；$v_\rho \equiv 1/\rho$，为单位物质质量；c_k 和 μ_k 分别为组元 k 的局域质量分数和化学势。对于该体系，热力学第一定律 (即能量守恒) 遵循[12]:

$$\frac{\mathrm{d}u}{\mathrm{d}t} = \frac{\mathrm{d}q}{\mathrm{d}t} - p\frac{\mathrm{d}v_\rho}{\mathrm{d}t} - v_\rho \Pi : \mathrm{grad}\ v + v_\rho \sum_k J_k \times F_k \tag{2-7}$$

式中，q 为单位质量的物质吸收的热量；Π 为应力张量；J_k 为组元 k 相对于质心运动的扩散通量，$J_k \equiv \rho_k (v_k - v)$；$F_k$ 为单位质量组元 k 受到的牵引力[11]。如式 (2-7) 等号右侧所示，内能变化由四项引起，即热传导、外压作用下的体积变化、黏滞通量和扩散通量。联立式 (2-3)～式 (2-7)，可得体系的熵产生率：

$$\dot{S} = -\frac{1}{T^2} J_q \cdot \mathrm{grad}\ T - \frac{1}{T} \sum_k J_k \left(T\ \mathrm{grad}\frac{\mu_k}{T} - F_k \right) - \frac{1}{T} \Pi : \mathrm{grad}\ v \tag{2-8}$$

式中，J_q 为单位质量物质吸收热量产生的通量。显然，式 (2-8) 中熵产生率是各不可逆过程的热力学驱动力与相应通量乘积后的和，即 $\dot{S} = -\sum_i J_i X_i$，其中 J_i 和 X_i 分别为不可逆过程 i 的通量和驱动力。式 (2-8) 即为唯象不可逆热力学的核心，据此不仅可以得到不可逆过程对应的热力学驱动力表达式，还可作为推导不可逆过程控制方程的核心，对不可逆过程的热力学研究至关重要。

2.2.3　相变体系的控制方程

在大量的实验过程中观察到，体系中不可逆过程的通量与相应的驱动力呈线性关系，如物质扩散的菲克扩散定律、热传导的傅里叶定律和欧姆定律[11]。上述情形下，体系中只有一个不可逆过程，因此只有一对通量和驱动力。当体系中同时发生多个不可逆过程时，通量与驱动力关系为[10,11]

$$J_i = -\sum_j L_{ij} X_j \tag{2-9}$$

式中，L_{ij} 为唯象动力学系数。式 (2-9) 即为昂萨格关系。对于一个不可逆过程，通量和对应的驱动力可以通过式 (2-8) 得到，可将热传导、物质扩散和黏性流动

的控制方程统一表示为

$$J_q = -L_{qq} \cdot \frac{1}{T^2} \mathrm{grad}\, T \tag{2-10}$$

$$J_i = -\frac{1}{T} \sum_k L_{ik} \left(T \, \mathrm{grad} \frac{\mu_k}{T} - F_k \right) \tag{2-11}$$

$$\Pi = -L_{vv} \frac{1}{T} \mathrm{grad}\, v \tag{2-12}$$

式中，唯象系数 L_{qq}、L_{ik} 和 L_{vv} 分别由热传导、物质扩散和黏性流动的具体机理决定[11]。一般情况下，不同类型不可逆过程之间的相互作用较弱。为简化问题，几类不可逆过程之间的相互作用被忽略。以上方法在非平衡体系演化中广泛应用，如采用上述方程可得到相场变量演化的方程[13]。

利用昂萨格关系得到控制方程的方法虽应用普遍，但该方法研究相对简单的体系，难以考虑复杂体系中的约束条件[10,14]，如多元多相合金的相变过程。由热力学第二定律可知，孤立的非平衡体系向平衡态演化过程中熵总是趋向于最大值[11]，即能量最低态对应于平衡态。与此类似，最大熵产生原理认为，非平衡体系演化时总是使熵产生率最大化[14,15]。对于孤立非平衡体系的演化，在任意给定时间间隔内，熵产生总是达到最大，因此体系达到平衡态时熵也达到最大。简言之，孤立非平衡体系演化时，总是选择最短路径或最快方式趋于平衡[14]。目前，该原理被认为是描述非平衡耗散体系的普适性原理[14]，熵产生率最大的情形即对应体系的演化方程。

最大熵产生原理由 Onsager 针对线性不可逆热力学提出[10,14]，由 Ziegler 拓展到非线性不可逆热力学[14]。对于一个非平衡耗散体系，提前给定一个耗散通量 (J_i) 对应驱动力 (X_i) 的表达式，熵产生率 $\dot{S}$ 和耗散函数 $\varPhi$ 分别为[10,14]

$$\dot{S} = -\frac{1}{T} \int \sum_i J_i X_i(J_i) \mathrm{d}v \tag{2-13}$$

$$\varPhi = \frac{1}{T} \int \sum_i q_i\,(J_i) \mathrm{d}v \tag{2-14}$$

式中，$q_i(J_i) = J_i\ X_i(J_i)$，为过程 i 耗散的自由能。最大熵产生原理的数学形式遵循[10,14]：

$$\delta \left[\varPhi + \lambda \left(\varPhi - \dot{S} \right) \right]_J = 0 \tag{2-15}$$

由式 (2-15) 可看出，使 Φ 最大化的 J_i 的表达式对应于体系演化方程，其形式由 $q_i(J_i) = J_iX_i(J_i)$ 决定。Fischer 等[15] 对最大熵产生原理进行简化，使 $q_i(J_i) = J_i^2/N_i$，针对等温、等压和各向同性体系，进而得到了热力学极值原理 (thermodynamic extremal principle, TEP)。针对尖锐及弥散界面情形，Svoboda 等[16] 已将 TEP 成功应用于多元合金扩散型相变及析出等过程，并且应用 TEP 可重新得到校准的相场方程，即与 Allen-Cahn 方程一致。

非平衡凝固过程中，伴随体系自由能的耗散，亚稳态过冷液相向固相的转变属于典型的非平衡演化体系。以往凝固理论大都采用诸多假设，如研究界面条件时经常采用局域平衡假设，对扩散过程的描述常采用菲克扩散定律[17-20]。这些假设限制了模型的适用范围，如局域平衡假设只适用于近平衡凝固，菲克扩散定律只能描述局域平衡且组元间无相互作用的扩散过程[21]。由此可见，最大熵产生原理或热力学极值原理可自洽地考虑体系的约束条件，求解熵产生率的极值情形，因此可合理地描述复杂非平衡体系的演化。

2.3　相变过程的统计理论基础

2.3.1　随机事件和马尔可夫过程

一个随机变量 Y 可以在不同时刻取不同数值，该变量取值的变化过程可以用一系列的概率密度来描述。设 $P_n(y_1, t_1; y_2, t_2; \cdots; y_n, t_n)\mathrm{d}y_1\mathrm{d}y_2\cdots\mathrm{d}y_n$ 为随机变量 Y 依次在 t_1 时刻发生 $y_1 \to y_1+\mathrm{d}y_1$，在 t_2 时刻发生 $y_2 \to y_2+\mathrm{d}y_2$，……，在 t_n 时刻发生 $y_n \to y_n+\mathrm{d}y_n$ 的概率，即为 n 重事件发生的联合概率。如果随机变量 Y 在初始时刻取值 $(y_1, t_1; y_2, t_2; \cdots; y_k, t_k)$，经过 l 次变化后取值 $(y_{l+1}, t_{l+1}; y_{l+2}, t_{l+2}; \cdots; y_{l+k}, t_{l+k})$，则该时间段内随机变量 Y 发生取值变化的联合概率密度表示为 $P_{l/k}(y_{l+1}, t_{l+1}; y_{l+2}, t_{l+2}; \cdots; y_{k+l}, t_{k+l}|y_1, t_1; y_2, t_2; \cdots; y_k, t_k)$。

随机变量 Y 在不同时刻的取值之间存在关联，这相当于 Y 对于过去的历史存在记忆，该随机事件需要用联合概率密度来描述[5]。如果随机变量有记忆，但极短，只记得最近一次的取值，即如果

$$\left\{P_{1|n-1}\left(y_n, t_n \left| y_1, t_1; \cdots; y_{n-1}, t_{n-1}\right.\right)\right\}_{t_1<t_2<L<t_n} = P_{1|1}\left(y_n, t_n \left| y_{n-1}, t_{n-1}\right.\right) \tag{2-16}$$

则满足上述条件的离散型随机过程可称为马尔可夫过程，其中 $P_{1|1}(y_n, t_n \mid y_{n-1}, t_{n-1})$ 称为转移概率密度，表示体系从 t_{n-1} 时刻处于 y_{n-1} 的状态转变为 t_n 时刻处于 y_n 的状态的概率密度。在有记忆的随机过程中，马尔可夫过程是最“健忘”的过程[5,22]。

2.3.2 体系概率密度演化的主方程

假定体系在非平衡演化过程中某时刻 t 的状态 $\{\eta\}$ 只与近邻时刻 $t+\mathrm{d}t$ 的状态相关，定义 $P(\{\eta\},t)$ 为体系处于状态 $\{\eta\}$ 的概率密度，其中 $\{\eta\}\equiv(\eta_1,\eta_2,\cdots,\eta_N)$ 为体系自由变量的集合。体系概率密度变化的方程称为主方程 (master equation)，其微分形式可表示为[5,23-25]

$$P(\{\eta\},t+\mathrm{d}t)=WP(\{\eta\},t)+\int\mathrm{d}\eta_1'\cdots\int\mathrm{d}\eta_N'\rho(\{\eta\},\{\eta'\})P(\{\eta'\},t)\mathrm{d}t \tag{2-17}$$

式中，从 $\{\eta\}$ 态向 $\{\eta'\}$ 态的跃迁频率为

$$W(\{\eta'\},\{\eta\})=1-\int\mathrm{d}\eta_1'\cdots\int\mathrm{d}\eta_N'\rho(\{\eta'\},\{\eta\})\mathrm{d}t \tag{2-18}$$

其对应的微分方程为[5,23-25]

$$\frac{\partial P\{\eta\}}{\partial t}=\int\delta\eta'\left[W(\{\eta\},\{\eta'\})P\{\eta'\}-W(\{\eta'\},\{\eta\})P\{\eta\}\right] \tag{2-19}$$

式 (2-19) 即为基于经典统计力学原理的体系状态概率密度的演化方程。该方程假设体系当前状态只与上一时刻状态 (时间间隔由体系基本动力学过程决定) 相关，即认为体系演化过程可用马尔可夫链近似。

2.3.3 相变体系团簇动力学

Volmer 和 Weber 假定相变过程中新相团簇是通过基本单元的吸附/脱附来完成。反应的正方向为 $n\to n+1$，用 “+” 表示；反应的负方向为 $n+1\to n$，用 “−” 表示，其反应过程可表示为[26,27]

$$E_{n-1}+E_1\Longleftrightarrow E_n,\quad E_n+E_1\Longleftrightarrow E_{n+1} \tag{2-20}$$

式中，尺寸为 $n-1$ 的团簇吸附一个基本单元的速率由 $\omega_{n-1,n}^{(+)}$ 表示；尺寸为 n 的团簇脱附一个基本单元的速率由 $\omega_{n,n-1}^{(-)}$ 表示。这里假定多个基本单元的吸附/脱附速率远小于单个单元的吸附/脱附速率，对应的动力学模型如图 2-2 所示，该图给出了团簇密度的演化和相应的吸附/脱附反应示意图[26,27]。

与式 (2-19) 中的主方程类似，团簇概率密度分布函数 $f(n,t)$ $\left(定义为N(n,t)/\sum_{1}^{\infty}N(n,t)\right)$ 的演化可用主方程描述[26-28]：

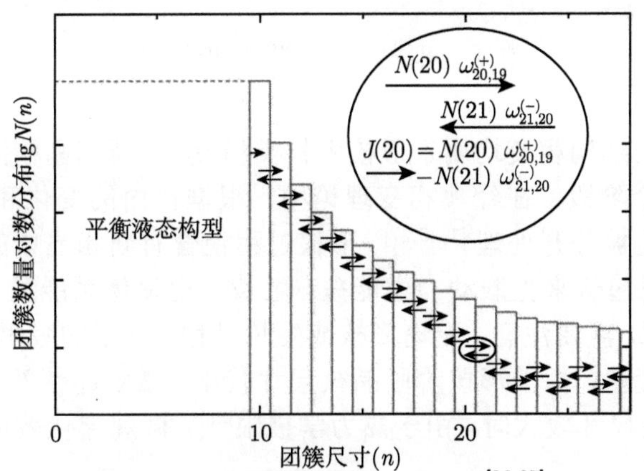

图 2-2　团簇数量对数分布直方图[26,27]

团簇数量为其尺寸 (对应分子数 n) 的函数 $N(n)$；低于一个临界值 (如 n=10)，新相的团簇与液体中母相的起伏已无法区分

$$\begin{aligned}\frac{\partial f(n,t)}{\partial t} =& \omega_{n-1,n}^{(+)} f(n-1,t) - \omega_{n,n-1}^{(-)} f(n,t) \\ &+ \omega_{n+1,n}^{(-)} f(n+1,t) - \omega_{n,n+1}^{(+)} f(n,t)\end{aligned} \tag{2-21}$$

引入通量 J_n，式 (2-21) 可写为尺寸空间里的连续方程：

$$\frac{\partial f(n,t)}{\partial t} = J_{n-1} - J_n \tag{2-22}$$

式中，J_n 的表达式为

$$J_n = -\omega_{n+1,n}^{(-)} f(n+1,t) + \omega_{n,n+1}^{(+)} f(n,t) \tag{2-23}$$

当体系的概率密度分布处于平衡态时，体系概率密度分布不变 ($J_n = 0$)，体系的吸附和脱附系数满足[26-28]：

$$\omega_{n+1,n}^{(-)} f^{\mathrm{eq}}(n+1,t) = \omega_{n,n+1}^{(+)} f^{\mathrm{eq}}(n,t) \tag{2-24}$$

当动力学过程较缓慢时，体系处于细致平衡 (detailed balance)，式 (2-24) 也可用于非平衡演化过程。J_n 的表达式可写为

$$J_n = -\omega_{n,n+1}^{(+)} f^{\mathrm{eq}}(n,t) \left[\frac{f(n+1,t)}{f^{\mathrm{eq}}(n+1,t)} - \frac{f(n,t)}{f^{\mathrm{eq}}(n,t)}\right] \tag{2-25}$$

式 (2-25) 是在细致平衡近似下得到的，理论上只适用于比较缓慢的过程；由于原子跳跃发生的时间尺度远小于相变体系演化，该式仍可对介观/宏观非平衡体系演化进行精确描述[26-28]。

2.4 形核生长类相变理论

金属材料的结构相变均属于形核生长类相变，其新相晶核演化包括形核和生长[1,26,27] 两个阶段。在经典相变理论中，根据自由能变化和空间尺度差异，形核和生长总是被分开处理 [1,26,27]。形核过程使含有新相晶核的微观体系能量升高，需要微观起伏来克服动力学能垒；生长过程使体系能量下降，可自发发生 (图 2-3)[26,27]。需要注意，无论形核或生长过程，原子的吸附/脱附过程均需要克服微小的能垒，由于形核阶段晶核尺寸较小，微观起伏效应显著；在生长阶段，尤其晶核尺寸较大时，由于热力学极限[25]，微观起伏效应由平均处理而消失。

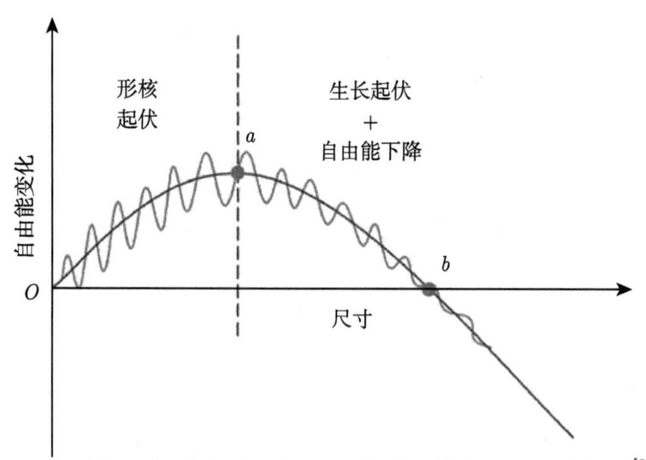

图 2-3 形核及生长过程中含有新相晶格的微观体系自由能变化[29]

自由能变化曲线上，临界晶核尺寸对应点 a，$\Delta G = 0$ 对应点 b；a 与 b 之间是形核生长控制相变过程，b 之后是界面能控制的纯粹生长 (见 4.2.2 小节)

2.4.1 形核热力学

当前考虑与母相成分相同的球形团簇，形核通过均匀母相中的起伏形成。为简单起见，不考虑形核中的应变效应。在凝聚态相变中，体积变化一般较小，因此在理论处理中可使用吉布斯自由能或亥姆霍兹自由能，这里使用吉布斯自由能。在形核的热力学理论中，只能计算处于平衡态的母相中给定起伏的概率。根据吉布斯–玻尔兹曼分布，形成一个尺寸为 n 的团簇的概率 (P_n) 与该过程的自由能变化 ΔG_n 相关[26,27]：

$$P_n \propto \exp\left[-\Delta G_n/(k_{\mathrm{B}}T)\right] \tag{2-26}$$

式中，k_B 为玻尔兹曼常量。式 (2-26) 的物理意义是平衡态时尺寸为 n 的团簇在相空间中的取样概率。严格地讲，式 (2-26) 只适用于平衡态母相，其中局域平衡所需时间远小于起伏的形成时间。如 2.1.1 小节所述，Turnbull[7] 证明了处于亚稳态的液相属于遍历各态体系，因而仍可使用平衡态热力学的相应概念。平衡态的团簇分布可表示为

$$f_n^{\mathrm{eq}} = \exp\left[-\Delta G_n/(k_B T)\right] \Big/ \sum_1^{\infty} \exp\left[-\Delta G_n/(k_B T)\right] \tag{2-27}$$

式中，分母部分为归一化常数。

这里采用吉布斯自由能提出的毛细近似 (capillarity approximation)，即团簇与母相间为尖锐界面 (无厚度的假想界面)，ΔG_n 可表示为块体相和界面的能量贡献之和[26,27]：

$$\Delta G_n = n\Delta G' + (36\pi)^{1/3}\, \bar{v}^{2/3} n^{2/3} \sigma_{\mathrm{int}} \tag{2-28}$$

式中，$\Delta G'$ 为团簇和母相中一个基本单元的自由能差；$\bar{v}$ 为基本单元的体积；σ_{int} 为单位面积界面能。在经典理论中，为处理方便，$\Delta G'$ 和 σ_{int} 的数值通常由宏观方法获取，即使对很小的团簇也如此。从式 (2-28) 可得 ΔG_n 的最大值为

$$\Delta G_{n^*} = \frac{16\pi}{3} \frac{\sigma_{\mathrm{int}}^3}{\Delta G^2} \tag{2-29}$$

与之对应的临界尺寸为

$$n^* = \frac{32\pi}{3\bar{v}} \frac{\sigma_{\mathrm{int}}^3}{|\Delta G_v|^3} \tag{2-30}$$

式中，ΔG_v 是单位体积团簇与母相的吉布斯自由能差，即 $\Delta G'/\bar{v}$。在 ΔG_n 最大值处，新相团簇处于消退与生长的临界状态：当尺寸小于 n^* 时，团簇趋于消退；当尺寸大于 n^* 时，团簇趋于生长。根据基本定义，形核的产物即为超临界尺寸的新相团簇[26,27]。

2.4.2　形核动力学

形核动力学理论的核心问题之一是形核率，即单位时间、单位体积内出现的新相超临界晶核的数量。Volmer 和 Weber 首次建立形核的动力学模型[30]，其理论核心成为此后形核理论发展的基础，Farkas[31]、Volmer[32]、Becker 等[33]、Zeldovich[34]、Frenkel[35]、Turnbull 等[36] 将该形核理论进行了发展。下面以稳态形核为例，讨论其核心问题。

如图 2-3 所示，以尺寸为 n 的团簇作为临界值，其形核率为小于该尺寸的晶核超过该尺寸的速率，即式 (2-23)。Volmer 和 Weber[30] 做出如下假设：对于 $n > n^*$ 的晶核，其向小尺寸演化的通量为零；同时，$n < n^*$ 的晶核处于平衡分布 [即式 (2-26)]。这一假设的合理性可以这样理解：当 $n > n^*$ 时，晶核长大使能量降低，而晶核消退会使能量增大，超临界晶核消退的概率远小于其长大概率，因此对应的通量为零；当 $n < n^*$ 时，虽然此时晶核分布处于非平衡态，但晶核尺寸较小时，从非平衡向平衡演化过程只需通过瞬态的热起伏完成，该弛豫时间足够短且可以忽略，因此仍可近似认为晶核满足平衡分布。显然，晶核尺寸越小，亚临界晶核的平衡分布假设越精确。基于上述假设，将式 (2-26) 中 $n > n^*$ 的概率密度设为零，并与式 (2-29) 结合，可得形核率：

$$I_{n^*} = \omega_{n^*}^{(+)} N_{n^*} \exp\left[-\Delta G_{n^*}/(k_{\mathrm{B}}T)\right] \tag{2-31}$$

Becker 和 Doring[33] 认为，假定 $n < n^*$ 的团簇处于稳态分布比平衡态分布更合理，再结合细致平衡假设，即式 (2-24)，可以得到稳态形核率：

$$I_n^{\mathrm{s}} = -\omega_{n,n+1}^{(+)} f^{\mathrm{eq}}(n,t)\left[\frac{f^{\mathrm{s}}(n+1,t)}{f^{\mathrm{eq}}(n+1,t)} - \frac{f^{\mathrm{s}}(n,t)}{f^{\mathrm{eq}}(n,t)}\right] \tag{2-32}$$

在真正的稳态形核阶段，I_n^{s} 的数值与尺寸 n 无关 (即 $\partial J_{n,n+1}/\partial n = 0$，用 I^{s} 表示)，在稳态时所有团簇的浓度保持不变。选择晶核尺寸 u 和 v，使得 $n \leqslant u$ 时稳态分布与平衡分布相同 [即 $f^{\mathrm{s}}(n,t) = f^{\mathrm{eq}}(n,t)$]，且 $n \geqslant u$ 时 $f^{\mathrm{s}}(n,t) = 0$[26,27]。严格来说，真正的稳态需要将尺寸为 v 的晶核分解为 v 个基本单元，从而保证稳态条件。上述假设对于 $u \to 0$ 和 $v \to \infty$ 时严格成立。在实际计算中，只有 u 选择足够小且 v 选择足够大，使得 ΔG_u 和 ΔG_v 比 ΔG_{n^*} 至少小 $k_{\mathrm{B}}T$，上述方程的解才对如何选择 u 和 v 不敏感。将式 (2-32) 从 u 到 v 加和，并考虑到 I_n^{s} 的数值与尺寸 n 无关可得:

$$I^{\mathrm{s}} \sum_{u}^{v} \frac{1}{\omega_{n,n+1}^{(+)} f^{\mathrm{eq}}(n,t)} = \left[\frac{f^{\mathrm{s}}(u)}{f^{\mathrm{eq}}(u)} - \frac{f^{\mathrm{s}}(v+1)}{f^{\mathrm{eq}}(v+1)}\right] \tag{2-33}$$

在此基础之上，为得到稳态形核率 I^{s}，假定：① 累加项用 n^* 处的值代替，因为 $1/f^{\mathrm{eq}}(n,t)$ 在 n^* 处的值远大于其他尺寸对应的数值；② 用尺寸 n^* 时的吸附系数 $\omega_{n^*}^{(+)}$ 代替其他吸附系数；③ 对 ΔG 在 n^* 处进行泰勒展开，并保留前两个非零项；④ 将累加项用 $n - n^* = -\infty$ 到 $n - n^* = \infty$ 的积分代替，并将分面函数 $f^{\mathrm{s}}(n)$ 作为 n 的连续函数。据此，可得到稳态形核率[26,27]：

$$I^{\mathrm{s}} = N\omega_{n^*}^{(+)}\sqrt{\frac{|\Delta G'|}{6\pi k_{\mathrm{B}}Tn^*}} = N\omega_{n^*}^{(+)}Z \tag{2-34}$$

式中，Z 为 Zeldovich 因子，$Z \equiv \sqrt{|\Delta G'|/(6\pi k_{\mathrm{B}}Tn^*)}$。式 (2-34) 与 Volmer 和 Weber 的表达式 [式 (2-31)] 相比只多了 Zeldovich 因子，多数情形下，$0.01 \leqslant Z \leqslant 0.1$。研究表明，稳态且与时间相关的形核率可以用 Fokker-Planck(FP) 方程来计算[26,28]。若将团簇中基本单元的数量作为连续变量，式 (2-25) 可写为如下的微分方程[26,28]：

$$J_n = -\omega_{n,n+1}^{(+)}f^{\mathrm{eq}}(n,t)\frac{\partial}{\partial n}\left[\frac{f(n,t)}{f^{\mathrm{eq}}(n,t)}\right] \tag{2-35}$$

而式 (2-21) 的主方程可写为

$$\frac{\partial f(n,t)}{\partial t} = \frac{\partial}{\partial n}\left\{\omega_{n,n+1}^{(+)}f^{\mathrm{eq}}(n,t)\frac{\partial}{\partial n}\left[\frac{f(n,t)}{f^{\mathrm{eq}}(n,t)}\right]\right\} \tag{2-36}$$

式 (2-36) 即为团簇概率密度演化的 Zeldovich-Frenkel 方程[26,28]。从数学形式上看，式 (2-36) 属于只有扩散项 (diffusional term) 没有拖拽项 (dragging term) 的 FP 方程，其推导使用了细致平衡近似，即假定体系的非平衡演化过程较慢，因此基本单元的吸附/脱附系数与平衡态满足同样的关系 [即式 (2-24)]。形核热–动力学多样性的相关内容详见 3.3.1 小节。

2.4.3　形核模式

关于竞争形核的研究可以追溯到 20 世纪 70 年代。Wood 和 Walton[37] 通过观察液滴凝固频率研究了水中冰的形核过程，这项开创性的工作证明了均质形核与非均质形核之间依赖于过冷度的竞争和转换。剑桥大学 Greer 团队研究了添加晶粒细化剂 (如 Al-Ti-B) 后铝合金的非均质形核机理，并分析了热形核与非热形核之间的竞争[38-40]。

在热力学上，形核需要驱动力。当系统约束发生变化时，系统会调整状态以适应变化，这为形核提供了驱动力，进而引发了不同形核模式之间的竞争。此外，形核作为一个动力学过程，与最终激活能对应。某种形核模式在一定条件下是否占优势，不仅取决于热力学驱动力，还取决于动力学能垒 (激活能)。热力学驱动力和动力学能垒的相对作用决定了实际相变中主要的形核方式，简言之，热力学驱动力是决定均质形核和非均质形核竞争的关键，而激活能或动力学能垒则区分热形核和非热形核。

1. 均质形核和非均质形核

本小节参考 Turnbull 和 Fisher[36] 在 1949 年提出的经典形核理论，该理论后来被业界修改和广泛引用。据此，均质形核速率可表示为[36]

$$I_{\text{hom}} = \left(\frac{\beta}{\tau_{\text{m}}\frac{2}{3}}\right)\left(\frac{\beta\sigma_{\text{int}}k_{\text{B}}T}{9\pi}\right)^{\frac{1}{2}}\left(\frac{N_{\text{h}}}{h}\right)\exp\left(-\frac{\Delta G_n}{k_{\text{B}}T}\right)\exp\left(-\frac{\Delta G^*}{k_{\text{B}}T}\right) \tag{2-37}$$

式中，β 为一个依赖于团簇几何形状的常数；τ_{m} 为固相的分子体积；h 为普朗克常量；N_{h} 为均质形核情况下母相中的原子数；其他参数见 2.4.1 小节和 2.4.2 小节。式 (2-37) 可简化为[41]

$$I_{\text{hom}} = N_0 \exp\left(-\frac{\Delta G_n}{RT}\right)\exp\left(-\frac{\Delta G^*}{RT}\right) \tag{2-38}$$

式中，N_0 与母相单位原子数成正比，在形核涉及的温度区间内近似为常数；R 为气体常量。需要注意的是，与 2.4.1 小节中针对团簇不同，式 (2-38) 及以后的激活能和临界形核功是针对 1mol 原子的。式 (2-37) 进一步可近似为[41]

$$I_{\text{hom}} = \Omega_1 \exp\left(K_1\tau\right) \tag{2-39}$$

式中，τ=$(\Delta T^2T^3)^{-1}$；$K_1 = f(\sigma) = -4\beta^3\sigma_{\text{int}}^3T_{\text{m}}^4/(27k_{\text{B}}\Delta H_{\text{m}}^2)$，其中 T_{m} 为熔点，ΔH_{m} 为熔化潜热；$\Omega_1 = f(T,N_0)$，对应式 (2-37) 中最后一个指数项之前的所有项。由于假定界面能通常与温度无关，形核速率的温度依赖性主要由式 (2-39) 中最后一个指数项决定。因此，与 τ 相比，假设 K_1 和 Ω_1 为常数是合理的。在此基础上，对式 (2-39) 取对数给出了 $\ln I_{\text{hom}}$ 与 τ 的线性关系，可以通过测量不同温度下的形核率来确定 K_1 和 Ω_1[36]。

非均质形核的形核速率取决于体系中单位体积内的异质核心数，可用来代替单位液体中用于均质形核的原子数[41]，进而得到：

$$I_{\text{hetero}} = N_1 \exp\left(-\frac{\Delta G_n}{RT}\right)\exp\left[-\frac{\Delta G^* f(\theta)}{RT}\right] \tag{2-40}$$

式中，N_1 与单位体积的异质核心带来的有效形核面积成正比。如此，可将式 (3-39) 中的 K_1 和 Ω_1 修正为[41]

$$K_2 = f(\sigma,\theta) = -4\beta^3\sigma_{\text{int}}^3T_{\text{m}}^4/[27k_{\text{B}}\Delta H_{\text{m}}^2 f(\theta)] \tag{2-41a}$$

$$\Omega_2 = f(T,N_1) \tag{2-41b}$$

同理，只要 N_1 保持不变，K_2 和 Ω_2 也可以被认为是常数。在此基础上，均质形核和非均质形核之间的唯一区别是 K_2 和 Ω_2 的值相比 K_1 和 Ω_1 要低得多。

在连续冷却实验中，通过观察液滴凝固的频率[37]，可观察到由非均质向均质形核机制转变的过程。图 2-4 所示为均质形核率或非均质形核率的对数 $\ln I_{\text{hom}}$ 或 $\ln I_{\text{hetero}}$(简写为 $\ln J$) 随 $\tau(\tau=(\Delta T^2T^3)^{-1})$ 的演化。在 τ 低于临界值时，$\ln J$ 和 τ 之间存在线性关系，当 τ 高于临界值时则无法维持该线性关系。这意味着均质形核出现在临界 ΔT 之上，而图 2-4 中临界 ΔT 之下 $\ln J$ 和 τ 之间的随机分布意味着 $\Omega_2(N_1)$ 对于非均质形核不应该是常数而应该是 ΔT 的函数。特别是净化熔体后的深过冷快速凝固中，单位体积有效形核面积随净化进行而大幅度减小；大致来说，ΔT 越高，N_1 越低[41]。

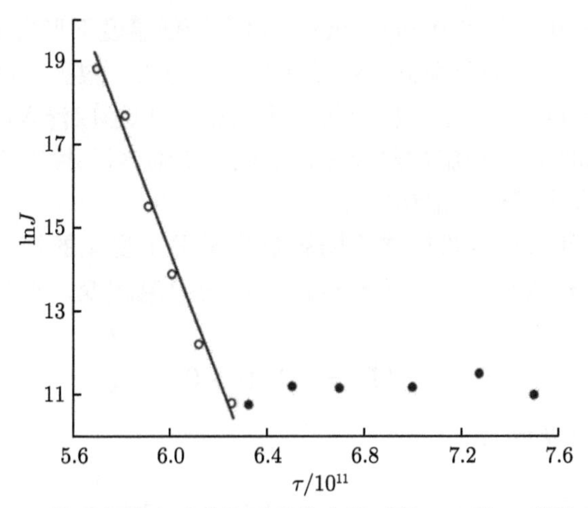

图 2-4　均质形核率或非均质形核率的对数 $\ln J$ 随 τ 的演化[37]

2. 热形核和非热形核

热形核 (一种随机过程) 表明在恒定温度下，新晶核应该以临界形核功作为激活能并以稳态速率生成。非热形核 (一个确定过程) 是 Fisher 等[42] 在讨论非等温转变 (如冷却过程) 时首次使用。Fisher 等[42] 考虑了快速冷却到较低温度时可以保持亚临界团簇平衡种群的情况，当某些团簇的尺寸大于临界晶核半径 r^* 时，会出现爆发式形核，即使该温度下的热形核可以忽略不计。非热形核在很多相变中非常普遍，如钢中的马氏体相变[43] 和非晶态合金的晶化[44,45]。对于非平衡凝固，非热形核可根据非均质核心尺寸和过冷度 ΔT 的大小分为两类，即位置饱和[42] 与自由生长[38,40]。对于固态相变，非热形核仅体现为位置饱和[46-49]。

过冷度足够高时，与 RT 相比，ΔG^* 可以忽略不计。因此，单位体积内新相的形核率仅由跨过界面的原子迁移率决定，无论是等温或是非等温进行的相变，均得到[46,48,49]

$$I\left[T\left(t\right)\right]=I_0\exp\left[-\frac{Q_{\mathrm{N}}}{RT\left(t\right)}\right] \tag{2-42}$$

式中，I_0 为不依赖温度的形核速率；Q_{N}[式 (2-38) 中的 ΔG_a] 定义为不依赖于温度的形核激活能。这种类型的形核方式在恒定温度下其形核率恒定，被定义为连续形核；在 t=0 时，晶核数量等于 0。连续形核常发生于极端非平衡过程，如非晶合金的晶化[48]。当 ΔT 足够小时，ΔG^* 与 RT 相比并不是很小，这种情况下的形核率必须遵循完整的形核方程 [式 (2-38)]。对于过冷合金熔体的非平衡凝固，连续形核也可称为多次形核。

对高温稳定相进行快速冷却/淬火后，可在较低温度下形成亚稳相，如非晶合金或过饱和固溶体，它们分别具有结晶或分解的潜力。根据这种亚稳相的精确热历史，可以将一定量的、新的、稳定相团簇“冻结”以形成淬入晶核，随后对上述具有“冻结”团簇的亚稳相施加热处理，那些大于临界尺寸 (即淬入晶核) 的团簇直接生长，表明发生了位置饱和。

位置饱和适用于新相的超临界团簇数目不发生变化的情况，即单位体积的超临界尺寸晶核数 N^* 在 $t=0$ 已存在。对于等温相变，形核速率[46-49] 可表示为

$$I(T)=N^*\delta\left(t-0\right) \tag{2-43}$$

对于不等温相变可表示为

$$I\left[T\left(t\right)\right]=N^*\delta\left[\frac{T\left(t\right)-T_0}{\varPhi}\right] \tag{2-44}$$

式中，$\delta(t-0)$ 和 $\delta[(T(t)-T_0)/\varPhi]$ 代表 Dirac 函数；$\varPhi$ 为恒定的冷却速率；$T_0=T(t=0)$；$T(t)=T_0+\varPhi t$ 且 $\varPhi=\mathrm{d}T(t)/\mathrm{d}t$。

与连续形核相比，假定在转化的初始阶段所有晶核都已经存在，随后只是生长，其晶核数保持不变。由于与连续形核相容，r^* 取决于温度，可见位置饱和中晶核数与温度有关。位置饱和作为 ΔT 的函数，与形核时间无关，即晶核不是由真实的物理生长造成的。例如，在铸铁的凝固过程中，Oldfield[50] 发现，单位体积的晶粒数与给定 ΔT 下的保温时间无关，但与 ΔT 的平方成正比。对于快淬，由于关键的扩散过程 (如分子在固/液界面上的输运) 被抑制，不能发生连续形核，只有超临界尺寸的非均质核心位点才有进一步长大的机会。随着冷却速率的增加，位置饱和发生的动力学过冷度越高，r^* 越小，N^*[见式 (2-44)] 越大[41]。

3. 混合形核和 Avrami 形核

实际相变过程，特别是固态相变中，很可能会出现混合形核。典型的混合形核是位置饱和同连续形核模式的组合，即形核速率等于连续形核和位置饱和形核速率的加权，对于等温相变[46-48]，可表示为

$$I\left(T,t\right)=N^{*}\delta\left(t-0\right)+I_{0}\exp\left(-\frac{Q_{\rm N}}{RT}\right) \tag{2-45}$$

对于等时相变[46,47], 可表示为

$$I\left[T\left(t\right)\right]=N^{*}\delta\left[\frac{T\left(t\right)-T_{0}}{\varPhi}\right]+I_{0}\exp\left(-\frac{Q_{\rm N}}{RT}\right) \tag{2-46}$$

在非晶合金的晶化过程中，混合形核屡屡发生，这表明淬入晶核位置饱和和随后的热激活连续形核的综合贡献[46,47,51]。

根据 Avrami 形核理论，所有超临界尺寸晶核均来自于亚临界尺寸团簇 $N_{\rm sub}$，且亚临界和超临界尺寸团簇的总数 N' 是恒定的[52-54]。因此，超临界尺寸晶核的变化等于亚临界尺寸团簇总量 $N_{\rm sub}$ 和单个亚临界团簇变为超临界晶核的速率 λ 的乘积[46-48]：

$$I=-\dot{N}_{\rm sub}=\lambda N_{\rm sub} \tag{2-47}$$

假设 λ 服从阿伦尼乌斯关系：

$$\lambda=\lambda_{0}\exp\left(-\frac{Q_{\rm N}}{RT}\right) \tag{2-48}$$

式中，λ_0 为与温度无关的速率。对式 (2-47) 积分，利用式 (2-48) 和 t=0 时亚临界团簇总量 N' 的边界条件，得到 t 时形核速率为[46-48]

$$I\left(T,t\right)=-\dot{N}_{\rm sub}=\lambda N'\exp\left(-\int_{0}^{t}\lambda{\rm d}\tau\right) \tag{2-49}$$

式 (2-49) 中，随 λ_0 的变化，形核方式可以从位置饱和 (λ_0 无限大) 变化到连续形核 (λ_0 无限小)。对于等温过程，λ 是常数，式 (2-49) 变为[46,47]

$$I\left(T,t\right)=\lambda N'\exp\left(-\lambda t\right) \tag{2-50}$$

形核热–动力学多样性的相关内容详见 3.3.2 小节和 3.3.3 小节。

2.4.4 生长方程

当晶核尺寸大于临界值时，晶核变大的过程使体系自由能下降，该过程称为生长。在材料加工涉及的液固相变和固态相变中，生长的热力学与动力学主要研究界面处的温度、成分与迁移速率之间的关系。为描述相界面处物理量的变化，前人提出了多种界面模型，根据其假设不同，可以分为尖锐界面、均质界面、楔形界面、截断楔形界面、光滑界面、弥散界面，如图 2-5 所示[55]。尖锐界面被认为是数学概念上的假想平面，且无界面厚度。该界面模型比较简单，因此应用最为广泛[36]，但其忽略了界面内部的物理细节，不能用于界面内部物理量变化的研究。均质界面模型认为界面是一个性质均一的特殊相，界面内部物理量恒定[55]。除尖锐界面外，弥散界面也是一种广泛应用的界面模型，在相场法中与 Landau 自由能相结合，描述体系能量变化 [13,16]。该模型中界面与块体相没有明确的分界，物理量及其导数在界面处都呈现连续变化。

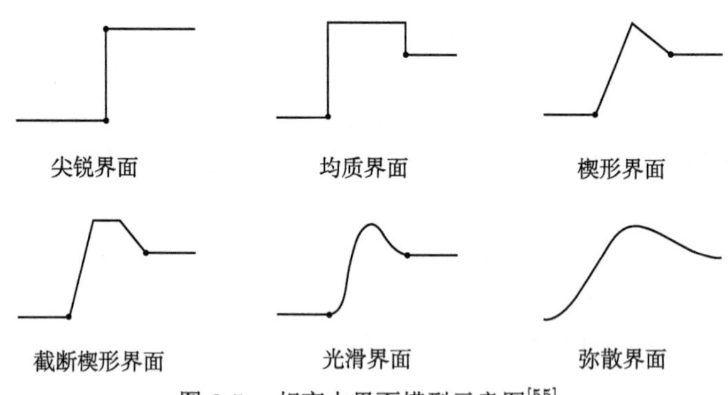

图 2-5　相变中界面模型示意图[55]

本书主要利用尖锐界面的概念建立相变模型，下面章节中先从团簇动力学角度出发，得到尖锐界面迁移的速率方程，然后考虑界面处溶质再分配，讨论常见相变中的界面动力学问题。对于纯组元体系，该速率方程对应界面温度与迁移速率之间的关系，旨在解决界面动力学问题。对于合金体系，界面处的溶质原子再分配对界面动力学过程和相变组织有显著影响，必须考虑。由于非平衡凝固和固态相变中处理界面处溶质分配问题的方法不同，因此分开叙述。

当新相团簇的尺寸超过临界值时，亚临界晶核转变为超临界晶核，就此开启了生长过程。如前所述，介观/宏观尺寸的生长过程使体系能量降低，但在微观尺度，该过程的本质是原子在团簇表面克服动力学能垒进行跃迁 (图 2-6)，完成新相吸附。下面将结合团簇动力学方法和过渡态理论 (transition state theory, TST)[5] 进行介绍。注意，在研究反应动力学过程时，过渡态理论又称为反应速率理论。

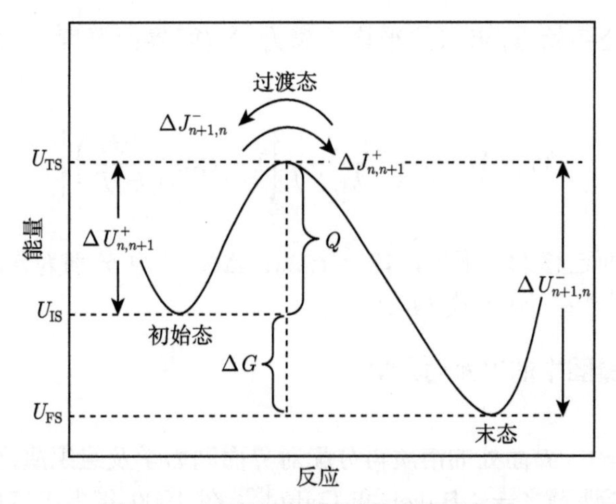

图 2-6　界面处原子跃迁的反应示意图

过渡态理论在 1935 年由 Eyring[56] 提出，是至今应用最广的速率理论。如图 2-6 所示，初始态为尺寸为 n 的团簇，末态为尺寸为 n+1 的团簇，过渡态为能量最大值对应的中间构型，而“分割面”定义为穿过过渡态并垂直于反应坐标方向的平面。末态与初始态的能量差即为反应的驱动力 ΔG，过渡态与初始态的能量差即为转变的动力学能垒 Q。沿正方向和负方向的热力学势垒分别为 $\Delta U^{+}_{n,n+1}(\Delta U^{+}_{n,n+1} \equiv U_{\rm TS} - U_{\rm IS})$ 和 $\Delta U^{-}_{n+1,n}(\Delta U^{-}_{n+1,n} \equiv U_{\rm TS} - U_{\rm FS})$，基于不返回假设，反应的驱动力与正方向势垒相同，即 $\Delta U^{+}_{n,n+1} = \Delta G$。过渡态理论需要如下两条假设：① 绝热近似，即在分割面附近，体系的哈密顿量 H 是可以分离的，即沿反应坐标方向上的运动很慢，以致该方向上的运动可以与其他坐标分开处理；② 不返回假设，即跨过分割面的轨线都是反应性的，一旦越过分割面，绝不返回到原先分割面的反应物一侧。基于上述假设，该过程单方向的反应速率为[5,56]

$$\omega^{+}_{n,n+1} = \frac{k_{\rm B}T}{h}\frac{q'_{\rm TS}(T)}{q'_{\rm IS}(T)}\exp\left(-\frac{U_{\rm TS}-U_{\rm IS}}{k_{\rm B}T}\right) \tag{2-51}$$

式中，h 为普朗克常量；$q'_{\rm IS}(T)$ 为单位体积内初始态 (尺寸为 n 的团簇及一个基本单元) 的配分函数；$q'_{\rm TS}(T)$ 为单位体积内过渡态的配分函数。式 (2-51) 中的指前因子即为原子沿反应路径方向的振动频率，为反应的上限速率。基于上述考虑，原子吸附的净通量为

$$J^{(+)}_{n,n+1} = \nu_0 \exp\left(-\frac{U_{\rm TS}-U_{\rm IS}}{k_{\rm B}T}\right)\left[1-\exp\left(\frac{U_{\rm FS}-U_{\rm IS}}{k_{\rm B}T}\right)\right] \tag{2-52}$$

这里假定了初始态和末态生长时原子沿反应路径方向的振动频率相同。

定义界面处初始态/末态的平均距离为 λ_0(即界面厚度)，则界面迁移速率为[1]

$$V_{\mathrm{I}}=V_0\exp\left(-\frac{Q}{k_{\mathrm{B}}T}\right)\left[1-\exp\left(\frac{\Delta G}{k_{\mathrm{B}}T}\right)\right] \tag{2-53}$$

式中，V_0 为界面迁移的上限度，$V_0\equiv\nu_0\lambda_0$；ΔG 和 Q 分别为界面迁移的热力学驱动力和动力学能垒 [详见式 (4-2)]。

2.4.5 非平衡凝固中的界面动力学

在凝固过程中，界面处的溶质再分配对界面动力学及组织演化有重要影响，是凝固研究的主要课题之一。Baker 和 Gahn[57] 在 1969 年提出溶质截留概念，在 Zn-Cd 合金系的激冷快速凝固中，当冷却速率足够大时，发现溶质 Cd 成分大于平衡固溶度，即出现溶质再分配被抑制的情形。图 2-7 给出非平衡凝固中界面成分变化：当界面速度较低时，界面处的成分调整可以充分进行，达到与相图相符的平衡成分，此时处于界面局域平衡态；当界面速度增大时，溶质再分配不能充分进行，因此界面成分偏离平衡成分，即发生溶质截留；当界面速度足够大时，溶质再分配完全不能发生，使固相成分与液相成分相同，即完全溶质截留，发生无扩散凝固。

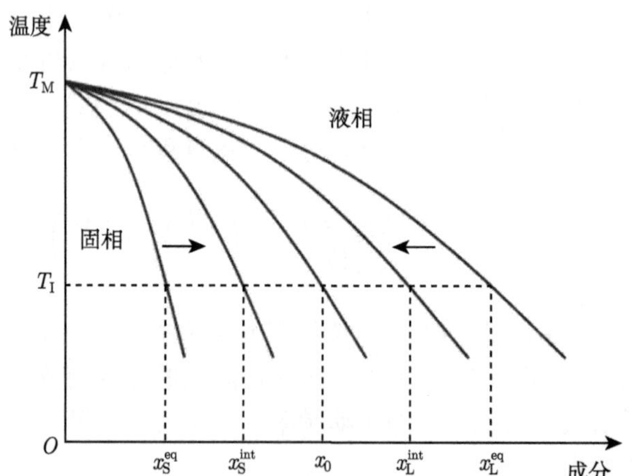

图 2-7 非平衡凝固中随非平衡程度增大界面成分变化示意图

在平衡凝固时，界面处液/固相成分与平衡成分 ($x_{\mathrm{L}}^{\mathrm{eq}}$、$x_{\mathrm{S}}^{\mathrm{eq}}$) 相同；当界面速度增大时，界面处液/固相成分 ($x_{\mathrm{S}}^{\mathrm{int}}$、$x_{\mathrm{L}}^{\mathrm{int}}$) 偏离平衡成分；当界面速度足够大时，界面处液/固相成分与合金初始成分相同 (即 $x_{\mathrm{S}}^{\mathrm{int}}=x_{\mathrm{L}}^{\mathrm{int}}=x_0$)，发生无扩散凝固；$T_{\mathrm{M}}$ 为熔剂熔点；T_{I} 为界面温度

1. 溶质截留模型的发展

凝固界面动力学中，应用最为广泛的是 Aziz 等提出的连续生长模型 (continuous growth model, CGM)[58-60]。Aziz[59,60]认为，液固界面反应分为两步：① 靠近界面的液相原子通过吸附形成一个新的固相层，其成分与液相相同；② 新的固相层通过界面处的短程扩散进行成分调整，即溶质再分配。基于上述物理图像和过渡态理论，Aziz[59,60] 针对二元稀溶液合金建立了界面动力学模型，并将该模型推广到二元浓溶液合金。对于浓溶液，假设界面反应过程中初始液相中溶剂原子 A 跃过一定能垒 Q_{D} 后与最终固相中溶质原子 B 之间发生交换，则相应界面反应产生的溶质通量 J_{D}^{+} 为

$$J_{\mathrm{D}}^{+}=g\nu\lambda C_{\mathrm{s}}\left(1-C_{\mathrm{l}}\right)\exp\left(\frac{-Q_{\mathrm{D}}}{RT}\right)V_{\mathrm{a}} \tag{2-54}$$

式中，g 为几何因子；ν 为原子跳跃频率；C_{s} 为界面处固相成分；C_{l} 为界面处液相成分；V_{a} 为原子体积 (假设 A 和 B 在固相/液相中原子体积相同)，与上述方向相反的反应产生的溶质通量 J_{D}^{-} 为[59,60]

$$J_{\mathrm{D}}^{-}=g\nu\lambda C_{\mathrm{l}}\left(1-C_{\mathrm{s}}\right)\exp\left(-\frac{Q_{\mathrm{D}}+\Delta\mu_{\mathrm{B}}'-\Delta\mu_{\mathrm{A}}'}{RT}\right)\Big/V_{\mathrm{a}} \tag{2-55}$$

式中，Δ 表示界面物理量在固/液相间的差值；μ' 表示溶质再分配势，即化学势 μ 减去理想混合熵。

$$\mu'\left(C,T\right)=\mu\left(C,T\right)-RT\ln C \tag{2-56}$$

因此，界面反应产生的总互扩散溶质通量 J_{D} 为[60]

$$J_{\mathrm{D}}=J_{\mathrm{D}}^{+}-J_{\mathrm{D}}^{-}=\left(V_{\mathrm{DI}}/V_{\mathrm{a}}\right)\left[C_{\mathrm{s}}\left(1-C_{\mathrm{l}}\right)-k_{\mathrm{e}}C_{\mathrm{l}}\left(1-C_{\mathrm{s}}\right)\right] \tag{2-57}$$

式中，$V_{\mathrm{DI}}=g\nu\lambda\exp\left[-Q_{\mathrm{D}}/(RT)\right]=D_{i}/\lambda\approx D_{\mathrm{l}}/\lambda$，其中 D_{l} 为界面内的溶质扩散系数，近似等于液相的溶质扩散系数 D_{l}，λ 为原子间距；k_{e} 为平衡分配系数，$k_{\mathrm{e}}=\exp[-(\Delta\mu_{\mathrm{B}}'-\Delta\mu_{\mathrm{A}}')/(RT)]$。界面移动引起的互扩散通量为

$$J_{\mathrm{D}}=\left(V_{\mathrm{I}}/V_{\mathrm{a}}\right)\left(C_{\mathrm{l}}-C_{\mathrm{s}}\right) \tag{2-58}$$

式 (2-58) 等价于通过原子跳跃引起的总溶质通量 [式 (2-57)]。由式 (2-57) 和式 (2-58) 得

$$k=\frac{C_{\mathrm{s}}}{C_{\mathrm{l}}}=\frac{V_{\mathrm{I}}/V_{\mathrm{DI}}+\kappa_{\mathrm{e}}}{V_{\mathrm{I}}/V_{\mathrm{DI}}+1-\left(1-\kappa_{\mathrm{e}}\right)C_{\mathrm{l}}} \tag{2-59}$$

式 (2-59) 即为 Aziz 和 Kaplan 建立的溶质截留模型[58,59]。对于稀溶液，$\kappa_e \to k_e$，$C_l \to 0$，则式 (2-59) 退化为

$$k = \frac{C_s}{C_l} = \frac{V_I/V_{DI} + k_e}{V_I/V_{DI} + 1} \tag{2-60}$$

式 (2-60) 即为 Aziz 最初建立的适用于稀溶液的溶质截留模型[60]。

上述模型存在一个问题，只有当界面速度无穷大时溶质分配系数才会等于 1，即发生完全溶质截留，这与实验和分子动力学计算结果相矛盾。究其原因，上述模型假定块体扩散仍处于局域平衡，未考虑块体相的局域非平衡效应。在实际非平衡凝固中，界面的迁移速率可以接近甚至超过原子在界面处液相一侧的扩散速度，使块体扩散处于局域非平衡态。

基于拓展不可逆热力学理论，Sobolev[61] 定义了非平衡凝固体系偏离平衡态的程度。在非平衡凝固中，原子扩散速度 (V_D) 的数量级为 10m/s，热扩散速度的数量级为 1000m/s。然而，液/固界面的迁移速率可超过原子扩散速度，如单相固溶体 Ni 基合金深过冷凝固中，界面速度最高可达 50m/s 左右[6]。随着界面速度从零增大，体系非平衡程度增大 (图 2-8)：① 当 $V_I=0$ 时，体系界面不迁移，体系整体处于平衡态 (global equilibrium)；② 当界面速度很小 ($V_I \ll V_D$) 时，界面迁移速度很小，溶质扩散可充分进行，体系整体处于非平衡态 (global non-equilibrium)，但界面处扩散可充分进行，界面处于局域平衡态 (local equilibrium)；③ 当界面速度进一步增大 ($V_I<V_D$)，界面处扩散被部分抑制，体系出现溶质截留，界面处于局域非平衡态，但块体扩散仍处于局域平衡态；④ 当界面速度与溶质原子扩散速度相当 ($V_I \approx V_D$) 时，液/固界面和块体液相均处于局域非平衡态，只在界面附近发生原子的短程扩散；⑤ 当界面速度进一步增大，但仍远小于热扩散速率，即满足 $V_D<V_I \ll V_T$，凝固过程中的溶质扩散被完全抑制，但热扩散仍处于局域平衡；直到 $V_I \approx V_D$，热扩散也会处于局域非平衡。

经过理论推导，Sobolev[61] 通过引入有效的液相溶质扩散系数 D^*，得到

$$D^* = \begin{cases} D_l\left(1 - V_I^2/V_D^2\right), & V_I < V_D \\ 0, & V_I \geqslant V_D \end{cases} \tag{2-61}$$

式 (2-61) 对式 (2-60) 进行了改进，可以得到考虑弛豫效应的溶质截留模型：

$$k = \begin{cases} \dfrac{V_I/V_{DI} + k_e\left(1 - V_I^2/V_D^2\right)}{V_I/V_{DI} + \psi}, & V_I < V_D \\ 1, & V_I \geqslant V_D \end{cases} \tag{2-62}$$

式中，ψ 为非平衡扩散因子，$\psi = 1 - V_I^2/V_D^2$。

进而，Galenko 等[17,18,62] 通过考虑弛豫效应，对 Aziz 和 Kaplan 的浓溶液溶质截留模型 [式 (2-59)][58-60] 进行了改进：

$$k=\begin{cases}\dfrac{V_{\mathrm{I}}/V_{\mathrm{DI}}+k_{\mathrm{e}}\left(1-V_{\mathrm{I}}^{2}/V_{\mathrm{D}}^{2}\right)}{V_{\mathrm{I}}/V_{\mathrm{DI}}+\psi\left[1-\left(1-k_{\mathrm{e}}\right)C_{\mathrm{l}}\right]}, & V<V_{\mathrm{D}}\\ 1, & V\geqslant V_{\mathrm{D}}\end{cases} \tag{2-63}$$

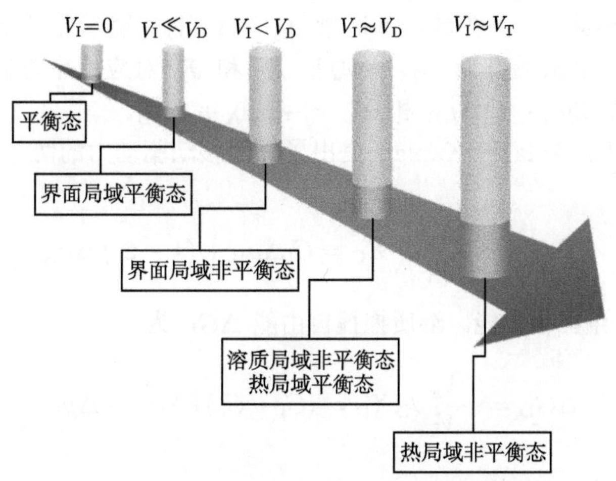

图 2-8　凝固体系中随凝固速率演化的偏离平衡程度示意图

Aziz 的溶质截留模型 [式 (2-59) 和式 (2-60)] 表明，当 $V_{\mathrm{I}}\to\infty$ 时，完全溶质截留才会发生；引入弛豫效应后 [式 (2-62) 和式 (2-63)]，完全溶质截留在 $V_{\mathrm{I}}=V_{\mathrm{D}}$ 就已发生。由于溶质截留效应，非平衡凝固会形成无溶质偏析的凝固组织[63]。

进一步考虑非线性液/固相线，Wang 等[64] 针对二元稀溶液合金修正了溶质截留模型，该模型相比 Aziz 的二元稀溶液模型，考虑了非线性液/固相线对平衡分配系数的影响。相关工作将在第 3 章中详述。

2. 界面移动驱动力的确定

在等温等压条件下，体系吉布斯自由能的变化率 $\dot{G}$ 等价于单位面积界面上产生的不可逆熵的变化率 $\dot{S}$：

$$\dot{G}=-T\dot{S}=-\sum J_{i}X_{i} \tag{2-64}$$

式中，J_i 为通量；X_i 为相应的热力学驱动力。对于二元合金体系的凝固过程，存在两个同时进行的子过程，假设其通量为 J_1 和 J_2，对应的热力学驱动力为 X_1 和 X_2，则由昂萨格线性动力学理论[10]：

$$J_{1}=\alpha_{11}X_{1}+\alpha_{12}X_{2} \tag{2-65}$$

$$J_2 = \alpha_{21} X_1 + \alpha_{22} X_2 \tag{2-66}$$

式中，α_{ij}(i= 1 或 2，j= 1 或 2) 为动力学系数且满足昂萨格倒易关系 $\alpha_{12} = \alpha_{21}$。

通常，通量 J_1 和 J_2 的选取分为以下两种：① 液/固界面的推进过程即为溶剂原子 A 和溶质原子 B 在界面处的凝固过程；原子 A 和 B 在界面处的通量分别为 $J_A = (1 - C_s) V_I/V_a$ 和 $J_B = C_s V_I/V_a$，其对应的热力学驱动力 X_A 和 X_B 分别为 $X_A = -\Delta\mu_A$ 和 $X_B = -\Delta\mu_B$。② 液相原子 A 和 B 由于界面的移动而转化为固相原子，产生的结晶通量 $J_C = V_I/V_a$，随后原子 A 和 B 在界面发生互扩散，互扩散通量为 J_D，与通量 J_C 和 J_D 对应的热力学驱动力分别为 $X_C = -(1 - C_l)\Delta\mu_A - C_l\Delta\mu_B$ 和 $X_D = -\Delta\mu_A + \Delta\mu_B$。

在此基础上，Aziz 和 Kaplan 提出了界面移动驱动力的两种表达形式[58-60] (图 2-9)：

$$\Delta G_C = -\frac{V_a}{V_I} J_C X_C = C_l \Delta\mu_B + (1 - C_l)\,\Delta\mu_A \tag{2-67}$$

式中，ΔG_C 为结晶自由能。溶质拖拽自由能 ΔG_D 为

$$\Delta G_D = -\frac{V_a}{V_I} J_D X_D = (C_l - C_s)\,(\Delta\mu_A - \Delta\mu_B) \tag{2-68}$$

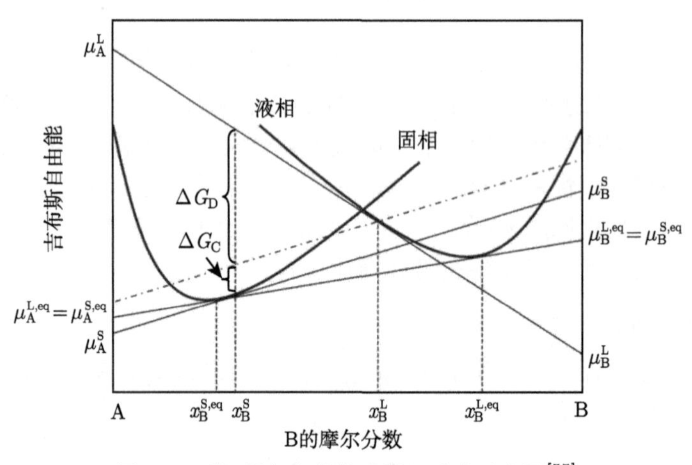

图 2-9　液/固相变的热力学驱动力示意图[55]

由此可见，凝固过程中体系能量的耗散分为两个部分：① 液相结晶成固相所需的结晶自由能；② 界面溶质互扩散耗散的溶质拖拽自由能。

生长热–动力学多样性的相关内容详见 3.4.1 小节和 3.4.2 小节。

2.4.6　固态相变中的界面动力学

在固态相变中，相变体系的热通量可以忽略，因此新相的生长速率主要取决于两个过程的博弈，即界面迁移和体积扩散。长期以来，在分析相变速率时，只考虑一种模式控制相变速率，即界面控制或体积扩散控制，相应的界面成分条件见图 2-10。与非平衡凝固中界面过程类似，作用于界面两侧的热力学驱动力通过界面迁移和穿越界面扩散两种路径耗散[55]。与二元合金的溶质分配模型相结合，两个过程的极端分别对应于界面处的局域平衡和完全溶质截留[61]。实际上，界面迁移必须处于非平衡，因此实际的界面迁移是两个极端情形的混合，即混合生长模式[55]。

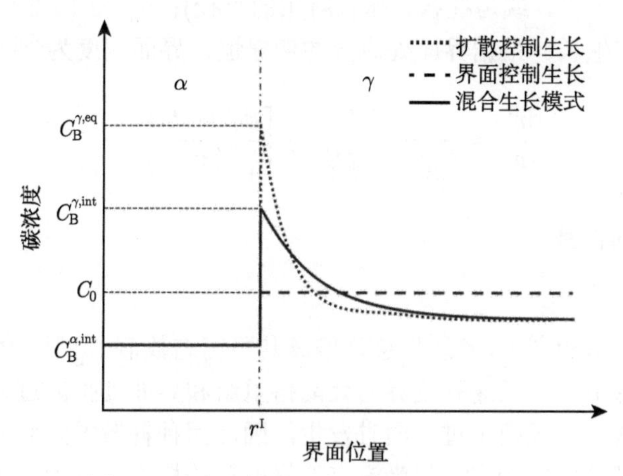

图 2-10　生长模式对应的界面成分示意图

1. 界面控制生长

当界面速度足够大时，穿界面扩散被完全抑制，因此不耗散相变驱动力，此时界面成分满足 $C_B^{\gamma,\mathrm{int}} = C_0$，母相中成分与合金初始成分相同。在这种情形下，新相生长被完全界面迁移过程控制，因此称为界面控制生长，其生长方程与式 (2-53) 相同。当过热度或过冷度足够大时，驱动力 $|\Delta G|$ 与 k_BT 数量级相同，生长速率方程可简化为

$$V_I = V_0 \exp\left(-\frac{Q}{k_BT}\right) \tag{2-69}$$

在过冷度或过热度较小时，生长驱动力较小，驱动力 $|\Delta G|$ 远小于 k_BT，生长速率方程可简化为

$$V_I = V_0 \exp\left(-\frac{Q}{k_BT}\right)\left(-\frac{\Delta G}{k_BT}\right) \tag{2-70}$$

2. 扩散控制生长

当界面速度较小时，界面处的溶质再分配过程可以充分进行，因而界面成分 (图 2-10) 与相图给出的平衡值相同 (即 $C_{\rm B}^{\gamma,\rm int}=C_{\rm B}^{\gamma,\rm eq}$)，即处于局域平衡态。这种情形下，受界面条件影响，块体相中的长程扩散控制生长速率，即为扩散控制生长。在给定界面条件时 (即平衡态)，生长速率的问题退化为块体相扩散方程的求解[63]：

$$\frac{\partial C(r,t)}{\partial t}=D_{\rm b}\frac{\partial^2 C(r,t)}{\partial r^2}+(n_{\rm g}-1)\frac{D_{\rm b}}{r}\frac{\partial C(r,t)}{\partial r} \tag{2-71}$$

式中，$D_{\rm b}$ 为扩散系数 (假定与成分无关)；r 为与两相界面垂直的坐标系 (对应于板状新相厚度的一半，或是柱状、球状新相的半径)；$n_{\rm g}$ 为 1、2 或 3 时对应于一维、二维或三维生长。根据界面处成分通量守恒，界面速度为[63]

$$\frac{{\rm d}r^{\rm I}}{{\rm d}t}=\frac{D_{\rm b}}{C_{\rm B}^{\gamma,\rm int}-C_{\rm B}^{\alpha,\rm int}}\left[\frac{\partial C(r,t)}{\partial r}\right]\bigg|_{r=r^{\rm I}} \tag{2-72}$$

式中，$r^{\rm I}$ 为界面位置。

3. 混合生长模式

在实际的固态相变中，$C_{\rm B}^{\gamma,\rm int}$ 总是偏离其平衡态数值 $C_{\rm B}^{\gamma,\rm eq}$，介于 $C_{\rm B}^{\gamma,\rm eq}$ 和 C_0 之间。这种情形下，生长速率受界面处晶格重组和界面处扩散过程共同控制，称为混合生长模式。上述两个过程同时发生，因此两种耗散方式对应的界面速度相等。尽管上述理论研究较多，但尚没有严格的理论模型处理混合生长问题。生长热–动力学多样性的相关内容详见 3.4.3 小节。

2.5 存在的问题

随现代工业技术的发展，材料加工过程中出现诸多非平衡现象。例如，快速凝固发生在远离平衡条件下，这使得凝固体系偏离局域平衡，溶质截留发生，固相中固溶度增大[6,65]；当冷速或过冷度进一步增大时，体系出现完全溶质截留，界面处溶质再分配被完全抑制，出现无扩散凝固；当冷速或过冷度足够大时，结晶过程被抑制，凝固后固相为非晶态，即金属玻璃。由于非平衡效应的存在，快速凝固技术可获得具有均匀成分和显微组织的固相材料，进而实现材料性能的均匀化。因此，在建立相应的理论模型时考虑相变体系中的局域非平衡效应，理解和控制相变过程，理论研究和工程应用都非常重要。

经典相变理论集中讨论纯组元或二元合金的相变过程，但工程合金通常组元数较多，如 Ni 基高温合金和钢铁材料最多有十几种组元。对多元合金非平衡相变过程进行计算时，经典理论通常假设多元合金中各个组元之间无相互作用，其界面再分配和扩散行为相互独立。如此，每个组元的扩散效应可直接叠加，直接将二元合金的相变理论拓展到多元模型。这样的处理对于稀溶液合金是较好的近似，但在多元浓溶液合金中，组元之间必然存在强烈的相互作用，进而对相变行为产生影响，此时需要使用考虑组元之间相互作用的模型来描述非平衡组织演化过程。

一阶相变过程涉及多个时间和空间尺度。原子尺度的振动导致相界面处的原子吸附/脱附，固相材料的振动频率在 THz 量级[66]，因而吸附时间数量级约为 10^{-12}s；随新相进一步长大，发展为介观、宏观尺度的晶粒，所需时间可从若干秒到若干天[1]。由于材料的性能由其微观组织决定，理解微观组织及其演化与材料性质的解释密切相关。

上述非平衡、多组元和多尺度问题必将导致相变复杂程度的提升，具体体现于相变过程中热力学驱动力和动力学能垒的千变万化、热力学驱动力和动力学能垒间的本征关联以及连续相变间热力学驱动力和动力学能垒的遗传特性。

参考文献

[1] CHRISTIAN J W. The Theory of Transformations in Metals and Alloys[M]. London: Newnes, 2002.
[2] 徐祖耀. 材料相变[M]. 北京: 高等教育出版社, 2013.
[3] ZHAO J C, NOTIS M R. Continuous cooling transformation kinetics versus isothermal transformation kinetics of steels: A phenomenological rationalization of experimental observations[J]. Materials Science and Engineering Reports, 1995, 15(4-5): 135-207.
[4] 徐祖耀. 相变原理[M]. 北京: 科学出版社, 1988.
[5] 陈敏伯. 统计力学——理论化学用书[M]. 北京: 科学出版社, 2012.
[6] HERLACH D M. Non-equilibrium solidification of undercooled metallic metals[J]. Materials Science and Engineering Reports, 1994, 12(4-5): 177-272.
[7] TURNBULL D. Phase changes[J]. Solid State Physics, 1956, 3(12): 225-306.
[8] JOHNSON W L. Thermodynamic and kinetic aspects of the crystal to glass transformation in metallic materials[J]. Progress in Materials Science, 1986, 30(2): 81-134.
[9] HILLERT M. Phase Equilibria, Phase Diagrams and Phase Transformations: Their Thermodynamic Basis[M]. Cambridge: Cambridge University Press, 2007.
[10] ONSAGER L. Reciprocal relations in irreversible processes-I[J]. Physical Review, 1931, 37(4): 405-426.
[11] DE GROOT S R, MAZUR P. Non-equilibrium Thermodynamics[M]. New York: Dover Publications, 1983.
[12] CASAS J D, VAZQUEZ L G. Extended Irreversible Thermodynamics[M]. Berlin: Springer, 2010.
[13] SEKERKA R F. Irreversible thermodynamic basis of phase field models[J]. Philosophical Magazine, 2011, 91(1): 3-23.
[14] MARTYUSHEV L M, SELEZNEV V D. Maximum entropy production principle in physics, chemistry and biology[J]. Physics Reports, 2006, 426(1): 1-45.
[15] FISCHER F D, SVOBODA J, PETRYK H. Thermodynamic extremal principles for irreversible processes in materials science[J]. Acta Materialia, 2014, 67: 1-20.
[16] SVOBODA J, FISCHER F D, MCDOWELL D L. Derivation of the phase field equations from the thermodynamic extremal principle[J]. Acta Materialia, 2012, 60(1): 396-406.

[17] GALENKO P K, DANILOV D A. Local nonequilibrium effect on rapid dendritic growth in a binary alloy melt[J]. Physics Letters A, 1997, 235(3): 271-280.
[18] GALENKO P K, SOBOLEV S L. Local nonequilibrium effect on undercooling in rapid solidification of alloys[J]. Physical Review E, 1997, 55(1): 343-352.
[19] GALENKO P K. Local-nonequilibrium phase transition model with relaxation of the diffusion flux[J]. Physics Letters A, 1994, 190(3-4): 292-294.
[20] SOBOLEV S L. Local-nonequilibrium model for rapid solidification of undercooled melts[J]. Physics Letters A, 1995, 199(5-6): 383-386.
[21] SVOBODA J, FISCHER F D, FRATZL P, et al. Diffusion in multi-component systems with no or dense sources and sinks for vacancies[J]. Acta Materialia, 2002, 50(6): 1369-1381.
[22] RISKEN H. The Fokker-Planck Equation. Methods of Solution and Applications[M]. Berlin: Springer, 1996.
[23] LANGER J S. Statistical theory of the decay of metastable states[J]. Annals of Physics, 1969, 54(2): 258-275.
[24] LANGER J S. Theory of nucleation rates[J]. Physical Review Letters, 1968, 21(14): 973-976.
[25] PENROSE O. Foundations of statistical mechanics[J]. Reports on Progress in Physics, 1979, 42(12): 1937-2006.
[26] KELTON K F. Crystal nucleation in liquids and glasses[J]. Solid State Physics, 1991, 45: 75-177.
[27] KELTON K F, GREER A L. Nucleation in Condensed Matter[M]. Oxford: Pergamon Materials Series, 2010.
[28] SLEZOV V V, SCHMELZER J W P, ABYZOV A S. Nucleation Theory and Applications[M]. Weinheim: Wiley-VCH, 2005.
[29] HE Y Q, SONG S J, DU J L, et al. Thermo-kinetic connectivity by integrating thermo-kinetic correlation and generalized stability[J]. Journal of Materials Science & Technology, 2022, 127: 225-235.
[30] VOLMER M, WEBER A. Keimbildung in übersättigten gebilden[J]. Zeitschrift für Physikalische Chemie, 1926, 119(1): 277-301.
[31] FARKAS L. Keimbildungsgeschwindigkeit in übersttigten dmpfen[J]. Zeitschrift für Physikalische Chemie, 1927, 125(1): 236-242.
[32] VOLMER M. Kinetik Der Phasenbildung[M]. Dresden: Steinkopff, 1939.
[33] BECKER R, DORING W. Kinetic treatment of grain-formation in super-saturated vapours[J]. Annalen der Physik, 1935, 24(8): 719-752.
[34] ZELDOVICH J B. On the theory of new phase formation: Cavitation[J]. Acta Physiochim USSR, 1943, 18: 1-22.
[35] FRENKEL J. Kinetic Theory of Liquids[M]. Oxford: Clarendon, 1946.
[36] TURNBULL D, FISHER J C. Rate of nucleation in condensed systems[J]. The Journal of Chemical Physics, 1949, 17(1): 71-73.
[37] WOOD G R, WALTON A G. Homogeneous nucleation kinetics of ice from water[J]. Journal of Applied Physics, 1970, 41(7): 3027-3036.
[38] QUESTED T E, GREER A L. Athermal heterogeneous nucleation of solidification[J]. Acta Materialia, 2005, 53(9): 2683-2692.
[39] QUESTED T E. Solidification of inoculated aluminium alloys[D]. Cambridge: University of Cambridge, 2005.
[40] QUESTED T E, GREER A L. Grain refinement of Al alloys: Mechanisms determining as-cast grain size in directional solidification[J]. Acta Materialia, 2005, 53(17): 4643-4653.
[41] LIU F, CHEN Y Z, YANG G C, et al. Competitions incorporated in rapid solidification of the bulk undercooled eutectic $Ni_{78.6}Si_{21.4}$ alloy[J]. Journal of Materials Research, 2007, 22(10): 2953-2963.

[42] FISHER J C, HOLLOMON J H, TURNBULL D. Nucleation[J]. Journal of Applied Physics, 1948, 19(8): 775-784.

[43] GHOSH G, OLSON G B. Kinetics of F.C.C. → B.C.C. heterogeneous martensitic nucleation—I. The critical driving force for athermal nucleation[J]. Acta Metallurgica et Materialia, 1994, 42(10): 3361-3370.

[44] NITSCHE H, SOMMER F, MITTEMEIJER E J. The Al nano-crystallization process in amorphous $Al_{85}Ni_8Y_5Co_2$[J]. Journal of Non-Crystalline Solids, 2005, 351(49-51): 3760-3771.

[45] SAJKIEWICZ P. Transient and athermal effects in the crystallization of polymers. I. Isothermal crystallization[J]. Journal of Polymer Science Part B: Polymer Physics, 2002, 40(17): 1835-1849.

[46] KEMPEN A T W, SOMMER F, MITTEMEIJER E J. Determination and interpretation of isothermal and non-isothermal transformation kinetics; The effective activation energies in terms of nucleation and growth[J]. Journal of Materials Science, 2002, 37(7): 1321-1332.

[47] MITTEMEIJER E J, SOMMER F. Solid state phase transformation kinetics: A modular transformation model[J]. International Journal of Materials Research, 2002, 93(5): 352-361.

[48] LIU F, SOMMER F, MITTEMEIJER E J. An analytical model for isothermal and isochronal transformation kinetics[J]. Journal of Materials Science, 2004, 39(5): 1621-1634.

[49] LIU F, SOMMER F, BOS C, et al. Analysis of solid state phase transformation kinetics: Models and recipes[J]. International Materials Reviews, 2007, 52(4): 193-212.

[50] OLDFIELD W. A quantitative approach to casting solidification: Freezing of cast iron[J]. ASM Transaction, 1966, 59(4): 945-960.

[51] KEMPEN A T W, SOMMER F, MITTEMEIJER E J. The isothermal and isochronal kinetics of the crystallisation of bulk amorphous $Pd_{40}Cu_{30}P_{20}Ni_{10}$[J]. Acta Materialia, 2002, 50(6): 1319-1329.

[52] AVRAMI M. Kinetics of phase change. I. General theory[J]. The Journal of chemical physics, 1939, 7(12): 1103-1112.

[53] AVRAMI M. Kinetics of phase change. Ⅱ. Transformation-time relations for random distribution of nuclei[J]. The Journal of Chemical Physics, 1940, 8(2): 212-224.

[54] AVRAMI M. Granulation, phase change, and microstructure kinetics of phase change. Ⅲ[J]. The Journal of Chemical Physics, 1941, 9(2): 177-184.

[55] HILLERT M. Solute drag, solute trapping and diffusional dissipation of Gibbs energy[J]. Acta Materialia, 1999, 47(18): 4481-4505.

[56] EYRING H. The activated complex in chemical reactions[J]. The Journal of Chemical Physics, 1935, 3(2): 107-115.

[57] BAKER J C, CAHN J W. Solute trapping by rapid solidification[J]. Acta Metallurgica, 1969, 17(5): 575-578.

[58] AZIZ M J, KAPLAN T. Continuous growth model for interface motion during alloy solidification[J]. Acta Metallurgica, 1988, 36(8): 2335-2347.

[59] AZIZ M J. Dissipation-theory treatment of the transition from diffusion-controlled to diffusionless solidification[J]. Applied Physics Letters, 1983, 43(6): 552-554.

[60] AZIZ M J. Model for solute redistribution during rapid solidification[J]. Journal of Applied Physics, 1982, 53(2): 1158-1168.

[61] SOBOLEV S L. Rapid solidification under local nonequilibrium conditions[J]. Physical Review E, 1997, 55(6): 6845-6854.

[62] GALENKO P K, DANILOV D A. Model for free dendritic alloy growth under interfacial and bulk phase nonequilibrium conditions[J]. Journal of Crystal Growth, 1999, 197(4): 992-1002.

[63] LIU F, WANG H F, SONG S J. Competitions correlated with nucleation and growth in non-equilibrium solidification and solid-state transformation[J]. Process in Physics, 2012, 32(2): 57-97.

[64] WANG H F, LIU F, CHEN E, et al. Analysis of non-equilibrium dendrite growth in a bulk undercooled alloy melt: Model and application[J]. Acta Materialia, 2007, 55: 497-506.

[65] ECKLER K, COCHRANE R F, HERLACH D M, et al. Evidence for a transition from diffusion-controlled to thermally controlled solidification in metallic alloys[J]. Physical Review B, 1992, 45(9): 5019-5022.

[66] KITTEL C. Introduction to Solid State Physics[M]. 8th Ed. New York: John-Wiley & Sons, 2005.

第 3 章 热–动力学多样性

3.1 引 言

如 2.5 节所述，作为指导相变调控的关键理论，前人在热力学和动力学理论方面取得的显著成果基于大量假设，如局域平衡假设、理想溶液假设、单一尺度假设等，大大限制了热–动力学理论在实际材料加工过程中的应用。通过松弛上述假设，可以更深入地掌握相变热–动力学理论，更精确地获取热力学驱动力和动力学能垒，进而通过复杂非平衡条件下的相变调控来设计目标材料。

如前所述，复杂非平衡相变同热力学驱动力和动力学能垒的相对独立不匹配，考虑到只有变化的物理量才有可能协同，为了澄清热–动力学协同，必须首先阐明热–动力学多样性。相变属于热力学驱动下的原子结构重组过程，一旦母相中新相开始启动，可能的应变能和表面能便会阻碍其发展，进而形成一个临界状态；如果化学驱动力足够抵消相应的应变能和表面能之和时，新相越过该临界状态得以形核和生长。该临界状态被定义为母相的热力学稳定性，新相的形核是打破该热力学稳定性的初始阶段，随后会伴随由溶质或热扩散控制的生长过程 (扩散型相变) 或位移型切变[1]。

图 3-1 中，随相变的发生与发展，热力学驱动力和动力学能垒的具体数值均会发生变化；相应的热–动力学多样性可以从稳定性、形核和生长过程得到证明和展示。根据扩展等动力学，不同组合的相变热–动力学也会定量给出热–动力学多样性蕴含的不同的相变动力学机制。

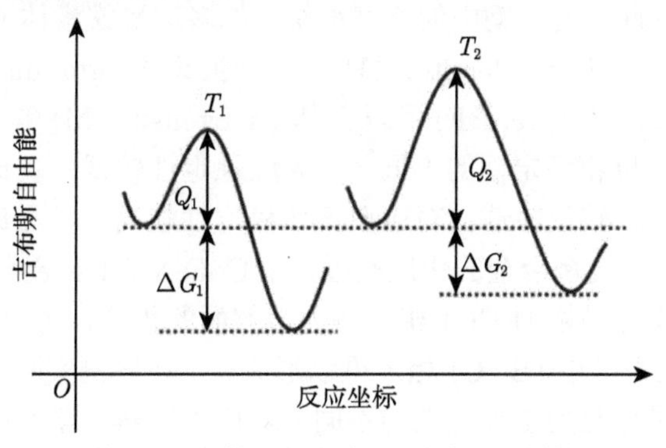

图 3-1 非等温相变中热–动力学多样性

3.2 与稳定性相关的热–动力学多样性

金属结构材料研究中，稳定性的概念极其重要，基本包括相或结构稳定性、尺寸或热稳定性以及界面或形态稳定性，前两类可统称为热力学稳定性。第三类稳定性是热力学和动力学共同作用的结果，其临界条件取决于界面微小扰动的正/负反馈。三类稳定性均针对临界状态。对于满足平衡相图基本规律的相变而言，化学驱动力自发驱动相变，只有当应变能和表面能之和平衡了化学驱动力，或动力学能垒过大导致相变过程无法有效进行，自发相变才会停止。对于平衡相图上不存在的非自发相变，必须提供足够的化学驱动力 (或机械驱动力) 来克服应变能和表面能的阻碍，相变才能发生。以上两类相变，无所谓自发或非自发，究其根本，相变发生等同于母相热力学稳定性的突破，其临界条件可以根据热力学第一定律表述如下[1]

$$\Delta G = \Delta G^{\mathrm{chem}} + \Delta G^{\mathrm{strain}} + \Delta G^{\mathrm{inter}} \tag{3-1}$$

式中，ΔG^{chem} 为新旧相间的化学驱动力；$\Delta G^{\mathrm{strain}}$ 为储存的应变能；$\Delta G^{\mathrm{inter}}$ 为相变导致的界面能变化。式 (3-1) 及其衍生形式普遍应用于相变或变形过程，包括快速凝固[2]、马氏体相变[3]、析出序列[4] 和应变诱导相变[5] 等。只有突破了热力学稳定性 ($\Delta G<0$)，才会有可能涉及相变动力学过程。

3.2.1 相或结构稳定性

相或结构稳定性用来衡量母相在一定温度、成分和机械力作用下维持稳定的能力。不同的稳定性代表不同热力学驱动力下不同动力学机制的组合，显示出同温度、成分和机械力相关的热–动力学多样性。

与温度相关的稳定性等价于冷却条件导致潜在相的竞争，这方面案例颇多，最具代表性的为 Fe-C 合金冷却过程中发生的奥氏体 → 珠光体 → 贝氏体 → 马氏体的系列转变。据此，高强钢中的典型组织，如多边形铁素体 (polygonal ferrite, PF)、针状铁素体 (acicular ferrite, AF)、粒状贝氏体 (granular Bainite, GRB)、贝氏铁素体 (Bainitic ferrite, BF) 和马氏体 (martensite, M) 等，就是源于不同成分和冷速下奥氏体母相稳定性的不同[6]。对应稳定性较低的奥氏体，多边形铁素体产生于较高温度或较低冷速；对应奥氏体稳定性较高时，马氏体的形成需要较低温度或较高冷速。高熵合金的快速凝固，如 CoFeNiPd 合金[2] 也存在类似情况；初始高温对面心立方晶格 (FCC) 相有热力学方面的优待，而当温度足够低 (冷速足够大) 时体心立方晶格 (BCC) 相才得以形成。上述案例实际源于不同相在不同冷却条件下相比母相热力学稳定性的不同，对应不同热力学驱动力和动力学能垒的组合。类似情况在非晶合金的晶化中也有体现，如 Al_xDy_{100-x} 非晶薄带[7]，在 $85<x<93$ 前提下，随温度降低发生的多晶型相析出序列，γ-$DyAl_3$ → β-$DyAl_3$ →

β'-DyAl$_3$ $\rightarrow$ α'-DyAl$_3$。热–动力学多样性也体现于等温过程。例如，由于不同的铁磁状态，等温马氏体相变的热力学驱动力和动力学能垒会随等温温度的不同而发生改变[8]；钢铁回火和铝合金等温时效中因稳定性不同而发生析出序列的演化，如 ε/η-Fe$_2$C$\rightarrow$ θ-M$_3$C$\rightarrow$M$_7$C$_3$ $\rightarrow$M$_{23}$C$_6$[4]，GP(Mg$_4$AlSi$_6$) $\rightarrow$ β''(Mg$_5$Si$_6$) $\rightarrow$ β'(Mg$_9$Si$_5$)、B$'$(Mg$_9$Al$_3$Si$_7$)、U1(MgAl$_2$Si$_2$)，U2(MgAlSi)$\rightarrow$ β(Mg$_2$Si)[9]。详见 4.2.5 小节中 Al-Cu 合金的等温析出序列。

同冷却条件相比，成分对相或结构稳定性的影响更为显著。作为基体热力学状态和相变动力学过程的必然结果，与成分相关的相或结构稳定性在所有类型相变中均有所体现。例如，在某低合金钢马氏体相变后的回火中，当 Cr 的质量分数小于 2%时，析出 M$_7$C$_3$ 的驱动力大于析出 M$_{23}$C$_6$，因此通过调整 Cr 的质量分数等效于借助成分相关的热–动力学多样性来控制析出相[10]。对于马氏体相变，提高 C 和其他合金化元素的质量分数会将马氏体形态从板条状改变为片状[11]；板条状马氏体来自于位错型马氏体相变，而片状马氏体来自于孪生型马氏体相变，后者需要更大的驱动力[12]。根据经典位错形核理论，层错能 (stacking-fault energy, SFE) 越小，发生形核所需驱动力越小；通过提高 Mn 的质量分数可以降低钢的层错能，进而在较小化学驱动力下优先析出高稳定性的六方 ε-马氏体，而不是正交 α-马氏体[3]。因为 C 和 Ni 原子在奥氏体和铁素体间的配分，Fe-Ni-Zr-C 合金中马氏体相变的化学驱动力不足以打破奥氏体的稳定性，所以在快速淬火后马氏体相变不发生，超细晶奥氏体与纳米晶铁素体形成所谓的双相双峰纳米合金[13-15]，详见 5.5.3 小节。

机械力效应也会影响相或结构稳定性，进而体现热–动力学多样性。一般而言，机械处理作为热处理的前处理阶段，用以调整基体中位错的密度及其分布，进而改变特定相非均质形核的热力学条件，最终改变不同潜在相的热力学稳定性。基于此，不均匀变形可以制造不同应变梯度区域的离散分布，如此，在同一介观相变体系内，不同微观区域内存在的相或结构具备不同的热力学稳定性。这方面最具代表性的便是钢中残余奥氏体导致的相变诱导塑性/孪生诱导塑性 (transformation-induced plasticity/twinning-induced plasticity, TRIP/TWIP) 效应[5]，取决于奥氏体的化学成分，机械力诱发相变过程是由层错能控制的，因此必须在临界退火中充分考虑成分因素，以确保 TRIP/TWIP 效应的发生。针对 Fe-xMn-2.7%Al-2.9%Si 钢，Pierce 等[16]计算了不同质量分数 Mn 的层错能 (图 3-2) 和奥氏体/ε-马氏体界面能，并进一步分析了 Mn 质量分数对该低合金钢中 FCC$\rightarrow$HCP(密排六方结构) 转变引起的吉布斯自由能变化的影响；借助同实验数据的比较及界面能计算，可以证实，在给定的温度下，Fe-xMn-2.7%Al-2.9%Si 钢的机械稳定性取决于合金成分[17]。详见 5.4.1 小节中新型 Cr/Mo 合金 TWIP 钢。

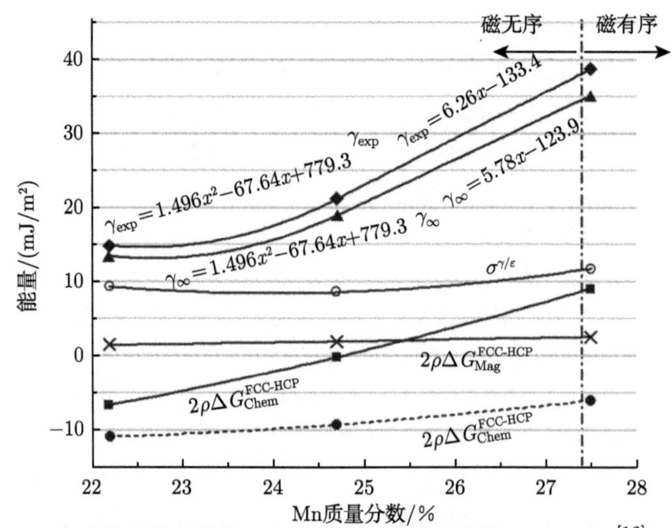

图 3-2　实验获取的层错能 SFE (γ_{exp}) 和理想层错能 SFE(γ_{∞})[16]的对比

通过热力学模型计算出 FCC→HCP 中吉布斯自由能变化的化学和磁性的贡献 (虚线由 Djurovic 等[17]的模型计算)；由实验和理论数据计算得到界面参数 $\sigma^{\gamma/\varepsilon}$

如前所述，突破热力学稳定性仅仅是相变发生的必要条件，相变发生与否还需要动力学能垒的配合，此类热–动力学多样性常见于稳定相与亚稳相之间的相选择。例如，金属 Ga 中亚稳相和稳定相的竞争[18]，较高温度时 β-Ga 的形核能垒相对低，因此亚稳 β-Ga 在动力学上比热力学稳定的 α-Ga[图 3-3(a)] 更有利；

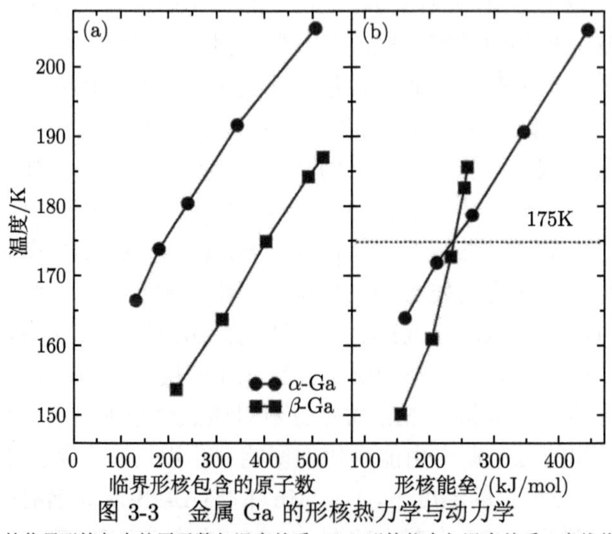

图 3-3　金属 Ga 的形核热力学与动力学

(a) α-Ga 和 β-Ga 的临界形核包含的原子数与温度关系；(b) 形核能垒与温度关系。虚线将温度分为两个区域，175K 以上 β-Ga 具有比 α-Ga 更低的形核能垒[18]。详见 2.4.1 小节

直到温度足够低时 α-Ga 形核能垒较低，才得以形成 [图 3-3(b)]。究其根本，热力学上稳定的相不一定真正形成，动力学能垒的优势可能更明显。类似案例常发生于快速凝固导致的相选择过程，具体见 5.2.1 小节。

3.2.2 尺寸或热稳定性

与相或结构稳定性不同，尺寸或热稳定性属于热力学亚稳平衡[19,20]，处理对象是自发进行的系统自由能降低的晶粒长大过程。足够小的晶粒如果在一定条件下不发生明显的长大，就可以获得足够好的尺寸或热稳定性。抑制晶粒长大并保持尽可能小的晶粒尺寸，一直是材料设计的关键目标之一。就热–动力学多样性而言，通过改变晶粒长大的热力学驱动力或动力学能垒，使得晶粒长大不发生或尽早停止，是尺寸或热稳定性研究的终极目标，这在纳米晶金属和合金中尤其重要。

假设热力学和动力学之间相对独立，纳米材料的晶界迁移有三种典型的机制：曲率驱动机制、晶界偏析机制和溶质拖拽机制。传统观点认为，晶粒长大是由曲率控制的，因此属于动力学范畴，控制晶粒长大的晶界偏析对应于热力学机制，而溶质拖拽对应于动力学机制。由于纯金属不存在晶界偏析，其尺寸稳定性可由曲率引起的动力学决定[21,22]：

$$\frac{\mathrm{d}D}{\mathrm{d}t}=C_2\left(\frac{1}{D_{\mathrm{cr}}}-\frac{1}{D}\right) \tag{3-2}$$

式中，C_2 为一个与晶界迁移率 M 和晶界能 σ_{gb} 有关的常数；D_{cr} 为临界晶粒尺寸；D 为实际晶粒尺寸。当 $D<D_{\mathrm{cr}}$ 时，长大速度小于零，晶粒长大趋于停止；当 $D>D_{\mathrm{cr}}$ 时，长大速度大于零，导致晶粒连续生长。因此，在闭合系统中，晶粒长大自发进行，单晶是最稳定的状态。然而，即使在非常高的温度下，晶粒长大很少进行到单晶状态；相反，晶粒长大通常会过早停止，尽管此时体系内部存在大量界面。因此，有理由认为存在多种活跃的晶粒长大停止机制，详见 4.3.1 小节。

纳米晶材料热稳定性的经典观点认为，对大多数溶质和温度而言，晶粒长大的停止是晶界处溶质偏析造成的，在热力学上使晶界能降低，在动力学上形成溶质拖拽或第二相颗粒钉扎。不同的尺寸或热稳定性可以通过上述机制引起成分和温度的变化来解释。

热力学方面，溶质偏析降低晶界能会伴随着系统吉布斯自由能的降低，进而引起晶粒长大驱动力的降低和纳米晶材料热稳定性的提高，可以获得晶界能的表达式[22]：

$$\sigma_{\mathrm{gb}}=\sigma_0-\mathit{\Gamma}_{\mathrm{A}}\left(RT\ln x_{\mathrm{B}}+\Delta H_{\mathrm{seg}}\right) \tag{3-3}$$

式中，σ_{gb} 为晶界能；σ_0 为本征晶界能；$\mathit{\Gamma}_{\mathrm{A}}$ 为溶质饱和晶界偏析量，$\mathit{\Gamma}_{\mathrm{A}}=x_{\mathrm{A}}^{\mathrm{GB}}-x_{\mathrm{B}}$，$x_{\mathrm{A}}^{\mathrm{GB}}$ 和 x_{B} 分别为晶界处和块体中溶质浓度 (原子分数)；ΔH_{seg} 为偏析焓。

Darling 等[23] 计算了不同铁基二元合金中晶界能随晶界处溶质浓度 $x_{\mathrm{A}}^{\mathrm{GB}}$(原子分数) 的变化 (图 3-4)，一般来说，晶界能随 $x_{\mathrm{A}}^{\mathrm{GB}}$ 增大而降低，也就是说，纳米材料的稳定性通过晶界偏析得到改善。同时，采用具有较大偏析焓的溶质，晶界能下降得更快，这意味着热力学稳定性的增加。图 3-5 展示了不同晶粒尺寸体系归一化的晶界能随晶界处 Zr 浓度 ($x_{\mathrm{Zr}}^{\mathrm{GB}}$) 的变化，给定初始浓度 $x_0^{\mathrm{Zr}}=0.03$(原子分数)，T=550℃，其中最小的晶界能 (即 $\sigma_{\mathrm{gb}}/\sigma_0$=0) 对应稳定的晶粒尺寸 ($D$=23.1nm)[24]。在此基础上，Darling 等 [23-25] 计算了对应于不同温度和 $x_{\mathrm{Zr}}^{\mathrm{GB}}$ 的 Fe-Zr 合金的稳态晶粒尺寸 D_{m}(图 3-6)，其中不同的稳态晶粒尺寸对应于不同的晶界能。

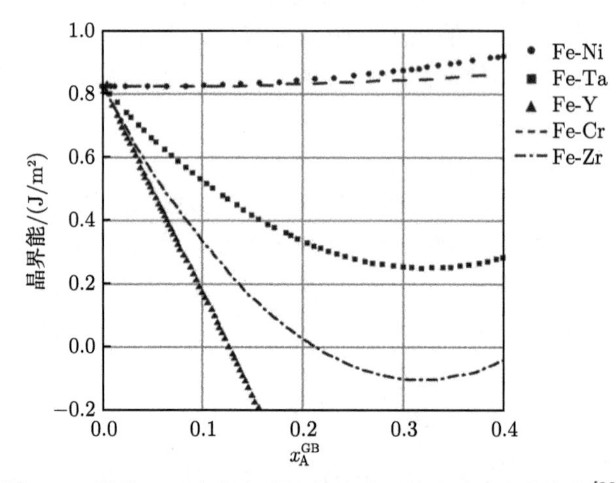

图 3-4　铁基二元合金中晶界能随晶界处溶质浓度的变化[23]

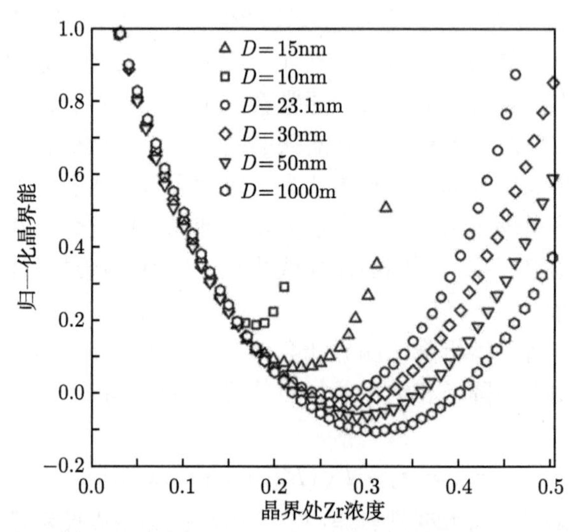

图 3-5　不同晶粒尺寸体系归一化晶界能 $\sigma_{\mathrm{gb}}/\sigma_0$ 随晶界处 Zr 浓度的变化[24]

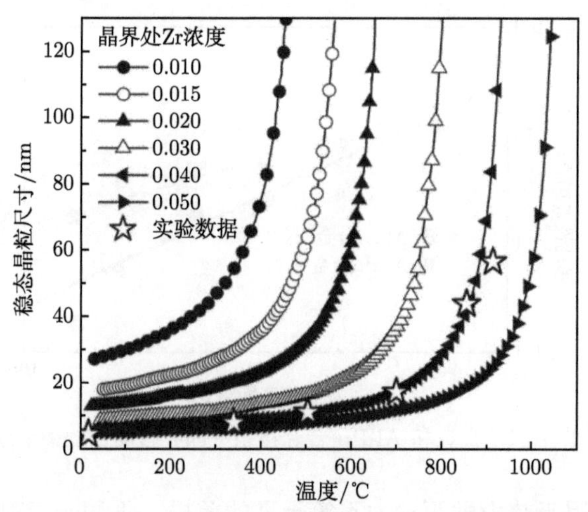

图 3-6 不同晶界处 Zr 浓度下稳态晶粒尺寸 D_m 随温度的变化[24]

热力学稳定性主要研究如何降低纳米晶材料晶粒长大的驱动力，而动力学稳定性研究如何降低纳米晶材料的移动性。当存在动力学拖拽效应时，晶界迁移的有效移动性 M_{eff} 一般表示为[26]

$$\frac{1}{M_{eff}} = \frac{1}{M_{int}} + \frac{1}{M_{drag}} \tag{3-4}$$

式中，M_{int} 和 M_{drag} 分别对应本征移动性和动力学拖拽效应。M_{drag} 理论上会导致有效晶界迁移激活能的增加，但是在实际处理中，考虑简单方便，通常把动力学拖拽效应通过一个与晶界迁移驱动力相对应的阻碍晶界迁移的力来表示，如溶质拖拽力、颗粒钉扎力等。因此，动力学稳定性效应也可以表示为[27,28]

$$P_{eff} = P_{int} - P_{drag} \tag{3-5}$$

式中，P_{eff}、P_{int} 和 P_{drag} 分别为有效驱动力、本征驱动力和动力学拖拽力。

在动力学上，溶质拖拽和第二相颗粒钉扎的机制都可以有效地抑制纳米晶粒的生长，如 Al-Ni 合金和 Al-Pb 合金的晶界移动性均随掺杂原子数量的增加而降低，与 Al-Pb 合金相比，Al-Ni 合金降低得更快 (图 3-7)[29]。

上述热力学模型都是在假设动力学能垒不变的情况下建立的，而假设 Q 随温度升高或溶质添加而增加的动力学机制都被认为是与晶界过剩量密切相关[19-20]。依据热–动力学协同，如果同时考虑热力学驱动力和动力学能垒的影响，晶粒长大的动力学方程和热力学稳定性判据将会显示出巨大的优势，详见 4.3.2 小节。

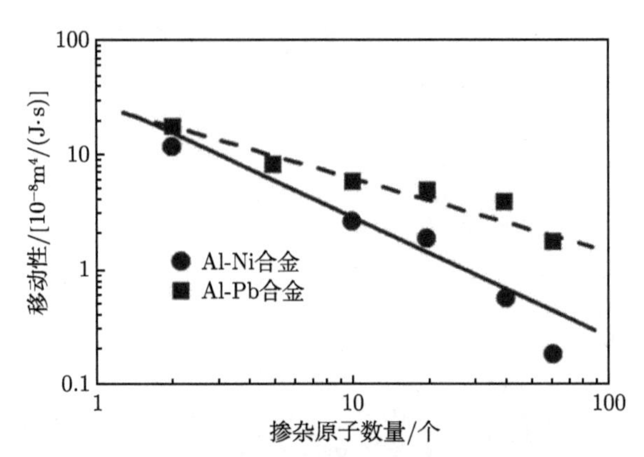

图 3-7　模拟获得的 Al-Ni 合金和 Al-Pb 合金体系中晶界移动性随掺杂原子数量的变化[29]

以上认知适用于热力学驱动力不等于零的前提，正如一直观察到的，一旦足够高的动力学能垒和足够低的热力学驱动力同时出现，原子跳过界面的概率将大大降低，即有效的生长不复存在，详见 4.3.3 小节。

3.2.3　界面或形态稳定性

在非平衡凝固研究中，界面或形态稳定性决定复杂组织花样的形成，因此界面稳定性及失稳后的界面演化对于深入理解凝固组织的形成具有指导意义[30]。例如，定向凝固中，根据界面移动速度 V_{I} 的不同，其凝固界面形态有平界面、胞状晶、枝晶等。图 3-8 给出某合金定向凝固过程中界面形态随 V_{I} 的演化过程：平界面 → 胞状晶 → 枝晶 → 胞状晶 → 平界面[31]。对热–动力学多样性而言，改变界面的热–动力学条件 (等同于热力学驱动力或动力学能垒) 定量控制界面形态，是界面或形态稳定性研究的终极目标。

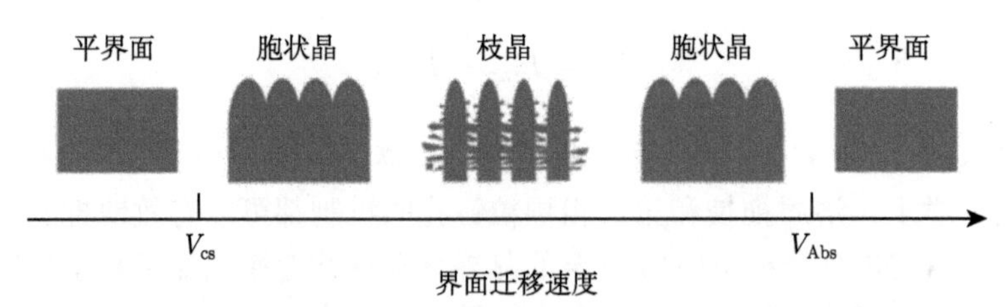

图 3-8　某合金定向凝固过程中界面形态随界面迁移速度的演化[31]

当 $V_{\mathrm{I}} = V_{\mathrm{cs}}$(成分过冷绝对稳定性速度) 时，平界面开始失稳为胞状晶；当 $V_{\mathrm{I}} = V_{\mathrm{Abs}}$(稳态绝对稳定性速度) 时，胞状晶转化为稳定平界面。由于界面失稳对组织形成和形态演化的重要性，这方面有大量的理论工作[32]，主要研究在给定凝固条件下，液/固界面对于扰动的响应，其中最基本、最广泛的研究当属稳态迁移的平界面稳定性[30,33]。以下对经典成分过冷 (constitutional supercooling, CS) 理论和稳态平界面稳定性进行阐述。

20 世纪 50 年代，加拿大著名物理冶金学家 Chalmers 教授提出了在凝固理论研究中具有划时代意义的成分过冷理论[30]：

$$G_{\mathrm{l}} \geqslant m_{\mathrm{l}} G_{\mathrm{c}} = \frac{V m_{\mathrm{l}} C_0 (k_{\mathrm{e}} - 1)}{k_{\mathrm{e}} D_{\mathrm{l}}} = \frac{V_{\mathrm{I}} \Delta T_0}{D_{\mathrm{l}}} \tag{3-6}$$

式中，G_{l} 为液/固界面处的液相温度梯度；G_{c} 为液/固界面处的液相成分梯度；m_{l} 为液相线斜率；ΔT_0 为凝固温度间隔。成分过冷理论认为，胞状晶或枝晶的形成是由界面前沿液相溶质聚积产生的成分过冷使得液/固界面失稳造成的。当凝固条件满足式 (3-6) 时，界面为稳定的平界面；反之，界面会失稳形成胞状晶或枝晶。成分过冷理论首次给出凝固界面形态稳定性的定量判据，奠定了近代凝固理论的基础。但是，该理论存在一些不足之处：① 用经典热力学方法直接处理非平衡动力学问题；② 只考虑界面处液相一侧的温度和成分梯度；③ 不能提供任何失稳后界面的形态和尺度特征信息。

针对成分过冷理论的不足，Mullins 和 Sekerka (MS) 通过线性稳定性分析，从动力学角度对界面稳定性进行了理论描述[34]。MS 理论考虑了界面能、固相传热、液相传热和液相传质对界面稳定性的影响，但该理论假设热扩散长度远远大于扰动波长，因此只适用于佩克莱数较小的情况，如定向凝固等正温度梯度下的凝固。对于热扩散长度较小的过冷合金凝固，Trivedi 和 Kurz (TK) 将 MS 理论拓展到了佩克莱数较大的情形[33]。以下结合 TK 模型介绍稳态平界面稳定性的分析方法，并对该理论的拓展进行简述。

对于准稳态条件，液/固界面以恒定的速度 V_{I} 向前移动。将 X 轴固定在液/固界面，垂直于 X 轴且指向液相的为 Z 轴，可得到传输方程的解析解。在平界面受到无穷小扰动时，假定扰动的形式为正弦波形式，界面位置可描述为

$$Z = \phi(X, t) = \delta(t) \sin(\omega x) \tag{3-7}$$

式中，$\delta(t)$ 为扰动波的振幅 (为一极微小量)；x 为液/固界面前沿距离；ω 为波数，$\omega = 2\pi/\lambda_1$，λ_1 为波长。由于扰动的振幅非常小，对扰动界面处的物理量进行泰勒展开，并保留第一个非零项，则物理量的扰动幅度与振幅呈线性关系即为线性稳定性分析。此时，扰动界面处的界面温度 T_{I}^{φ}、液相溶质浓度 C_{l}^{φ}、界面移动速率 V_{I}^{φ} 分别为

$$T_{\mathrm{I}}^{\varphi} = T_{\mathrm{I}} + a\delta \sin(\omega x) \tag{3-8}$$

$$C_{\mathrm{l}}^{\varphi} = C_{\mathrm{l}} + b\delta \sin(\omega x) \tag{3-9}$$

$$V_{\mathrm{I}}^{\varphi} = V_{\mathrm{I}} + \dot{\delta} \sin(\omega x) \tag{3-10}$$

式中，T_I、C_l、V_I 分别为平界面处界面温度、液相溶质浓度和界面移动速度；常数 a 和 b 分别为温度和成分的修正因子。将以上三个方程与扰动界面处的界面动力学条件及传输方程相结合，可从界面扰动生长的解析表达式 $\dot{\delta}/\delta = S_\mathrm{I}/B$(系数 B 始终为正) 中得到界面临界稳定的判据为

$$S_\mathrm{I} = -\Gamma\omega^2 - K_\mathrm{s}G_\mathrm{s}\xi_\mathrm{S} - K_\mathrm{l}G_\mathrm{l}\xi_\mathrm{L} + m_\mathrm{l}G_\mathrm{c}\xi_\mathrm{C} \tag{3-11}$$

式中，K_s 和 K_l 分别为固相和液相的导热系数；Γ 为吉布斯–汤姆孙 (Gibbs-Thomson) 系数, $\Gamma = T_\mathrm{m}\sigma_\mathrm{int}/\Delta H_\mathrm{f}$，$\sigma_\mathrm{int}$ 为界面能，ΔH_f 为熔化焓；G_s 为液/固界面处的固相温度梯度。相关系数为

$$\xi_\mathrm{S} = \frac{\omega_\mathrm{S} + V_\mathrm{I}/\alpha_\mathrm{s}}{K_\mathrm{s}\omega_\mathrm{S} + K_\mathrm{l}\omega_\mathrm{L}} \tag{3-12}$$

$$\xi_\mathrm{L} = \frac{\omega_\mathrm{L} - V_\mathrm{I}/\alpha_\mathrm{l}}{K_\mathrm{s}\omega_\mathrm{S} + K_\mathrm{l}\omega_\mathrm{L}} \tag{3-13}$$

$$\xi_\mathrm{C} = \frac{\omega_\mathrm{C} - V_\mathrm{I}/D_\mathrm{l}}{\omega_\mathrm{C} - V_\mathrm{I}\,(1 - k_\mathrm{e})/D_\mathrm{l}} \tag{3-14}$$

受界面扰动情况下，溶质场、液相温度场和固相温度场对应扰动的波数 (ω_C、ω_L、ω_S) 分别为

$$\omega_\mathrm{C} = \frac{V_\mathrm{I}}{2D_\mathrm{l}} + \sqrt{\left(\frac{V_\mathrm{I}}{2D_\mathrm{l}}\right)^2 + \omega^2} \tag{3-15}$$

$$\omega_\mathrm{L} = \frac{V_\mathrm{I}}{2\alpha_\mathrm{l}} + \sqrt{\left(\frac{V_\mathrm{I}}{2\alpha_\mathrm{l}}\right)^2 + \omega^2} \tag{3-16}$$

$$\omega_\mathrm{S} = -\frac{V_\mathrm{I}}{2\alpha_\mathrm{s}} + \sqrt{\left(\frac{V_\mathrm{I}}{2\alpha_\mathrm{s}}\right)^2 + \omega^2} \tag{3-17}$$

式中，α_l 和 α_s 分别为液相和固相的热扩散系数。

综上，式 (3-11)~ 式 (3-17) 即为 TK 模型的简洁呈现。

针对 $\dot{\delta}/\delta = S_\mathrm{I}/B$ 的数值计算表明，$\dot{\delta}/\delta$ 的正负只取决于判据 S_I 的正负。如式 (3-11) 所示，等号右边的四项依次代表界面能、固相传热、液相传热和液相传质的作用，当凝固条件满足 $\dot{\delta}/\delta < 0$ 时，平界面稳定；反之，平界面会失稳形成胞状晶或枝晶。具体见 4.4.1 小节。

相比于 MS 理论，TK 模型可应用于佩克莱数较大的情形。MS 理论和 TK 模型均基于界面局域平衡假设，但是非平衡凝固中界面条件和液相溶质扩散都会处于局域非平衡态，因此 MS 理论和 TK 模型均不适用于界面速度与溶质扩散速度接近的情形。基于此，Galenko 和 Danilov[31] 采用连续生长模型考虑界面处的

非平衡效应，并基于不可逆热力学考虑液相扩散的非平衡效应，对 MS 理论进行了拓展。当界面速度 $V_I < V_D$ 时，界面曲率、液/固相的温度场和溶质扩散共同决定界面稳定性；当 $V_I \geqslant V_D$ 时，溶质扩散被完全抑制，使得液相的成分梯度为零，因此只有界面曲率和液/固相的温度场决定界面稳定性。

Galenko 模型考虑了界面和块体的局域非平衡效应，适用于极端非平衡凝固过程，但仍基于线性液/固相线假设 (即相图上相界为直线)。由于实际合金系中液/固相线为曲线[35]，上述线性假设限制了该类模型的应用范围。基于 Divenuti 和 Ando(DA)[36] 对非线性液/固相线的处理和 Galenko 的工作，Wang 等[37]将临界稳定性分析进行了拓展，使得此类模型不再受限于理想溶液假设，也不仅仅适用于二元稀溶液模型合金，具体见 3.4.2 小节、4.4.1 小节和 4.4.2 小节。

3.3 与形核相关的热–动力学多样性

一旦相或结构的热力学稳定性丧失，形核就会启动，其中，热–动力学多样性体现于维持稳定性的应变能和界面能与打破稳定性的化学驱动力或机械驱动力之间的对应关系，以及随后动力学机制的演化。从能量角度来看，源于成分和结构起伏的形核通过克服原子层面的能垒进行，这将增加系统的能量；由原子跃迁控制的新相生长在原子或介观尺度上进行，会减少系统的能量，见图 2-3。形核在热–动力学耦合作用下，旨在形成新相，而热–动力学多样性可以从形核模式或形核率伴随相变过程的变化中得以体现。

3.3.1 均质形核中的热–动力学竞争

从物理上讲，形核属于一个动力学过程，其速度由热–动力学参数决定。扩散型相变中，其形核事件由结构和成分的局域随机起伏决定，对应于热力学驱动力和动力学能垒的竞争。一方面，初始团簇需要时间演化成稳态分布，因此在稳态形核能够以稳定速度进行之前，会有一个瞬态期 (见 2.3.3 小节)，可以用形核动力学来描述 (见 2.4.2 小节)；另一方面，新的界面通过形成新相晶核而产生，其能量变化是由体积自由能和界面能 [式 (2-28)] 之间的竞争决定的，这是形核热力学的重点。业界已广泛开展形核热力学和动力学研究[38-40]，此间的热–动力学多样性在于有效吉布斯自由能变化引起的多个潜在相的竞争，详见 2.4.1 小节。

形核率的提高或降低取决于 ΔG^* 和动力学因素的相对贡献，详见 2.4.1 小节和 2.4.2 小节。对于相对较小的过冷度，形核率主要由能量因子 $\exp[-\Delta G^*/(k_BT)]$ 控制，见式 (2-26) 和式 (2-28)。随过冷度增加，ΔG^* 下降，形核率逐渐由扩散因子控制，即吸附/脱附系数内涵的动力学能垒 (见 2.3.3 小节)。ΔG^* 下降导致较大的形核率，而动力学效应表明，低温时扩散减弱导致形核率降低。从热力学和动力学得出的对冲效应显示出热–动力学多样性引起的形核率变化，见非晶态合金结晶的典型 TTT 曲线 [41,42]。

3.3.2 均质与非均质形核的竞争

热–动力学多样性因缺陷、成分和杂质的复杂性而进一步产生非均质形核。其中，非均质形核的临界形核功 $\Delta G^{*\prime}$ 与均质形核不同，表示为 $\Delta G^{*\prime} = \Delta G^{*} f(\theta)$，其中 $f(\theta)<1$ 由湿润角 θ 决定。由于晶核形状通常演化为最适应环境的形状，如球状、针状、片状或等轴状，那么低能状态就由应变能和界面能的最佳组合所支配，即这些局部环境因素对 ΔG 和 Q 的影响几乎没有可控性，从而反映了热–动力学多样性。

非均质形核和均质形核的区别[43]：分别从非均质形核点和不可或缺的成分/结构起伏中产生。对于后者，母相中的每个原子都有相同的形核概率；对于前者，存在缺陷或杂质的有效异质点触发了形核，通常体现于临界晶核尺寸 (即热力学) 或临界形核功 (即动力学) 相对于后者的增加或减小。如图 2-4 所示，Wood 和 Walton 关于水结冰的代表性工作揭示了均质形核和非均质形核模式取决于过冷度的竞争和转换。与之类似，Jian 和 Jie[44]提出了一个判断凝固时均质和非均质形核发生与否的标准；对热–动力学而言，形核模式的竞争由单位体积液相中有效触发表面积引起，实际上体现于 ΔG 和 Q 在各种条件下的演变。

3.3.3 形核模式的竞争

如 2.4.3 小节所述，鉴于形核随温度变化，其模式可分为热形核 (即形核在热激活随机过程中以稳态速率进行) 和非热形核 (即形核以确定性方式随温度不断变化)[45]。热形核通常指连续形核[46]，其特点是在恒定温度下有恒定的形核率。非热形核对于凝固包括位置饱和 [47] 和自由生长 [48-50]，但对于固态相变，仅仅是位置饱和 [51,52]。位置饱和的模式意味着晶核数量在转化过程中保持不变，这些核胚通常是通过高温快速冷却被“冻住”的。当连续形核和位置饱和作为单个转变中的形核模式，并有各自的比例或贡献时，就形成了所谓的混合形核模式 (见 2.4.3 小节)，如非晶晶化[41,50]。除了混合形核，另一种中间机制可以定义为 Avrami 形核模式 (即有两个极端，分别为位置饱和与连续形核)，形核发生时，具有亚临界和超临界尺寸团簇的总数保持不变，而有效晶核均来自于亚临界尺寸团簇[53-55]。

凝固中所谓的液相净化或孕育处理会改变形核的热–动力学条件，从而改变形核模式。在连续冷却时，可能会出现位置饱和与连续形核，从而形成混合形核模式。过冷度的提升通常会减小临界晶核尺寸和临界形核功，从而减少有效形核点或预存在晶核的数量，更容易达到位置饱和。这通常反映在净化过程中，随熔体净化导致过冷度提升，主要形核模式从位置饱和转变为连续形核[56,57]。因此，热力学条件的变化倾向于容纳尽可能多的形核模式参与竞争，形成独特的形核动力学，凸显热–动力学多样性。可见，热–动力学多样性符合能量最低原理。

除凝固外，形核模式的竞争也普遍存在于固态相变中，几种形核模式在固态相变中共存和竞争，如位置饱和与连续形核、位置饱和与 Avrami 形核[58]。

图 3-9 显示了在 723K 等温退火时，两种大块金属玻璃结晶 Avrami 指数 (n) 的演变[59]，Avrami 指数在相变分数的中间范围 ($0.2<f<0.8$，f 为结晶部分) 基本保持不变，即 $Zr_{62}Al_8Ni_{13}Cu_{17}$ 非晶合金对应 Avrami 指数 3.9，$Zr_{65}Al_8Ni_{10}Cu_{17}$ 非晶合金对应 3.0，与典型 Johnson-Mehl-Avrami(JMA) 模型的预期相吻合。从 Avrami 指数值可以推断，$Zr_{62}Al_8Ni_{13}Cu_{17}$ 非晶合金的晶化为恒定形核率 (即连续形核) 占主导地位，而 $Zr_{65}Al_8Ni_{10}Cu_{17}$ 非晶合金的晶化为位置饱和占主导。

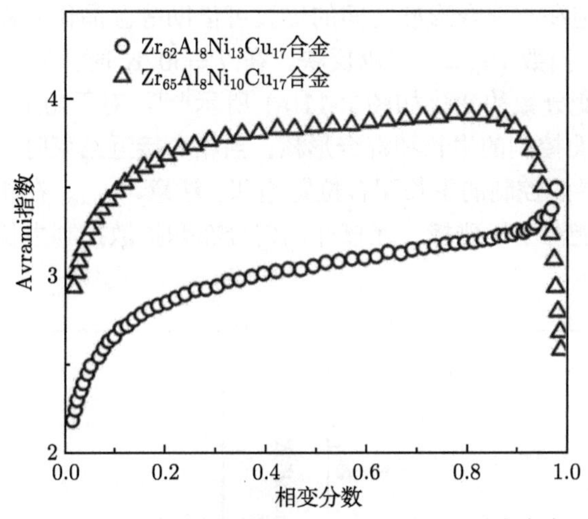

图 3-9　$Zr_{62}Al_8Ni_{13}Cu_{17}$ 非晶合金和 $Zr_{65}Al_8Ni_{10}Cu_{17}$ 非晶合金在 723K 等温退火时 Avrami 指数随相变分数的变化

对于混合形核控制的相变过程，转变初期没有动力学能垒的位置饱和形核占据主导，随转变进行，动力学能垒较大的连续形核逐渐取得优势[50,51,57,60,61]。很明显，无论热历史 (加热温度或加热速率) 如何，根据位置饱和的定义，预存在晶核的数目都不会改变。然而，转变过程中，形成的晶核数目强烈依靠热历史，如更高的加热温度 (等温相变) 或加热速率 (等时相变)，在给定时刻，更强的连续形核产生更多的晶核数目。图 3-10 清晰表明，随着相变进行，连续形核增强，意味着总体有效动力学能垒的提升[62]。

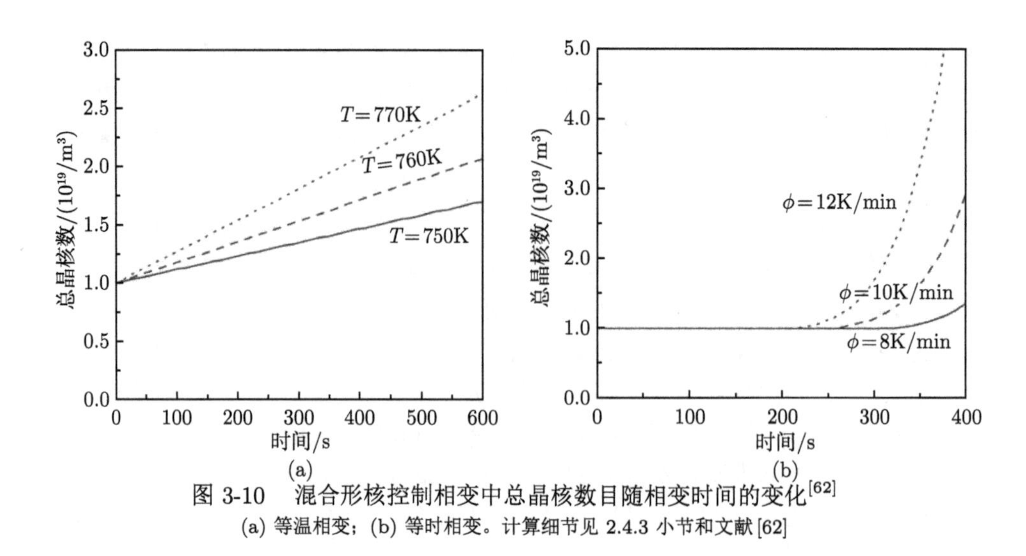

图 3-10 混合形核控制相变中总晶核数目随相变时间的变化[62]

(a) 等温相变；(b) 等时相变。计算细节见 2.4.3 小节和文献 [62]

另外，位置饱和与混合形核之间的过渡可借助等温晶化过程中依赖转变分数 f 的局域 Avrami 指数 (n_{local}) 得以反映。在 T=507K 时，$Mg_{72}Zn_{24}Ca_4$ 非晶合金的 n_{local} 随相变分数的变化如图 3-11(a) 所示[63]，对于 $0.1<f<0.8$，n_{local} 为 3.5，代表三维界面控制的生长和混合形核；当相变接近结束时，n_{local} 下降到 3.0 左右，代表三维界面控制的生长配合位置饱和。注意，n_{local} 在相变末期突然增加 [图 3-11(b)]，可能源于硬碰撞、晶核非均匀分布和扩散控制生长的综合效应[63]。

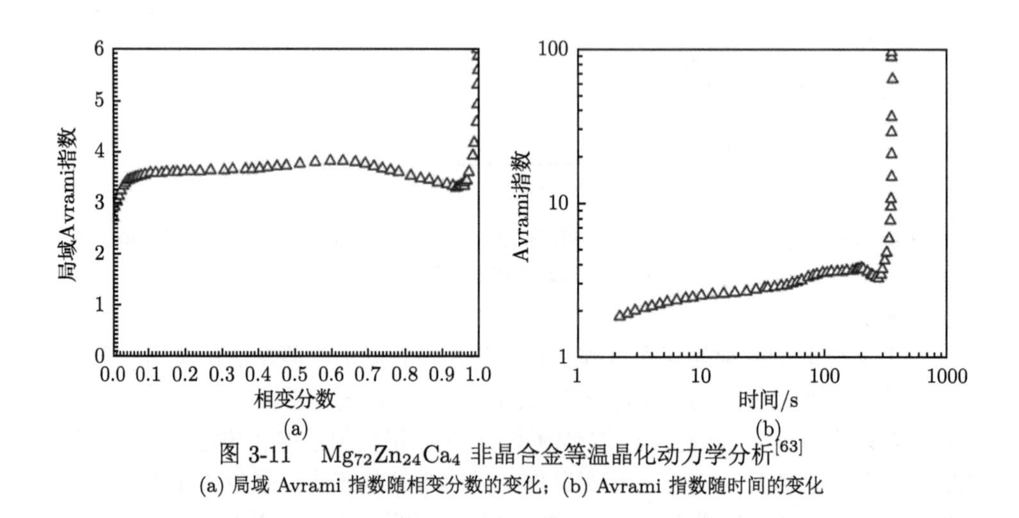

图 3-11 $Mg_{72}Zn_{24}Ca_4$ 非晶合金等温晶化动力学分析[63]

(a) 局域 Avrami 指数随相变分数的变化；(b) Avrami 指数随时间的变化

当 Avrami 形核与位置饱和共存时，同前类似，转变过程中由 Avrami 形核导致的晶核数目强烈依靠热历史。例如，更高的加热温度 (等温相变) 或加热速

率 (等时相变)，在给定时刻，由于更强的 Avrami 形核而快速消耗亚晶核数目，见图 3-12。以 $Mg_{82}Ni_{18}$ 非晶合金等温结晶中位置饱和与 Avrami 形核之间的竞争为例[56,57]，位置饱和形核在开始时占优，随时间推移，Avrami 形核首先得到加强，但由于预存在晶核和亚临界团簇的总数是恒定的，其形核速率会逐渐变弱 (图 3-12 中曲线斜率变化)。

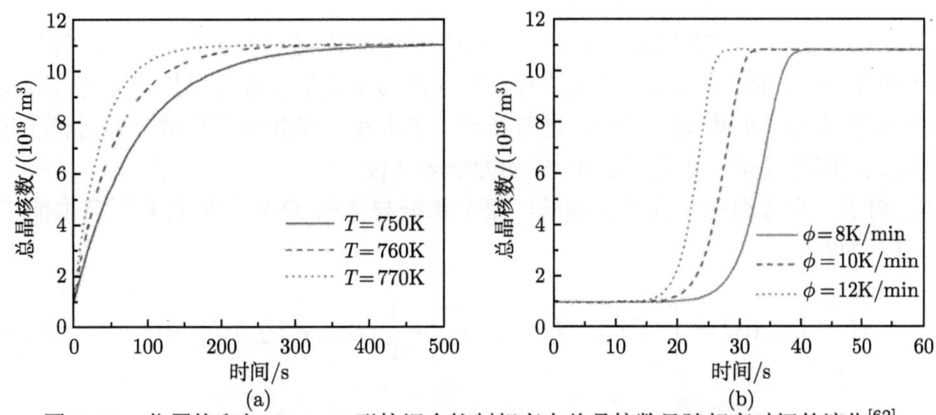

图 3-12　位置饱和与 Avrami 形核混合控制相变中总晶核数目随相变时间的演化[62]
(a) 等温相变；(b) 等时相变。计算细节见 2.4.3 小节和文献[62]

根据经典 JMA 理论，Avrami 指数的变化同总体有效激活能或动力学能垒的变化是同步的，可见上述热形核和非热形核间的竞争，取决于热力学状态 (如成分) 的不同所带来的热激活的改变。

经典 JMA 动力学方法在研究形核和生长控制的相变动力学中起着重要作用。当发现 n 不是常数时，传统解释认为，转化过程中形核和生长机制发生变化。但这不是唯一的解释，也就是说，即使在整个转化过程中形核和生长机制不变，Q 和 n 也不一定维持恒定，这对应于所谓的扩展等动力学，详见第 3.5 节。

3.4　与生长相关的热–动力学多样性

在大多固态相变中，生长速度不受热传输的限制，当涉及非固态反应时，情况则不同。从熔体或溶液中形核的固态晶体，其生长速度可以通过热量传输条件来控制；对于重熔这一逆过程也是如此。针对凝固过程，界面移动性很大，因此生长可以是溶质扩散控制、热扩散控制或溶质/热扩散混合控制；能量传输总是遵循扩散控制的形式，体现于温度和成分的变化[1]。针对固态相变，界面移动性很低，其生长遵循界面控制、溶质扩散控制或界面/溶质扩散混合控制[1]。

相变中吉布斯自由能耗散通常由线性不可逆热力学导出的唯象方程处理，如经典的昂萨格关系[64]，见 2.4.5 小节。此类方程涉及太多参数，而这些参数总是无法从实验中获得，特别是对于多组分系统[65]。为了解决这个问题，Onsager 提出最大熵产生原理 (MEPP)，虽然该方法曾经被遗忘了很长时间，但由 Svoboda 等借助物理基模型重新提出[65-68]，并被成功应用于处理扩散[65,67]、扩散型相变[66,68-70]、晶粒长大和粗化[71-75]，并通过蒙特卡罗模拟得以证明[76]。

3.4.1 热力学极值原理与界面迁移

如 2.2.3 小节所述，Svoboda 等对 MEPP 进行简化[65-68]，针对等温、等压和各向同性体系得到了热力学极值原理。应用热力学极值原理可以构建非等温相变的一般性尖锐界面模型，其中，同时考虑了界面动力学和体积扩散，并讨论了生长模式之间的竞争，进而显示出热–动力学多样性。

对于一个等温的二元合金系统，整个系统与体积 Ω 相关的吉布斯自由能 G 可表示为[77]

$$G=\int_{\Omega} g_{\mathrm{m}}\mathrm{d}\Omega=\int_{\Omega}\left[C\mu_{\mathrm{B}}+(1-C)\,\mu_{\mathrm{A}}+\frac{1}{2}\left(L_{J_{\mathrm{B}}}+L_{J_{\mathrm{A}}}\right)J_{\mathrm{B}}^{2}\right]\mathrm{d}\Omega \tag{3-18}$$

式中，g_{m} 为局域吉布斯自由能密度；C 为溶质 A 的浓度；μ_{A} 和 μ_{B} 分别为溶质 A 和 B 的化学势；$J_{\mathrm{B}}=-J_{\mathrm{A}}$ 为溶质通量；$L_{J_{\mathrm{B}}}$ 和 $L_{J_{\mathrm{A}}}$ 分别为非平衡溶质扩散导致的 J_{B} 和 J_{A} 定义的动力学系数。如果在界面以速度 V_{I} 迁移的系统中发生相变 (如 $\beta\rightarrow\alpha$ 相变)，系统自由能关于时间的导数 $\dot{G}$ 可表示如下[78-80]：

$$\dot{G}=\frac{\mathrm{d}G}{\mathrm{d}t}=\int_{\Omega_{\alpha}+\Omega_{\beta}}\frac{\partial g_{\mathrm{m}}}{\partial t}\mathrm{d}\Omega-\int_{\Sigma\alpha/\beta}[[Vg_{\mathrm{m}}n]]\mathrm{d}\Sigma=\int_{\Omega_{\alpha}+\Omega_{\beta}}\frac{\partial g_{\mathrm{m}}}{\partial t}\mathrm{d}\Omega-\int_{\Sigma\alpha/\beta}V[[g_{\mathrm{m}}]]n\mathrm{d}\Sigma \tag{3-19}$$

式中，Ω_{α} 和 Ω_{β} 分别为 α 和 β 的体积；$\Sigma\alpha/\beta$ 为界面面积；n 为指向 β 的法向界面矢量。进一步，根据质量守恒得出：

$$\frac{\partial C}{\partial t}=-V_{\mathrm{m}}\nabla J_{\mathrm{B}} \tag{3-20}$$

式中，V_{m} 为摩尔体积。将式 (3-18) 和式 (3-19) 代入式 (3-20)，当 $J_{\mathrm{A}}^{\alpha}=J_{\mathrm{A}}^{\beta}=J_{\mathrm{B}}^{\alpha}=J_{\mathrm{B}}^{\beta}=0$ 在 α 和 β 的外表面成立时，可得

$$\begin{aligned}\dot{G}=&\dot{G}_{\Omega}+\dot{G}_{\Sigma\alpha/\beta}\\=&\int_{\Omega_{\alpha}+\Omega_{\beta}}J_{\mathrm{B}}\left(V_{\mathrm{m}}\nabla\left(\mu_{\mathrm{B}}-\mu_{\mathrm{A}}\right)+\left(L_{J_{\mathrm{B}}}+L_{J_{\mathrm{A}}}\right)\frac{\partial J_{\mathrm{B}}}{\partial t}\right)\mathrm{d}\Omega\end{aligned}$$

$$
-\int_{\Sigma\alpha/\beta}\left\{\begin{array}{l}V_{\mathrm{I}}\left[C\mu_{\mathrm{B}}+(1-C)\,\mu_{\mathrm{A}}+\dfrac{1}{2}\left(L_{J_{\mathrm{B}}}+L_{J_{\mathrm{A}}}\right)J_{\mathrm{B}}^{2}\right]\\ -V_{\mathrm{m}}\left[\!\left[J_{\mathrm{B}}\left(\mu_{\mathrm{B}}-\mu_{\mathrm{A}}\right)\right]\!\right]\end{array}\right\}n\mathrm{d}\Sigma \tag{3-21}
$$

式中，$\dot{G}_{\Omega}$ 和 $\dot{G}_{\Sigma\alpha/\beta}$ 分别为吉布斯自由能在块体相和 α/β 界面关于时间的导数。对块体相而言，吉布斯自由能耗散通过扩散来实现；对于 α/β 界面，则通过穿界面扩散和界面迁移来实现。可给出系统中吉布斯自由能耗散率 Q_{dis} 如下：

$$
\begin{aligned}
Q_{\mathrm{dis}}=&Q_{\Omega}+Q_{\Sigma\alpha/\beta}\\
=&\int_{\Omega_{\alpha}+\Omega_{\beta}}\sum_{k=\mathrm{A,B}}\left(\frac{J_k^2}{A_{J_k}}\right)\mathrm{d}\Omega\\
&+\int_{\Sigma\alpha/\beta}\left\{\frac{V_{\mathrm{I}}^2}{M}+\sum_{k=\mathrm{A,B}}\left(\frac{J_k^{\alpha i^2}}{A_{J_k}^{\alpha i}}+\frac{J_k^{\beta i^2}}{A_{J_k}^{\beta i}}\right)\right\}n\mathrm{d}\Sigma\\
=&\int_{\Omega_{\alpha}+\Omega_{\beta}}\left(\frac{1}{A_{J_{\mathrm{B}}}}+\frac{1}{A_{J_{\mathrm{A}}}}\right)J_{\mathrm{B}}^2\mathrm{d}\Omega\\
&+\int_{\Sigma\alpha/\beta}\left[\frac{V_{\mathrm{I}}^2}{M}+\left(\frac{1}{A_{J_{\mathrm{B}}}^{\alpha i}}+\frac{1}{A_{J_{\mathrm{A}}}^{\beta i}}\right)J_{\mathrm{B}}^{\alpha i^2}+\left(\frac{1}{A_{J_{\mathrm{B}}}^{\alpha i}}+\frac{1}{A_{J_{\mathrm{A}}}^{\beta i}}\right)J_{\mathrm{B}}^{\beta i^2}\right]n\mathrm{d}\Sigma
\end{aligned}\tag{3-22}
$$

式中，$J_{\mathrm{B}}^{\alpha i}$ 和 $J_{\mathrm{B}}^{\beta i}$ 分别为 α/β 界面处位于 α 和 β 相内的溶质通量，如果扩散通量和驱动力之间满足线性关系，则 $A_{J_{\mathrm{B}}}$、$A_{J_{\mathrm{A}}}$、$A_{J_{\mathrm{B}}}^{\alpha i}$、$A_{J_{\mathrm{B}}}^{\beta i}$、$A_{J_{\mathrm{A}}}^{\alpha i}$ 和 $A_{J_{\mathrm{A}}}^{\beta i}$ 为相应的动力学系数。对于理想界面，既没有空位的产生或湮灭，也没有界面移动引发的原子沉积或射出，可得界面接触条件如下：

$$
J_{\mathrm{B}}^{\beta i}-J_{\mathrm{B}}^{\alpha i}=-\frac{V_{\mathrm{I}}}{V_{\mathrm{m}}}\left(C^{\alpha}-C^{\beta}\right) \tag{3-23}
$$

如果 J_{B}、$J_{\mathrm{B}}^{\alpha i}$、$J_{\mathrm{B}}^{\beta i}$ 和 V_{I} 被赋予相对独立的值，在用拉格朗日乘子法推导 TEP 时，应考虑式 (3-23) 作为约束条件。

按照 Svoboda 等[65] 的描述，耗散动力学对应公式为

$$
\delta\left(\dot{G}_{\Omega}+\frac{Q_{\Omega}}{2}+\dot{G}_{\Sigma\alpha/\beta}+\frac{Q_{\Sigma\alpha/\beta}}{2}+\int_{\Sigma\alpha/\beta}\left[\overline{\lambda}\left(J_{\mathrm{B}}^{\beta i}-J_{\mathrm{B}}^{\alpha i}\right)+\frac{V_{\mathrm{I}}}{V_{\mathrm{m}}}\left(C^{\alpha}-C^{\beta}\right)\right]n\mathrm{d}\Sigma\right)=0 \tag{3-24}
$$

式中，$\overline{\lambda}$ 为满足式 (3-24) 的拉格朗日乘子。将式 (3-21) 和式 (3-22) 代入式 (3-24) 后，可得

$$J_{\mathrm{B}} = -\left(\frac{1}{A_{J_{\mathrm{B}}}} + \frac{1}{A_{J_{\mathrm{A}}}}\right)^{-1}\left[V_{\mathrm{m}}\nabla\left(\mu_{\mathrm{B}} - \mu_{\mathrm{A}}\right) + \left(L_{J_{\mathrm{B}}} + L_{J_{\mathrm{A}}}\right)\frac{\partial J_{\mathrm{B}}}{\partial t}\right] \tag{3-25}$$

式 (3-25) 代表块体扩散，另有

$$-V_{\mathrm{I}}\left(L_{J_{\mathrm{B}}^{\beta i}} + L_{J_{\mathrm{B}}^{\beta i}}\right)J_{\mathrm{B}}^{\beta i} + V_{\mathrm{m}}\left(\mu_{\mathrm{B}}^{\beta} - \mu_{\mathrm{A}}^{\beta}\right) + \left(\frac{1}{A_{J_{\mathrm{B}}}^{\beta i}} + \frac{1}{A_{J_{\mathrm{A}}}^{\beta i}}\right)J_{\mathrm{B}}^{\beta i} + \lambda = 0 \tag{3-26}$$

$$-V_{\mathrm{I}}\left(L_{J_{\mathrm{B}}^{\alpha i}} + L_{J_{\mathrm{B}}^{\alpha i}}\right)J_{\mathrm{B}}^{\alpha i} + V_{\mathrm{m}}\left(\mu_{\mathrm{B}}^{\alpha} - \mu_{\mathrm{A}}^{\alpha}\right) + \left(\frac{1}{A_{J_{\mathrm{B}}}^{\alpha i}} + \frac{1}{A_{J_{\mathrm{A}}}^{\alpha i}}\right)J_{\mathrm{B}}^{\alpha i} + \lambda = 0 \tag{3-27}$$

$$\begin{aligned}\frac{V_{\mathrm{I}}}{M} + \frac{\lambda}{V_{\mathrm{m}}}\left(C^{\alpha} - C^{\beta}\right) =& C^{\beta}\mu_{\mathrm{B}}^{\beta} + \left(1 - C^{\beta}\right)\mu_{\mathrm{A}}^{\beta} \\ & - C^{\alpha}\mu_{\mathrm{B}}^{\alpha} - \left(1 - C^{\alpha}\right)\mu_{\mathrm{A}}^{\alpha} \\ & + \frac{1}{2}\left(L_{J_{\mathrm{B}}^{\beta i}} + L_{J_{\mathrm{A}}^{\beta i}}\right)J_{\mathrm{B}}^{\beta i^2} - \frac{1}{2}\left(L_{J_{\mathrm{B}}^{\alpha i}} + L_{J_{\mathrm{A}}^{\alpha i}}\right)J_{\mathrm{B}}^{\alpha i^2}\end{aligned} \tag{3-28}$$

式 (3-26)~ 式 (3-28) 代表穿界面扩散和界面迁移，将其与式 (3-25) 结合，得到新的接触条件为

$$\begin{aligned}&\left[\frac{1}{A_{J_{\mathrm{B}}}^{\beta i}} + \frac{1}{A_{J_{\mathrm{A}}}^{\beta i}} + \frac{1}{A_{J_{\mathrm{B}}}^{\alpha i}} + \frac{1}{A_{J_{\mathrm{A}}}^{\alpha i}} + V\left(L_{J_{\mathrm{B}}^{\alpha i}} + L_{J_{\mathrm{B}}^{\alpha i}} - L_{J_{\mathrm{B}}^{\beta i}} - L_{J_{\mathrm{B}}^{\beta i}}\right)\right]J_{\mathrm{B}}^{\alpha i} \\ &+ \frac{V_{\mathrm{I}}^2}{V_{\mathrm{m}}}\left(L_{J_{\mathrm{B}}^{\beta i}} + L_{J_{\mathrm{B}}^{\beta i}}\right)\left(C^{\alpha} - C^{\beta}\right) = V_{\mathrm{m}}\left(\Delta\mu_{\mathrm{B}} - \Delta\mu_{\mathrm{A}}\right)\end{aligned} \tag{3-29}$$

以及

$$\begin{aligned}\frac{V_{\mathrm{I}}}{V_{\mathrm{m}}} =& -C^{\alpha}\Delta\mu_{\mathrm{B}} - \left(1 - C^{\alpha}\right)\Delta\mu_{\mathrm{A}} - \left(C^{\beta} - C^{\alpha}\right)\left(\Delta\mu_{\mathrm{A}} - \Delta\mu_{\mathrm{B}}\right) \\ & - \frac{1}{V_{\mathrm{m}}}\left(C^{\alpha} - C^{\beta}\right)\left[\frac{1}{A_{J_{\mathrm{B}}}^{\alpha i}} + \frac{1}{A_{J_{\mathrm{A}}}^{\alpha i}} + V_{\mathrm{I}}\left(L_{J_{\mathrm{B}}^{\alpha i}} + L_{J_{\mathrm{B}}^{\alpha i}}\right)\right]J_{\mathrm{B}}^{\alpha i} \\ & + \frac{1}{2}\left[\left(L_{J_{\mathrm{B}}^{\beta i}} + L_{J_{\mathrm{A}}^{\beta i}}\right)J_{\mathrm{B}}^{\beta i^2} - \frac{1}{2}\left(L_{J_{\mathrm{B}}^{\alpha i}} + L_{J_{\mathrm{A}}^{\alpha i}}\right)J_{\mathrm{B}}^{\beta i^2}\right]\end{aligned} \tag{3-30}$$

式中，$\Delta\mu_{\mathrm{A}} = \mu_{\mathrm{A}}^{\alpha} - \mu_{\mathrm{A}}^{\beta}$ 和 $\Delta\mu_{\mathrm{B}} = \mu_{\mathrm{B}}^{\alpha} - \mu_{\mathrm{B}}^{\beta}$ 始终成立。式 (3-29) 和式 (3-30) 分别代表溶质截留模型和界面响应函数，如果 $J_{\mathrm{B}}^{\alpha i}$ 和 V_{I} 已知，C^{α} 和 C^{β} 可被唯一确

定。对于稳定的界面迁移，$J_{\mathrm{B}}^{\alpha i}=0$ 成立，式 (3-29) 和式 (3-30) 可简化为

$$\frac{V_{\mathrm{I}}^2}{V_{\mathrm{m}}}\left(L_{J_{\mathrm{B}}^{\beta i}}+L_{J_{\mathrm{A}}^{\beta i}}\right)\left(C^{\alpha}-C^{\beta}\right)-\frac{V_{\mathrm{I}}}{V_{\mathrm{m}}}\left(\frac{1}{A_{J_{\mathrm{B}}}^{\beta i}}+\frac{1}{A_{J_{\mathrm{A}}}^{\beta i}}\right)\left(C^{\alpha}-C^{\beta}\right)=V_{\mathrm{m}}\left(\Delta\mu_{\mathrm{B}}-\Delta\mu_{\mathrm{A}}\right) \tag{3-31}$$

以及

$$\begin{aligned}\frac{V_{\mathrm{I}}}{V_{\mathrm{m}}}=&-C^{\alpha}\Delta\mu_{\mathrm{B}}-\left(1-C^{\alpha}\right)\Delta\mu_{\mathrm{A}}-\left(C^{\beta}-C^{\alpha}\right)\left(\Delta\mu_{\mathrm{A}}-\Delta\mu_{\mathrm{B}}\right)\\&+\frac{1}{2}\left[\left(L_{J_{\mathrm{B}}^{\beta i}}+L_{J_{\mathrm{A}}^{\beta i}}\right)J_{\mathrm{B}}^{\beta i^2}\right]\end{aligned} \tag{3-32}$$

对于非等温相变，可以推导得出类似的动力学方程。因为界面上没有温度跃迁，所以界面仍然可以被认为是等温的，同时界面动力学保持不变，如式 (3-29) 和式 (3-30) 或式 (3-31) 和式 (3-32) 所示。

另外，根据扩展不可逆热力学[81-84]，块体中的溶质扩散方程可以描述如下：

$$J_{\mathrm{B}}=-D_{\mathrm{b}}\frac{1}{V_{\mathrm{m}}}\nabla C-\tau_{\mathrm{D}}\frac{\partial J_{\mathrm{B}}}{\partial t} \tag{3-33}$$

式中，扩散系数 D_{b} 对应于式 (2-57) 内涵的 D_{i}；$\tau_{\mathrm{D}}=D_{\mathrm{b}}/V_{\mathrm{D}}^2$($V_{\mathrm{D}}$ 为溶质在块体液相中的扩散速度) 为扩散通量从非平衡松弛到稳态值所需时间。通过比较式 (3-25) 和式 (3-33)，可得

$$\left(\frac{1}{A_{J_{\mathrm{B}}}}+\frac{1}{A_{J_{\mathrm{A}}}}\right)^{-1}V_{\mathrm{m}}\frac{\partial\left(\mu_{\mathrm{B}}-\mu_{\mathrm{A}}\right)}{\partial C}=D_{\mathrm{b}} \tag{3-34}$$

以及

$$\left(\frac{1}{A_{J_{\mathrm{B}}}}+\frac{1}{A_{J_{\mathrm{A}}}}\right)^{-1}\left(L_{J_{\mathrm{B}}}+L_{J_{\mathrm{A}}}\right)=\tau_{\mathrm{D}}=\frac{D_{\mathrm{b}}}{V_{\mathrm{D}}^2} \tag{3-35}$$

对于平界面的稳态界面迁移，界面溶质通量可表示如下[85]：

$$\begin{aligned}J_{\mathrm{B}}^{\beta i}&=-D_{\mathrm{i}}\left(\frac{\partial\left(\Delta\mu_{\mathrm{B}}-\Delta\mu_{\mathrm{A}}\right)}{\partial C}\right)^{-1}\left(1-\frac{V_{\mathrm{I}}^2}{V_{\mathrm{D}}^2}\right)\frac{\partial\left(\Delta\mu_{\mathrm{B}}-\Delta\mu_{\mathrm{A}}\right)}{\partial Z}\\&=-D_{\mathrm{i}}\psi\left(\frac{\partial\left(\Delta\mu_{\mathrm{B}}-\Delta\mu_{\mathrm{A}}\right)}{\partial C}\right)^{-1}\frac{\Delta\mu_{\mathrm{B}}-\Delta\mu_{\mathrm{A}}}{\lambda_0}\end{aligned} \tag{3-36}$$

式中，λ_0 为界面厚度 [式 (2-53)]；ψ 为弛豫因子。由于假定 $\Delta\mu_{\mathrm{B}}-\Delta\mu_{\mathrm{A}}$ 在界面上呈线性变化，那么将式 (3-25) 与式 (3-33) 结合并假定 $J_{\mathrm{B}}^{\alpha i}=0$，可得

$$\psi\left(\Delta\mu_{\mathrm{B}}-\Delta\mu_{\mathrm{A}}\right)=\frac{V_{\mathrm{I}}}{V_{\mathrm{m}}V_{\mathrm{DI}}}\left(C^{\alpha}-C^{\beta}\right)\frac{\partial\left(\mu_{\mathrm{B}}-\mu_{\mathrm{A}}\right)}{\partial C} \tag{3-37}$$

式中，V_{DI} 为界面处溶质扩散速度，计算式见式 (2-57)。通过比较式 (3-31) 和式 (3-37)，可得

$$L_{J_{\mathrm{B}}^{\beta i}}+L_{J_{\mathrm{A}}^{\beta i}}=\frac{V_{\mathrm{m}}^{2}\left(\Delta\mu_{\mathrm{B}}-\Delta\mu_{\mathrm{A}}\right)}{V_{\mathrm{D}}^{2}\left(C^{\alpha}-C^{\beta}\right)} \tag{3-38}$$

以及

$$\left(\frac{1}{A_{\mathrm{B}}^{\beta i}}+\frac{1}{A_{\mathrm{A}}^{\beta i}}\right)=-\frac{V_{\mathrm{m}}}{V_{\mathrm{DI}}}\frac{\partial\left(\Delta\mu_{\mathrm{B}}-\Delta\mu_{\mathrm{A}}\right)}{\partial C} \tag{3-39}$$

然后，将式 (3-38) 和式 (3-39) 代入式 (3-32)，可得

$$\frac{V_{\mathrm{I}}}{V_{\mathrm{m}}}=-C^{\alpha}\Delta\mu_{\mathrm{B}}-\left(1-C^{\alpha}\right)\Delta\mu_{\mathrm{A}}-\left(C^{\beta}-C^{\alpha}\right)\left(\Delta\mu_{\mathrm{A}}-\Delta\mu_{\mathrm{B}}\right)\left(1-\frac{1}{2}\frac{V_{\mathrm{I}}^{2}}{V_{\mathrm{D}}^{2}}\right) \tag{3-40}$$

由一般性模型 [式 (3-37) 和式 (3-40)] 可知，假设 $V_{\mathrm{I}}=0$，即界面处于局域平衡条件下，则 $\Delta\mu_{\mathrm{B}}=\Delta\mu_{\mathrm{A}}=0$ 成立。由于 ΔG 极其微小，对于凝固和固态相变而言，生长均受溶质扩散控制。由式 (3-37)，对于 $V_{\mathrm{I}}=V_{\mathrm{D}}$，$C^{\beta}=C^{\alpha}$，即发生完全溶质截留时，由于 ΔG 足够高，溶质扩散完全被抑制，生长只受界面扩散 (对于固态相变) 或热扩散 (对于凝固) 控制。

3.4.2 枝晶生长中的热–动力学多样性

界面失稳后形成的一类重要的组织形态是枝晶[30]。对于正温度梯度 (如定向凝固、甩带、激光表面熔融等) 下形成的枝晶，界面能和液相传热使界面稳定，而界面处液相传质使界面失稳，这种情况下的枝晶在外界强加的传热条件下生长，因此被称为约束枝晶生长；对于负温度梯度 (如深过冷快速凝固) 下形成的枝晶，除去界面能，界面处液相传热和传质均促使界面失稳，这种情况下的枝晶生长过程中无强制的外界传热条件，因此被称为自由枝晶生长。

1. 枝晶生长的经典理论

在枝晶生长的理论模型中，可结合枝晶尖端的曲率对界面动力学模型进行修正，进而计算界面条件，因此如何确定枝晶尖端半径是最普遍的研究内容之一。根据 Langer 和 Müller-Krumbhaar (LMK)[86] 的工作，枝晶尖端半径 R 等于平界面线性稳态稳定性理论中使界面失稳的最小扰动波长 λ_{s}(相应的波频率为 ω_{s})：

$$R = \lambda_{\mathrm{s}} = 2\pi/\omega_{\mathrm{s}} \tag{3-41}$$

基于上述假设和线性稳态稳定性理论，可得到枝晶尖端半径的表达式，即临界稳定性判据 (marginal stability criterion, MSC)，该判据在 Huang 和 Glicksman[87,88] 的经典实验中得到证实。然而，随着微观可解性理论 (microscopic solvability theory) 的发展，对 MSC 的批评和质疑越来越多[32]。尽管如此，由于其模型简单且与实验结果吻合较好，MSC 和基于 MSC 的枝晶生长理论仍被广泛应用。

基于 MSC 可得到枝晶尖端半径，对界面条件进行修正；为计算枝晶生长过程中过冷度与生长速度关系，还需要得到枝晶尖端温度场和溶质场的解。

假定枝晶形状为旋转抛物面的针状晶或片状晶，液/固界面上温度或成分处处相等，Ivantsov[89,90] 得到了枝晶生长的稳态扩散解，即 Ivantsov 解。在基于 MSC 的枝晶生长理论中，为计算简便，利用 Ivantsov 解得到枝晶尖端温度场和溶质场的解，进一步得到一个完整的枝晶生长模型：对于给定的过冷度 ΔT，枝晶尖端的移动速度 V_{I}、半径 R、温度 T_{I}、固相成分 C_{s}^{*} 和液相成分 C_{l}^{*} 都可被理论预测。

Lipton、Glicksman 和 Kurz (LGK) 基于界面局域平衡和线性液/固相线假设，率先建立了自由枝晶生长模型，其中枝晶尖端半径 R 由 MS 理论得到，只适用于小过冷度情况[91]。Lipton、Kurz 和 Trived (LKT) 对上述模型进行了改进，其中 R 由 TK 模型得到[92]；同时，他们考虑了溶质截留在自由枝晶生长中的作用。由于没有考虑吸附动力学，上述模型实际上并没有完全考虑非平衡界面动力学的作用，因此过冷度仍缺少动力学的相应贡献[93]。在充分考虑了非平衡界面动力学作用后，Boettinger、Coriell 和 Trivedi (BCT) 对自由枝晶生长模型进行了改进，得到枝晶尖端半径 R 的表达式[94]：

$$R = \frac{\Gamma/\sigma^{*}}{\dfrac{P_{\mathrm{T}}\Delta H_{\mathrm{f}}}{C_{\mathrm{P}}}\xi_{\mathrm{T}} - \dfrac{2m\left(V_{\mathrm{I}}\right)P_{\mathrm{C}}C_{0}(1-k)}{1-(1-k)\mathrm{Iv}(P_{\mathrm{C}})}\xi_{\mathrm{C}}} \tag{3-42}$$

式中，σ^{*} 为稳定性常数，$\sigma^{*}=1/4\pi^{2}$；P_{T} 和 P_{C} 分别为热扩散和溶质扩散的佩克莱数；$\mathrm{Iv}(P)$ 为 Ivantsov 函数，$\mathrm{Iv}(P)=P\exp PE_{1}(P)$，$E_{1}\left(P\right)=\displaystyle\int_{0}^{\infty}\exp\left(-P\right)/P\mathrm{d}P$ 为第一类指数积分函数。由于考虑了界面动力学效应，BCT 模型中过冷度由四部分组成：

$$\Delta T = \Delta T_{\mathrm{T}} + \Delta T_{\mathrm{C}} + \Delta T_{\mathrm{R}} + \Delta T_{\mathrm{K}} \tag{3-43}$$

式中，ΔT_{T}、ΔT_{C}、ΔT_{R} 和 ΔT_{K} 分别为热过冷度、成分过冷度、曲率过冷度和

动力学过冷度，分别表示如下：

$$\Delta T_{\rm T}=\frac{\Delta H_{\rm f}}{C_P}{\rm Iv}(P_{\rm T}) \tag{3-44}$$

$$\Delta T_{\rm C}=m_{\rm l}C_0\left[1-\frac{m\left(V_{\rm I}\right)/m_{\rm l}}{1-(1-k){\rm Iv}(P_{\rm C})}\right] \tag{3-45}$$

$$\Delta T_{\rm R}=2\Gamma/R \tag{3-46}$$

$$\Delta T_{\rm K}=\frac{V_{\rm I}}{\mu_0}=\frac{m_{\rm l}V_{\rm I}}{\left(1-k_{\rm e}\right)V_0}=\frac{RT_{\rm m}^2V_{\rm I}}{\Delta H_{\rm f}V_0} \tag{3-47}$$

尽管凝固中过冷度的分类存在不同方法，但各个过冷度的加和相同，即为总的过冷度。

2. 枝晶生长模型的热–动力学发展

通过不可逆热力学，过冷单相合金熔体凝固中总吉布斯自由能耗散率的获取揭示了生长动力学的竞争，换言之，各种生长模式表现出热–动力学的多样性[95-98]。然而，自由枝晶生长的建模工作基于大量物理假设，见表 3-1，Liu 等进一步考虑非线性液/固相线和多组分的影响，提出修正后的模型[95,99,100]。本小节通过不可逆热力学和 TEP 对自由枝晶生长的建模发展进行简要描述，并展示此间的热–动力学多样性。

表 3-1 枝晶生长模型演化中存在的经典物理假设与实际加工路径的偏差

非平衡程度	液/固相线	熔体近似	合金组分	热传输	模型参数	热力学与动力学
局域平衡	线性液/固相线	理想熔体	二元稀溶液	液相温度场	合金成分	相对独立
局域非平衡	非线性液/固相线	热力学数据库	多元浓溶液	液相/固相温度场	合金成分设备参数加工参数	理论关联

树枝状结构是凝固过程中最普遍的显微结构[34,86,91,97,101-105]。如前所述，完整的枝晶生长模型整合 MSC 和 Ivantsov 函数[89]，可以合理预测枝晶尖端的固/液界面生长速度、半径、温度和固/液相成分间关系。随着 $V_{\rm I}$ 的增大，枝晶生长过程可以分为三个阶段：

(1) 溶质扩散控制的生长 ($V_{\rm I}<V_{\rm DI}$)。界面和块体处于平衡或接近平衡的条件下，生长受到最慢因素的限制，即溶质扩散。

(2) 溶质和热扩散共同控制的生长 ($V_{\rm I}\approx V_{\rm DI}$)。界面处于局域非平衡态，而块体扩散仍处于平衡态。溶质截留虽然发生，但溶质扩散没有被完全抑制，因此发生了从溶质扩散到热扩散控制的过渡，即生长由热扩散和溶质扩散混合控制。

(3) 热扩散控制的生长 ($V_{\rm I} > V_{\rm D}$)。界面和块体都处于局域非平衡条件，发生了完全的溶质截留，块体相中的溶质扩散被完全抑制，因此凝固单纯由热扩散控制。

参照现有的枝晶生长模型，界面扩散的多样性和不均匀性已被引入经典的假设，如局域平衡、线性液/固相线、理想溶液、二元组分，如表 3-1 所示。由于式 (3-40) 中的界面迁移和式 (3-37) 中的界面扩散是两个重要的动力学过程，式 (3-40) 中连续变化的 ΔG 可以通过连续演变的枝晶生长动力学来反映，显示出热–动力学的多样性。下面将从上述分类出发，对枝晶生长动力学的演化进行介绍。

LGK/LKT 模型：如前所述，如果 $V_{\rm I} < V_{\rm DI}$，对于假定局域平衡的熔体[92,101]，扩散方程通常由抛物线型的偏微分方程给出。因此，LGK/LKT 模型只能用于溶质扩散控制阶段 (1)。详情见文献 [92] 和 [101]。

BCT 模型：如前所述，如果 $V_{\rm I} \approx V_{\rm DI}$，推导 BCT 模型的最重要步骤是获得非平衡界面响应函数。应用 Aziz 等的溶质截留效应[106,107]，平界面凝固的驱动力将受到不均匀界面扩散的影响，此即为第二个界面响应函数，来自于 Baker 和 Cahn[108] 对式 (3-40) 的修正：

$$\frac{\Delta G}{RT_{\rm I}} = (1 - C_{\rm S}^{*}) \ln \frac{(1 - C_{\rm S}^{*})(1 - C_{\rm L}^{\rm eq})}{(1 - C_{\rm L}^{*})(1 - C_{\rm S}^{\rm eq})} + C_{\rm S}^{*} \ln \frac{C_{\rm S}^{*} C_{\rm L}^{\rm eq}}{C_{\rm L}^{*} C_{\rm S}^{\rm eq}} \tag{3-48}$$

式中，$C_{\rm L}^{\rm eq}$、$C_{\rm S}^{\rm eq}$、$C_{\rm L}^{*}$ 和 $C_{\rm S}^{*}$ 分别为界面上的平衡和非平衡成分；$T_{\rm I}$ 为界面温度。基于修改后的热力学驱动力，$V_{\rm I}$ 的线性动力学规律为

$$V_{\rm I} = -V_0 \frac{\Delta G}{RT_{\rm I}} \tag{3-49}$$

式中，V_0 为恒定的指数前因子，近似等于熔体中声速。此外，针对线性液相线的斜率为 $m_{\rm L}$，动力学相图的斜率可以描述为

$$m(V_{\rm I}) = \frac{m_{\rm L}}{1 - k_{\rm e}} \left(1 - k + k \ln \frac{k}{k_{\rm e}} \right) \tag{3-50}$$

应用 Trivedi 和 Kurz 提出的 MSC[33]，并推导出界面响应函数，BCT 模型可以用来描述溶质扩散控制的阶段 (1) 和阶段 (2) 的初始领域。

Galenko 和 Danilov 的模型：如果 $V_{\rm I} \geqslant V_{\rm D}$，发生在局域非平衡条件下 (即考虑松弛效应[82,109,110]) 的溶质扩散由双曲线型的质量传输方程控制，而热扩散仍然是在局域平衡条件下由抛物线型方程描述[81,82,111-113]。Galenko 和 Danilov 进一步将非平衡块体液相扩散和 MSC 的动力学效应纳入其中[113,114]，发展了自由枝晶生长模型，其中，式 (3-40) 中平界面凝固的热力学驱动力被进一步修正为[110,115]

$$\Delta G=\begin{cases}(1-C_{\mathrm{S}}^{*})\,\Delta\mu_{\mathrm{A}}+C_{\mathrm{S}}^{*}\Delta\mu_{\mathrm{B}}+(C_{\mathrm{L}}^{*}-C_{\mathrm{S}}^{*})\left[\Delta\mu_{\mathrm{B}}+(1-k)\,RT_{\mathrm{I}}\dfrac{V_{\mathrm{I}}}{V_{\mathrm{D}}}\right], & V_{\mathrm{I}}<V_{\mathrm{D}}\\(1-C_{\mathrm{S}}^{*})\,\Delta\mu_{\mathrm{A}}+C_{\mathrm{S}}^{*}\Delta\mu_{\mathrm{B}}, & V_{\mathrm{I}}\geqslant V_{\mathrm{D}}\end{cases}\tag{3-51}$$

对于假设线性液/固相线的理想溶液，如果应用线性动力学定律，即式 (3-51)，则动力学相图的斜率变为[110]

$$m(V_{\mathrm{I}})=\begin{cases}\dfrac{m_{\mathrm{L}}}{1-k_{\mathrm{e}}}\left[1-k+\ln\dfrac{k}{k_{\mathrm{e}}}+(1-k)^{2}\dfrac{V_{\mathrm{I}}}{V_{\mathrm{D}}}\right], & V_{\mathrm{I}}<V_{\mathrm{D}}\\-\dfrac{m_{\mathrm{L}}\ln k_{\mathrm{e}}}{1-k_{\mathrm{e}}}, & V_{\mathrm{I}}\geqslant V_{\mathrm{D}}\end{cases}\tag{3-52}$$

对于受松弛效应影响的非平衡凝固，溶质截留模型[96,106,107][式 (2-59)] 被修正为式 (2-61)[109,112]。因此，Galenko 和 Danilov 的模型从阶段 (1) 到阶段 (3) 都适用，可以定量地处理各种生长机制，从而更充分、更全面地展示热–动力学多样性。

刘的模型：尽管大多二元合金相图的液/固相线通常是弯曲的，但所有上述模型均假设为线性液/固相线[116-118]。正如不同热力学状态反映的，非均匀的界面扩散会导致非线性液/固相线，据此可以对式 (3-40) 进行修正，得到考虑曲率校正的、扩展的第二界面响应函数：

$$C_{\mathrm{S}}^{\mathrm{eq}}(T_{\mathrm{I}}+\Delta T_{\mathrm{R}})-C_{\mathrm{L}}^{\mathrm{eq}}(T_{\mathrm{I}}+\Delta T_{\mathrm{R}})+\frac{V_{\mathrm{I}}}{V_{0}}+C_{\mathrm{L}}^{*}N(V_{\mathrm{I}},T_{\mathrm{I}}+\Delta T_{\mathrm{R}})=0\tag{3-53}$$

和

$$N(V_{\mathrm{I}},T_{\mathrm{I}}+\Delta T_{\mathrm{R}})=\begin{cases}1-k+\ln\dfrac{k}{k_{\mathrm{e}}'}+(1-k)^{2}\dfrac{V_{\mathrm{I}}}{V_{\mathrm{D}}}, & V_{\mathrm{I}}<V_{\mathrm{D}}\\-\ln k_{\mathrm{e}}', & V_{\mathrm{I}}\geqslant V_{\mathrm{D}}\end{cases}\tag{3-54}$$

$$k=\begin{cases}\dfrac{\dfrac{V_{\mathrm{I}}}{V_{\mathrm{D}}}+k_{\mathrm{e}}'\psi}{\dfrac{V_{\mathrm{I}}}{V_{\mathrm{D}}}+\psi}, & V_{\mathrm{I}}<V_{\mathrm{D}}\\1, & V_{\mathrm{I}}\geqslant V_{\mathrm{D}}\end{cases}\tag{3-55}$$

式中，$k_{\mathrm{e}}'=C_{\mathrm{S}}^{\mathrm{eq}'}/C_{\mathrm{L}}^{\mathrm{eq}'}$，为对液/固相线进行曲率修正后的平衡分配系数。在推导上述模型时，不同的热力学状态由不同的浓度和温度反映出来，并导致不同的动力学机制，从而形成热–动力学多样性。

大多数工业合金含有两种以上的成分，不同组元之间的相互作用产生复杂的动态过程，这些过程往往被忽略，尤其针对非单调的分配系数和界面速度。按照 3.4.1 小节中处理的多路径扩散演化，枝晶生长的热–动力学多样性可以通过沿特定动力学模式变化的有效动力学能垒来反映[37,96]。由于多组分浓溶液凝固过程中的界面响应函数远离平衡，界面和块体中的溶质通量可以类比处理，且 3.4.1 小节中的物理模型可以解决式 (3-40) 和式 (3-37) 分别涉及的多组分系统的界面迁移和界面扩散的复杂性。Wang 等[37,95,99] 应用扩展不可逆热力学，考虑了系统的演化路径，包括块体和界面的扩散，其中式 (3-21) 和式 (3-22) 的吉布斯自由能变化率和总能量耗散率可以修正为

$$\dot{G}_{\text{bulk}} = \int \sum_{k=1}^{n} J_k \left(\nabla\mu_k + \alpha_k \frac{\partial J_k}{\partial t} \right) \mathrm{d}\Omega \tag{3-56}$$

$$\begin{aligned}\dot{G}_{\text{inter}} =& \frac{V_{\mathrm{I}}}{V_{\mathrm{m}}} \int \sum_{k=1}^{n} \left[C_k^{\mathrm{L}^*} \nabla\mu_k + \frac{V_{\mathrm{m}}}{2} \alpha_k^{S^*} \left(J_k^{S^*} \right)^2 - \frac{V_{\mathrm{m}}}{2} \alpha_k^{\mathrm{L}^*} \left(J_k^{\mathrm{L}^*} \right)^2 \right] \mathrm{d}A \\ & - \int \sum_{k=1}^{n} J_k^{\mathrm{L}^*} \Delta\mu_k \mathrm{d}A \end{aligned} \tag{3-57}$$

式中，系数 $\alpha_k = \dfrac{V_{\mathrm{m}}}{V_k^2} \dfrac{\partial\mu_k}{\partial x_k}$；$V_k$ 为组元 k 的扩散速率。应用热力学极值原理，可以导出非平衡系统的演化方程，包括块体相中的扩展扩散方程 [对应于式 (3-37) 和式 (3-40)]：

$$J_k = A_k \left[- \left(\nabla\mu_k + \alpha_k \frac{\partial J_k}{\partial t} \right) + \frac{\sum\limits_{j=1}^{n} A_j \left(\nabla\mu_j + \alpha_j \dfrac{\partial J_j}{\partial t} \right)}{\sum\limits_{j=1}^{n} A_j} \right] \tag{3-58}$$

以及扩展尖锐界面模型：

$$\left(C_k^{\mathrm{L}^*} - C_k^{\mathrm{S}^*} \right) \frac{V_{\mathrm{I}}}{V_{\mathrm{m}}} = M_k^{\mathrm{D}} \left(\Delta\mu_k \psi_k - \sum_{i=1}^{n} M_i^{\mathrm{D}} \Delta\mu_i \psi_i \Big/ \sum_{j=1}^{n} M_j^{\mathrm{D}} \right) \tag{3-59}$$

$$\begin{aligned} V_{\mathrm{I}} =& - M_{\mathrm{C}} \sum_{j=1}^{n} \left[C_j^{\mathrm{L}^*} \Delta\mu_k - V \alpha_j^{\mathrm{S}^*} J_j^{\mathrm{S}^*} \left(C_j^{\mathrm{L}^*} - C_j^{\mathrm{S}^*} \right) + \frac{V_{\mathrm{m}}}{2} \alpha_j^{\mathrm{S}^*} \left(J_j^{\mathrm{S}^*} \right)^2 \right. \\ & \left. - \frac{V_{\mathrm{m}}}{2} \alpha_k^{\mathrm{L}^*} \left(J_k^{\mathrm{L}^*} \right)^2 \right] \end{aligned} \tag{3-60}$$

由此，得到考虑了热–动力学多样性的界面动力学新模型，结合平界面稳定性分析，该模型更灵活、更通用，且适用于多元浓溶液合金的非平衡枝晶生长。

在上述动力学推导中假设了恒定的指数前因子 V_0[103,110][式 (3-49)]，因此有效的动力学能垒无法被精确描述 (见 3.4.1 小节)；如此，非均匀和复杂扩散效应的动力学影响只体现于热力学驱动力上，从而抑制了凝固理论和实际加工工艺的结合，详见 4.4.3 小节。

3. 显示热–动力学多样性的生长模式的转变

如前所述，根据界面迁移速率 V_I 与界面扩散速率 V_{DI} 和体扩散速率 V_D 的比较，可以区分枝晶生长的三个阶段。对于满足热扩散局域平衡的固溶体合金的枝晶生长，可以对不同非平衡程度下相对缓慢的溶质扩散进行分类，从而产生四种不同的微观组织[109]，即粗大枝晶 → 等轴晶 (一次细化)→ 细小枝晶 → 等轴晶 (二次细化)。然后，借助于三个临界速度[119]，溶质绝对稳定速度 V_C^* (小于 V_{DI}，用以区分固/液界面的局域平衡和局域非平衡)、最大枝晶尖端半径对应的临界速度 V_R^m (用以描述溶质效应最显著的临界点) 和体扩散速率 V_D，并通过模型计算展示了 Ni-0.7%B 合金非平衡凝固中热–动力学参数随熔体过冷度的演化 (图 3-13)[117]，分析了凝固阶段形成和微观结构的控制机制，同时结合 Ni-20%Cu 合金进行实验验证 (图 3-14)[122]。

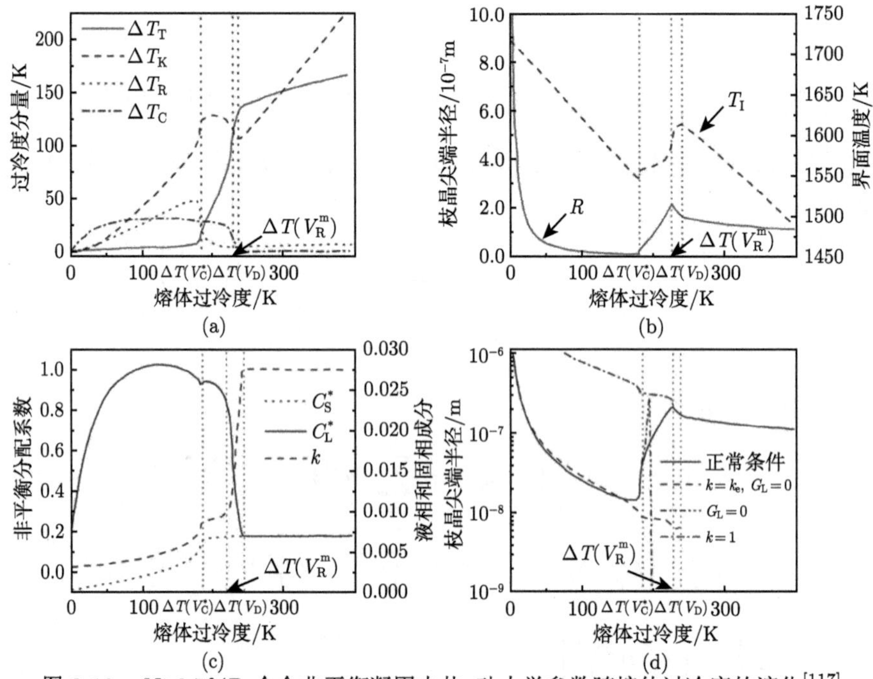

图 3-13 Ni-0.7%B 合金非平衡凝固中热–动力学参数随熔体过冷度的演化[117]

(a) 过冷度分量；(b) 界面温度和枝晶尖端半径；(c) 液相和固相中的溶质成分 C_L^* 和 C_S^*，以及非平衡溶质分配系数 k；(d) 不同凝固机理下的枝晶尖端半径

当 $\Delta T < \Delta T\,(V_C^*)$ 时，相变的很大一部分自由能是通过界面扩散而耗散，因此生长机制主要由溶质扩散控制，产生粗大枝晶，如图 3-14(a) 和 (b) 所示。其中，对于 40K$<\Delta T<$60K，微观组织大部分区域被由重熔的次级枝晶臂包围的枝晶主干占据；这种粗大枝晶结构在铸造铝合金中很常见，如平均直径为 156μm 的

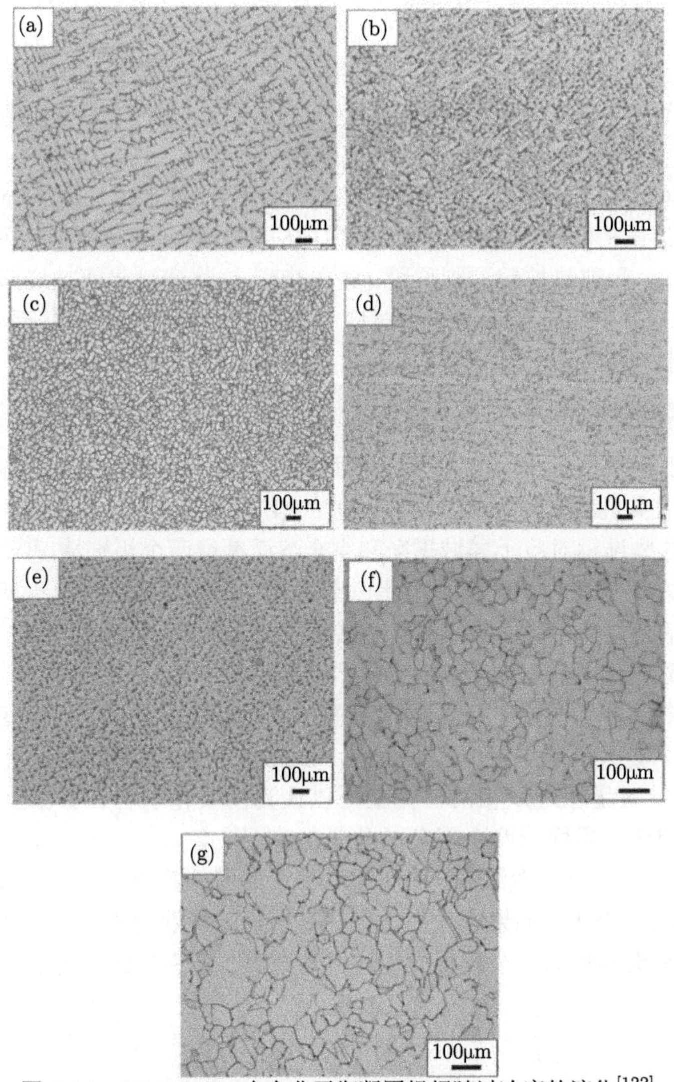

图 3-14　Ni-20%Cu 合金非平衡凝固组织随过冷度的演化[122]

(a) ΔT=18 K；(b) ΔT=50 K；(c) ΔT=70 K；(d) ΔT=100 K；(e) ΔT=155 K；(f) ΔT=165 K；(g) ΔT=175 K

大等轴晶组成的基体铸造合金[120,121]。当 $\Delta T\,(V_{\mathrm{C}}^{*}) < \Delta T < \Delta T\,(V_{\mathrm{R}}^{\mathrm{m}})$ 时，界面局域非平衡与块体局域平衡共存，其中，溶质扩散结合热扩散一起促进细小等轴晶的形成 [图 3-14(c)]。

当 $\Delta T\,(V_{\mathrm{R}}^{\mathrm{m}}) < \Delta T < \Delta T\,(V_{\mathrm{D}})$ 时，界面和块体相都处于局域非平衡，其中 ΔT_{T} 大幅增加，而 ΔT_{C} 明显减少，主要对应于热扩散控制的生长 [图 3-13(c)]。

图 3-14(d) 和 (e) 所示的微观结构，与在较低过冷度下形成的粗大枝晶 [图 3-14(a) 和 (b)] 相比，属于发达的细小枝晶网络 [122]。当 $\Delta T \geqslant \Delta T\,(V_{\mathrm{D}})$ 时，块体相中的溶质扩散被完全抑制 [(图 3-13(b)]，其中，从主要热扩散控制生长到纯粹热扩散控制生长的过渡对应完全溶质截留的发生[117]，这反映于从细小枝晶 [图 3-14(d) 和 (e)] 演变而来的细小等轴晶 [图 3-14(f) 和 (g)]。

图 3-13(d) 描述了枝晶尖端半径随 ΔT 的演变，即溶质和热扩散共同控制阶段 (实线)，溶质控制阶段并结合溶质截留效应 (点线)，溶质控制阶段没有溶质截留效应 (虚线) 和纯热扩散控制阶段 (虚点线)。这些通过界面响应函数的典型计算强烈地揭示了不同温度下驱动力对应于不同的动力学机制，从而展示出热–动力学的多样性。

3.4.3 固态相变与热–动力学多样性

如 3.4.1 小节中式 (3-40) 所示，界面驱动力由界面迁移和穿界面扩散两种路径共同耗散且共同决定[120,123]。结合一般的溶质截留模型 [式 (3-37)] 可知，对于二元合金，这些过程对应于局域平衡和完全溶质截留两个极端情况[124]。界面迁移只能在局域非平衡条件下进行，因此速率决定过程总是表现为位于两个极端之间的混合模式，描述介于界面控制和扩散控制之间的机制。此类针对热–动力学多样性的定量描述，对目前材料设计有重要作用。

根据尖锐界面假设[125-127]，假定界面厚度相对于晶粒尺寸可以忽略不计。由于界面扩散系数大于或等于体扩散系数，并且穿界面扩散通量实际上与界面附近块体中的扩散通量相近或相同，完全可以认为溶质化学势在界面上没有任何不连续[126]。因此，界面上两个组分的化学势满足 $\mu_{\mathrm{B}}^{\alpha} = \mu_{\mathrm{B}}^{\gamma}$ 和 $\mu_{\mathrm{A}}^{\alpha} \neq \mu_{\mathrm{A}}^{\gamma}$。注意，式 (3-40) 只适用于置换型溶液，而间隙原子穿界面扩散的驱动力只与 $\mu_{\mathrm{B}}^{\gamma} - \mu_{\mathrm{B}}^{\alpha}$ 成正比。对于固态相变，如果有理由认为穿界面扩散耗散的吉布斯自由能可以忽略不计，那么界面驱动力完全被界面迁移所消耗[126,127]。如此可得

$$\frac{V_{\mathrm{I}}}{M} = \left(1 - C_{\mathrm{B}}^{\alpha}\right)\left[\mu_{\mathrm{A}}^{\gamma}\left(C_{\mathrm{B}}^{\gamma\mathrm{int}}\right) - \mu_{\mathrm{A}}^{\alpha}\left(C_{\mathrm{B}}^{\alpha}\right)\right] \tag{3-61}$$

图 2-10 中，当前的生长模式反映于块体相的界面成分 $C_{\mathrm{B}}^{\gamma\mathrm{int}}$，它在局域平衡值 $C_{\mathrm{B}}^{\gamma\mathrm{eq}}$ 和名义成分 C^{0} 之间变化。

当 $C_{\mathrm{B}}^{\gamma\mathrm{int}} = C^{0}$ 时，作用在界面上的驱动力达到最大值[128-130]，溶质扩散可认为是无限快，因此母相中的浓度是均匀的，生长速度完全由界面迁移控制，见式 (2-69)[1]。这可以被归类为界面控制的生长 ($V_{\mathrm{I}} \geqslant V_{\mathrm{D}}$)，其中完全溶质截留发生，溶质在块体相中的扩散被完全抑制。当 $C_{\mathrm{B}}^{\gamma\mathrm{int}} = C_{\mathrm{B}}^{\gamma\mathrm{eq}}$ 时，两个组分的化学势在界面上连续变化；它们在紧邻界面的地方遵循完全平衡 (图 2-10)。由式 (3-61) 可知，整体转变存在驱动力，但对界面迁移没有局域驱动力。这种 $V_{\mathrm{I}}<V_{\mathrm{DI}}$ 的情

形对应于扩散控制的加强，在平衡条件给定的边界条件下，生长的问题可以简化为扩散方程的解，具体见 2.4.6 小节。

在实际的固态相变中，$C_{\mathrm{B}}^{\gamma\mathrm{int}}$ 总是偏离 $C_{\mathrm{B}}^{\gamma\mathrm{eq}}$，位于 $C_{\mathrm{B}}^{\gamma\mathrm{eq}}$ 和 C^0 之间。对于这种情况，生长速度由界面迁移和移动界面前沿的溶质扩散控制，即混合生长模式。这两个过程是平行的，所以从界面迁移计算出来的界面速度总是等于从界面前沿溶质扩散计算出的数值。尽管业界对此方面的建模已做出很多努力，但尚未开发出严格的解析模型。由混合生长模式控制的相变过程的物理本质仍需深入研究。在此类溶质扩散和界面共同控制的生长 ($V \approx V_{\mathrm{DI}}$) 中，界面处于局域非平衡态，块体处于平衡态，虽然溶质截留发生，但溶质扩散没有被完全抑制；从扩散控制到界面控制机制的过渡总是发生。

由式 (3-61) 可见，作用在界面上的驱动力与新/旧相之间的化学势差有关，它可以作为温度和界面成分的函数来评估[131,132]。对于等温相变，驱动力只与界面成分有关。最初，界面前面的溶质富集不发达，但随相变进行，界面前面的浓度梯度不断接近局域平衡，因此驱动力下降，生长机制从界面控制变为扩散控制模式。这种典型的热–动力学多样性可通过超低碳 Fe-0.04%C 合金[133] 等温 $\gamma \rightarrow \alpha$ 相变得以反映，其中包括最初的快速转变和随后的缓慢转变 (图 3-15)，强烈地展示了从界面控制到扩散控制生长模式的转变，而 ΔG 逐渐下降。

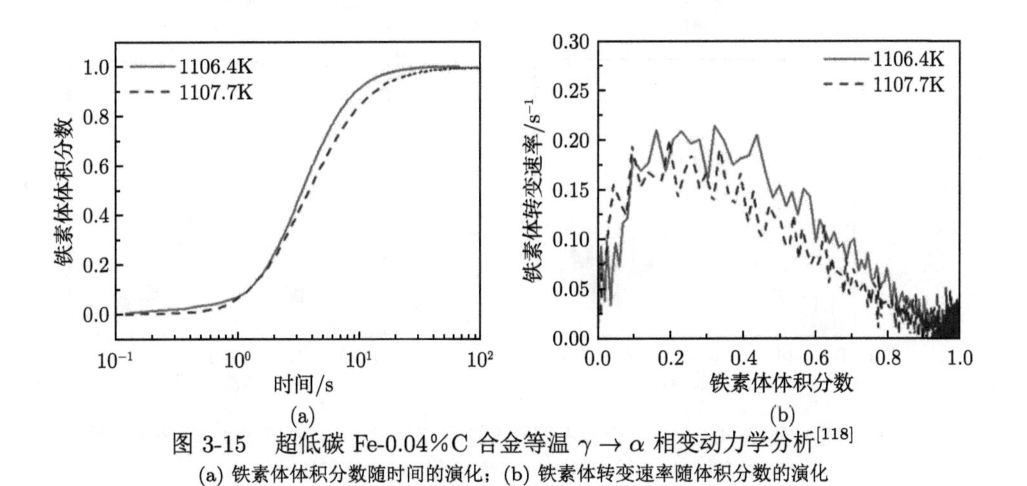

图 3-15 超低碳 Fe-0.04%C 合金等温 $\gamma \rightarrow \alpha$ 相变动力学分析[118]

(a) 铁素体体积分数随时间的演化；(b) 铁素体转变速率随体积分数的演化

对于非等温固态相变，作用在界面上的驱动力同时取决于 $C_{\mathrm{B}}^{\gamma\mathrm{int}}$ 和温度。选择超低碳 Fe-0.01%C 合金的等时 $\gamma \rightarrow \alpha$ 相变 (冷速为 5K/min、10K/min、15K/min 和 20K/min) 来描述生长模式的竞争，见图 3-16。参照文献 [134] 可知，冷速为 5K/min 时，主要的生长模式从扩散控制模式演变为界面控制模式 [图 3-16(a)]，这主要是由温度降低导致的驱动力提升强于由 $C_{\mathrm{B}}^{\gamma\mathrm{int}}$ 增加导致的驱动力减少，见

式 (3-61) 和式 (2-71)。对于冷速为 10K/min 和 15K/min 的 $\gamma \to \alpha$ 相变[图 3-16(b) 和 (c)]，扩散控制机制的贡献减少，这主要是由温度降低导致驱动力的增加，相比较由 $C_{\rm B}^{\gamma\rm int}$ 增加导致驱动力的减少，变得更为主要。对于冷速为 20K/min 时的相变，驱动力达到最大值，并且发生完全的溶质截留，因此整个转变完全由界面迁移控制 [图 3-16(d)]。可见，针对等冷却速率或等加热速率相变，与等温相变不同，温度的降低或增加导致 $\gamma \to \alpha$ 相变或 $\alpha \to \gamma$ 相变的热力学驱动力增加，与 $C_{\rm B}^{\gamma\rm int}$ 接近 $C_{\rm B}^{\gamma\rm eq}$ 导致的驱动力降低形成竞争，从而使生长模式的竞争相对复杂。

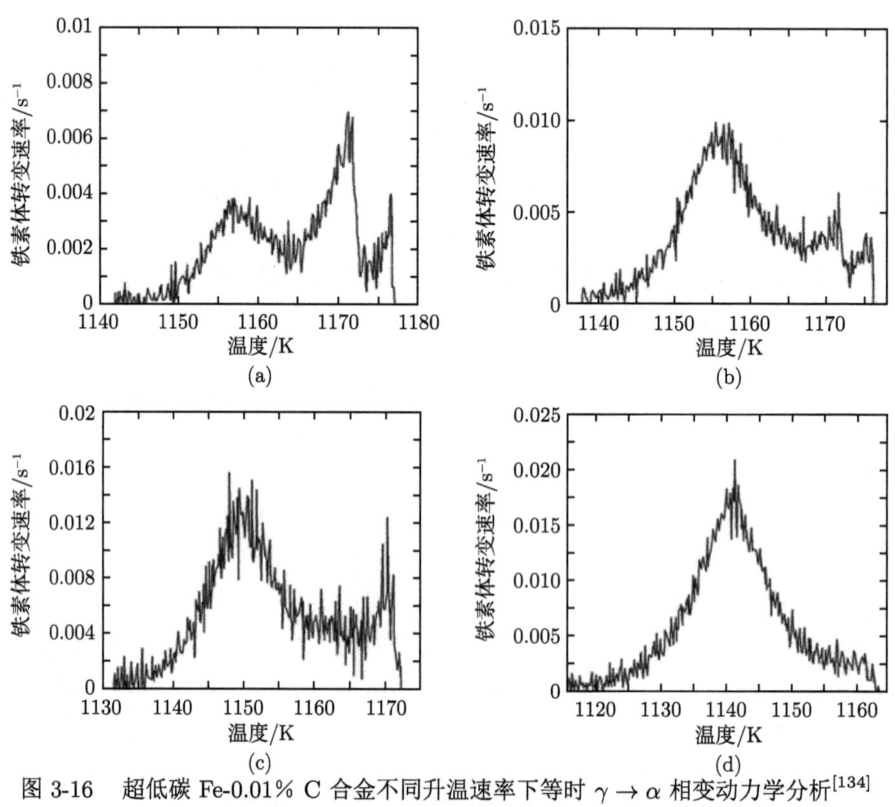

图 3-16 超低碳 Fe-0.01% C 合金不同升温速率下等时 $\gamma \to \alpha$ 相变动力学分析[134]

(a) 5K/min；(b) 10K/min；(c) 15K/min；(d) 20K/min

3.5 扩展等动力学中的热–动力学多样性

对于纯动力学控制的情形 (如位置饱和、等温线性生长和硬碰撞控制的相变)，相变的热力学驱动力可忽略不计或假设不变，因此相变是通过碰撞停止的，其中，Avrami 指数和有效激活能 (即动力学能垒) 在转变过程中保持不变。固态相变考虑扩散控制和界面控制的生长模式，一般来说，相变从界面控制模式过渡到扩散控制模式，如 Fe-C 合金中的等温或等时相变[133,134]，详见 3.4.3 小节。这种相变必须伴随着依赖于转变分数的动力学能垒，可以通过调整形核和生长机制来实现。

3.3.3 小节中，JMA 模型有时可以应用于总体有效激活能 Q 和 Avrami 指数 n 不是常数的情况，传统解释归因于不同的形核和生长机制，也就是说，等动力学假设不再成立[46,58,135]。通过给出 n 和 Q 的解析表达式，此类依赖转变分数的动力学参数被定义为扩展“等动力学”，它与热–动力学多样性兼容，根本产生于考虑多种形核模式[136-138]、热力学因素[139-141] 和错配应变能[142-147]，由此导致的驱动力变化对应变化的有效动力学能垒。

3.5.1 类 JMA 模型的动力学多样性

为证明变化的动力学参数同恒定的动力学机制不矛盾，需要提出一个一般性的模块化解析模型。如果假设不涉及成分变化的几何硬碰撞[135]，那么形核、生长和晶粒间碰撞均可以单独建模。在相变动力学的分析过程中，无论是等温还是等时转变，均可以给出有效激活能和生长指数的解析解。利用典型的与转变分数相关的动力学参数这一概念，“扩展等动力学”与多形核模式和多热力学因素导致的热–动力学多样性一致。

如果发生等温转变，即假设随机晶核分布和各向同性生长，符合经典 JMA 模型的必要条件，可得[1]

$$f = 1 - \exp\left[-\int_0^t \dot{N}(\tau)\, Y(t,\tau)\, \mathrm{d}\tau\right] \tag{3-62}$$

式中，$\dot{N}(\tau)$ 为 τ 时刻的形核率；$Y(t,\tau)$ 为在 τ 时刻形核的晶核在 t 时刻的体积。

在等温条件下，形核速率和生长速率均可作为式 (3-62) 中积分的常数，积分后可得以下公式。

对于连续形核：

$$f = 1 - \exp\left[-\frac{N_0 g v_0^d}{d+1}\exp\left(-\frac{Q_{\mathrm{N}} + \mathrm{d}Q_{\mathrm{G}}}{RT}\right)t^{d+1}\right] \tag{3-63}$$

对于位置饱和：

$$f = 1 - \exp\left[-N^* g v_0^d \exp\left(-\frac{\mathrm{d}Q_{\mathrm{G}}}{RT}\right)t^d\right] \tag{3-64}$$

式中，N_0 为同温度无关的连续形核指数前因子；N^* 为位置饱和中预存在晶核数目；v_0 为同温度无关的生长指数前因子；g 为几何因子；d 为生长指数，$d = 1, 2, 3$；Q_{N} 为形核激活能；Q_{G} 为生长激活能。

式 (3-63) 和式 (3-64) 可以概括为一般形式[46]：

$$f = 1 - \exp\left[-K_0 \exp\left(-\frac{nQ}{RT}\right) t^n\right] \tag{3-65}$$

式 (3-65) 是 JMA 模型框架下的基本方程，被广泛应用于描述转变分数随时间的演化。在实际相变中，经常违背经典 JMA 模型的假设，导致大量工作围绕如何松弛经典 JMA 模型的物理假设[135]。这些假设主要为等温条件假设，而实验或工业上大都是非等温条件，特别是在恒定的加热速率或冷却速率 ($\varPhi$=dT/dt，等时) 下的相变更加普遍。等时条件下，通常用"温度积分"的粗略近似来导出相关的解析表达式。根据温度积分近似得到的转变分数表达式[46]：

$$f = 1 - \exp\left[-K_0 \exp\left(-\frac{nQ}{RT}\right) \left(\frac{RT^2}{\varPhi}\right)^n\right] \tag{3-66}$$

式中，K_0 为反应速率常数的指前因子。

与式 (3-65) 相比，式 (3-66) 与经典的 JMA 模型具有相似的形式，因此被称为类 JMA 模型。在引入路径变量之前，长期以来，JMA 模型与类 JMA 模型具备相似的物理基础，但这一点并不明确。

涉及形核和生长的转变是热激活的，材料的热历史决定了转变的程度，因此可以引入完全由热历史决定的路径变量 β，而相变分数完全由 β 确定[148]：

$$f = F(\beta) \tag{3-67}$$

对于形核和生长机制恒定的相变，通常采用阿伦尼乌斯型速率常数 K，由此可以得到 β 的表达式如下[148]：

$$\beta = \int K \mathrm{d}t = \int K_0 \exp\left(-\frac{Q}{RT}\right) \mathrm{d}t \tag{3-68}$$

根据随机晶核分布和各向同性生长的假设，f 与 β 间关系可表示为

$$f = 1 - \exp(-\beta^n) \tag{3-69}$$

如果位置饱和或连续形核配合界面控制生长成立，将式 (3-68) 代入式 (3-69)，可以分别得到经典的等温和等时情况下的 JMA 模型 [式 (3-65)] 或类 JMA 模型 [式 (3-66)]。可见，对于等温和等时加热，相变分数的表达式类似，且均为 β 的函数。实际上，相变条件偏离了经典 JMA 模型的假设，如扩散控制生长、各向异性生长、非随机晶核分布等，由此带来的多种模型修改统称为类 JMA 模型。无

论是 JMA 模型还是类 JMA 模型，其本质逻辑均遵循基本假设：在整个相变涉及的温度或时间范围内，相变机制是相同的，动力学参数被假定为与时间和温度无关的常数。

在实际应用中，通过动力学分析得到的动力学参数往往随相变进程而变化。对于这种情况，模块化解析模型[50]提供了一个更合理的解释，这主要源于该解析模型推导过程中提出的“和积转换”策略，即相变分数来自于不同机制的贡献时，动力学参数随相变分数变化，同时呈现不同机制贡献份额的变化[137]。

$$
\begin{aligned}
x_{\mathrm{e}} =& \beta^n = x_{\mathrm{e1}} + x_{\mathrm{e2}} \\
=& N^* g v_0^{d/m} \exp\left(-\frac{d/mQ_{\mathrm{G}}}{RT}\right) t^{d/m} + \frac{N_0 g v_0^{d/m}}{d/m+1} \exp\left(-\frac{d/mQ_{\mathrm{G}}+Q_{\mathrm{N}}}{RT}\right) t^{d/m+1} \\
=& \frac{g v_0^{d/m}}{(d/m+1)^{\frac{1}{1+r_{1,2}^{-1}}}} \left[N^*(1+r_{1,2})\right]^{\frac{1}{1+r_{1,2}}} \left[N_0(1+r_{1,2}^{-1})\right]^{\frac{1}{1+r_{1,2}}} \\
& \times \exp\left[-\left(d/mQ_{\mathrm{G}} + \frac{Q_{\mathrm{N}}}{1+r_{1,2}^{-1}}\right)\frac{1}{RT}\right] t^{\frac{d}{m}+\frac{1}{1+r_{1,2}^{-1}}} \\
=& K_0^{n(t)}(t) \exp\left[-\frac{n(t)Q(t)}{RT}\right] t^{n(t)}
\end{aligned}
\tag{3-70}
$$

式中，x_{e} 为扩展转变分数；比率 $r_{1,2}(r_{1,2}=r_2/r_1)$ 是表征位置饱和与连续形核两个子过程相对贡献的重要参数。该解析模型针对新相的形核、生长和碰撞三种机制单独建模，并适用于等温和等时转变。通过选择合适的形核和生长机制，特别是混合形核模式，该模型得到了转变分数的解析表达式，并遵循类 JMA 模型[式 (3-65) 和式 (3-66)]的框架。同经典模型最大的区别则是具有依赖时间 (等温) 或温度 (等时) 的动力学参数，这就是所谓的扩展“等动力学”。

3.5.2　热力学因子导致的热–动力学多样性

模块化解析模型假设体系热力学状态在整个转化过程中不变，热力学对相变动力学的影响可以忽略，因此动力学基本方程严格遵循阿伦尼乌斯关系。这正如发生在极端非平衡条件下的转变，如非晶合金晶化。然而，上述假设对接近平衡态的相变无效，如钢铁中 $\gamma\rightarrow\alpha$ 相变。因此，为描述更一般的相变，将热力学项耦合到动力学中，可以修正模块化解析模型。

在类似 $\gamma\rightarrow\alpha$ 相变中，形核和生长速率由热力学项 (形核和生长的驱动力) 和动力学项 (形核和生长的激活能) 控制。为了得到相变分数的精确表达式，必须考虑形核率和生长速率同温度的函数关系。在这种情况下，依赖于温度的能量项，化学驱动力 ΔG^{chem}，经过合理近似被纳入到动力学方程中，最终给出扩展的解析模型。在模型推导过程中，对“温度积分”近似进行了改进处理[138]：

$$\int_0^{T(t)} \exp\left(-\frac{Q_{\mathrm{G}}}{RT}\right) \mathrm{d}T \approx \exp\left[-\frac{Q_{\mathrm{G}}}{RT(t)}\right] \int_0^{T(t)} \exp\left[\frac{Q_{\mathrm{G}}(T-T(t))}{RT(t)^2}\right] \mathrm{d}T \quad (3\text{-}71)$$

经过必要的数学处理[139]，得到与式 (3-65) 类似的转变分数表达式，但 K_0 不再是常数，而是因容纳了热力学因素而随温度变化：

$$K_0 = \left\{ \begin{array}{l} \displaystyle\sum_{i=1}^{m} \exp\left(-\frac{A}{\left[(T_{\mathrm{e}}-T_{\mathrm{i}})\, p(T_{\mathrm{i}})\right]^2 RT_{\mathrm{i}}}\right) \exp\left(-\frac{Q_{\mathrm{N}}(T_i - T(t))}{RT(t)^2}\right) \\ \displaystyle\times \left[F_1 - F_2 \exp\left(\frac{Q_{\mathrm{G}}(T_{\mathrm{i}} - T(t))}{RT(t)^2}\right)\right]^d (T_i - T_{i-1}) \end{array} \right\}^{\frac{1}{d+1}} \quad (3\text{-}72)$$

对于位置饱和：

$$K_0 = F_1 - F_2 \exp\left[\frac{Q_{\mathrm{G}}(T_0 - T(t))}{RT(t)^2}\right] \quad (3\text{-}73)$$

式中，F_1、F_2 为温度的函数，具体表达式见文献 [139]。据此，得到一般的等时速率方程：

$$\frac{\mathrm{d}f}{\mathrm{d}t} = nQHKI(x_{\mathrm{e}})^{1-\frac{1}{n}} \quad (3\text{-}74)$$

式中，H 为 K_0 的微分形式；I 为碰撞模式。该模型最大的优势在于，可以在动力学模型中区分热力学项和动力学项的作用。动力学项的形式与经典模型相同，如 Avrami 指数，$n = d+1$ 表示连续形核，$n = d$ 表示位置饱和，d 为生长维数；总有效激活能 $Q=[\mathrm{d}Q_{\mathrm{G}}+(n-d)Q_{\mathrm{N}}]/n$。$K_0$ 和 H 中包含了热力学项的影响，因此 K_0 不符合通常意义上的速率常数指前因子。此外，推导过程中没有对 T_0 和 T 作具体的假设，因此扩展解析模型既可应用于连续加热，也可应用于连续冷却。

根据类 JMA 模型，对于等时转变过程，可以提出一些求解转变有效激活能的方法[140,141]。这些方法可以大致归为两类：一类需要不同加热速率下达到同一转变分数的温度信息；另一类需要不同加热速率下达到同一转变分数的转变速率信息。这些方法都是基于极端非平衡假设提出的，因此是否适用于近平衡条件下的相变还需要进一步考察。由于近平衡条件下理论模型的缺失，无法从理论上检验其适用性，过往研究常是一些定性分析。根据当前的考虑热力学效应的扩展解析模型，可以定量地对上述方法进行检验。

在不同速率下达到同一转变分数所对应的温度为 T_f，由式 (3-66) 得

$$\ln\frac{T_f^2}{\Phi}=\frac{Q}{RT_f}+\ln\frac{1}{K_0}+C_1 \tag{3-75}$$

同样，由式 (3-74) 得

$$\ln\left(\frac{\mathrm{d}f}{\mathrm{d}t}\right)_f=-\frac{Q}{RT_f}+\ln K_0+C_2 \tag{3-76}$$

在极端非平衡条件下，K_0 为常数，式 (3-76) 退化为传统方法：式 (3-75) 对应所谓的 Kissinger 方法[149]，而式 (3-76) 则对应于所谓的 Friedman 方法[150]。

将上述传统方法直接应用于近平衡相变时，往往会得到不合理的激活能[151-153]。这是因为在近平衡条件下，热力学项随温度的变化会影响这些线性分析方法给出的结果，给出解决该问题的方案如下所示[136,137]。

首先，根据式 (3-66) 可得

$$\frac{\mathrm{d}f}{\mathrm{d}T}=\frac{\mathrm{d}f}{\mathrm{d}x_\mathrm{e}}\frac{\mathrm{d}x_\mathrm{e}}{\mathrm{d}T}=nIx_\mathrm{e}\frac{\mathrm{d}K_0/\mathrm{d}T}{K_0}+Ix_\mathrm{e}\frac{nQ}{RT^2}+Ix_\mathrm{e}\frac{2n}{T} \tag{3-77}$$

通常，$2n/T\ll nQ/(RT^2)$，式 (3-77) 中等号右边第三项可忽略不计。结合式 (3-77) 和式 (3-74) 可得

$$T^2\frac{\mathrm{d}K_0/\mathrm{d}T}{K_0}=\frac{Q}{R}(H-1) \tag{3-78}$$

将式 (3-78) 两边对 $1/T_f$ 求导可得

$$\frac{\mathrm{d}\left(\ln T_f^2/\Phi\right)}{\mathrm{d}\left(1/T_f\right)}=\frac{Q}{R}+T_f^2\frac{\mathrm{d}K_0/\mathrm{d}T_f}{K_0} \tag{3-79}$$

和

$$\frac{\mathrm{d}\left(\ln\left(\mathrm{d}f/\mathrm{d}t\right)_f\right)}{\mathrm{d}\left(1/T_f\right)}=-\frac{Q}{R}-T_f^2\frac{\mathrm{d}K_0/\mathrm{d}T_f}{K_0} \tag{3-80}$$

将式 (3-78) 代入式 (3-79) 和式 (3-80)，可得

$$\frac{\mathrm{d}\left(\ln T_f^2/\Phi\right)}{\mathrm{d}\left(1/T_f\right)}=\frac{QH}{R} \tag{3-81}$$

和

$$\frac{\mathrm{d}\left(\ln(\mathrm{d}f/\mathrm{d}t)_f\right)}{\mathrm{d}\left(1/T_f\right)}=\frac{QH}{R} \tag{3-82}$$

在近平衡条件下，H 数值远远偏离 1[136,137]。可见，通过传统方法获得的激活能并不是实际的激活能，而是明显的偏大或偏小。

借助扩展解析模型，验证了传统的基于阿伦尼乌斯关系的分析方法对近平衡相变的有效性。由于热力学项的影响，传统方法 (如 Kissinger 方法[149]) 和 Friedman 方法[150]) 测定总激活能的结果是其真实值的 H 倍。在接近平衡态时，H 值与单位值有较大偏差，传统方法失效。

因此，基于扩展解析模型的新方法适用于近平衡相变[139]。本模型已成功应用于描述 Fe-3.28%Mn 和 Fe-1.67%Cu 合金中 $\gamma\rightarrow\alpha$ 相变动力学行为 (图 3-17)[139]。与以往一般采用位置饱和假设相比，利用扩展解析模型，可以假设更为合理的连续形核，并给出更接近真实的预测结果和更合理的解释。

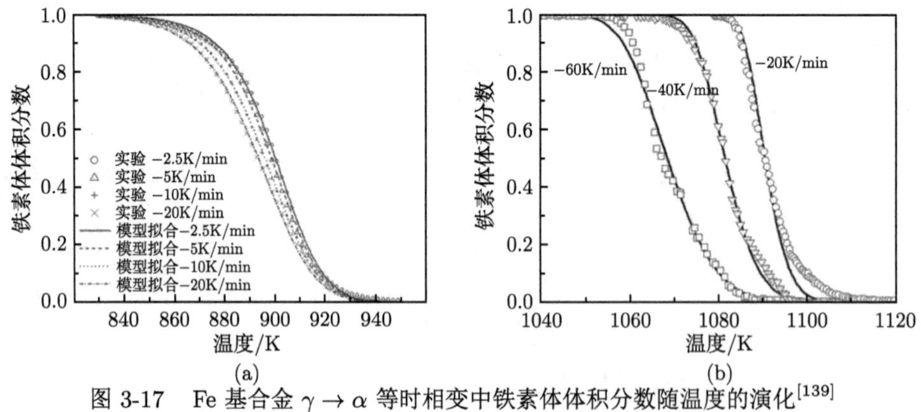

图 3-17　Fe 基合金 $\gamma\rightarrow\alpha$ 等时相变中铁素体体积分数随温度的演化[139]

(a) Fe-3.28%Mn 合金；(b) Fe-1.67%Cu 合金

热力学因素的引入，直接体现相变动力学过程的改变，究其根本，源于动力学能垒的改变；这符合热–动力学多样性的阐释。

3.5.3　错配应变导致的热–动力学多样性

一般认为，错配应变能在固态相变动力学中起着重要的作用，这也促使业界对与相变分数相关的机械驱动力进行可靠的正确估计[142,143]。作为热力学驱动力的组成部分之一，错配应变能受多种因素的影响，对其准确描述是一个很大的挑战。从热力学角度，转变错配引入应变能或机械驱动力，不仅决定着相变的发生 (过冷度)，而且影响着相变的动力学过程。从动力学角度，转变错配源于相界面的共格畸变或两相体积不匹配，实质上影响着相界面的本征属性，从而直接作用于相变动力学能垒。

基于球形夹杂、无穷小变形理论和界面位移连续性，Song 等[144] 分析了弹塑性错配调节与相变之间的相互作用。考虑一个在非弹性体积膨胀作用下不断增长 (或收缩) 的球形夹杂，并嵌入在一个有限的、同心的球形弹塑性基体中，该基体外表面无应力 (图 3-18)。

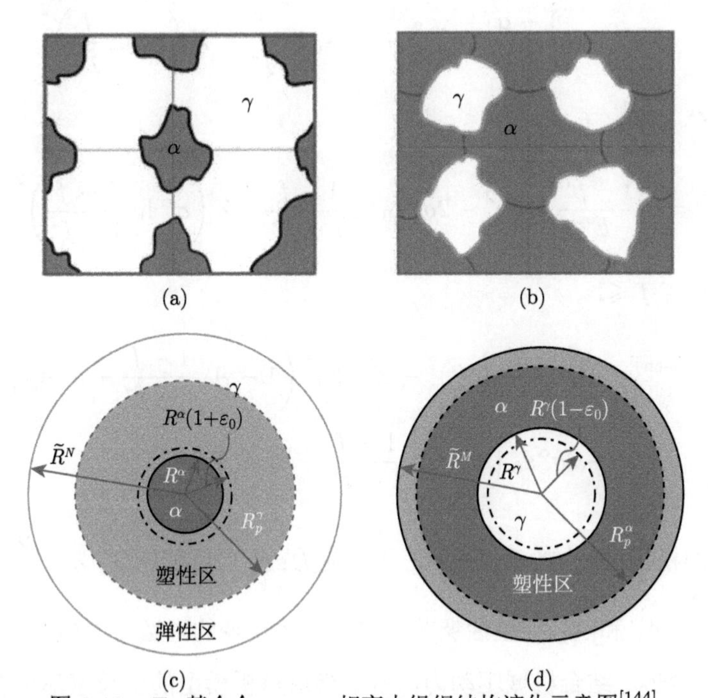

图 3-18　Fe 基合金 $\gamma\to\alpha$ 相变中组织结构演化示意图[144]

(a) 相变初期；(b) 相变后期；(c) $f\leqslant f^*$ 阶段 α 相作为夹杂在 γ 相基体中生长；(d) $f\geqslant f^*$ 阶段，γ 相作为夹杂在 α 相基体中收缩。R^α 或 R^γ、R_p^γ 或 R_p^α、$\tilde{R}^N$ 或 $\tilde{R}^M$ 分别代表夹杂、塑性区域、球形基体的半径

以铁基合金 $\gamma\to\alpha$ 相变为例，在相变初期和后期，将铁素体和奥氏体分别考虑为球形夹杂，并引入球形填充因子 $f=f^*$ 来区分这两个阶段。此外，借助另外两个临界过渡态进一步划分，即 $f=f_1$(或 $f=f_2$)，此时对应奥氏体 (或铁素体) 基体内塑性壳的外边界与基体边界重叠。由于相变错配，会在基体–夹杂界面周围形成弹性和塑性区。随着相变的进行，弹性和塑性区不断发生变化，导致错配应变能随相变分数的变化而变化。

利用胡克定律、平衡方程、几何方程和屈服准则等，以及界面位移连续性、纯弹性体积应变和适当的边界条件等约束条件，建立了相应的位移场、应力场和应变场。据此，解析推导出机械驱动力 F^{mech} 的演化[144] 如下所示。

对于 $0 \leqslant f < f_1$，

$$F^{\text{mech}} = \frac{1-\mu^{\gamma}}{E^{\gamma}}\left(\sigma_{\text{s}}^{\gamma}\right)^2 - Z\left(\sigma_{\text{s}}^{\gamma}\right)^2\left(1 - A_1\frac{f}{f^*} + \ln A_1\right)^2 - 2\sigma_{\text{s}}^{\gamma}\varepsilon_0\left(1 - A_1\frac{f}{f^*} + \ln A_1\right) \tag{3-83}$$

对于 $f_1 \leqslant f < f^*$，

$$F^{\text{mech}} = \frac{1-\mu^{\gamma}}{E^{\gamma}}\left(\sigma_{\text{s}}^{\gamma}\right)^2 + 2\sigma_{\text{s}}^{\gamma}\varepsilon_0\ln\frac{f}{f^*} - Z\left(\sigma_{\text{s}}^{\gamma}\ln\frac{f}{f^*}\right)^2 \tag{3-84}$$

对于 $f^* \leqslant f < f_2$，

$$F^{\text{mech}} = -\frac{1-\mu^{\alpha}}{E^{\alpha}}\left(\sigma_{\text{s}}^{\alpha}\right)^2 - 2\sigma_{\text{s}}^{\alpha}\varepsilon_0\ln\frac{1-f}{1-f^*} - Z\left(\sigma_{\text{s}}^{\alpha}\ln\frac{1-f}{1-f^*}\right)^2 \tag{3-85}$$

对于 $f_2 \leqslant f \leqslant 1$，

$$\begin{aligned} F^{\text{mech}} = &-\frac{1-\mu^{\alpha}}{E^{\alpha}}\left(\sigma_{\text{s}}^{\alpha}\right)^2 - Z\left(\sigma_{\text{s}}^{\alpha}\right)^2\left(1 - A_2\frac{1-f}{1-f^*} + \ln A_2\right)^2 \\ &- 2\sigma_{\text{s}}^{\alpha}\varepsilon_0\left(1 - A_2\frac{1-f}{1-f^*} + \ln A_2\right) \end{aligned} \tag{3-86}$$

式中，μ 为泊松比；E 为杨氏模量；σ_{s} 为正应力；ε_0 为错配应变；$Z = \dfrac{2(1-2\mu^{\gamma})}{3E^{\gamma}} - \dfrac{2(1-2\mu^{\alpha})}{3E^{\alpha}}$；$A_1$ 和 A_2 为塑性调节区内夹杂体半径的函数；上标 γ 和 α 分别为奥氏体和铁素体。结合机械驱动力，基于当前解析模型的生长速率可表示为

$$V[T(t)] = M_0\exp\left(-\frac{Q_{\text{G}}}{RT}\right)\left[-\Delta G^{\text{chem}}(T) + F^{\text{mech}}(f)\right] \tag{3-87}$$

将式 (3-87) 代入模块化解析相变模型，可以描述错配调节对相变的显著影响。应用转变错配效应下的纯界面控制相变动力学模型，计算了纯铁在 1180.6K 时 $\gamma \to \alpha$ 等温相变动力学曲线 (图 3-19)。

纯铁 $\gamma \to \alpha$ 等温相变不涉及成分变化，其化学驱动力保持不变。作用于相界面迁移的机械驱动力随转变进行单调增加 [图 3-19(c)]：前期为负，抑制转变；后期为正，促进转变。假设转变错配效应只作用于热力学而不改变动力学能垒时，表现为总有效驱动力的单调递增。然而，如图 3-19(b) 所示，与未考虑转变错配效应相比，目前模型计算得到的转变速率前期较大而后期变小，可见转变错配效应对相变过程的影响实质上体现于动力学能垒的减小。

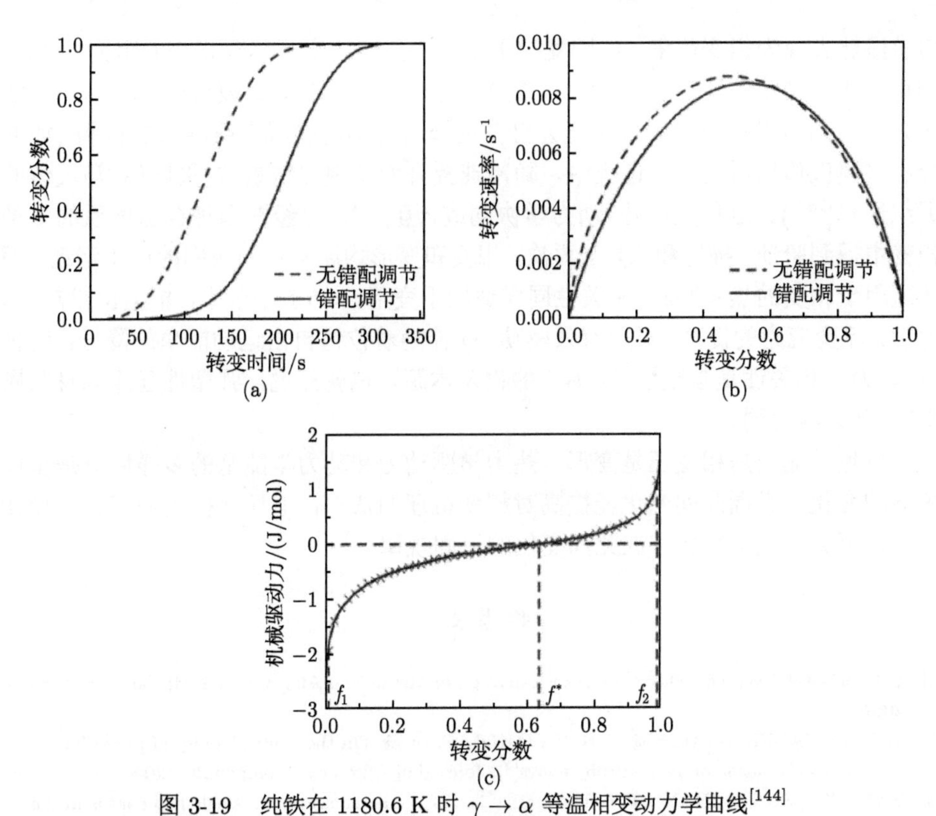

图 3-19　纯铁在 1180.6 K 时 $\gamma \rightarrow \alpha$ 等温相变动力学曲线[144]

(a) 转变分数随转变时间的演化；(b) 转变速率随转变分数的演化；(c) 相界面迁移机械驱动力随转变分数的演化

3.6　存在的问题

为实现对成分/工艺–组织–性能的准确定量理解，业界颇具代表性的工作包括，通过成分及工艺设计提升性能，根据目标组织和性能设计成分和工艺，以及基于相变 (变形) 一体化的强韧化机制开发。上述工作中，新理论旨在描述非平衡相变，新工艺则是利用非平衡相变；两者在结构材料设计方面均起到立竿见影的效果，但依旧无法解决多年困扰学术界和工业界的一大难题，即基于整体加工过程的微观组织预测和面向目标组织和性能的加工工艺确定。上述普遍理论或规律的缺失，在于当前工作的三个连锁特点：① 微结构稳定性的热力学属性；② 热力学驱动力与动力学能垒的相对独立；③ 相变与变形的物理处理相对独立。

首先，相稳定性和机械稳定性可用于判断相变或变形的难易程度，属于纯粹的热力学概念，但无法应对相变和变形的非平衡动力学过程。也就是说，经典的热力学概念缺少动力学信息。其次，热力学体现相变的驱动力从而引发相变，动力学虽然表现为相变速率，但因受控于动力学能垒而实际体现相变的阻力。例如，为克服相变的表面能和应变能，必须提供足够的化学驱动力或机械驱动力，而随热力学驱动力提高或降低，相变会自发选择动力学能垒减小或增大的机制 (如低合金钢奥氏体化后的冷却过程中，随冷速提升而呈现出铁素体–贝氏体–马氏体的组织选择[154])。这体现出热–动力学协同或“互斥”，已经在多种合金体系的多种相变中得到验证、描述和应用。再次，相变和变形均属于不同级别的原子运动，因此适用于相变的热–动力学相关性同样适用于变形。4.5.1 小节中，根据位错热–动力学，流变应力的提高 (对应有效驱动力) 伴随着位错自由运动能垒的降低，这种热–动力学相关性是强塑性“互斥”的物理本源。也就是说，强塑性互斥本身归属于热–动力学协同。

可见，无论是相变还是变形，热力学驱动力和动力学能垒的多样性只是呈现各自的变化，掌握此间变化能提高对相变机理的认知，但如何控制相变进而设计材料，更大程度上需要掌握此间变化的协同规律。

参考文献

[1] CHRISTIAN J W. The Theory of Transformation in Metals and Alloys, Part Ⅱ[M]. London: Newnes, 2002.

[2] JAFARY-ZADEH M, AITKEN Z H, TAVAKOLI R, et al. On the controllability of phase formation in rapid solidification of high entropy alloys[J]. Journal of Alloys and Compounds, 2018, 748: 679-686.

[3] YANG X S, SUN S, ZHANG T Y. The mechanism of bcc α' nucleation in single hcp ε laths in the fcc $\gamma \to$hcp $\varepsilon \to$bcc α' martensitic phase transformation[J]. Acta Materialia, 2015, 95: 264-273.

[4] HOU Z Y, HEDSTRÖM P, CHEN Q, et al. Quantitative modeling and experimental verification of carbide precipitation in a martensitic Fe-0.16wt%C-4.0wt%Cr alloy[J]. Calphad, 2016, 53: 39-48.

[5] MUKHERJEE M, MOHANTY O N, HASHIMOTO S I, et al. Strain-induced transformation behaviour of retained austenite and tensile properties of tRIP-aided steels with different matrix microstructure[J]. ISIJ International, 2006, 46(2): 316-324.

[6] JUNG I D, SHIN D S, KIM D, et al. Artificial intelligence for the prediction of tensile properties by using microstructural parameters in high strength steels[J]. Materialia, 2020, 11: 100699.

[7] XU Y, ALTOUNIAN Z, MUIR W B. Polytypic phase formation in $DyAl_3$ by rapid solidification[J]. Applied Physics Letters, 1991, 58(2): 125-127.

[8] WANG K, SHANG S L, WANG Y, et al. Martensitic transition in Fe via Bain path at finite temperatures: A comprehensive first-principles study[J]. Acta Materialia, 2018, 147: 261-276.

[9] DU Q, TANG K, MARIOARA C D, et al. Modeling over-ageing in Al-Mg-Si alloys by a multi-phase CALPHAD-coupled Kampmann-Wagner Numerical model[J]. Acta Materialia, 2017, 122: 178-186.

[10] ZHOU T, BABU R P, HOU Z, et al. Precipitation of multiple carbides in martensitic CrMoV steels-experimental analysis and exploration of alloying strategy through thermodynamic calculations[J]. Materialia, 2020, 9: 100630.

[11] VAN BOHEMEN S M C, SIETSMA J. Effect of composition on kinetics of athermal martensite formation in plain carbon steels[J]. Materials Science and Technology, 2009, 25(8): 1009-1012.

[12] BORGENSTAM A, HILLERT M. The driving force for lath and plate martensite and the activation energy for isothermal martensite in ferrous alloys[J]. Le Journal de Physique IV, 1997, 7(C5): C5-23-C25-28.

[13] HUANG L K, LIN W T, LIN B, et al. Exploring the concurrence of phase transition and grain growth in nanostructured alloy[J]. Acta Materialia, 2016, 118: 306-316.

[14] HUANG L K, LIN W T, WANG K, et al. Grain boundary-constrained reverse austenite transformation in nanostructured Fe alloy: Model and application[J]. Acta Materialia, 2018, 154: 56-70.

[15] HUANG L K, LIN W T, ZHANG Y B, et al. Generalized stability criterion for exploiting optimized mechanical properties by a general correlation between phase transformations and plastic deformations[J]. Acta Materialia, 2020, 201: 167-181.

[16] PIERCE D T, JIMéNEZ J A, BENTLEY J, et al. The influence of manganese content on the stacking fault and austenite/ε-martensite interfacial energies in Fe-Mn-(Al-Si) steels investigated by experiment and theory[J]. Acta Materialia, 2014, 68: 238-253.

[17] DJUROVIC D, HALLSTEDT B, VON APPEN J, et al. Thermodynamic assessment of the Fe-Mn-C system[J]. Calphad, 2011, 35(4): 479-491.

[18] NIU H Y, BONATI L, PIAGGI P M, et al. Ab initio phase diagram and nucleation of gallium[J]. Nature Communications, 2020, 11(1): 2654.

[19] GLEITER H. Nanocrystalline materials[J]. Progress in Materials Science, 1989, 33(4): 223-315.

[20] PENG H R, GONG M M, CHEN Y Z, et al. Thermal stability of nanocrystalline materials: Thermodynamics and kinetics[J]. International Materials Reviews, 2017, 62(6): 303-333.

[21] LIU F, KIRCHHEIM R. Nano-scale grain growth inhibited by reducing grain boundary energy through solute segregation[J]. Journal of Crystal Growth, 2004, 264(1): 385-391.

[22] HILLERT M. On the theory of normal and abnormal grain growth[J]. Acta Metallurgica, 1965, 13(3): 227-238.

[23] DARLING K A, VANLEEUWEN B K, SEMONES J E, et al. Stabilized nanocrystalline iron-based alloys: Guiding efforts in alloy selection[J]. Materials Science and Engineering: A, 2011, 528(13): 4365-4371.

[24] DARLING K A, TSCHOPP M A, VANLEEUWEN B K, et al. Mitigating grain growth in binary nanocrystalline alloys through solute selection based on thermodynamic stability maps[J]. Computational Materials Science, 2014, 84: 255-266.

[25] DARLING K A, VANLEEUWEN B K, KOCH C C, et al. Thermal stability of nanocrystalline Fe-Zr alloys[J]. Materials Science and Engineering: A, 2010, 527(15): 3572-3580.

[26] CHEN Z, LIU F, YANG X Q, et al. A thermo-kinetic description of nanoscale grain growth: Analysis of the activation energy effect[J]. Acta Materialia, 2012, 60(12): 4833-4844.

[27] DARLING K, VANLEEUWEN B, SEMONES J, et al. Stabilized nanocrystalline iron-based alloys: Guiding efforts in alloy selection[J]. Materials Science and Engineering: A, 2011, 528: 4365-4371.

[28] CAHN J W. The impurity-drag effect in grain boundary motion[J]. Acta Metallurgica, 1962, 10: 789-798.

[29] SUN H, DENG C. Direct quantification of solute effects on grain boundary motion by atomistic simulations[J]. Computational Materials Science, 2014, 93: 137-143.

[30] KURZ W, FISHER D J. Fundamentals of Solidification[M]. Switzerland: Trans Tech Publications, 1998.

[31] GALENKO P K, DANILOV D A. Linear morphological stability analysis of the solid-liquid interface in rapid solidification of a binary system[J]. Physical Review E, 2004, 69(5): 051608.

[32] BOETTINGER W J, CORIELL S R, GREER A L, et al. Solidification microstructures: Recent developments, future directions[J]. Acta Materialia, 2000, 48(1): 43-70.

[33] TRIVEDI R, KURZ W. Morphological stability of a planar interface under rapid solidification conditions[J]. Acta Metallurgica, 1986, 34(8): 1663-1670.

[34] MULLINS W W, SEKERKA R F. Stability of a planar interface during solidification of a dilute binary alloy[J]. Journal of Applied Physics, 1964, 35(2): 444-451.

[35] NASH P. Phase Diagrams of Binary Nickel Alloys[M]. Russell: ASM International, 1991.

[36] DIVENUTI A G, ANDO T. A free dendritic growth model accommodating curved phase boundaries and high peclet number conditions[J]. Metallurgical and Materials Transactions A, 1998, 29(12): 3047-3056.

[37] WANG K, WANG H F, LIU F, et al. Morphological stability analysis for planar interface during rapidly directional solidification of concentrated multi-component alloys[J]. Acta Materialia, 2014, 67: 220-231.

[38] CHRISTIAN J W. The Theory of Transformations in Metals and Alloys, Part I[M]. London: Newnes, 2002.

[39] SLEZOV V V, SCHMELZER J W P, ABYZOV A S. Nucleation Theory and Applications[M]. Weinheim: Wiley-VCH, 2005.

[40] PORTER D A, EASTERLING K E. Phase Transformations in Metals and Alloys[M]. Boca Raton: CRC Press, 2009.

[41] LIU F, YANG C L, YANG G C, et al. Additivity rule, isothermal and non-isothermal transformations on the basis of an analytical transformation model[J]. Acta Materialia, 2007, 55(15): 5255-5267.

[42] LEE M H, PARK J S, KIM J H, et al. Synthesis of bulk amorphous alloy and composites by warm rolling process[J]. Materials Letters, 2005, 59(8): 1042-1045.

[43] TURNBULL D, FISHER J C. Rate of nucleation in condensed systems[J]. The Journal of Chemical Physics, 1949, 17(1): 71-73.

[44] JIAN Z Y, JIE W Q. Criterion for judging the homogeneous and heterogeneous nucleation[J]. Metallurgical and Materials Transactions A, 2001, 32(2): 391-395.

[45] FISHER J C, HOLLOMON J H, TURNBULL D. Nucleation[J]. Journal of Applied Physics, 1948, 19(8): 775-784.

[46] KEMPEN A T W, SOMMER F, MITTEMEIJER E J. Determination and interpretation of isothermal and non-isothermal transformation kinetics; the effective activation energies in terms of nucleation and growth[J]. Journal of Materials Science, 2002, 37(7): 1321-1332.

[47] QUESTED T E, GREER A L. Grain refinement of Al alloys: Mechanisms determining as-cast grain size in directional solidification[J]. Acta Materialia, 2005, 53(17): 4643-4653.

[48] QUESTED T E, GREER A L. Athermal heterogeneous nucleation of solidification[J]. Acta Materialia, 2005, 53(9): 2683-2692.

[49] REAVLEY S A, GREER A L. Athermal heterogeneous nucleation of freezing: Numerical modelling for polygonal and polyhedral substrates[J]. Philosophical Magazine, 2008, 88(4): 561-579.

[50] LIU F, SOMMER F, MITTEMEIJER E J. An analytical model for isothermal and isochronal transformation kinetics[J]. Journal of Materials Science, 2004, 39(5): 1621-1634.

[51] LIU F, WANG H F, CHEN Z, et al. Determination of activation energy for crystallization in amorphous alloys[J]. Materials Letters, 2006, 60(29): 3916-3921.

[52] KEMPEN A T W, SOMMER F, MITTEMEIJER E J. The isothermal and isochronal kinetics of the crystallisation of bulk amorphous $Pd_{40}Cu_{30}P_{20}Ni_{10}$[J]. Acta Materialia, 2002, 50(6): 1319-1329.

[53] AVRAMI M. Kinetics of phase change. I General theory[J]. The Journal of Chemical Physics, 1939, 7(12): 1103-1112.

[54] AVRAMI M. Granulation, phase change, and microstructure kinetics of phase change. Ⅲ[J]. The Journal of Chemical Physics, 1941, 9(2): 177-184.

[55] AVRAMI M. Kinetics of phase change. Ⅱ Transformation-time relations for random distribution of nuclei[J]. The Journal of Chemical Physics, 1940, 8(2): 212-224.

[56] LIU F, CHEN Y Z, YANG G C, et al. Competitions incorporated in rapid solidification of the bulk undercooled eutectic $Ni_{78.6}Si_{21.4}$ alloy[J]. Journal of Materials Research, 2007, 22(10): 2953-2963.

[57] LIU F, SOMMER F, MITTEMEIJER E J. Analysis of the kinetics of phase transformations; Roles of nucleation index and temperature dependent site saturation, and recipes for the extraction of kinetic parameters[J]. Journal of Materials Science, 2007, 42(2): 573-587.

[58] LIU F, SOMMER F, BOS C, et al. Analysis of solid-state phase transformation kinetics: Models and recipes[J]. International Materials Reviews, 2007, 52(4): 193-212.

[59] WANG X D, WANG Q, JIANG J Z. Avrami exponent and isothermal crystallization of Zr/Ti-based bulk metallic glasses[J]. Journal of Alloys and Compounds, 2007, 440(1): 189-192.

[60] LIU F, SOMMER F, MITTEMEIJER E J. Determination of nucleation and growth mechanisms of the crystallization of amorphous alloys; Application to calorimetric data[J]. Acta Materialia, 2004, 52(11): 3207-3216.

[61] LIU F, SOMMER F, MITTEMEIJER E J. Parameter determination of an analytical model for phase transformation kinetics: Application to crystallization of amorphous Mg-Ni alloys[J]. Journal of Materials Research, 2004, 19(9): 2586-2596.

[62] LIU F, WANG H F, SONG S J, et al. Competitions correlated with nucleation and growth in non-equilibrium solidification and solid-state transformation[J]. Process in Physics, 2012, 32(2): 57-96.

[63] LELITO J. Crystallization kinetics analysis of the amorphous $Mg_{72}Zn_{24}Ca_4$ alloy at the isothermal annealing temperature of 507 K[J]. Materials, 2020, 13(12): 2815.

[64] ONSAGER L. Reciprocal relations in irreversible processes. I[J]. Physical Review, 1931, 37(4): 405-426.

[65] SVOBODA J, FISCHER F D, FRATZL P, et al. Diffusion in multi-component systems with no or dense sources and sinks for vacancies[J]. Acta Materialia, 2002, 50(6): 1369-1381.

[66] FISCHER F D, SVOBODA J, PETRYK H. Thermodynamic extremal principles for irreversible processes in materials science[J]. Acta Materialia, 2014, 67: 1-20.

[67] SVOBODA J, GAMSJÄGER E, FISCHER F D, et al. Application of the thermodynamic extremal principle to the diffusional phase transformations[J]. Acta Materialia, 2004, 52(4): 959-967.

[68] SVOBODA J, FISCHER F D, FRATZL P. Diffusion and creep in multi-component alloys with non-ideal sources and sinks for vacancies[J]. Acta Materialia, 2006, 54(11): 3043-3053.

[69] SVOBODA J, GAMSJÄGER E, FISCHER F D, et al. Diffusion processes in a migrating interface: The thick-interface model[J]. Acta Materialia, 2011, 59(12): 4775-4786.

[70] KOZESCHNIK E, SVOBODA J, FRATZL P, et al. Modelling of kinetics in multi-component multi-phase systems with spherical precipitates: Ⅱ. Numerical solution and application[J]. Materials Science and Engineering: A, 2004, 385(1): 157-165.

[71] SVOBODA J, FISCHER F D, FRATZL P, et al. Modelling of kinetics in multi-component multi-phase systems with spherical precipitates: I. Theory[J]. Materials Science and Engineering: A, 2004, 385(1): 166-174.

[72] SVOBODA J, FISCHER F D, MAYRHOFER P H. A model for evolution of shape changing precipitates in multicomponent systems[J]. Acta Materialia, 2008, 56(17): 4896-4904.

[73] FISCHER F D, SVOBODA J, GAMSJÄGER E, et al. From distribution functions to evolution equations for grain growth and coarsening[J]. Acta Materialia, 2008, 56(19): 5395-5400.

[74] SVOBODA J, FISCHER F D. A new approach to modelling of non-steady grain growth[J]. Acta Materialia, 2007, 55(13): 4467-4474.

[75] FISCHER F D, SVOBODA J, FRATZL P. A thermodynamic approach to grain growth and coarsening[J]. Philosophical Magazine, 2003, 83(9): 1075-1093.

[76] HARTMANN M A, WEINKAMER R, FRATZL P, et al. Onsager's coefficients and diffusion laws—A Monte Carlo study[J]. Philosophical Magazine, 2005, 85(12): 1243-1260.

[77] JOU D, CASAS-VÁZQUEZ J, LEBON G. Extended Irreversible Thermodynamics[M]. Berlin: Springer, 1996.

[78] SEKERKA R F. Irreversible thermodynamic basis of phase field models[J]. Philosophical Magazine, 2011, 91(1): 3-23.

[79] FISCHER F, SIMHA N. Influence of material flux on the jump relations at a singular interface in a multicomponent solid[J]. Acta Mechanica, 2004, 171(3): 213-223.

[80] IRSCHIK H. On the necessity of surface growth terms for the consistency of jump relations at a singular surface[J]. Acta Mechanica, 2003, 162(1): 195-211.

[81] SOBOLEV S. Influence of local nonequilibrium on the rapid solidification of binary alloys[J]. Technical Physics, 1998, 43(3): 307-313.

[82] GALENKO P, SOBOLEV S. Local nonequilibrium effect on undercooling in rapid solidification of alloys[J]. Physical Review E, 1997, 55(1): 343-352.

[83] EU B C. Kinetic Theory and Irreversible Thermodynamics[M]. New York: Wiley, 1992.

[84] SIENYUTICZ S, SALAMON P. Extended Thermodynamic Systems[M]. New York: Taylor and Francis, 1992.

[85] GALENKO P. Solute trapping and diffusion-less solidification in a binary system[J]. Physical Review E, 2007, 76(3): 031606.

[86] LANGER J S, MÜLLER-KRUMBHAAR H. Theory of dendritic growth—I. Elements of a stability analysis[J]. Acta Metallurgica, 1978, 26(11): 1681-1687.

[87] HUANG S C, GLICKSMAN M E. Overview 12: Fundamentals of dendritic solidification—I. Steady-state tip growth[J]. Acta Metallurgica, 1981, 29(5): 701-715.

[88] HUANG S C, GLICKSMAN M E. Overview 12: Fundamentals of dendritic solidification—Ⅱ. Development of sidebranch structure[J]. Acta Metallurgica, 1981, 29(5): 717-734.

[89] IVANTSOV G. Temperature field around a spherical, cylindrical, and needle-shaped crystal, growing in a pre-cooled melt[J]. Temperature Field Around a Spherical, 1985, 58: 567-569.

[90] IVANTSOV G. On a growth of spherical and needle-like crystals of a binary alloy[J]. Proceedings of the Dokl Akad Nauk SSSR, 1952, 83(4): 573-575.

[91] LIPTON J, GLICKSMAN M E, KURZ W. Dendritic growth into undercooled alloy metals[J]. Materials Science and Engineering, 1984, 65(1): 57-63.

[92] LIPTON J, KURZ W, TRIVEDI R. Rapid dendrite growth in undercooled alloys[J]. Acta Metallurgica, 1987, 35(4): 957-964.

[93] TRIVEDI R, LIPTON J, KURZ W. Effect of growth rate dependent partition coefficient on the dendritic growth in undercooled melts[J]. Acta Metallurgica, 1987, 35(4): 965-970.

[94] BOETTINGER W J, CORIELL S, TRIVEDI R. Application of dendritic growth theory to the interpretation of rapid solidification microstructures[C]. 4th Conference Rapid Solidification, Los Angeles, 1988: 13-25.

[95] WANG K, WANG H, LIU F, et al. Modeling dendrite growth in undercooled concentrated multicomponent alloys[J]. Acta Materialia, 2013, 61(11): 4254-4265.

[96] AZIZ M J, BOETTINGER W J. On the transition from short-range diffusion-limited to collision-limited growth in alloy solidification[J]. Acta Metallurgica et Materialia, 1994, 42(2): 527-537.

[97] KURZ W, FISHER D J. Dendrite growth at the limit of stability: Tip radius and spacing[J]. Acta Metallurgica, 1981, 29(1): 11-20.

[98] HERLACH D M. Non-equilibrium solidification of undercooled metallic metals[J]. Materials Science and Engineering Reports, 1994, 12(4-5): 177-272.

[99] WANG K, WANG H F, LIU F, et al. Modeling rapid solidification of multi-component concentrated alloys[J]. Acta Materialia, 2013, 61(4): 1359-1372.

[100] ZHANG Y B, DU J L, WANG K, et al. Application of non-equilibrium dendrite growth model considering thermo-kinetic correlation in twin-roll casting[J]. Journal of Materials Science & Technology, 2020, 44: 209-222.

[101] LAXMANAN V. Dendritic solidification—I. Analysis of current theories and models[J]. Acta Metallurgica, 1985, 33(6): 1023-1035.

[102] GALENKO P K, TOROPOVA L V, ALEXANDROV D V, et al. Anomalous kinetics, patterns formation in recalescence, and final microstructure of rapidly solidified Al-rich Al-Ni alloys[J]. Acta Materialia, 2022, 241: 118384.

[103] TURNBULL D. On the relation between crystallization rate and liquid structure[J]. The Journal of Physical Chemistry, 1962, 66(4): 609-613.

[104] RAPPAZ M, BOETTINGER W J. On dendritic solidification of multicomponent alloys with unequal liquid diffusion coefficients[J]. Acta Materialia, 1999, 47(11): 3205-3219.

[105] MULLINS W W, SEKERKA R F. Stability of a planar interface during solidification of a dilute binary alloy[J]. Journal of Applied Physics, 1964, 35(2): 444-451.

[106] AZIZ M J, KAPLAN T. Continuous growth model for interface motion during alloy solidification[J]. Acta Metallurgica, 1988, 36(8): 2335-2347.

[107] AZIZ M J. Model for solute redistribution during rapid solidification[J]. Journal of Applied Physics, 1982, 53(2): 1158-1168.

[108] BAKER J C, CAHN J W. Thermodynamics of Solidification in the Selected Works of John W Cahn[M]. Hoboken: John Wiley & Sons, 2013.

[109] SOBOLEV S L. Local-nonequilibrium model for rapid solidification of undercooled melts[J]. Physics Letters A, 1995, 199(5): 383-386.

[110] GALENKO P. Extended thermodynamical analysis of a motion of the solid-liquid interface in a rapidly solidifying alloy[J]. Physical Review B, 2002, 65(14): 144103.

[111] SOBOLEV S L. Rapid phase transformation under local non-equilibrium diffusion conditions[J]. Materials Science and Technology, 2015, 31(13): 1607-1617.

[112] SOBOLEV S L. Rapid solidification under local nonequilibrium conditions[J]. Physical Review E, 1997, 55(6): 6845-6854.

[113] GALENKO P, DANILOV D. Local nonequilibrium effect on rapid dendritic growth in a binary alloy melt[J]. Physics Letters A, 1997, 235(3): 271-280.

[114] GALENKO P, DANILOV D. Model for free dendritic alloy growth under interfacial and bulk phase nonequilibrium conditions[J]. Journal of Crystal Growth, 1999, 197(4): 992-1002.

[115] GALENKO P K. Rapid advancing of the solid-liquid interface in undercooled alloys[J]. Materials Science and Engineering: A, 2004, 375-377: 493-497.

[116] WANG H F, LIU F, YANG G C, et al. Modeling the overall solidification kinetics for undercooled single-phase solid-solution alloys. I. Model derivation[J]. Acta Materialia, 2010, 58(16): 5402-5410.

[117] WANG H F, LIU F, CHEN Z, et al. Analysis of non-equilibrium dendrite growth in a bulk undercooled alloy melt: Model and application[J]. Acta Materialia, 2007, 55(2): 497-506.

[118] WANG H F, LIU F, YANG W, et al. An extended morphological stability model for a planar interface incorporating the effect of nonlinear liquidus and solidus[J]. Acta Materialia, 2008, 56(11): 2592-2601.

[119] ECKLER K, COCHRANE R F, HERLACH D M, et al. Evidence for a transition from diffusion-controlled to thermally controlled solidification in metallic alloys[J]. Physical Review B, 1992, 45(9): 5019-5022.

[120] BATHULA V, LIU C, ZWEIACKER K, et al. Interface velocity dependent solute trapping and phase selection during rapid solidification of laser melted hypo-eutectic Al-11at.%Cu alloy[J]. Acta Materialia, 2020, 195: 341-357.

[121] HADADZADEH A, AMIRKHIZ B S, SHAKERIN S, et al. Microstructural investigation and mechanical behavior of a two-material component fabricated through selective laser melting of $AlSi_{10}Mg$ on an Al-Cu-Ni-Fe-Mg cast alloy substrate[J]. Additive Manufacturing, 2020, 31: 100937.

[122] XU X L, ZHAO Y H, HOU H. Growth velocity-undercooling relationship and structure refinement mechanism of undercooled Ni-Cu alloys[J]. Journal of Alloys and Compounds, 2019, 773: 1131-1140.

[123] ÅGREN J. A simplified treatment of the transition from diffusion controlled to diffusion-less growth[J]. Acta Metallurgica, 1989, 37(1): 181-189.

[124] BHADESHIA H K D H. Diffusional formation of ferrite in iron and its alloys[J]. Progress in Materials Science, 1985, 29(4): 321-386.

[125] SIETSMA J, VAN DER ZWAAG S. A concise model for mixed-mode phase transformations in the solid state[J]. Acta Materialia, 2004, 52(14): 4143-4152.

[126] SVOBODA J, FISCHER F D, FRATZL P, et al. Kinetics of interfaces during diffusional transformations[J]. Acta Materialia, 2001, 49(7): 1249-1259.

[127] BOS C, SIETSMA J. Application of the maximum driving force concept for solid-state partitioning phase transformations in multi-component systems[J]. Acta Materialia, 2009, 57(1): 136-144.

[128] ROLLETT A, MANOHAR P. The Monte Carlo Method Continuum Scale Simulation of Engineering Materials[M]. Weinheim: Wiley-VCH, 2004.

[129] PURDY G R, BRECHET Y J M. A solute drag treatment of the effects of alloying elements on the rate of the proeutectoid ferrite transformation in steels[J]. Acta Metallurgica et Materialia, 1995, 43(10): 3763-3774.

[130] ZENER C. Theory of growth of spherical precipitates from solid solution[J]. Journal of Applied Physics, 1949, 20(10): 950-953.

[131] OLSON G B, BHADESHIA H K D H, COHEN M. Coupled diffusional/displacive transformations[J]. Acta Metallurgica, 1989, 37(2): 381-390.

[132] KRIELAART G P, SIETSMA J, VAN DER ZWAAG S. Ferrite formation in Fe-C alloys during austenite decomposition under non-equilibrium interface conditions[J]. Materials Science and Engineering: A, 1997, 237(2): 216-223.

[133] LIU Y, WANG D, SOMMER F, et al. Isothermal austenite-ferrite transformation of Fe-0.04at.% C alloy: Dilatometric measurement and kinetic analysis[J]. Acta Materialia, 2008, 56(15): 3833-3842.

[134] LIU Y C, SOMMER F, MITTEMEIJER E J. The austenite-ferrite transformation of ultralow-carbon Fe-C alloy; Transition from diffusion- to interface-controlled growth[J]. Acta Materialia, 2006, 54(12): 3383-3393.

[135] LIU F, HUANG K, JIANG Y H, et al. Analytical description for solid-state phase transformation kinetics: Extended works from a modular model, a review[J]. Journal of Materials Science & Technology, 2016, 32(2): 97-120.

[136] LIU F, WANG T L. Precipitation modeling via the synergy of thermodynamics and kinetics[J]. Acta Metallurgica Sinica, 2021, 57(1): 55-70.

[137] JIANG Y H, LIU F, SUN B, et al. Kinetic description for solid-state transformation using an approach of summation/product transition[J]. Journal of Materials Science, 2014, 49(14): 5119-5140.

[138] WANG D, LIU Y, ZHANG Y. Improved analytical model for isochronal transformation kinetics[J]. Journal of Materials Science, 2008, 43(14): 4876-4885.

[139] JIANG Y H, LIU F, SONG S J. An extended analytical model for solid-state phase transformation upon continuous heating and cooling processes: Application in γ/α transformation[J]. Acta Materialia, 2012, 60(9): 3815-3829.

[140] JIANG Y H, LIU F, SONG S J, et al. Effect of thermodynamics on transformation kinetics; Analysis of recipes[J]. Journal of Non-Crystalline Solids, 2013, 378: 110-114.

[141] JIANG Y H, LIU F, SONG S J, et al. Evaluation of the maximum transformation rate for determination of impingement mode upon near-equilibrium solid-state phase transformation[J]. Thermochimica Acta, 2013, 561: 54-62.

[142] ESHELBY J D. The determination of the elastic field of an ellipsoidal inclusion, and related problems[J]. Proceedings of the Royal Society of London Series A Mathematical and Physical Sciences, 1957, 241(1226): 376-396.

[143] LEE J K, EARMME Y Y, AARONSON H I, et al. Plastic relaxation of the transformation strain energy of a misfitting spherical precipitate: Ideal plastic behavior[J]. Metallurgical Transactions A, 1980, 11(11): 1837-1847.

[144] SONG S J, LIU F, ZHANG Z H. Analysis of elastic-plastic accommodation due to volume misfit upon solid-state phase transformation[J]. Acta Materialia, 2014, 64: 266-281.

[145] ALLEN S M, BALLUFFI R W, CARTER W C. Kinetics of Materials[M]. Hoboken: John Wiley & Sons, 2005.

[146] FISCHER F D, REISNER G. A criterion for the martensitic transformation of a microregion in an elastic-plastic material[J]. Acta Materialia, 1998, 46(6): 2095-2102.

[147] GAMSJÄGER E, FISCHER F D, SVOBODA J. Influence of non-metallic inclusions on the austenite-to-ferrite phase transformation[J]. Materials Science and Engineering: A, 2004, 365(1): 291-297.

[148] MITTEMEIJER E J. Analysis of the kinetics of phase transformations[J]. Journal of Materials Science, 1992, 27(15): 3977-3987.

[149] KISSINGER H E. Reaction kinetics in differential thermal analysis[J]. Analytical Chemistry, 1957, 29(11): 1702-1706.

[150] FRIEDMAN H L. Kinetics of thermal degradation of char-forming plastics from thermogravimetry. Application to a phenolic plastic[J]. Journal of Polymer Science Part C: Polymer Symposia, 1964, 6(1): 183-195.

[151] VYAZOVKIN S, SBIRRAZZUOLI N. Isoconversional analysis of calorimetric data on nonisothermal crystallization of a polymer melt[J]. The Journal of Physical Chemistry B, 2003, 107(3): 882-888.

[152] STARINK M J. On the applicability of isoconversion methods for obtaining the activation energy of reactions within a temperature-dependent equilibrium state[J]. Journal of Materials Science, 1997, 32(24): 6505-6512.

[153] BAUMANN W, LEINEWEBER A, MITTEMEIJER E J. Failure of Kissinger(-like) methods for determination of the activation energy of phase transformations in the vicinity of the equilibrium phase-transformation temperature[J]. Journal of Materials Science, 2010, 45(22): 6075-6082.

[154] PERELOMA E, EDMONDS D V. Phase Transformations in Steels: Fundamentals and Diffusion-Controlled Transformations[M]. Amsterdam: Elsevier, 2012.

第 4 章　热–动力学相关性

4.1　引　　言

通常接触的一阶相变 (晶粒长大在热力学上可以归类于相变范畴) 和变形，统一而言，分为自发型和非自发型。自发型的如晶粒长大 (随转变进行，热力学驱动力 ΔG 降低而动力学能垒 Q 增大)，非自发型的如亚稳相变和塑性变形 (随转变进行 ΔG 增大而 Q 降低)。如 3.2 节所述，无论自发型或非自发型，如果热力学驱动力无法突破热力学稳定性，相变和变形都不能发生或持续发生；此时，常见的应变诱发晶粒长大、相变诱发塑性 (TRIP) 或孪生诱发塑性 (TWIP) 等，就是突破热力学稳定性以后的相变或变形的继续。只有突破了热力学稳定性，才会进入相变或变形 (位错) 热–动力学的范畴。随相变条件变化，热力学驱动力会有所不同，总体表现为体系的热力学稳定性越高，突破其需要的热力学驱动力越大。即便是自发相变，热力学驱动力足够小时，动力学能垒使得原子跃迁过新旧相/结构界面的概率大大降低 (甚至不发生)；只有热力学驱动力足够大时，体系才会存在有效的动力学过程。众多理论和实验结果均表明，动力学机制的选择完全依赖于热力学驱动力的具体情况[1-3]。

热力学描述体系状态，旨在研究平衡系统各宏观性质之间的相互关系，揭示变化过程的方向和限度；动力学针对体系状态参量随时间的演化，依赖转变路径和相变机制，因此主要探讨动力学能垒、转变速率及体系特征参量的演化问题[1,2]。例如，随冷却速率增大，凝固过程由溶质扩散控制逐渐转变为热扩散控制[3]；在奥氏体向铁素体转变过程中，随冷却速率增大或等温温度降低，转变过程由长程扩散控制逐步转变为界面控制[4]；在奥氏体向贝氏体转变过程中，随冷却速率增大或等温温度降低，转变机制也随之变化，最终组织由上贝氏体转变为下贝氏体[5]；在奥氏体向马氏体转变中，随冷却速率增大或等温温度降低，最终马氏体组织的板条尺寸也随之减小[6]。

上述相变中热力学驱动力和动力学能垒间的互斥关系 (图 4-1)，在非平衡凝固、固态相变、晶粒长大和塑性变形涉及的形核、生长、界面等过程中是本征规律[7-10]。将该规律通过实验体现、模型展示，并且用于材料设计，是本章介绍的主要内容。

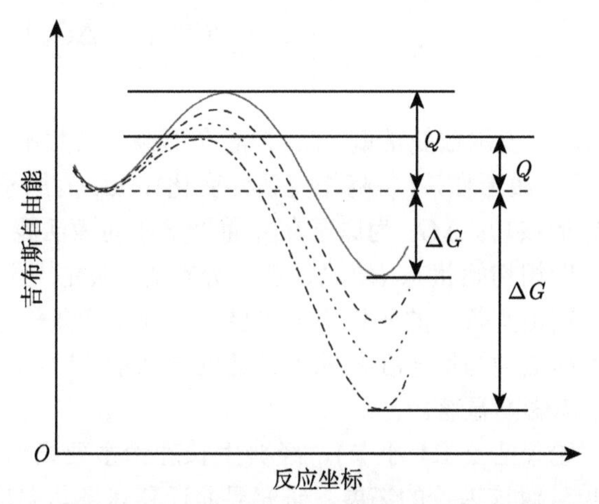

图 4-1　相变中热力学驱动力和动力学能垒间互斥关系的示意图

4.2　固态相变中的热–动力学相关性

大量实验表明，相变热力学与动力学不是完全独立，而是相互联系的，即随着热力学条件变化，相变路径和控制机制可相应发生变化。在原子尺度，一阶相变通过热激活发生，属于稀有事件，其理论描述是基于过渡态理论 (见 2.4.3 小节)，对应的速率方程见式 (2-53)，其决定性因素是热力学驱动力和动力学能垒。因此，随热力学条件变化，相变路径或机制的变化对速率的影响可通过动力学能垒体现。本节将结合前人实验及理论计算，分析在相变条件发生变化时，固态相变、晶粒长大和非平衡凝固等典型相变过程中，热力学驱动力和动力学能垒的变化及其相关性。

4.2.1　形核/生长固有的热–动力学相关性

2.2 ~2.4 节描述了形核热力学、动力学及生长方程；与其对应，3.3 节和 3.4 节阐明了同形核与生长耦合的热–动力学多样性。本小节则着重介绍扩散型或切变型相变中，形核和生长固有的热–动力学相关性。

在经典相变理论中，涉及晶格重组的一级相变包括形核和生长过程[11]。从能量变化角度考虑，前者使体系能量升高，需要体系的微观起伏来克服能垒，其过程在原子尺度发生 [11,12]；后者使体系能量下降而趋于稳定，受原子在界面两侧的跃迁控制，过程可在原子尺度、介观尺度甚至宏观尺度发生。根据 2.3.4 小节，经典形核理论主要讨论形核率与体系条件的关系 [11,12]；给定温度 $T(t)$ 下，单位体积内的形核率 $I(T(t))$ 可基于式 (2-37) 和式 (2-38) 重新表达为[11,12]

$$I\left(T(t)\right)=C_0\omega_0\exp\left[-\frac{\Delta G^*\left(T(t)\right)+\Delta G_{\mathrm{a}}}{k_{\mathrm{B}}T(t)}\right] \tag{4-1}$$

式中，t 为时间；k_{B} 为玻尔兹曼常量；C_0 为潜在形核点的数密度 (对于均质形核，C_0 为常数；对于非均质形核，C_0 随相变条件变化)；ω_0 为原子振动的特征频率；$\Delta G^*\left(T(t)\right)$ 为临界形核功；ΔG_{a} 为原子在界面处跃迁的激活能。相变中潜在形核点的数密度主要由母相初始状态 (缺陷、杂质分布等) 决定[11,12]，其数值与原子振动频率的数量级随相变条件的变化均不明显。不同相变条件下，形核过程的动力学能垒包括临界形核功与原子在界面处跃迁的激活能 $[\Delta G^*(T(t))+\Delta G_{\mathrm{a}}]$，受温度、原子局域环境影响显著。

根据过渡态理论 (见 2.4.4 小节)，经典生长理论主要指 Wilson-Frankel 方程[13] 和 Turnbull[14] 对该理论的拓展，研究界面迁移速率与温度、界面成分等参量的关系，界面迁移速率可以将式 (2-53) 重写为[15]

$$V\left(T\left(t\right)\right)=V_0\exp\left[-\frac{Q_{\mathrm{G}}}{RT\left(t\right)}\right]\left[1-\exp\left(\frac{\Delta G}{RT\left(t\right)}\right)\right] \tag{4-2}$$

式中，V_0 为界面迁移速率的上限 (碰撞控制生长中，V_0 为该材料中的声速；扩散控制生长中，V_0 为原子在母相中的扩散速率[14,15])；Q_{G} 为界面附近原子从母相到新相跃迁的能垒 (即生长的动力学能垒，受相变机制和界面处原子跃迁影响)；R 为理想气体常量；ΔG 为界面附近新相与母相的自由能差 (即热力学驱动力)。在式 (4-2) 中，体系温度 $T(t)$ 受外界条件控制，在给定转变条件时 v_0 为常数，因此界面迁移速率主要受 ΔG 和 Q_{G} 控制。

上述分析表明，控制相变过程的主要参数为新相与母相的自由能差和动力学能垒：前者的正负决定两相的稳定性关系，以判断相变能否发生 (即相变方向)，其数值即为相变的热力学驱动力 (记为 ΔG)；后者源于化学反应速率理论 (也称过渡态原理)[16]，为激发态与初始状态的能量差值 (为正)，其数值大小决定相变速率，体现为相变动力学能垒。在式 (4-1) 和式 (4-2) 中，形核率与能垒、生长速率与驱动力和能垒均为指数关系，因此热力学驱动力和动力学能垒较小的变化均可引起形核率和生长速率的明显改变。

当式 (4-1) 和式 (4-2) 被用来处理机制单一的简单相变时，一般只关注条件改变导致形核率和生长速率的改变，而没有关注热力学驱动力和动力学能垒间关联；在复杂相变中，当存在多种相变机制间相互竞争时，驱动力和能垒间关联尤为明显。例如，在 Fe-C 合金的 $\gamma\rightarrow\alpha$ 相变中，随冷速增大，γ 相与 α 相的自由能差增大，即相变的热力学驱动力增大；同时，相变控制机制由长程扩散控制逐渐转变为界面控制。前者需要界面前沿母相中的溶质原子扩散，后者只需界面附近若干原子层的短程扩散；理论分析表明，后者的动力学能垒较小[17]。当冷却速率足够高时，相变机制由扩散型相变 (包括溶质扩散控制和界面控制) 转变为切变型相变 (无扩散)[2,18]，前者需要原子长程扩散，后者需体系整体做小位移的切变；显然切变型相变的动力学能垒较小。上述相变机制随相变条件的变化表明，随热力学驱动力的增加，相变由能垒较大的动力学机制转变为能垒较小的动力学机制。由此可见，相变热力学与相变动力学息息相关，热力学驱动力与动力学能垒间存在的定量关联，称为相变的热–动力学相关性。

4.2.2　基于热–动力学相关性的相变分类

关于晶核形成的经典理论旨在描述越过更高能量状态的涨落类型，可以证明，任何体系在足够小的尺度上针对这种涨落均保持稳定[1]。由图 2-3 可知，临界形核功 ΔG^*(图 2-3 中的 a 点) 对应的临界晶核尺寸与 $\Delta G=0$(图 2-3 中 b 点) 对应的晶核尺寸之间，相变通常占主导地位；b 点以后，界面能控制的纯粹长大过程主导。与驱动相变的 ΔG^{chem} 对应，可以将 ΔG^{strain}、ΔG^{inter} 和任何抑制相变的能量 (如抑制凝固或扩散型固态相变的溶质拖拽效应[18,19]、因成分变化而降低的 ΔG^{chem}[20-22] 等) 集成起来，定义为所谓的负驱动力 ΔG^{S}，其随着相变分数 f 增加而增加，但是在给定相变和给定条件下保持不变。根据相变程度对温度和时间的不同依赖关系，将通常的非均匀相变分为扩散型相变和切变型相变两类[1]，其中切变型相变在本书中特指马氏体相变。本小节根据控制相变的 ΔG 和 Q 的不同演化，将上述分类重新解释如下。

通常，扩散型相变发生于近平衡条件，热力学驱动力下降的同时动力学能垒增加，属于逐渐趋于稳定的过程 (图 2-3 中从 a 到 b)，如临界退火时的 $\gamma\to\alpha$ 或 $\alpha\to\gamma$ 相变[23]、过饱和固溶体析出[24]、贝氏体等温转变[25]、溶质配分[26] 和静态再结晶[27] 等。根据经典形核理论[28]，形核动力学能垒包括 ΔG^* 和界面迁移的激活能，后者一般由界面扩散和溶质扩散的混合机制控制 (假设激活能为 Q^{**}，介于界面控制对应的 Q_{m} 和溶质扩散控制对应的 Q_{b} 之间；Q_{b} 一般大于 Q_{m})，不能人为区分。在此情况下，总有效能垒可近似为形核部分贡献和形核完成后生长部分贡献 (假设生长激活能为 Q^{++}) 的加权，见式 (4-3)：

$$Q=(1-f)(\Delta G^*+Q^{**})+fQ^{++} \tag{4-3}$$

如果热力学驱动力和动力学能垒 (均为热力学上的自由能) 对转变分数的依赖性相似，且对两者之间的相关性影响不足够大，可采用最简单的线性关系表示：

$$\Delta G=\Delta G^{\text{chem}}-f(\Delta G^{\text{strain}}+\Delta G^{\text{inter}}+\cdots)=\Delta G^{\text{chem}}-f\Delta G^{\text{S}} \tag{4-4}$$

在扩散型相变中，均质形核的发生需要克服足够高的 $\Delta G^*(\gg Q_{\text{b}})$，且根据式 (4-3) 和式 (4-4) 会导致不切实际的物理过程，即 ΔG 和 Q 同时随 f 的升高而降低，这与 ΔG 和 Q 之间固有的互斥相关性不符合[7-10,29-33]。因此，扩散型相变中均质形核的 ΔG^* 似乎太大，仅凭单次涨落不可能发生，这便引出了非均质形核，其临界形核功 $\Delta G^* f(\theta)$(由润湿角 θ 决定，$f(\theta) \ll 1$) 远远小于扩散激活能 Q_{m} 和 Q_{b}。需要注意的是，对于典型的 ΔG 减小而 Q 增大的相变，形核激活能 $\Delta G^* f(\theta)+Q^{**}$ 应小于生长激活能 Q^{++}，二者均遵循固有的热–动力学相关性，且随相变进展而增大。有时会出现非热形核，如位置饱和，整个相变就可以认为是预存在晶核的纯粹生长[34]，总体激活能不再变化。

通常，同时增大 ΔG、减小 Q 的扩散型相变属于亚稳过程 (图 2-3 中从 b 到 a)，仍以非均质形核为主，但减小了 $\Delta G^* f(\theta)$，且激活能为 Q_{b} 的体扩散逐渐被激活能为 Q_{m} 的界面扩散所取代。根据与上述稳定型相变类似的逻辑，对于典型的 ΔG 增大而 Q 减小的相变，形核激活能 $\Delta G^* f(\theta)+Q^{**}$ 应大于生长的 Q^{++}，两者均遵循固有的热–动力学相关性，且随相变进行而减小。

在热力学驱动力足够高的条件下，可能发生均质形核，相应的相变一定是纯形核控制过程，且动力学能垒极低。然而，即便在临界 ΔG 之后，实验所观察到的依旧不是均质形核，而是基于非均质形核的各种机制，如在马氏体相变[35] 时发生的位错形核。众所周知，切变型马氏体相变需要足够高的 ΔG 才能克服足够高的随 f 单调递增的应变能；至于 ΔG 和 Q 在形核控制的切变型相变中的演化，式 (4-4) 保持不变，式 (4-3) 可改写为

$$Q = (1-f)Q_{\mathrm{mt}} + fQ_{\mathrm{mf}} \tag{4-5}$$

式中，Q_{mt} 和 Q_{mf} 分别为马氏体相变起始点和结束点对应的形核激活能，即马氏体相变的总有效动力学能垒近似等于已形核部分和未形核部分的权重平均值。遵循与稳定型相变相似的逻辑，固有的热–动力学相关性表明形核的 Q_{mt} 和 Q_{mf} 均随相变进行而减小。

4.2.3 扩散型相变中的热–动力学相关性

如 4.2.2 小节所述，对于等温或等时加热的相变，当热力学驱动力减小且动力学能垒同时增大时，式 (4-4) 保持不变，式 (4-3) 可改写为

$$Q = (1-f)Q_{\mathrm{m}} + fQ_{\mathrm{b}} \tag{4-6}$$

式中，可近似用 Q_{m} 和 Q_{b} 分别替换式 (4-3) 中的 Q^{**} 和 Q^{++}。根据文献 [36]，在热力学作用可以被忽略的前提下，非均质形核可认为是典型的弱界面控制生长，其激活能近似为 Q_{m}，而生长激活能近似为 Q_{b}。值得一提的是，在一个给定的相变中 Q_{m} 和 Q_{b} 是两个恒定的极端值，但在不同的相变条件下会发生变化，进而反映出 ΔG 和 Q 之间的多种关联。最重要的是，结合式 (4-4) 和式 (4-6)，可将

热–动力学相关性描述为[37]

$$\frac{Q_{\rm b}-Q_{\rm m}}{\Delta G^{\rm S}}\Delta G+Q=\frac{Q_{\rm b}-Q_{\rm m}}{\Delta G^{\rm S}}\Delta G^{\rm chem}+Q_{\rm m} \tag{4-7}$$

其中，对于 $\Delta G^{\rm chem}$ 不变的给定相变，ΔG 的定量减小恰恰对应 Q 的定量增大。因此，可以认为热–动力学相关性等价于化学驱动力 $\Delta G^{\rm chem}$、负驱动力 $\Delta G^{\rm S}$ 以及扩散激活能 $Q_{\rm b}$ 和 $Q_{\rm m}$ 共同产生的有效组合的重新分配。

如 4.2.2 小节所述，对于同时增大 ΔG 和减小 Q 的亚稳相变，如等时冷却过程中的 $\gamma\rightarrow\alpha$ 相变[38,39]，整个冷却过程可以根据等动力学假设划分为一系列不断增大 ΔG 和减小 Q 的等温区域。根据 4.2.2 小节的基本逻辑，式 (4-4) 保持不变，式 (4-3) 可以改写为

$$Q=(1-f)Q_{\rm b}+fQ_{\rm m} \tag{4-8}$$

其中，减小的 Q 和同时增大的 ΔG 可以分别用 $Q_{\rm b}$ 和 $Q_{\rm m}$ 近似地替换 $\Delta G^{*}f(\theta)+Q^{**}$ 和 Q^{++}。最重要的是，本征的热–动力学相关性如下[37]：

$$-\frac{Q_{\rm b}-Q_{\rm m}}{\Delta G^{\rm S}}\Delta G+Q=Q_{\rm b}-\Delta G^{\rm chem}\frac{Q_{\rm b}-Q_{\rm m}}{\Delta G^{\rm S}} \tag{4-9}$$

其中，ΔG 的定量增大可以通过 Q 的定量减小来反映，因此同样可以认为热–动力学相关性等价于 $\Delta G^{\rm chem}$、$\Delta G^{\rm S}$、$Q_{\rm b}$ 和 $Q_{\rm m}$ 共同产生的有效组合的重新分配。

1. 等温 $\gamma\rightarrow\alpha$ 相变中的热–动力学相关性

如 3.4.3 小节所述，有关 $\gamma\rightarrow\alpha$ 相变中界面迁移的建模屡见不鲜，但混合生长的物理本质仍需进一步研究。究其根本，当前的大多模型皆是针对上述基于 $\Delta G^{\rm chem}$、$\Delta G^{\rm S}$、$Q_{\rm b}$ 和 $Q_{\rm m}$ 的有效组合的再处理。

最近，利用吉布斯能量平衡 (Gibbs energy balance, GEB) 方法，对迁移界面处的溶质扩散给予了严格的数学处理，以应对高温下的 $\gamma\rightarrow\alpha$ 相变动力学，如贝氏铁素体形成过程中的相变停滞 (不完全转变) 现象[2]。利用 GEB 概念，Chen 等提出了一个基于平界面假设的简明 GEB 模型[21,22,40]，以研究 Fe-C-M 模型合金 (M 为合金化元素) 的 $\gamma\rightarrow\alpha$ 相变动力学，包括混合转变动力学的描述，以及溶质拖拽对有效界面移动性的影响。

对 Fe-0.17%C-0.91%Mn-1.03%Si 模型合金的等温 $\gamma\rightarrow\alpha$ 相变，Song 等[32] 考虑晶界形核和合金元素与界面的相互作用，依循 GEB 方法处理类似的混合生长，且按照微观结构路径的理论框架，建立了基于微观结构的相变动力学模型[32,41]。据此，Song 等[32] 成功预测了不同等温温度下的 $\gamma\rightarrow\alpha$ 相变动力学及铁素体平均晶粒尺寸的演变。

在该模型中，界面迁移的化学驱动力 ($\Delta G_{\mathrm{m}}^{\mathrm{chem}}$) 必须通过界面内溶质扩散引起的吉布斯自由能耗散 ($\Delta G_{\mathrm{m}}^{\mathrm{diff}}$) 和晶格结构变化引起的界面摩擦 ($\Delta G_{\mathrm{m}}^{\mathrm{fiction}}$) 来平衡，如下所示：

$$\Delta G_{\mathrm{m}}^{\mathrm{chem}} = \Delta G_{\mathrm{m}}^{\mathrm{fiction}} + \Delta G_{\mathrm{m}}^{\mathrm{diff}} \tag{4-10}$$

文献 [42] 描述了以准稳态速度 V_{I} 迁移的界面内溶质扩散的控制方程，其中，界面迁移率 V_{I} 通常可以描述为界面迁移率和迁移驱动力的乘积，假设有效界面迁移率遵循典型阿伦尼乌斯关系，其有效激活能 Q_{eff} 满足[40]：

$$Q_{\mathrm{eff}} = -RT\ln\left(\frac{V_{\mathrm{I}}}{\Delta G_{\mathrm{m}}^{\mathrm{chem}} M_0}\right) \tag{4-11}$$

式中，M_0 为有效迁移率的指前因子，假设为固定值。

图 4-2 给出了 Q_{eff} 随归一化处理的化学驱动力 ($\Delta G_{\mathrm{m}}^{\mathrm{chem}}/\Delta G_{\mathrm{m,initial}}^{\mathrm{chem}}$) 在不同温度的演化[32]；其中 $\Delta G_{\mathrm{m,initial}}^{\mathrm{chem}}$ 为界面迁移化学驱动力的初始值。由图可见，ΔG 的增大总是伴随着 Q 的减小，反之亦然。溶质与迁移界面的相互作用包括四种不同处理路径，即溶质拖拽、吉布斯自由能耗散、有效界面迁移率和有效动力学能垒，完美强调了溶质–界面和溶质–溶质的相互作用，它们对延缓转变速率的影响都隐含在 Q_{eff} 的演化中，即此处体现的热–动力学相关性。

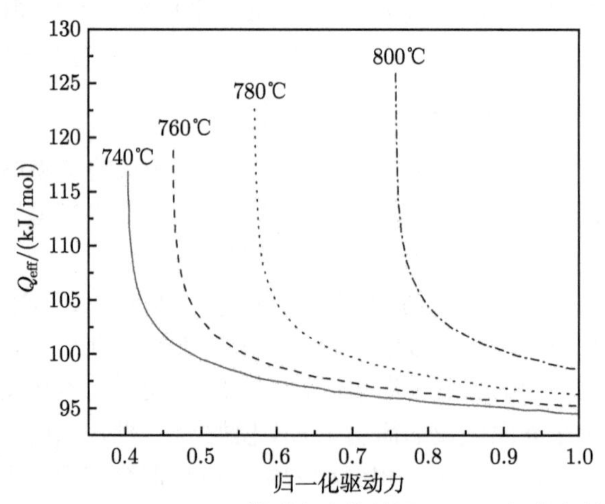

图 4-2　Fe-0.17%C-0.91%Mn-1.03%Si 模型合金的等温 $\gamma\rightarrow\alpha$ 相变有效激活能与归一化处理的化学驱动力在不同温度的演化[32]

2. 奥氏体 → 低温相连续转变中的热–动力学相关性

不同冷速下奥氏体转变为铁素体、贝氏体或马氏体是低合金钢在连续冷却中的基本相变。Zhao 等[43] 研究发现，当低碳微合金钢冷却过程中冷速为 1～30℃/s

时，会出现两类中温转变组织，分别是 600～500℃ 生成的粒状贝氏体或针状铁素体组织 (扩散、切变混合型相变产物[44]) 以及 500～400℃ 生成的板条状贝氏铁素体组织 (切变型相变产物)。类似地，Liu 等[45] 在 Fe-0.01%C 合金奥氏体化后的冷却过程中发现，随冷速增大，$\gamma \rightarrow \alpha$ 相变开始温度降低，且相变机制逐渐由长程扩散向界面控制转变；当冷速足够大时，只发生界面控制的块体转变。低碳 Mo-Cu-Nb-B 钢奥氏体化处理后，在 670～480℃ 不同温度保温后发现，随等温温度降低，扩散控制生长的准多边形铁素体逐渐转变为扩散/切变混合控制的针状铁素体，并最终形成切变型板条贝氏铁素体[46]。

在低温卷取型热轧双相钢的生产工艺中，只有在 $\alpha+\gamma$ 两相区保温后对体系施加快冷，才可避开扩散/切变混合型贝氏体转变，使奥氏体发生纯切变控制的马氏体相变 [47]。Hong 等[48] 对 Fe-0.2%C-1%Mn-1%Si 低合金钢在 1050℃ 等温 5min 后，以 80℃/s、120℃/s、150℃/s 的冷速冷却到室温，发现初生马氏体板条的宽度随冷速提升而减小 (图 4-3)；进一步研究表明，低温短时间的奥氏体化处

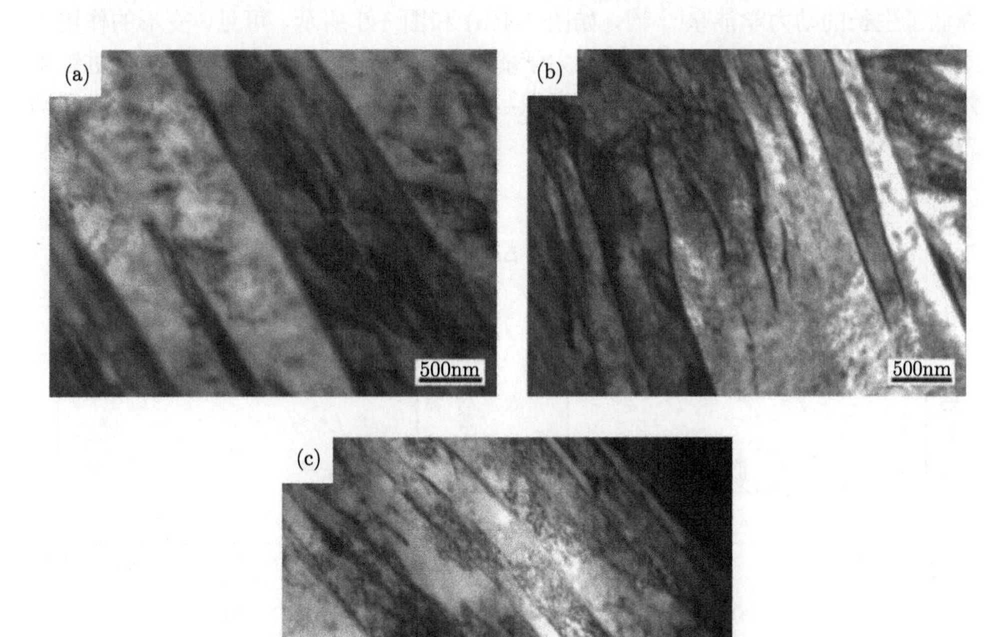

图 4-3 Fe-0.2%C-1%Mn-1%Si 低合金钢以不同冷速冷却到室温的马氏体组织[50]

(a) 80℃/s，(b) 120℃/s，(c) 150℃/s

理会减小初始奥氏体晶粒尺寸[48]；随后冷却中，Fe-0.2%C-1%Mn-1%Si 低合金钢马氏体相变开始温度降低；计算表明，驱动力随之增大，而马氏体在奥氏体晶界处形核及自催化形核的动力学能垒均减小。

可见，冷速和温度区间对奥氏体向低温相转变的相变热–动力学均产生影响，随热力学驱动力提高，相变类型由动力学能垒较大的扩散型相变向动力学能垒较小的切变型相变转变。

钢铁组织调控通常涉及轧制工艺，且在不同温度范围内可能存在多道次变形，以实现晶粒细化，同时改善钢铁材料的强度和韧性。因此，变形条件下的相变过程被广泛研究，诸多实验中也体现出相变的热–动力学相关性。一方面，奥氏体的预先热变形引入形变储能，增大 $\gamma \rightarrow \alpha$ 相变过程的热力学驱动力[49,50]，如图 4-4(a) 所示；另一方面，引入位错等缺陷和扁长奥氏体晶粒，位错密度和奥氏体晶界面积 (S_{d}/S_0) 的增加导致单位体积铁素体形核数目 (N_{d}/N_0) 的增加，即降低了形核的热力学势垒[51,52]，同时位错等缺陷的引入加速了溶质原子的扩散，即降低了生长的动力学能垒[51,52]，如图 4-4(b) 和图 4-5 所示。可见，变形的作用本质在于提高热力学驱动力且降低动力学能垒。由于奥氏体变形能够同时促进铁素体形核和生长，为了得到超细晶粒组织，通过形变热处理实现热力学驱动力和动力学能垒的合理搭配至关重要。

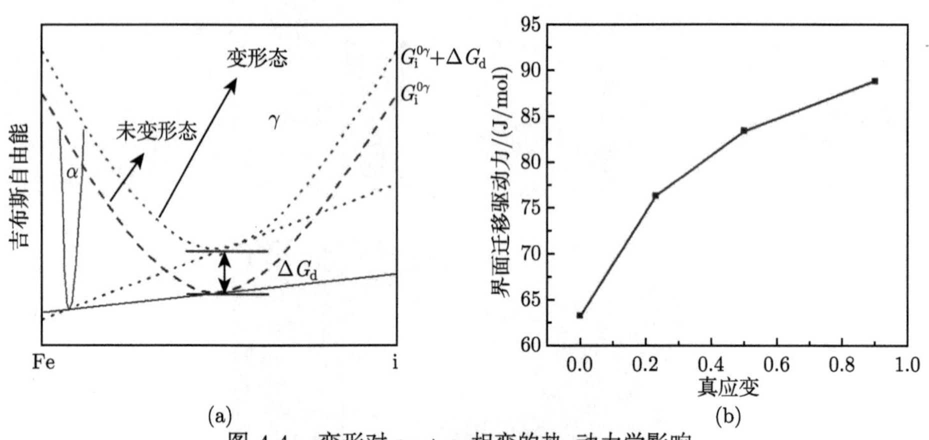

图 4-4　变形对 $\gamma \rightarrow \alpha$ 相变的热–动力学影响

(a) 变形和未变形条件下 α 相和 γ 相的吉布斯自由能与成分关系[49]；(b) 界面迁移驱动力与奥氏体真应变的关系[50]

以上相变全部为扩散型相变，不涉及晶格切变型相变。在变形条件下，涉及切变的奥氏体 → 低温相转变也存在转变机制随条件的变化，及相应的热力学驱动力和动力学能垒的变化。例如，Zhao 等 [53] 在研究热变形对 Fe-0.045%C-1.94%Mn-0.35%Si 合金后续相变的影响时发现，合金在 850 ℃ 热变形后的冷却中，相比未施加变形合金，针状铁素体的形成温度区间由 400～600℃ 扩大为 450～700℃；同样，Smith 和 Siebert[54] 将 Fe-0.1%C-(0.24%-0.66%)Mo 合金在 830℃ 分别施加 12%、25%和 50%的变形量后，以一定冷速进行冷却，发现马氏体相变开始温度随变形量增大而升高，在 50%变形量下马氏体相变开始温度升高了 30～50℃。此外，Wang 等[55] 将低碳微合金钢 Fe-0.1%C-1.6%Mn-0.313%Si 在 800℃ 分别施加 0%、20%和 65%的变形量后，研究固定冷速下的贝氏体转变，发现随变形量增加，扩散型相变的动力学能垒逐渐降低，切变型相变产物 (板条状贝氏体、马氏体) 逐渐被扩散/切变混合型产物 (针状铁素体和粒状贝氏体) 所取代。

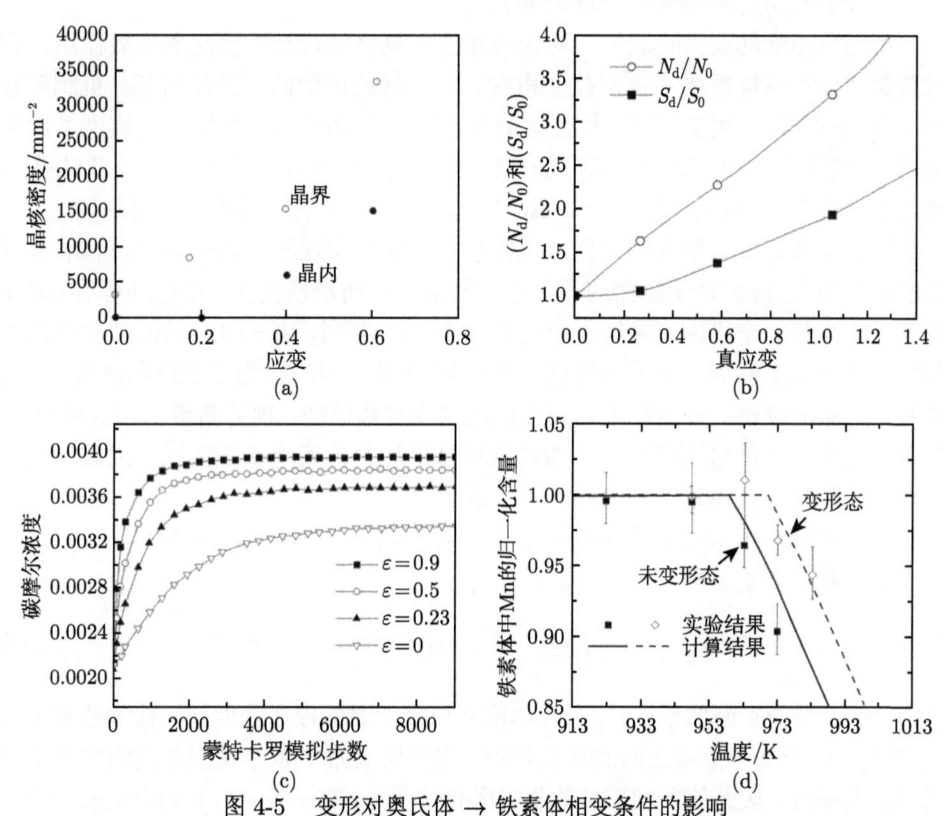

图 4-5 变形对奥氏体 → 铁素体相变条件的影响

(a) 铁素体晶核密度随奥氏体应变量的变化[52]；(b) 奥氏体晶界面积和晶界处铁素体晶核数目随奥氏体真应变的变化[51]；(c) 不同应变量对奥氏体中碳摩尔浓度随蒙特卡罗模拟步数的演化[51]；(d) 变形和未变形情况下铁素体中 Mn 的归一化含量随温度的变化[49]

以上案例表明，变形引起的储存应变能改变初始奥氏体热力学状态，增加奥氏体向低温相转变的热力学驱动力，有利于能垒较小的相变机制发生；同时，变形会引起奥氏体中缺陷增多，降低扩散激活能，进而有利于扩散型相变发生。实际变形条件下相变的复杂组织正是上述两种效应间博弈的结果。

4.2.4 切变型相变中的热–动力学相关性

利用同 4.2.2 小节类似的处理方法，对于同时提升热力学驱动力但降低动力学能垒的切变型相变 (如马氏体相变)，式 (4-4) 和式 (4-5) 成立，其热–动力学相关性可以描述如下[37]:

$$-\frac{Q_{\mathrm{mt}}-Q_{\mathrm{mf}}}{\Delta G^{\mathrm{S}}}\Delta G+Q=Q_{\mathrm{mt}}-\Delta G^{\mathrm{chem}}\frac{Q_{\mathrm{mt}}-Q_{\mathrm{mf}}}{\Delta G^{\mathrm{S}}} \tag{4-12}$$

式中，化学驱动力随相变进行逐渐增大。

切变型相变的典型代表——马氏体相变在高强钢设计方面起着重要作用，但对其微观过程的理解尚不及扩散型相变。对于马氏体形核，已提出多种机制和模型，Olsen-Cohen 模型[56-58] 是公认最合理的，与其他模型相比，该模型首次解决了相变温度下热激活核胚的形成问题。结合 4.2.3 小节中的式 (4-9)，可以类比，该模型也旨在针对基于 ΔG^{chem}、ΔG^{S}、Q_{mt} 和 Q_{mf} 的有效组合的再处理。

该模型通过最近堆垛面上特定位错群的层错来实现马氏体形核，而晶界、非共格孪晶界和夹杂物/粒子界面均是上述位错群潜在的形核位置。首先，FCC→HCP 转变需要在第二个平面上通过一个肖克莱不全位错[59]，而 FCC→ BCC 转变需要在每三个平面上解离一个晶格位错，以形成核胚[60]。可见，为了实现晶格转变，需要两种类型的位错，分别称之为共格位错和反共格位错，前者负责均匀晶格变形，后者负责非均匀晶格不变变形，通过破坏晶格均匀性而降低应变能。因此，马氏体核胚的滑动界面由这两种位错阵列组成。

为描述核胚形成过程中的能量变化，将经典形核理论结合层错能 γ_{SFE} 这一热力学参数，并定义[60]：

$$\gamma_{\mathrm{SFE}}=n\rho_{\mathrm{A}}\left(\Delta G^{\mathrm{chem}}+\Delta G^{\mathrm{strain}}\right)+2\Delta G^{\mathrm{inter}} \tag{4-13}$$

式中，n 为原子平面的厚度；ρ_{A} 为单位面积密堆面的原子密度；其他参数定义见式 (3-1)。由于不全位错之间的相互作用，需要切应力 τ 来移动层错周围的不全位错以扩大核胚，从而使自发形核的临界条件变为 $\gamma_{\mathrm{SFE}}=-n\tau b$，$b$ 为 Burger 矢量。马氏体相变中，热–动力学相关性同样在于动力学能垒随热力学驱动力的演化，因此应力 τ 下位错运动的动力学能垒 Q 表示为[60]

$$Q=Q_0-(\tau-\tau_\mu)V^* \tag{4-14}$$

式中，V^* 为激活体积；Q_0 为无外加应力时的激活能；τ_μ 为位错运动的非热阻力。将式 (4-14) 和临界条件 $\gamma_{\mathrm{SFE}}=-n\tau b$ 代入式 (4-13)，表明动力学能垒近似线性依赖于化学驱动力。当存在影响界面迁移的各种障碍时，如点缺陷、位错、孪晶、晶界和析出相，热–动力学相关性将相应改变[61,62]，详见 4.5 节。

除马氏体相变，贝氏体相变也是以切变型相变为主，通过适当排列的位错解离形成类似的核胚[59-62]，相应的形核速率为

$$I = \nu^* N_{\mathrm{i}} (1-f)(1+\lambda f) \exp\left(-\frac{Q^*}{RT}\right) \tag{4-15}$$

式中，R 为摩尔气体常量；ν^* 为捕获频率；N_{i} 为奥氏体中初始潜在形核点的数量密度；系数 $1-f$ 表示可用于转变的奥氏体分数减少；λ 为自催化效应因子；动力学能垒 Q^* 或 Q 代表滑动界面的迁移，可以表示为[59-62]

$$Q^* = Q_0 - K_1 \Delta G_{\mathrm{m}} \tag{4-16}$$

其中，ΔG_{m} 近似与温度呈线性关系，其与 Q^* 结合会导致与温度相关的形核速率。随温度变化，ΔG_{m} 和 Q^* 呈现出热–动力学相关性。

1. Bain 单元转变中的热–动力学相关性

基于第一原理计算和相场法中双阱势函数这两种广泛应用的研究方法，本小节分别对简单金属 Na 体系的 Bain 转变过程以及纯 Fe 的 FCC→BCC 相变过程的热–动力学相关性进行计算及探讨。Bain 转变路径被广泛应用于晶格稳定和 FCC→BCC 马氏体相变研究，与低合金钢中马氏体相变密切相关，而纯 Fe 的 FCC→BCC 相变更是合金中铁素体组织形成的基础，研究上述过程的热–动力学相关性对于低合金钢加工过程中涉及的相变研究有指导作用。

Bain 转变通过沿体心四方 (BCT) 晶格的 c 轴和 a 轴均匀变形，使 BCT 晶格的 c/a 从 $\sqrt{2}$(即 FCC) 转变为 1(即 BCC)，实现 FCC 与 BCC 结构之间的转变[63]。当前选择金属 Na 是因为 Na 的 BCC 和 FCC 结构均为能量极小值状态[64,65]，因此可通过微动弹性带 (nudged elastic band, NEB) 算法计算其最小能量路径[66]；与之相比，0 K 时 FCC 晶格 Fe 的铁磁态处于能量极大值点，为分析带来困难[67]。因此，当前对 Na 的 Bain 转变进行计算，以分析该转变的热–动力学相关性。

当前进行第一原理计算时采用两个原子的 BCT 晶胞，使用 vienna ab initial simulation package (VASP) 程序包[68,69]，布里渊区积分采用 Monkhorst-Paxton 方法[70] 进行 22×22×22 的倒易空间网格划分，交互关联势采用 Perdew、Burke 及 Ernzerhof 的广义梯度近似[71]。对平衡态体积计算，首先对 BCC 和 BCT ($c/a = \sqrt{2}$) 的晶格进行全自由度弛豫，其次采用 CINEB(climbing-image NEB) 算法[66]，固定晶格形状计算 Bain 转变路径；改变 FCC 和 BCC 晶格的体积时，Bain 转

变路径计算采用固定晶格形状及体积的算法，结果如图 4-6(a) 所示。平衡体积下 BCC 晶格 Na 处于亚稳态，而 FCC 晶格 Na 处于稳定态，在 Bain 转变的最小能量路径中存在一个能量极大值点，即过渡态。由此得到的热力学驱动力与动力学能垒的演化关系见图 4-6(b)，可以看到，随体积增大 (即相变过程的外压减小)，Na 的 Bain 转变的热力学驱动力增大，同时其动力学能垒减小。

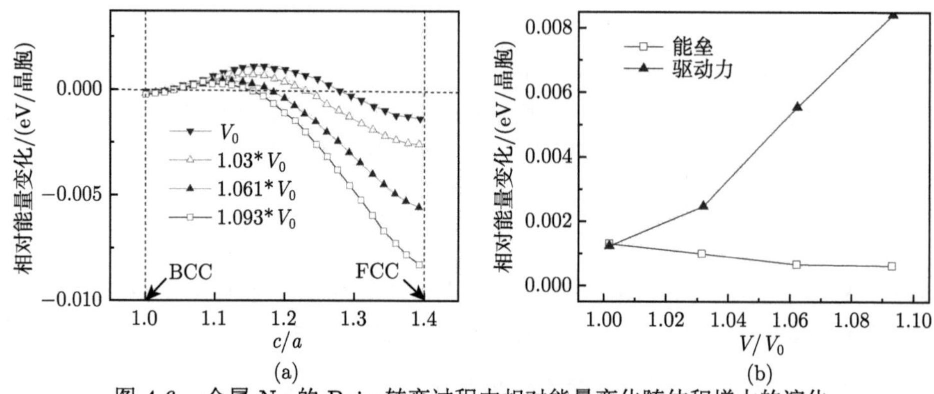

图 4-6 金属 Na 的 Bain 转变过程中相对能量变化随体积增大的演化

(a) Bain 转变的最小能量路径；(b) Bain 转变的驱动力和能垒随体积增大的变化

相场法被广泛应用于金属材料的相变研究中，其核心之一是界面处能量随序参量变化的函数关系，其中应用广泛的形式之一是双阱势函数[72]。由文献 [73] 和 [74] 可知，序参量可用于分析相变过程中能量的极小值点、极大值点，近似反应初态、末态和过渡态能量，从而分析相变的热力驱动力和动力学能垒。采用焓值和温度，界面处能量可表达为温度 T 和序参量 η 的函数 [75]：

$$f(\eta,T)=g(\eta)+L\cdot\frac{T-T_0}{T_0}\cdot H(\eta) \tag{4-17}$$

式中，L 为相变的焓变；T_0 为相变温度；$g(\eta)=\eta^2(\eta-1)^2$；$H(\eta)=-2\eta^3+3\eta^2$。对于纯 Fe 的 FCC→BCC 转变，其反应焓变为 1102J/mol[76]，转变温度为 1185K[64]，可计算得到界面处能量变化趋势见图 4-7(a)。基于此，分析相变驱动力和能垒随温度的变化 [图 4-7(b)]，可见随转变温度降低，FCC→BCC 相变的驱动力增大而能垒减小。这表明在金属 Na 的 Bain 转变过程及纯 Fe 的 FCC→BCC 相变中，随相变条件的变化，相变的热力学驱动力增大 (减小) 与动力学能垒减小 (增大) 协同变化；这与无变形及变形条件下奥氏体向低温相转变的实验规律相同。由于 Bain 转变是马氏体相变最基本的晶体学模型，纯 Fe 的 FCC→BCC 相变与低合金钢中奥氏体 → 铁素体相变机制类似，因此上述计算所得规律也适用于低合金钢中的相变。

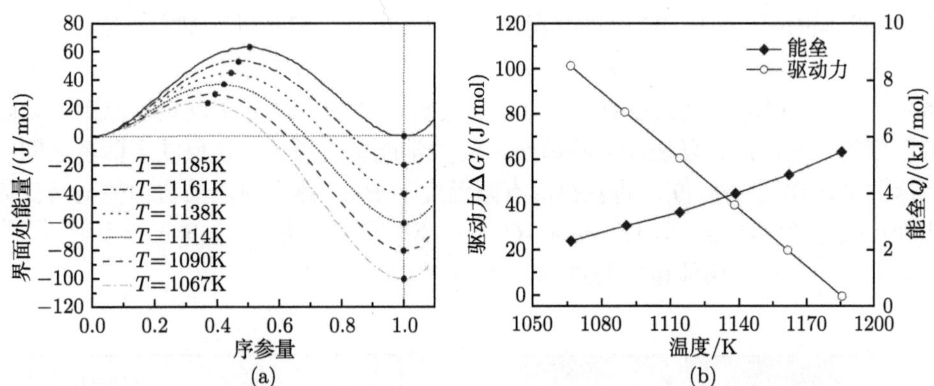

图 4-7　基于相场法双阱势函数分析纯 Fe 中 FCC→BCC 转变的界面能量变化

(a) 界面处能量随序参量的变化；(b) 采用双阱序函数近似得到的驱动力及能垒随转变温度的变化

采用 FP 方程结合磁配分函数处理有限温度下的磁构型波动，对纯 Fe 的 Bain 转变热–动力学进行了原子模拟[9]。利用准简谐 Debye Grüneisen 模型结合磁性配分函数法计算纯 Fe 的热力学性质，其中使用 1×1×8 和 1×1×4 单胞计算 Bain 转变路径的能量面，以获得最小能量路径，并进一步得到热力学驱动力和动力学能垒。图 4-8 给出了基态体积和 c/a 空间的 Bain 转变能量曲面对应的等高线图及其能量路径。当前，在自由能曲面上利用弦方法 (string method)，通过初始弦 [图 4-8(a) 中黑色点] 的演化得到最小能量路径 [图 4-8(b) 中黑色方块]，同时得到转变的热力学驱动力和动力学能垒[9]。如图所示，计算得到纯 Fe 的基态 Bain 转变的热力学驱动力和动力学能垒分别为 82.4meV 和 33.8meV。

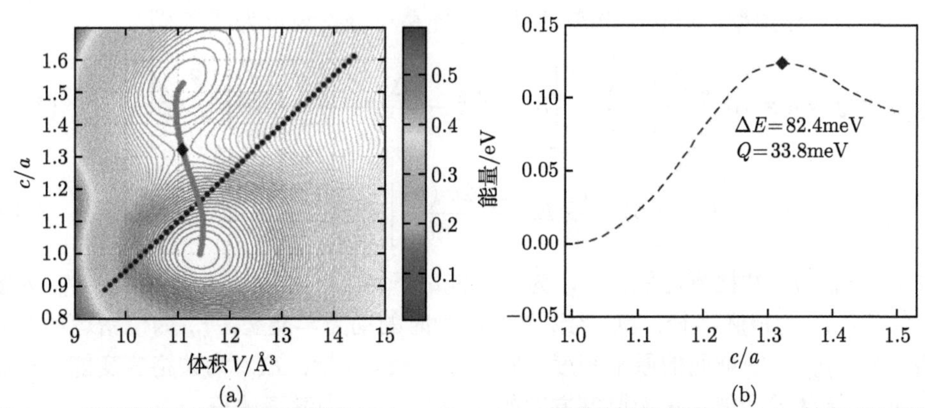

图 4-8　采用磁性配分函数和准简谐 Debye Grüneisen 模型分析基态纯 Fe Bain 转变 (见彩图)

(a) 基态能量曲面 $E(c/a, V)$；(b) 基态最小能量路径[9]

上述结果表明，在 $T = 20\text{K}$ 下，当 c/a 等于 1.414 时，存在一个最小能量

状态 [图 4-9(b)]，这与 0K 时的情况不同 [图 4-9(a)]，但与以下事实一致：由磁构型产生的构型熵导致奥氏体从四方晶格向立方晶格的结构转变。由于 20K 下的弱激发，这种现象应该是由零点能引起的，反映为 Heisenberg 不确定性原则[77]。随着温度的升高，热力学驱动力将减小，动力学能垒将增大，这反映了两者之间的互斥关系，详见文献 [9]。将获得的有限温度下 Bain 路径对应的自由能与马氏体相变形核理论相结合，即 Kaufman-Cohen 模型[78] 和 Olsen-Cohen 模型 [56,57,79]，可以进一步分析马氏体相变的热–动力学相关性。

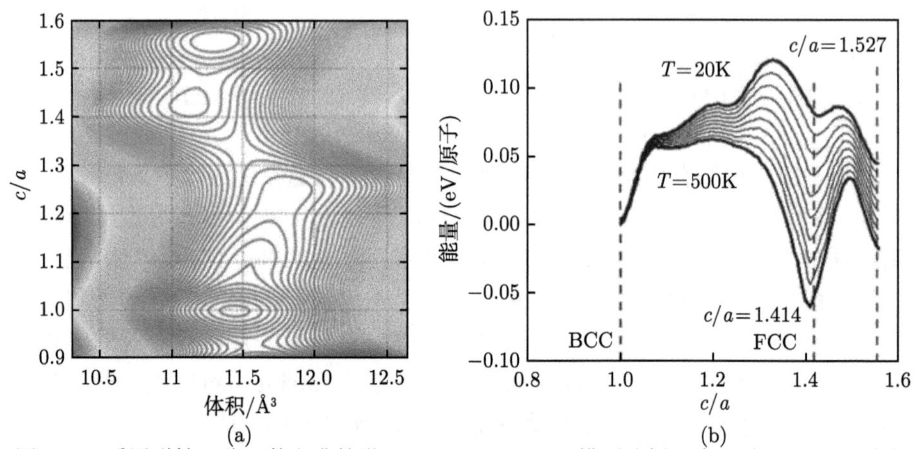

图 4-9　采用磁性配分函数和准简谐 Debye Grüneisen 模型分析温度对纯 Fe Bain 转变的影响 (见彩图)

(a) 20K 的能量曲面等高线；(b) 最小能量路径曲线随温度的变化[9]

根据上述模型，马氏体相变的动力学能垒可分别表示为[56,78,79]

$$Q = 4\times10^{-2}\left(\frac{\sigma_{\mathrm{sc}}}{A_{\mathrm{str}}}\right)^{1/2}\left[3\sigma_{\mathrm{sc}}r_{\mathrm{e}}^{3/2}-\frac{|\Delta g_{\mathrm{mol}}^{\gamma\to\alpha}|}{V_{\mathrm{m}}}\left(\frac{\sigma_{\mathrm{sc}}}{A_{\mathrm{str}}}\right)^{1/2}r_{\mathrm{e}}^{2}\right] \tag{4-18}$$

$$Q = Q_0+\left[\tau_\mu+\frac{\rho_{\mathrm{A}}}{b}E_{\mathrm{str}}+\frac{2\sigma(n)}{nb}\right]V^*-\frac{\rho_{\mathrm{A}}V^*}{b}\left|\Delta g_{\mathrm{mol}}^{\gamma\to\alpha}\right| \tag{4-19}$$

式中，σ_{sc} 为半共格界面能；A_{str} 为应变能因子；$\Delta g_{\mathrm{mol}}^{\gamma\to\alpha}$ 为自由能变化；V_{m} 为摩尔体积；r_{e} 为核胚半径；Q_0 为无外加应力时的动力学能垒；τ_μ 为位错运动的非热阻力；ρ_{A} 为密堆面的原子密度；b 为 Burgers 矢量；E_{str} 为共格应变能；$\sigma(n)$ 为粒子/基体界面能；n 为厚度方向的原子面；V^* 为激活体积。

Kaufman-Cohen 模型 [式 (4-18)] 指出，马氏体相变通过基体中预先存在的核胚进行，Olsen-Cohen 模型 [式 (4-19)] 参考位错形核理论 (参见第 4.5.1 小节) 绕过了预先存在核胚的需要，描述了位错滑移的热–动力学。图 4-10 给出马氏体

形核时 ΔG 和 Q 随温度的演变呈现互斥关系，模型计算结果与分析有限温度下最小能量路径得出的结果相类似，具体细节可参考文献 [9]。

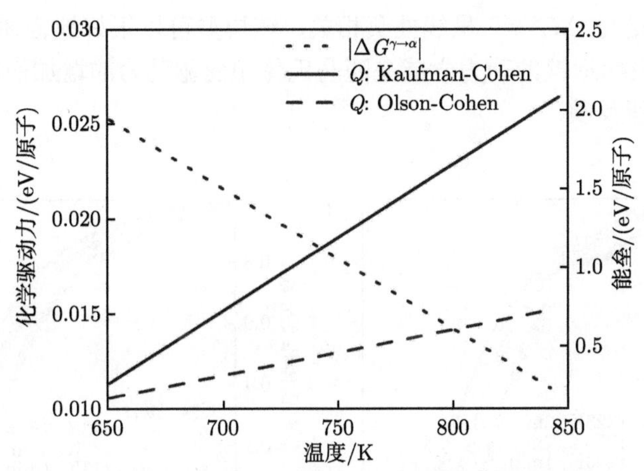

图 4-10　利用 Kaufman-Cohen 和 Olson-Cohen 非均质形核模型计算得到的纯 Fe 马氏体相变中化学驱动力和动力学能垒的关系[9]

2. 马氏体相变中的热–动力学相关性

考虑到动力学能垒对热力学驱动力的依赖性，Hong 等[48] 建立了一个唯象热–动力学模型，以描述 Fe-0.2%C-1%Mn-1%Si 合金在连续冷却过程中的马氏体相变。模型同实验数据的对比阐明了初始奥氏体晶粒尺寸和自催化形核对马氏体相变的影响，并进一步建立了热力学驱动力和动力学能垒之间的定量关联，表明 Q 随 ΔG 的增加而减小。模型考虑了两种形核模式，即马氏体不仅在原奥氏体晶界处形核，而且在新产生的马氏体/奥氏体相界面发生自催化形核。根据文献 [48] 可知，体现自催化效应的形核事件对应于两个不同的动力学能垒，即 $Q_{\gamma\gamma}$ 和 $Q_{\mathrm{M}\gamma}$，如下所示：

$$\frac{\mathrm{d}N_V}{\mathrm{d}T}=\frac{vn_{\mathrm{s}}^0}{R\varPhi}\left[S_{\mathrm{V},\gamma\gamma}\exp\left(-\frac{Q_{\gamma\gamma}}{RT}\right)+S_{\mathrm{V,M}\gamma}\exp\left(-\frac{Q_{\mathrm{M}\gamma}}{RT}\right)\right]\frac{\Delta G\left(T\right)-\Delta G\left(M_{\mathrm{s}}\right)}{T} \tag{4-20}$$

式中，$S_{\mathrm{V},\gamma\gamma}$ 和 $S_{\mathrm{V,M}\gamma}$ 分别为单位体积内 γ/γ 和 M/γ 的界面面积；$Q_{\gamma\gamma}$ 和 $Q_{\mathrm{M}\gamma}$ 分别为两个界面上的形核激活能；v 为点阵振动频率；R 为摩尔气体常量；n_{s}^0 为单位面积潜在形核位置数；$\varPhi$ 为冷速；$\Delta G(M_{\mathrm{s}})$ 和 $\Delta G(T)$ 分别对应于 M_{s} 和 M_{f}。

进一步考虑各向异性生长导致的硬碰撞效应后，可以得到连续冷却时马氏体相变的动力学模型[48]，具体见 5.5.2 小节。在模型假设 $Q_{\gamma\gamma}$ 和 $Q_{\mathrm{M}\gamma}$ 为常数的情况下，模型拟合结果和实验结果如图 4-11(a) 所示，可见，模型拟合结果与高温下的转变分数非常一致，但在低温范围内偏差很大。这表明常数 Q 的假设仅在相对高温阶段是合理的，而在低温阶段不再成立。一旦假设 $Q_{\gamma\gamma}$ 和 $Q_{\mathrm{M}\gamma}$ 不再是常数，而是与 ΔG^{chem} 呈线性负相关，该模型可以很好地描述整个转变过程 [图 4-11(b)]，表明形核的动力学能垒随马氏体相变驱动力的增加而减小，恰如热–动力学相关性所反映。

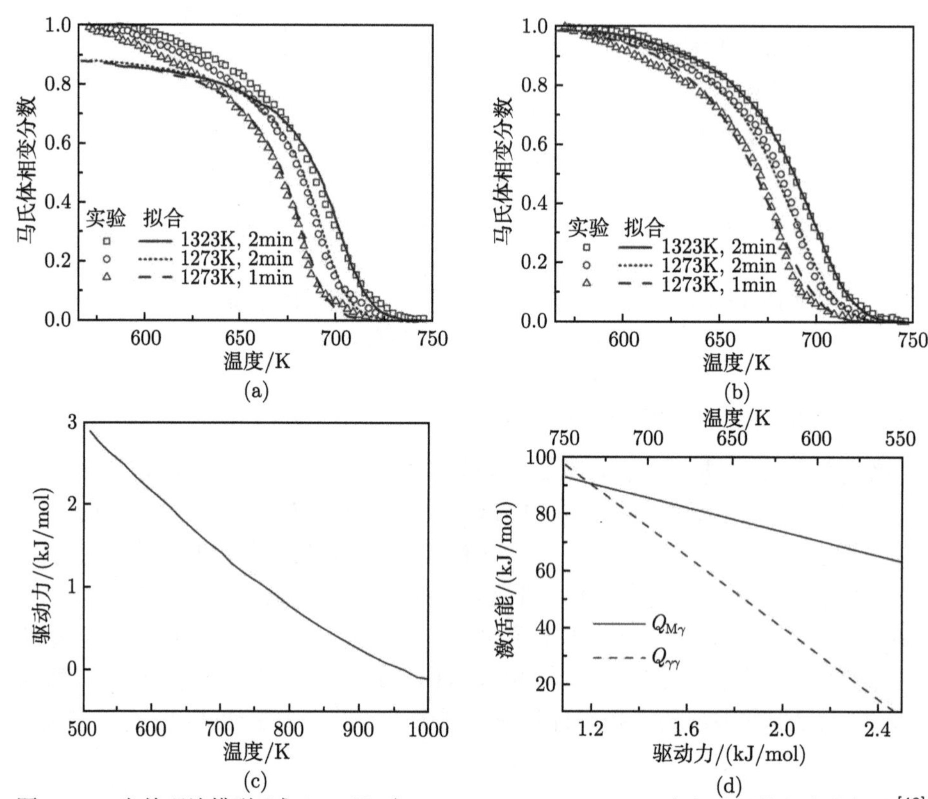

图 4-11 当前理论模型 [式 (4-20)] 对 Fe-0.2%C-1%Mn-1%Si 合金马氏体相变的描述[48]

(a) 采用常数激活能 $Q_{\gamma\gamma}$ 和 $Q_{\mathrm{M}\gamma}$ 的拟合结果；(b) 采用同化学驱动力 ΔG^{chem} 呈负线性相关的 $Q_{\gamma\gamma}$ 和 $Q_{\mathrm{M}\gamma}$ 的拟合结果；(c) 驱动力和温度的关联；(d) 激活能与驱动力的关联

4.2.5 组织演化模型中的热–动力学相关性

通常，微观结构的特征 (如尺寸、形状、长宽比) 和局域结构特征的空间排列被称为微观参量 (microstructural parameters, MPs)，在决定材料的宏观性能方面起着关键作用。为理解并最终控制相变中的微观组织演变，多年来提出了多种理论模型 [如解析模型[80] 和相场法 (PFM)[81,82]]，以预测 MPs 的演变，然而这些模型无法有效应用于工程合金。Wang 等利用计算材料学方法，定量表征了相变热力学驱动力和动力学能垒，揭示了两者之间的互斥关系[9]。这种热–动力学相关性通过潜在的联系，在控制微观组织演变方面发挥决定性作用，因此进一步揭示这一联系，有利于非平衡相变中的微观组织预测。

1. *多尺度组织演化模型*

考虑到相变在时间和空间上的多尺度特性，需要一种多尺度建模方法来定量预测微观组织演化，以往的建模只是适用于在单一时间和空间尺度上处理相变。基于相场法[83] 的多尺度建模可以使用第一性原理计算提供的参数，但不能直接通过求解相场方程获得 MPs。

Wang 等将微观热–动力学结合介观体系的 MEPP 方法[84]，构建了一个基于 FP 方程的自洽多尺度微观结构演化框架[8]，实现了对 MPs 的定量预测。对于具有多个潜在新相的微观系统，称为微观体积代表元 (representative volume element，RVE)，其状态由 MPs 或 η_i(定义为特征参量) 描述，其中下标 i 表示第 i 种类型的产物相。由多个 η_i 构成的相空间 $\{\eta\}$ 中的概率密度分布 (probability density distribution, PDD)f 唯一地定义了 RVE 的集合，此即为该框架设想的介观相变系统，其详细数学描述可见文献 [8]，此处仅简述其应用。

类似于式 (2-36)，主导 RVE 微观结构演化的 FP 方程经推导可得[8]

$$\frac{\partial f}{\partial t}=\sum_i \frac{\partial}{\partial \eta_i}\left[\sum_j M_{ij}\frac{k_{\mathrm{B}}T}{f}\left(\frac{f}{k_{\mathrm{B}}T}\frac{\partial \Phi}{\partial \eta_j}+\frac{\partial f}{\partial \eta_j}\right)\right] \tag{4-21}$$

式中，$\Phi \equiv H-\sum_{j=1}^{m} n_j\mu_j$ 以齐次矩阵为参考，描述了相变的能量变化。式 (4-21) 是晶粒概率密度演化[8]的多变量 FP 方程，是非平衡相变系统的控制方程，该方程中 $\left(\frac{f}{k_{\mathrm{B}}T}\frac{\partial \Phi}{\partial \eta_j}\right)$ 为拖拽项，代表概率密度分布在 $\{\eta\}$ 空间的整体迁动，即介观的自由能下降；$\frac{\partial f}{\partial \eta_j}$ 为起伏项，代表概率密度分布在 $\{\eta\}$ 空间里的扩散，即微观尺度的扰动。显然，该理论框架天生地具有多尺度特征，其中的 Φ 和 M_{ij} 联系着介观演化和微观参数，分别对应于体系演化的热力学驱动力和动力学能垒。当前模型针对多组元体系相变，摒弃传统形核与生长相结合的方式，在给定初始分布及转变条件时，通过求解该方程即可解决相变体系从微观到介观连续演化的热–动力学问题。

源于相变热–动力学相关性但又不完全与之相同，式 (4-21) 潜在三种应用：① 通过 ΔG-Q-MPs 链接进行微观结构预测；② 证明热–动力学相关性，并通过调整成分和加工工艺来设计不同热–动力学的组合，如大 ΔG 和大 Q(详见 5.3.3 小节)；③ 通过各种 ΔG-Q 组合进行综合设计，包括相变和变形。上述三种潜在应用对应的研究工作均极具挑战性，值得大力开展。

2. Al-Cu 合金析出相演化的模型预测

式 (4-21) 适用于预测 Al-Cu 合金中出现的 GP(Guinie Preston) 区、θ'' 和 θ' 三类析出相之间的竞争析出[8]。以 θ' 的预测为例，选择析出相体积 ω 和半共格界面面积 ζ 作为 MPs，求解 FP 方程，以获得相空间 $\{\eta\}$=(ω, ζ) 中概率密度分布的演化。为了获得式 (4-21) 中哈密顿量的连续变化，采用了来自 Eshelby 解[85] 的具有弹性贡献的唯象能量变化，需要的参数来自三种途径：① 前人的第一性原理和当前静态构型的分子动力学 (molecular dynamics, MD) 模拟计算 (静态 FP/MD)；② 对结构优化后的系统能量拟合 (静态 MD)；③ 若各微观体积元之间无物质交换，整个相变体系可作为由微观体积元组成的非平衡等温、等压系综 ($\{N_i\}$, p, T)，进而拟合 NPT 条件下系统的能量 (fluct.-MD)，此间与 ① 和 ② 相比，考虑了界面起伏。正如所预计的，界面起伏定义为静态半共格界面面积上的平均值之比 (图 4-12 中黑色圆点的演化)，其随析出相半径的增加快速降低，在热力学极限时最终消失。因此，图 4-12 中三条曲线对应分子动力学计算的静态界面、分子动力学计算的扰动界面、第一性原理/分子动力学计算的静态界面相互吻合，仅临界能垒和曲线斜率有些许差别。

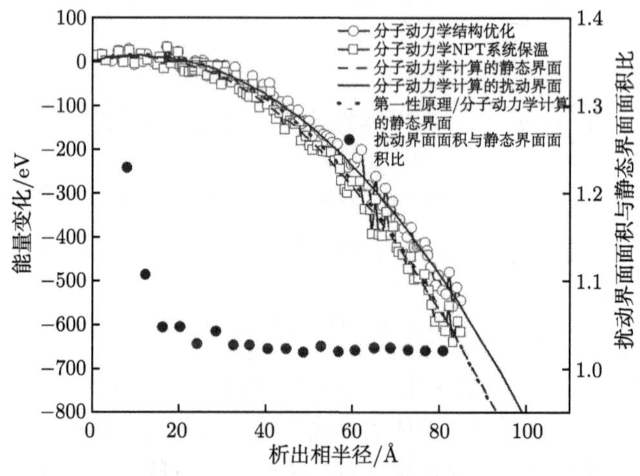

图 4-12　Al-2%Cu 合金在 473K 时能量和半共格界面起伏随 θ' 析出相半径的变化[8]

反应速率常数可以按照式 (4-21) 计算，自由能的体积依赖性来自 Bennett[86] 接受比例方法，相空间采样使用 Metropolis Monte Carlo[87] 或 MD[88] 得到的轨迹。然而，这种方法需要定量的原子间势，没有这些势，就无法获得准确的反应速率常数。作为替代，可使用反应速率常数与扩散系数的关系来估计反应速率常数[89]，$\beta_{\{\eta\}} = 2rD(T)/a_0^2$，其中 r 为维数，a_0 为反应路径中两个最小值间的跳跃距离[90]。

给定哈密顿量和速率常数，FP 方程可以用交替方向隐式有限差分法求解。如图 4-13(a) 所示，获得的析出序列，即 GP 区 → θ'' → θ' 反映于 473K 时三种能量耗散模式，与相应的实验结果一致[8]。此外，θ' 的尺寸演变也与实验一致，如图 4-13(b) 所示。θ'' 的粗化率如图 4-13(c) 所示，符合经典粗化理论中尺寸与时间的立方关系。上述结果表明了该多尺度模型的合理性和有效性。

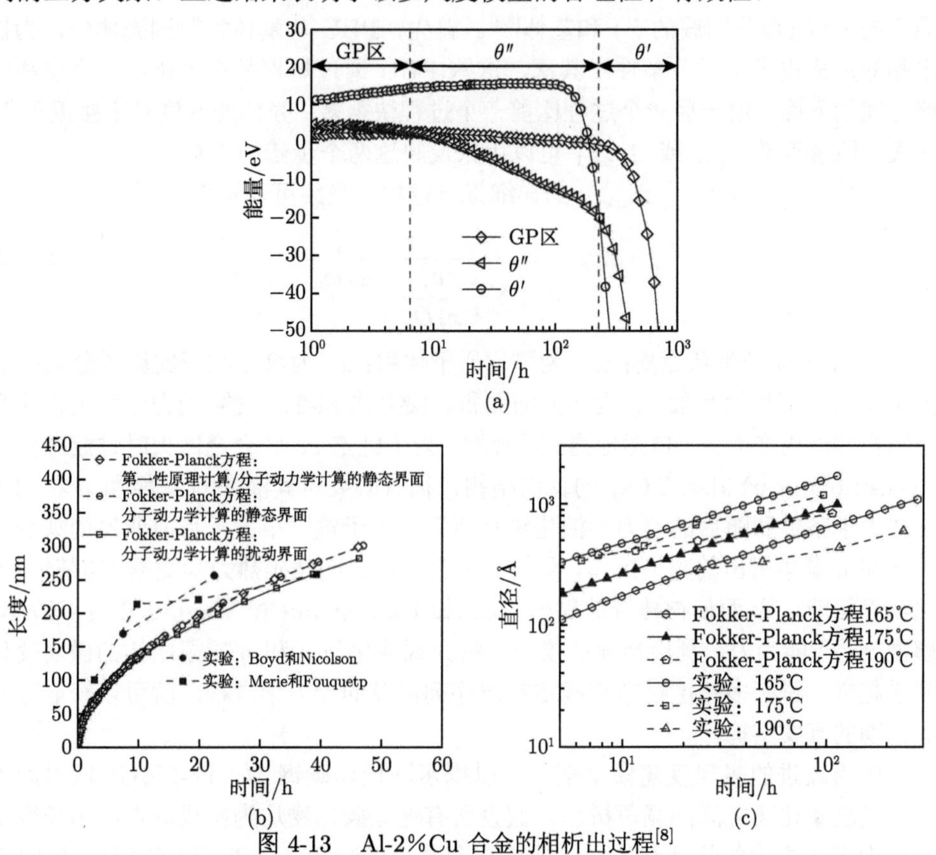

图 4-13 Al-2%Cu 合金的相析出过程[8]

(a) GP 区、θ'' 及 θ' 三相竞争导致的析出次序；(b) θ' 尺寸演化与实验结果的比较；(c) θ'' 尺寸演化与实验结果的比较

3. Fe-C 合金过渡相析出的模型预测

上述多尺度模型对原子传输动力学进行了细微修改，可用于研究相变的潜在机制，但无法与实验结果进行有效的对比分析。如果可以实现基于 FP 方程的模型修正，会有助于理解一些有争议的观点。

为了维持析出相的特定成分，应在形核/生长过程中加入限制条件，以控制不同元素的原子与团簇的附着，因此第 j 组分的附着率与其他组分的关联应遵守析出相的化学计量比。在上述 Al-2%Cu 合金的建模和计算中，$\beta_{\{\eta\}}$ 替换为 $2rD(T)/a_0^2$，这并不足以描述析出相的聚集，该问题可以通过对附着系数的以下处理，得到合理解决。假设每个演化中的析出相由 n 个关键构建单元 (primary building units, PBU) 组成，每个单元由第 j 组分的原子 v_j(化学计量系数) 组成，第 j 组分原子附着或分离的独立过程可以被 PBU 的附着或分离所取代。通过定义三个区域，可以很容易地理解扩散/界面混合控制的生长过程，包括团簇、团簇周围的邻域 (覆盖团簇的壳) 和基体[89]。首先，PBU 从基体扩散到壳体中，为析出相的形成提供了成分条件；其次，这些 PBU 通过短程晶格重排穿过壳层和团簇之间的界面。由于后一个过程比前一个过程快得多，壳体的厚度几乎接近于零，这表明附着系数 $\beta_{\{\eta\}}$ 或 $\beta_{n,n+1}$ 可以用来反映这两个步骤的速率。

文献 [91] 中提供了 $\beta_{n,n+1}$ 的详细推导过程，最终可表示为

$$\beta_{n,n+1}=\frac{1}{\sum_j \dfrac{v_j^2}{x_j D_j}}\cdot\frac{\zeta}{a_{\mathrm{m}}\omega_{\mathrm{m}}} \tag{4-22}$$

式中，a_{m} 为原子跳跃距离；ω_{m} 为平均原子体积；x_j 为第 j 组分的原子分数；D_j 为第 j 组分的扩散系数；ζ 为相界面面积。根据式 (4-22)，热–动力学相关性作为控制相变的内在因素，自然地得到反映[8]。为了确定 Fe-C 合金回火时过渡碳化物 (transitional carbides, TCs) 的真实结构，很有必要对其潜在的 ε 相和 η 相的先决热力学条件和随后的动力学演化进行研究。由于难度很大，目前业界尚缺少关于 ε 和 η 竞争析出的建模工作，概归于缺乏 ε 和 η 的精确热力学数据 (如基体/碳化物界面能)，从而使得传统的建模方法 [如 Kampmann 和 Wagner 数值 (KWN) 模型[92]] 无能为力。利用当前的模型，将介观演化与 ε 和 η 原子结构的微观变化联系起来，进行多尺度模拟来确定析出序列涉及的动力学过程，就可以获取过渡碳化物的真实结构。

应用改进的多尺度建模框架，可以揭示马氏体碳钢 (如 Fe-2%C) 低温回火时，过渡碳化物之间的竞争析出。假设所有这些碳化物均为棒状形态，则长度 L 被选为 FP 方程的特征结构参量或微观参量。请注意，由 Fe 和 C 组成的 PBU 的运动类似 C 原子的扩散[91]；每个 C 原子将与相邻的 Fe 原子结合形成 PBU，因此在相变的任何时候，PBU 的拆卸和重组会发生在每个被输运的 C 原子周围。式 (4-22) 中，ε、η 和 θ 碳化物生长的附着系数可简化为[91]

$$\beta_{n,n+1}=\frac{x_{\mathrm{C}}D_{\mathrm{C}}\zeta}{a_{\mathrm{m}}\omega_{\mathrm{m}}} \tag{4-23}$$

然后，按照与文献 [8] 类似的处理，可以得到 FP 方程的解，即晶粒概率密度分布

的演化，从中可以进一步得到 ε、η 和 θ 碳化物的平均长度。

在 473K 析出时，碳化物尺寸和体系能量变化如图 4-14 所示，图中也给出了碳化物中平均 PBU 数的演变。该结果解决了过渡碳化物析出过程中长期存在的争议，即 ε 首先析出，然后转变为 η，以最小能量达到系统的最稳定状态。从热力学角度来看，在 473K 时，过渡碳化物将直接从基体中析出，而不是从 θ 相中析出，因为前者会耗散更多的自由能。根据 Fang 等[93] 对 η 相和 θ 相与温度相关的稳定性研究，θ 相在高温下比其他碳化物具备更高的稳定性，可归因于晶格振动和反常 Curie-Weiss 磁序[93]。因此，过渡碳化物在低温下应比 θ 相更稳定 (图 4-15)。

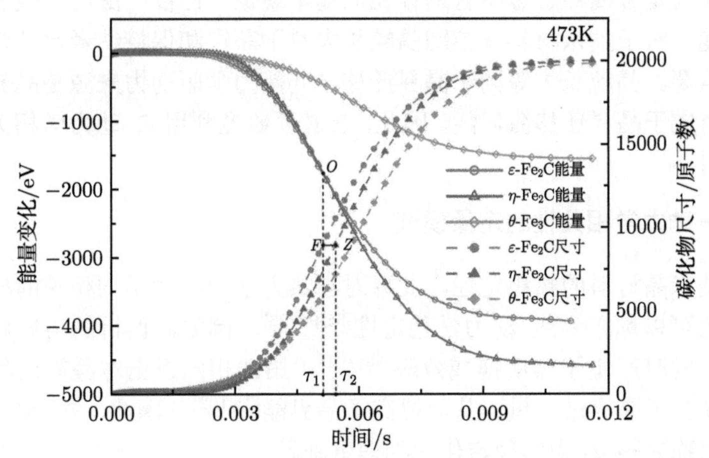

图 4-14　Fe-2%C 合金在 473K 时 ε-Fe_2C、η-Fe_2C 和 θ-Fe_3C 的尺寸与体系能量变化[91]

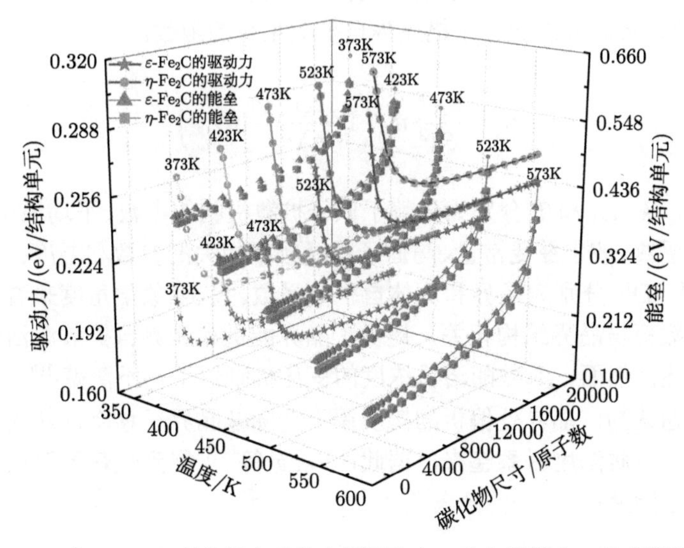

图 4-15　ε-Fe_2C 和 η-Fe_2C 竞争析出时热力学驱动力、动力学能垒、尺寸和温度的变化[91]

图 4-15 给出 ε 相和 η 相介观生长过程中热力学驱动力和动力学能垒的变化。对于等温析出，随着 ε 相或 η 相尺寸的增大，驱动力在初始阶段急剧下降，但在后期逐渐缓慢，这与动力学能垒的变化相反。对于特定尺寸的碳化物，较高的温度可以为下一个 PBU 的附着提供较大的驱动力，并削弱动力学能垒，加速析出过程。此类热–动力学相关性在一级相变中已有报道，如马氏体相变。

4.3　晶粒长大中的热–动力学相关性

晶粒长大是金属和合金中普遍存在的基本现象，已被广泛用于改变微观组织和力学性能。对于纳米材料，控制晶粒长大对于获得和保持纳米尺寸带来的独特性能尤为重要。晶粒长大等同于晶界迁移，其热力学驱动力来源是晶界能，而动力学能垒对应于晶界迁移激活能。因此，有必要研究利用热–动力学相关性来设计纳米晶材料。

4.3.1　热–动力学相关性的定量模型

针对纳米晶材料的热稳定性，业界对与热力学和动力学均相关的机理越来越感兴趣，也可以称之为热–动力学稳定性[31,94-98]。例如，偏析的溶质原子降低了晶界能量，同时产生了溶质拖拽效应[99-101]；第二相的析出对晶界迁移施加了钉扎力，但减少了晶界过剩量，从而提高了晶界能[31,102]。因此，热–动力学相关性的概念可以描述热–动力学稳定化的物理机制。

针对无序原子排列和低原子密度的晶界结构[103-105]，Borisov 等推导出一个唯象模型[106]，将晶界能量 (γ) 描述为自扩散系数的函数：

$$\gamma = \frac{k_{\mathrm{B}}T}{\xi a^2} n_{\mathrm{g}} \left(\ln \frac{2\xi\theta}{a\lambda^{\mathrm{a}}} - \ln n_{\mathrm{g}} \right) \tag{4-24}$$

式中，ξ、a、n_{g}、k_{B}、λ 和 T 分别为依赖于原子扩散机制的参数、平均原子间距、形成晶界的原子层数、玻尔兹曼常量、与原子跳跃频率相关的参数和温度；$\theta=D^{\mathrm{GB}}/D^{\mathrm{L}}$，其中 D^{GB} 和 D^{L} 分别为晶界和块体自扩散系数。从唯象学角度来看，式 (4-24) 假设两个参数都与晶界结构相关，提供了晶界能量和晶界自扩散激活能之间关系的半经验描述；然而，参数随溶质浓度的变化机制似乎仍不清楚[106,107]。

业界普遍认为，晶界处偏析的溶质原子会降低晶界迁移率，从而将热力学和动力学参数与溶质浓度联系起来，据此，Peng 等[31] 得到依赖于溶质浓度的晶界迁移或动力学能垒：

$$Q = (1 - \varGamma_{\mathrm{A}} A_{\mathrm{m}}^{\mathrm{GB}}) Q_0 + \varGamma_{\mathrm{A}} A_{\mathrm{m}}^{\mathrm{GB}} (Q^{\mathrm{b}} + H_{\mathrm{seg}}) = Q_0 + \varGamma_{\mathrm{A}} A_{\mathrm{m}}^{\mathrm{GB}} (H_{\mathrm{seg}} + \Delta Q) \tag{4-25}$$

式中，$A_{\mathrm{m}}^{\mathrm{GB}}$ 和 H_{seg} 分别为摩尔晶界面积和晶界偏析焓；$\varGamma_{\mathrm{A}}=x^{\mathrm{GB}}-x^{\mathrm{b}}$，其中 x^{GB} 和 x^{b} 分别为晶界和块体中的溶质浓度；$\Delta Q=Q^{\mathrm{b}}-Q_0$；$Q^{\mathrm{b}}$ 为块体扩散激活能；Q_0 为晶界迁移的本征激活能。偏析的溶质原子降低了晶界能，这可以用 Krill 等[108] 推导的晶界能模型来描述：

$$\gamma=\gamma_0-\varGamma_{\mathrm{A}}H_{\mathrm{seg}} \tag{4-26}$$

式中，γ_0 为本征晶界能。同式 (3-3) 相比，式 (4-26) 物理意义完全一致，只是推导过程稍有不同。联立式 (4-25) 和式 (4-26) 可得[31,97]

$$\frac{Q-Q_0}{\gamma_0-\gamma}=\frac{H_{\mathrm{seg}}+\Delta Q}{H_{\mathrm{seg}}}A_{\mathrm{m}}^{\mathrm{GB}} \tag{4-27}$$

由式 (4-27) 清晰可见，随动力学能垒 Q 增加，热力学驱动力 γ 必然会减小，这不仅描述了热力学和动力学参数伴随溶质偏析的变化，还解释了晶界迁移激活能和晶界能随溶质原子晶界过剩量的变化。

为了验证热–动力学相关性，Peng 等[31] 使用 Al-Ni 和 Al-Sm 作为模型系统，进行了 MD 模拟，以获取 γ 和 Q。通过构建一个铝双晶超晶胞，在铝的晶界处掺杂不同数量的 Ni 原子和 Sm 原子，来模拟可变的溶质浓度。图 4-16 中，随着 Al 的晶界中掺杂溶质原子数的增加，γ 值减小，Q 值增大，这表明偏析溶质原子的热–动力学稳定化效应，完美反映了本征的热–动力学相关性[33]。同样，将分子动力学模拟结果和晶界自由能对温度的变化同晶界迁移速率方程相结合，获得晶界迁移能垒。通过分析不同类型的晶界 (如 Σ5 弯曲、Σ7 对称、Σ7 不对称、Σ5 不对称、Σ3 不对称、Σ9 混合)，结果表明，动力学能垒的减小伴随热力学驱动力的增大 (图 4-17)[33]。可见，热–动力学相关性在不同类型晶界中普遍存在，但相关性的具体表现因晶界

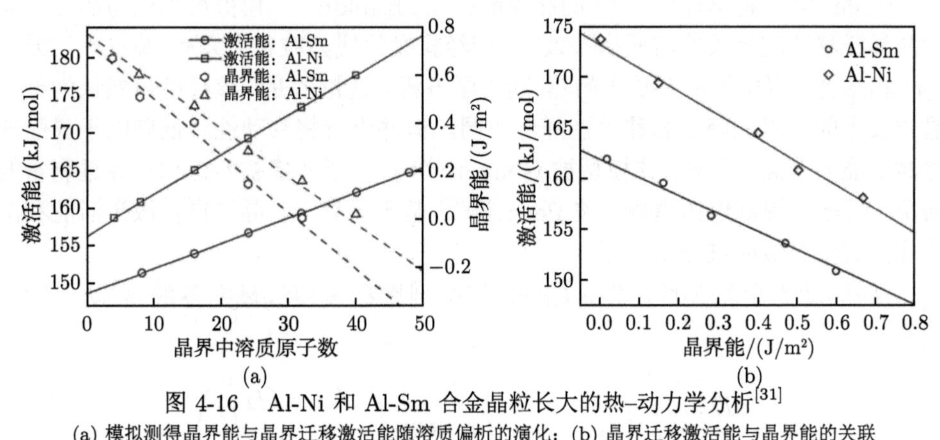

图 4-16　Al-Ni 和 Al-Sm 合金晶粒长大的热–动力学分析[31]

(a) 模拟测得晶界能与晶界迁移激活能随溶质偏析的演化；(b) 晶界迁移激活能与晶界能的关联

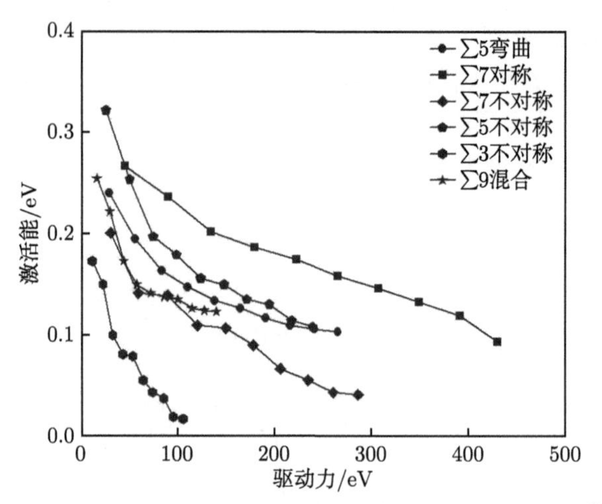

图 4-17　晶界迁移中热力学驱动力同动力学能垒的相关性[33]

结构而异。这也进一步说明热–动力学协同的根本原则：热–动力学互斥是绝对的，不因体系和条件而变化；热–动力学如何互斥是相对的，可以通过改变体系和条件来进行调控和设计。

晶界迁移速度可根据 2.3.3 小节描述为抛物线方程[109]：$D^2 - D_0^2 = Kt$。对于纯金属，晶粒长大行为可能遵循这一理想抛物线定律[110]，见 3.2.2 小节。然而，由于溶质效应，对于合金，晶粒长大通常遵循经验方程，即 $D^n - D_0^n = Kt$，n 为长大指数，其具体值一般通过将该方程与实验数据拟合得到[111-114]。因此，有必要推导新的晶粒长大方程，既可以考虑晶界能降低所产生的热力学稳定效应，也能体现溶质拖拽和第二相颗粒钉扎产生的动力学阻碍效应，从而形成热–动力学关联。

Chen 等[99] 将 Krill 等[108] 的晶界能模型、Rabkin[115] 模拟得到的与晶粒尺寸和晶界迁移速度相关的溶质拖拽效应，同经典抛物线晶粒长大方程 (即 $D^2 - D_0^2 = Kt$) 相结合，得出了晶粒长大的热–动力学方程。遗憾的是，该模型虽然认为伴随晶粒长大的晶界能降低和移动性降低协同，但并没有将移动性降低归因于界面迁移激活能的升高。后来，该模型被 Gong 等[98] 推广至考虑初始饱和晶界过剩量的情况，再基于规则熔体模型，被 Peng 等[97] 基于晶界能、晶界自扩散激活能和溶质拖拽的混合效应进行了修正。

从热–动力学相关性出发，Chen 等得到堪称该领域最完备的热–动力学方程[94,116]：

$$\frac{\mathrm{d}D}{\mathrm{d}t} = \frac{1}{D}\left(\gamma_6 + \gamma_7 \frac{1}{D}\right) M_0 \exp\left(-\frac{Q_1 - Q_2 \dfrac{1}{D}}{RT}\right) \tag{4-28}$$

式中，γ_6 和 γ_7 为同晶界能相关的参数；Q_1 和 Q_2 为同激活能相关的参数。该模型适用于纳米晶合金的晶粒长大，且可以定量确认溶质偏析导致的晶界能减少和晶界自扩散激活能增加的协同；具体可参见文献 [117] 中 RuAl-Fe 纳米合金的实验结果。

4.3.2 晶粒长大与热–动力学相关性

晶界迁移决定了晶粒尺寸和微观组织形态的演变，因此在多晶材料的加工过程具有重要作用。基于反应速率理论，晶界迁移率被描述为式 (2-53)。由于晶粒长大体系中块体相能量不变，从热力学而言，该过程是体系总晶界能减小，从而使系统能量降低的自发过程。

多晶材料的晶粒长大在晶界能和晶界迁移能垒的共同作用下发生，其热力学驱动力体现在晶界能上，动力学能垒体现在晶界移动性上。Foiles 等通过分子动力学和 Monte Carlo 模拟，探究了纳米晶金属镍的晶粒长大和停止方式，发现体系中存在两种不同类型的晶界，即粗糙晶界和光滑晶界[118-120]：粗糙晶界的晶界能高，移动性高 (即迁移能垒小)；光滑晶界的晶界能低，移动性低 (即迁移能垒大)。随温度升高，光滑晶界逐步向粗糙晶界转变 (图 4-18)，晶界迁移的热力学驱动力提高，晶界迁移的动力学能垒下降，因此发生晶粒长大 (图 4-19)；晶粒长大本质上源于体系内粗糙晶界体积分数的提高 [图 4-19(a)]。但是，随光滑晶界体积分数增大，发生光滑向粗糙晶界转变的临界尺寸降低 [图 4-19(b)]，且随温度降低，光滑晶界体积分数增大导致该临界尺寸降低 [图 4-19(c)]。这类晶界结构的演化意味着体系晶界能和晶粒长大有效激活能之间存在互斥关系。

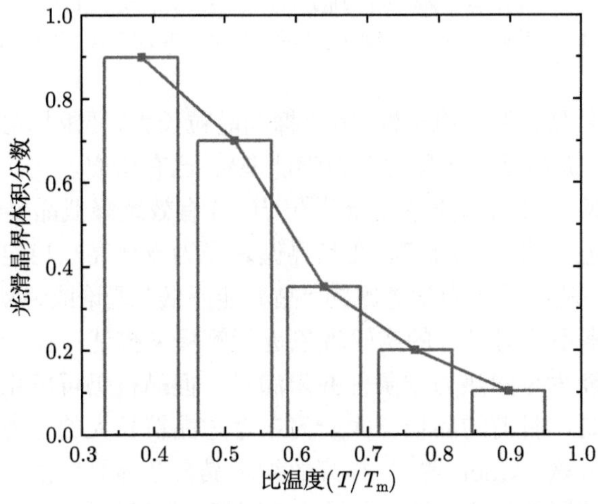

图 4-18　纳米晶金属镍中光滑晶界体积分数和比温度的关系[120]

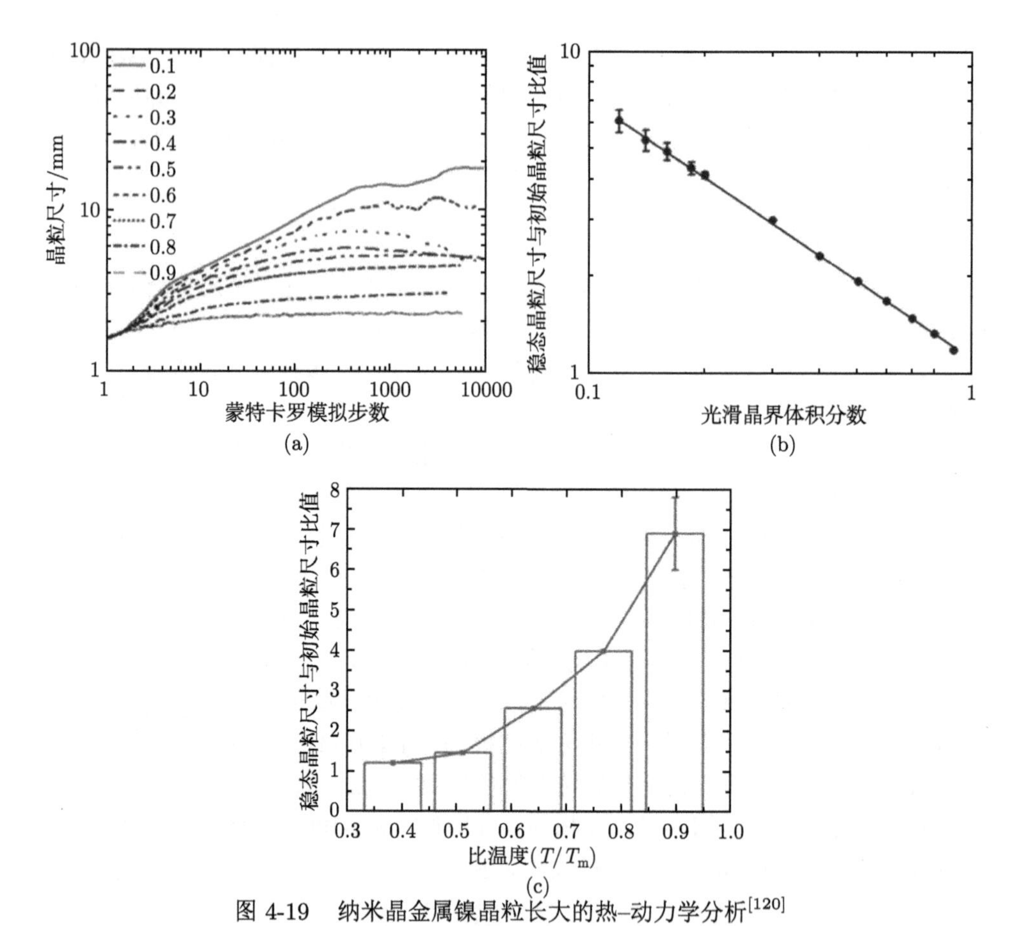

图 4-19 纳米晶金属镍晶粒长大的热–动力学分析[120]

(a) 不同光滑晶界体积分数下，晶粒尺寸随蒙特卡罗模拟步数的演化；(c) 稳态晶粒的晶粒尺寸与初始晶粒尺寸比值与光滑晶界体积分数的关系；(b) 稳态晶粒的晶粒尺寸与初始晶粒尺寸比值随比温度的演化

为提高纳米多晶材料的稳定性，需要抑制晶粒长大，要求尽可能地降低晶界能或晶界移动性 (即提高晶界迁移的动力学能垒)。已有研究表明，合金化/杂质/溶质元素在晶界的偏析可以降低晶界能 [102,121]，并有效地降低晶界迁移速率[122,123]，阻碍晶粒长大。近年来，利用溶质在晶界偏聚成为设计高热稳定性纳米晶材料的重要途径。然而，基于纯热力学考虑的“晶界能降低”理论或纯动力学考虑的“溶质拖拽”理论经常不能对已有的实验现象进行解释与描述：在一些纳米晶合金体系中，虽然晶界能为零的热力学条件并未满足，但晶粒仍可停止长大。造成上述矛盾的根本原因是，目前的晶粒长大研究未考虑晶粒长大的热力学驱动力与动力学能垒间的相互关联。Chen 等[94] 探究了纳米晶合金体系中溶质偏析对晶界能和晶界扩散激活能的影响，发现伴随晶界能的降低，晶界扩散激活能升高 (图 4-20)，晶粒长大的停止受到热力学和动力学因素的共同控制。上述实例说明，热力学驱

动力和动力学能垒的相互关联正是控制纳米晶长大的关键因素。

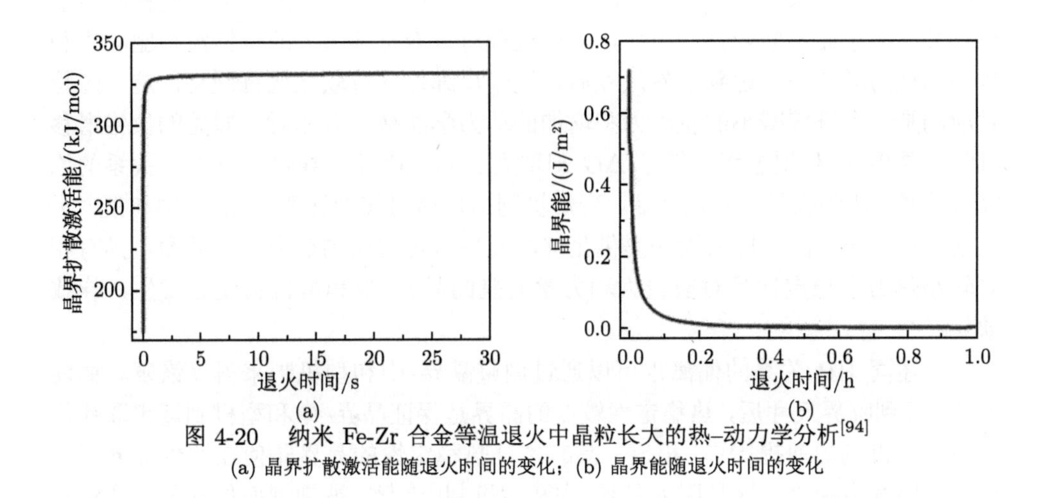

图 4-20　纳米 Fe-Zr 合金等温退火中晶粒长大的热–动力学分析[94]

(a) 晶界扩散激活能随退火时间的变化；(b) 晶界能随退火时间的变化

4.3.3　热力学稳定性与热–动力学相关性

纳米化 (如球磨) 被认为是高热力学驱动力和低动力学能垒的典型组合，其微观组织的变形也属于高 ΔG 和低 Q 位错滑移的组合。由于位错与高密度晶界的相互作用[124,125]，纳米晶铁基合金会提升强度 (如珠光体钢丝的抗拉强度可达约 7GPa[126,127])，但上述强相互作用往往限制其塑性变形的能力，导致过早断裂[127,128]。可见，宏观力学性能方面的强塑性互斥反映了位错演化的热–动力学相关性，详见 4.5.1 小节。

究其根本，受制于热–动力学相关性，上述现象起源于突破热力学稳定性后没有兼顾动力学能垒。如果要实现以上兼顾，可以通过复杂的加工工艺选择，设计晶粒和界面进而形成不同的非均质微结构，如双峰[129]、片层[130] 和梯度结构[131]，这些结构不均匀性导致非均匀变形，从而产生陡峭的应变梯度[132,133]，减缓了位错滑移，允许更多的位错在晶粒内部相互作用和增殖，从而实现应变硬化。与高 ΔG 和低 Q 纳米化形成均匀纳米结构相比，这些非均质结构的形成可以认为是高 ΔG 和高 Q 的组合，其变形同样涉及在高流变应力下相对抑制的位错滑移[120-131]，同样对应于高 ΔG 和高 Q。可见，突破了热力学稳定性后，通过实现高 Q 的位错演化可建立新的热–动力学相关性框架。

对于晶粒尺寸较小的纳米晶金属及合金，经常有偏离 Hall-Petch (HP) 关系的报道。例如，当尺寸小于某临界位 (10~30nm) 时，可发生软化行为[134,135]。先前的研究将该软化行为归因于晶界–中和型 (grain boundary-mediated) 机制，如晶界迁移、晶界滑动或晶粒旋转，该结论得到了实验和 MD 模拟的支持[136-138]。

由于屈服包含在整个变形中，可以根据以上变形机制之间的竞争，来重新解释上述硬化和软化现象。在达到临界晶粒尺寸之前，硬化效应继续保持，塑性随着晶粒尺寸的减小而不断降低[130,140]，这一过程对应着持续增大的位错滑移驱动力和减小的动力学能垒。达到临界尺寸后，进一步细化导致软化代替硬化，这一过程对应的是一个持续减小的驱动力和增加的动力学能垒，即相对于原始的位错滑移机制，晶界–中和型过程降低了 ΔG 却增大了 Q。因此，导致偏离 HP 关系的原因应该是，达到临界晶粒尺寸后，变形机制由位错滑移型转变为晶界–中和型[141]。也就是说，一旦流变应力无法提供足够激发位错再启动的热力学驱动力，具有相对较小热力学稳定性且对应较大动力学能垒的晶界–中和型机制便会发生，导致软化。

上述同 HP 关系的偏离也可以通过调整晶界–中和型机制来得以恢复。如前所述，达到临界尺寸后，热稳定性较低的晶界是保证晶界–中和型机制逐步取代位错滑移型机制的前提[141]。相反，具有本征热稳定性的晶界即使在达到临界尺寸后，依旧发生硬化，这是因为晶界–中和型机制[135-138] 被抑制而扩展不全位错开始控制变形[141]。也就是说，如果晶界的热力学稳定性完全压制了晶界–中和型机制的发生，那么热力学驱动力能够触发的仅仅是位错滑移，这就体现为硬化 (即大热力学驱动力小动力学能垒的行为)[142]，不再给小驱动力大动力学能垒的晶界–中和型机制提供机会。

最近，对 Cu-Ag 合金的 MD 模拟[143] 充分支持了上述分析。微观结构和位错密度的演变表明，晶界–中和型机制在纳米晶 Cu 合金屈服中起着关键作用，其拉伸行为强烈依赖于溶质浓度 [图 4-21(a)]，其中 Ag 的偏析显著降低了晶界能 [图 4-21(b)]，这使得晶界稳定性提高 (即晶界能大大降低)，从而失去展示大动力学能垒 (对应晶界–中和型机制) 的机会，只能通过原来的位错机制进一步提高屈服强度 [图 4-21(c)]。然而，一旦偏析的 Ag 原子被消耗，如形成固溶体或二次相，晶

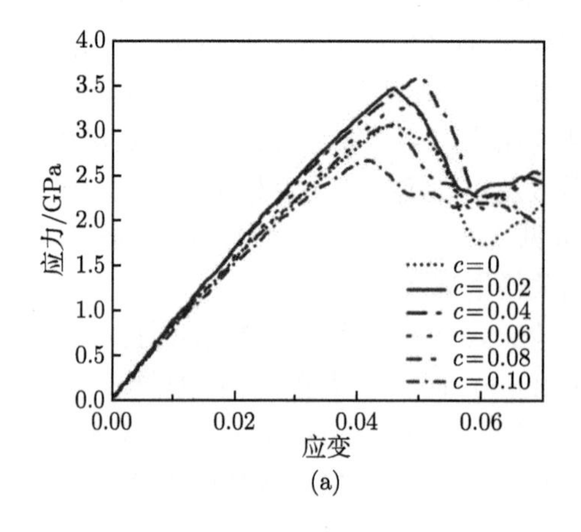

(a)

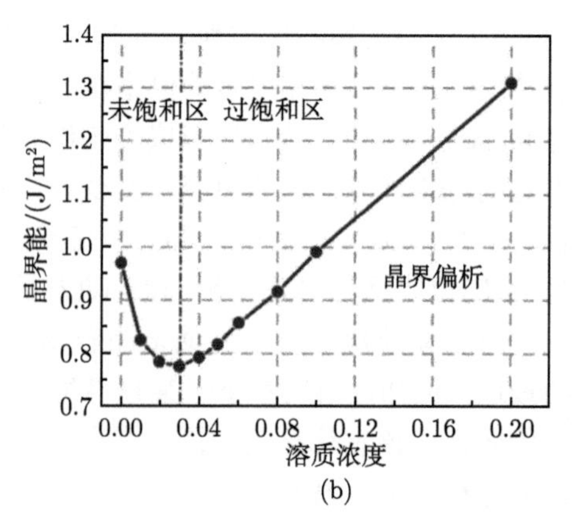

(b)

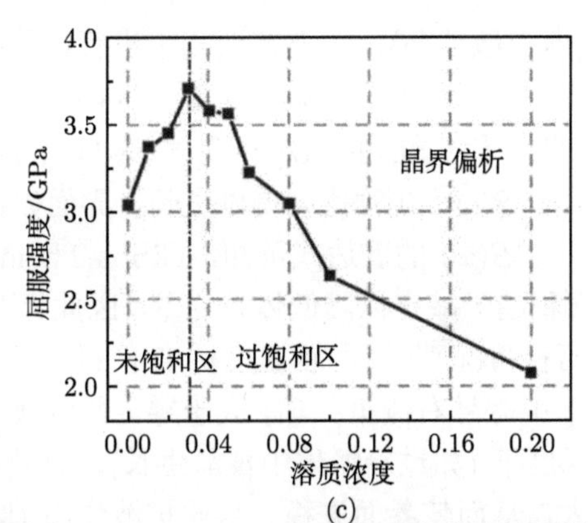

图 4-21　不同溶质浓度 ($c = 0 \sim 0.20$) 的纳米尺度试样中晶界偏析的模拟结果[143]

(a) 应力–应变曲线；(b) 晶界能随溶质浓度的演化规律；(c) 屈服强度随溶质浓度的演化规律。当 $c \leqslant 0.03$ 时为不饱和晶界偏析，当 $c > 0.03$ 时为过饱和晶界偏析

界稳定性就会被打破，并且伴随晶界能的增加，屈服强度会下降[143]，这是因为遵循了晶界–中和型机制。

其实，热力学稳定性与热–动力学相关性之间存在着连锁式效应，即突破热力学稳定性，才能体现热–动力学相关性，该规律不仅针对晶粒长大，对相变和变形都适用。材料设计的基本逻辑就是，突破新的热力学稳定性后，建立新格局下的热–动力学相关性，详见 5.3.3 小节。

4.4　非平衡凝固中的热–动力学相关性

液/固界面失稳之后，非平衡凝固主要以枝晶形式进行，枝晶凝固可以定义为液/固相间由化学驱动力控制的热扩散和溶质扩散两种动力学机制参与的典型过程。热力学反映了促进凝固的驱动力，动力学暗指阻碍凝固或控制凝固速率的动力学能垒。如 4.2.1 小节所述，随着冷却速率或过冷度增大，相变热力学驱动力增大的同时其动力学能垒降低，这种协同变化导致凝固路径和产物不同。若能实现凝固过程中热–动力学两大因素的定量描述，则可精确控制界面处的溶质分配，进而通过控制溶质偏析改善合金的力学性能。

4.4.1　形态演化的稳定性判据

热–动力学相关性可通过调节界面稳定性来反映。如 3.2.3 小节所述，凝固过程中界面稳定性受界面能、热扩散和溶质扩散影响，三者的综合作用决定了界面在给定条件下是否失稳。界面能的作用属于热力学因素，而形态变化时需要界面附近固相原子的扩散迁移来实现，因此动力学能垒较大；溶质扩散属于热–动力学共同控制的过程，以菲克扩散定律为例，扩散方程中包含热力学因素 (即化学势梯度) 和动力学因素 (即扩散能垒)，主要在液相中进行，能垒相对较小；热扩散与溶质扩散类似，但相对而言，可近似认为是能垒为零的过程。

当平界面受到扰动时，稳定性判据 $S(\omega)$ 见式 (3-11)，其中 $S(\omega)$ 总是与扰动的生长速率符号相同，即 $S(\omega)>0$ 时扰动得以生长，界面失稳；$S(\omega) \leqslant 0$ 时扰动得以消退，界面稳定。由 $S(\omega)$ 的表达式可知，Gibbs-Thomson 效应，即界面能的作用，总是使界面面积趋于减小以降低体系能量，因此界面能总是使扰动消退。温度梯度的作用分为两种情况[30,144]：正温度梯度下 (如激冷或定向凝固)，有效温度梯度 (即式 (3-11) 中等号右侧第二项) 大于零，故温度项使扰动消退，从而使界面稳定；负温度梯度下 (如过冷熔体中枝晶生长)，有效温度梯度小于零，故温度梯度项使扰动长大，从而使界面失稳。溶质扩散作用 (即式 (3-11) 中等号右侧第三项) 总是大于零 (与合金平衡分配系数 $k_e>1$ 或 $k_e<1$ 无关)，故溶质扩散总是使界面失稳。

对于不同的凝固模式，热扩散和溶质扩散的不同组合体现出热–动力学相关性，如增材制造 (additive manufacturing, AM) 时界面形态的转变和选择。当界面速度接近零时，热力学机制占主导地位，而溶质或温度梯度的影响可以忽略，即由式 (3-11) 可知，在局域平衡条件下，初始光滑界面仍保持平面形态。随着凝固速度提高，由于溶质梯度在界面前沿带来所谓的成分过冷，逐渐形成热–动力学混合机制，尽管此时温度梯度的影响仍被忽略。当达到临界速度时，光滑界面变得不稳定，界面呈现稳定的胞状晶 (图 3-8)，这是溶质扩散下降和热扩散增强的结果[145-147](详见 3.2.3 小节)。进一步增加凝固速度，胞状晶表面可能会随着树枝模式的发展变得不稳定，当界面速度足够高时树枝模式逐渐被快速移动的细小胞状组织取代。极端条件下，溶质扩散的抑制使得热扩散成为界面稳定性的唯一支配条件。

因此，随着 ΔG 提高而增大的界面迁移速度导致控制机制的转变，即界面能 $\rightarrow$ 界面能与溶质扩散 $\rightarrow$ 界面能与热、溶质混合扩散 $\rightarrow$ 界面能和热扩散，对应于热力学 $\rightarrow$ 热–动力学 $\rightarrow$ 动力学的系列变化。可以概括为，随着凝固的热力学驱动力增大，界面速度增大，主导动力学过程的机制由溶质扩散 (即能垒较大) 向热扩散 (即能垒较小) 转变，即控制机制自发选择动力学能垒较低的路径。

4.4.2 亚快速凝固的枝晶生长模型

关于枝晶生长模型 (表 3-1)，随凝固速度 (即过冷度 ΔT) 增大，该动力学过程的理论描述通常需要一系列物理假设，其中最典型的便是热–动力学的相对独立，但是该假设与热力学驱动力 ΔG 和有效动力学能垒 Q_{eff}(即由热扩散和溶质扩散共同贡献) 的协同变化相矛盾。

根据凝固界面动力学，Turnbull 的碰撞限制模型[14] 通常用于处理界面迁移

速率 V_{I} 和热力学驱动力 ΔG 之间的关系：

$$V_{\mathrm{I}} = V_0 \left[1 - \exp\left(\frac{\Delta G}{RT_{\mathrm{I}}}\right)\right] \tag{4-29}$$

式中，V_0 为等同于熔体中声速值的常数；T_{I} 为固/液界面处的温度。式 (4-29) 一般简化为式 (3-49)，见 3.4.2 小节。严格地说，式 (4-29) 来自于式 (2-53)，但仅适用于 ΔT 足够高时的凝固过程，此时，发生完全溶质截留，溶质再分配在固/液界面消失。然而，过冷度相对较低时，合金凝固需要溶质再分配，这只能通过界面处溶质和溶剂原子之间的互扩散来实现。这种热激活过程的控制机制通常遵循短程扩散限制生长[148]：

$$V_{\mathrm{I}} = V_{\mathrm{DI}} \left[1 - \exp\left(\frac{\Delta G}{RT_{\mathrm{I}}}\right)\right] \tag{4-30}$$

式中，V_{DI} 是界面处的扩散速度。实际上，凝固同时受控于热扩散和溶质扩散，包括 Q_{eff} 的统一生长速度，根据式 (2-53) 可得

$$V_{\mathrm{I}} = V_0 \exp\left(-\frac{Q_{\mathrm{eff}}}{RT_{\mathrm{I}}}\right) \left[1 - \exp\left(\frac{\Delta G}{RT_{\mathrm{I}}}\right)\right] \tag{4-31}$$

根据 Q_{eff} 的变化，式 (4-31) 与式 (4-29) 和式 (4-30) 不同。对于足够高的过冷度，式 (4-31) 可简化为式 (4-29)，表示碰撞限制生长控制机制；对于足够低的过冷度，式 (4-31) 简化为式 (4-30)，表示短程扩散限制生长控制机制。在中等过冷度，溶质扩散和热扩散控制模型之间的转换意味着 3.4.2 小节中提到的非均匀、复杂扩散不应仅由式 (4-29) 或式 (4-30) 确定，而应同时与两者相关。正如实验所揭示的那样，非平衡凝固中，热–动力学相关性确实存在[145]。

如 3.4 节所述，Wang 等[146,147] 的模型可被视为迄今为止最完善的枝晶生长理论之一，然而，如果将其应用于垂直双辊铸轧 (vertical twin-roll casting, VTC)，不可避免地会受到亚快速凝固 (即热扩散和溶质扩散的混合效应) 和正温度梯度的影响。温度梯度为负时，液相热传输控制整个枝晶生长，而在温度梯度为正的 VTC 中，必须将与实际工艺相关的固相热传输纳入界面稳定性分析，详见文献 [145]。得益于热–动力学相关性，鉴于枝晶生长模型和实际加工工艺之间的理论联系，可以通过凝固热–动力学对实际工艺参数进行人为调整，见表 3-1。

对于多组分体系，热力学极值原理作为方便的解析处理工具[45,149]，可以解决界面动力学的几个关键点，并在 3.4.1 小节给出了物理基模型。对于 VTC，进一步考虑界面处耗散路径之间的相互作用，可以定量表示 Q_{eff} 在整个凝固过程中的演化，这将清楚地体现热–动力学相关性。

就枝晶生长而言，可以将包括固相块体 (S)、液相块体 (L) 及枝晶尖端界面 ($\partial\Omega_{\mathrm{L/S}}$)、固相表面 ($\partial\Omega_{\mathrm{S}}$) 和液相表面 ($\partial\Omega_{\mathrm{L}}$) 的任意平界面凝固系统视为单一闭合系统，见图 4-22[30]。

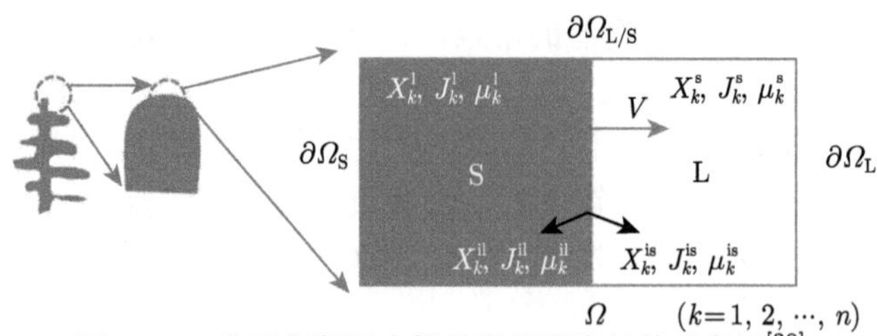

图 4-22　非平衡凝固中枝晶平界面生长的示意图[30]

固相区以垂直于固/液界面方向的生长速度向液相区扩大

因此，平界面迁移速度 V_{I} 可沿垂直于固/液界面的方向确定。固/液相块体均含有不同成分的 n 个组元，但假设固相中没有溶质通量。考虑到 3.4.1 小节提到的非均匀、复杂扩散和质量守恒定律[152]，总吉布斯自由能变化率可根据式 (3-18)～式 (3-21) 得到[150,151]：

$$\dot{G}_{\partial\Omega_{\mathrm{L/S}}}=\dot{g}_{\partial\Omega_{\mathrm{L/S}}}=\int\sum_{k=1}^{n}J_k^{\mathrm{il}}\left(\mu_k^{\mathrm{il}}-\mu_k^{\mathrm{is}}\right)\mathrm{d}A+\frac{V_{\mathrm{I}}}{V_{\mathrm{m}}}\int\sum_{k=1}^{n}\left[\frac{V_{\mathrm{m}}}{2}\alpha_k^{\mathrm{is}}\left(J_k^{\mathrm{is}}\right)^2-x_k^{\mathrm{il}}\left(\mu_k^{\mathrm{il}}-\mu_k^{\mathrm{is}}\right)-\frac{V_{\mathrm{m}}}{2}\alpha_k^{\mathrm{il}}\left(J_k^{\mathrm{il}}\right)^2\right]\mathrm{d}A \tag{4-32}$$

式中，α_k^{is} 和 α_k^{il} 为动力学系数；x_k^{il} 为界面处液相成分；μ_k^{is} 和 μ_k^{il} 分别为固/液界面处固相和液相的化学势。假设体系中出现线性扩散，则固/液界面处的总吉布斯自由能耗散可改写为[30]

$$Q_{\partial\Omega_{\mathrm{L/S}}}=\int\sum_{k=1}^{n}\frac{\left(J_k^{\mathrm{in}}\right)^2}{M_{J_k^{\mathrm{in}}}}\mathrm{d}V+\int\frac{\left(J_{\mathrm{V}}\right)^2}{M_{\mathrm{V}}}\mathrm{d}V\approx\int\sum_{k=1}^{n}\frac{\left(J_k^{\mathrm{il}}\right)^2}{M_{J_k^{\mathrm{il}}}}\mathrm{d}A+\int\frac{\left(V_{\mathrm{I}}\right)^2}{V_{\mathrm{M}}M_{\mathrm{V}}}\mathrm{d}A \tag{4-33}$$

式中，$M_{J_k^{\mathrm{il}}}=\dfrac{D_k^{\mathrm{i}}}{a_0V_{\mathrm{m}}}\left(\dfrac{\partial\mu_k^{\mathrm{il}}}{\partial x_k^{\mathrm{il}}}\right)^{-1}$ 和 $M_{\mathrm{V}}=\dfrac{M_0}{RT_{\mathrm{I}}}$ 始终成立。式 (4-33) 右侧的第一项对应穿界面扩散，第二项对应界面迁移。通过 $\partial\Omega_{\mathrm{L/S}}$ 界面处最大熵产生原理的处理，特征参数的演化方程对应于亚快速凝固下枝晶界面的新响应函数，且要求 $\dot{G}_{\partial\Omega_{\mathrm{L/S}}}+Q_{\partial\Omega_{\mathrm{L/S}}}=0$ 和 $J_k^{\mathrm{il}}-J_k^{\mathrm{is}}=\dfrac{V\left(x_k^{\mathrm{il}}-x_k^{\mathrm{is}}\right)}{V_{\mathrm{M}}}$、$\sum\limits_{k=1}^{n}J_k^{\mathrm{il}}=0$ 成立。因此，界面

处的变分可表示如下[30]：

$$\delta\left\{\dot{G}_{\partial\Omega_{\mathrm{L/S}}}+\frac{Q_{\partial\Omega_{\mathrm{L/S}}}}{2}+\int\sum_{k=1}^{n}\lambda_k\left[J_k^{\mathrm{il}}-J_k^{\mathrm{is}}-\frac{V_{\mathrm{I}}\left(x_k^{\mathrm{il}}-x_k^{\mathrm{is}}\right)}{V_{\mathrm{M}}}\right]\mathrm{d}A+\beta\int\sum_{k=1}^{n}J_k^{\mathrm{il}}\mathrm{d}A\right\}=0 \tag{4-34}$$

式中，λ_k 和 β 为拉格朗日乘子；x_k^{is} 为界面处固相成分。

与 3.4 节类似，基于通量和驱动力间的线性关系假设来独立处理耗散路径，必须单独考虑界面热力学和动力学。这与物理事实不符合，尤其是式 (3-37) 中界面扩散和式 (3-40) 中界面迁移紧密交织，体现两者之间的重要相互作用。因此，必须从物理根本上引入热-动力学关联，并定量描述不同耗散路径间的相互作用。

鉴于式 (4-34) 的物理本质 (即考虑界面处耗散路径之间的相互作用，如 J_k^{il}、J_k^{is} 和 J_{V})，总能量耗散 $Q_{\partial\Omega_{\mathrm{L/S}}}$ 可重写为

$$Q_{\partial\Omega_{\mathrm{L/S}}}=\int\sum_{k=1}^{n}\frac{\left[J_k^{\mathrm{il}}+\frac{V_{\mathrm{I}}}{V_{\mathrm{M}}}\left(x_k^{\mathrm{il}}-x_k^{\mathrm{is}}\right)\right]^2}{M_{J_k^{\mathrm{il}}}}\mathrm{d}A+\int\frac{V_{\mathrm{I}}^2}{V_{\mathrm{M}}M_{\mathrm{V}}}\mathrm{d}A \tag{4-35}$$

式 (4-35) 等号右侧的第一项将界面迁移引起的耗散通量同穿界面扩散引起的耗散通量相关联。根据 Wang 等[145,146] 考虑界面耗散路径之间的相互作用，利用拉格朗日乘子法[152,153] 可得出界面动力学的通用方程：

$$V_{\mathrm{I}}=-V_0\exp\left(-\frac{Q_{\mathrm{eff}}}{RT_{\mathrm{I}}}\right)\frac{\Delta G}{RT_{\mathrm{I}}} \tag{4-36}$$

与 ΔG 相关的 Q_{eff} 可通过整合式 (4-36) 和式 (4-35) 得到：

$$Q_{\mathrm{eff}}=RT_{\mathrm{I}}\ln\left[\sum_{k=1}^{n}\frac{a_0V_0\left(x_k^{\mathrm{il}}-x_k^{\mathrm{is}}\right)^2}{R_gT_{\mathrm{I}}D_k^{\mathrm{i}}}\left(\frac{\partial\mu_k^{\mathrm{il}}}{\partial x_k^{\mathrm{il}}}\right)+\frac{V_0}{M_0}\right] \tag{4-37}$$

式中，V_0 解释同式 (4-29)(约 1000 m/s[154])；a_0 为界面原子间距；D_k^{i} 是界面处 k 成分的扩散系数。通过集成式 (4-36) 和式 (4-37)，可获得考虑热–动力学相关性的界面动力学新模型，该模型与 MSC 方法相结合，可得到更灵活、更通用的枝晶生长模型，适用于多组分浓溶液合金的非平衡凝固，详见 3.4.2 小节和 4.4.3 小节。

与先前基于式 (4-29) 的模型类似，溶质和热扩散控制都适用于凝固，但与式 (4-29) 不同的是，随 ΔG 演化的 Q_{eff}[式 (4-37)] 主要来自于热-动力学相关性，

这不同于 Turnbull 碰撞限制和 Aziz 短程扩散控制模型遵循的恒定 Q_{eff}，详见 2.4.1 小节。目前的模型在亚快速凝固 (如 VTC) 过程中得到充分体现，如低过冷度区间内生长方式的变化。随着 V_{I} 接近 V_{DI}，式 (4-36) 中有效迁移率 M_{eff} 退回至式 (4-29) 中的 M_{V}，当前模型则回复到之前的溶质截留模型。如果给定工艺条件，则可以确定当前的枝晶生长过程，尤其在工业应用中，详见 4.4.3 小节。

4.4.3 热–动力学相关性的凝固体现

凝固过程中，固/液界面处溶质再分配导致的溶质偏析会严重损害材料力学性能，因此消除溶质偏析成为材料制备工艺设计中的重要环节。近平衡凝固时，热力学驱动力较小，界面迁移速率较低，界面前沿由长程扩散控制的溶质分配过程进行充分，凝固过程由溶质扩散控制。随过冷度增大，溶质截留效应使得溶质再分配被抑制，动力学能垒相对较小的热扩散作用增强[146,155]。当过冷度增大到使界面迁移速率超过某一临界值时，溶质再分配被完全抑制，凝固过程完全由热扩散过程控制，形成成分均一的单相固溶体。

1. 枝晶生长与组织形成

由热–动力学相关性引起的凝固机制转变在非平衡凝固中普遍存在，如喷溅淬火[156]、熔体旋转快速凝固[157]、深过冷快速凝固[154] 等。图 4-23 为快速淬火制备的 Al-35%Mg(质量分数) 共晶合金薄带的显微组织，表面冷却速率较高处形成均一的过饱和单相固溶体，内部冷却速率较小处形成共晶组织，组织转变过程无明显的过渡区[156]。图 4-24 为熔体旋转法制备的 Ni-18%B(原子分数)

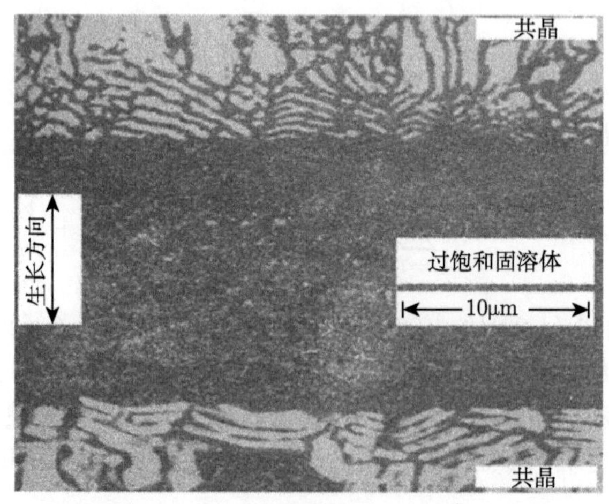

图 4-23　快速淬火制备的 Al-35%Mg(质量分数) 共晶合金薄带的显微组织[156]

合金薄带的纵向组织[157]，同样随冷却速率降低发生了无偏析单相组织向枝晶组织的转变。深过冷快速凝固中，虽然间隙固溶体合金和置换固溶体合金的过冷度–凝固速度曲线形状略有不同，但计算和实验结果均表明：初始过冷度较小时，相变热力学驱动力较小，枝晶生长主要由动力学能垒较大的溶质扩散控制；随初始过冷度提高，相变热力学驱动力增大，枝晶生长由溶质扩散逐渐转变为动力学能垒较小的热扩散控制；当过冷度足够大，即热力学驱动力足够大时，枝晶生长完全由热扩散控制 (图 4-25)[145,146]。

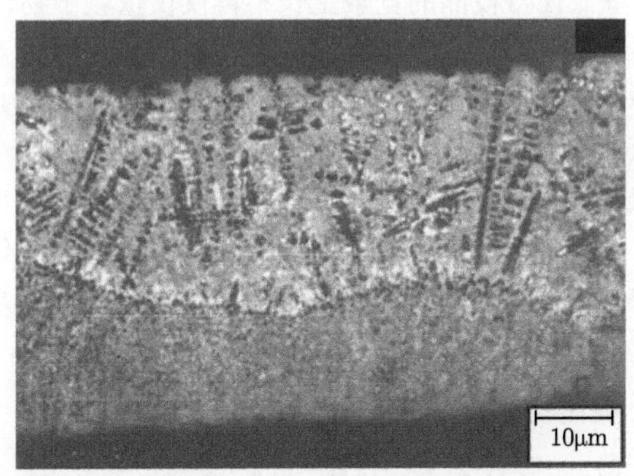

图 4-24　熔体旋转法制备的 Ni-18%B(原子分数) 合金薄带的纵向组织[157]

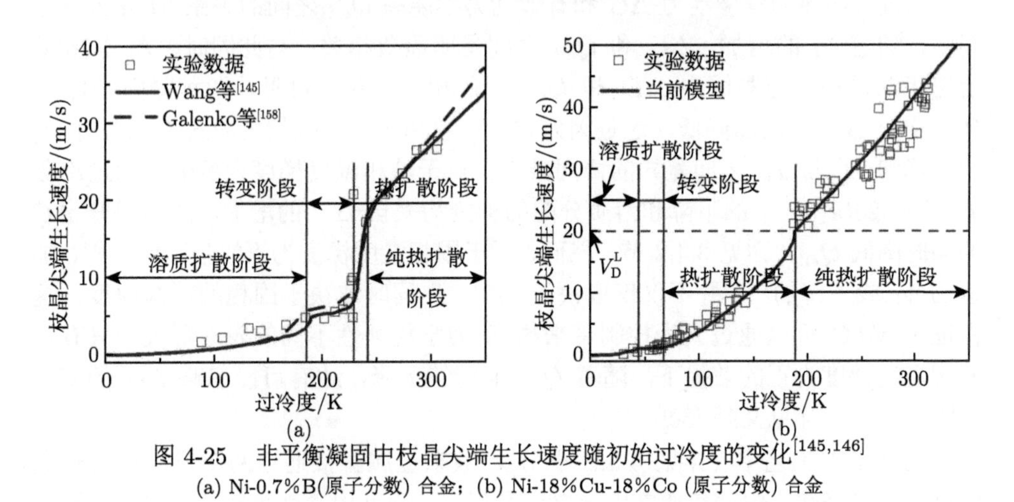

图 4-25　非平衡凝固中枝晶尖端生长速度随初始过冷度的变化[145,146]

(a) Ni-0.7%B(原子分数) 合金；(b) Ni-18%Cu-18%Co (原子分数) 合金

2. 定向凝固与选择性枝晶生长

单晶叶片作为先进航空发动机的关键部件，需要在定向凝固过程中借助晶粒间的竞争生长形成单晶结构，其中驱动力，即推动固/液界面迁移的能量，随着抽拉速率的增加而增加。按照传统的 Walton-Chalmers 理论[159]，不同的枝晶取向需要不同的驱动力来保持相同的生长速率。对于沿热流方向生长的择优枝晶，其取向偏离择优取向时，相当于引入物理势垒，从而消除非择优枝晶。因此，竞争生长取决于物理阻碍，即不同枝晶之间的热阻或溶质阻碍，通过克服这种阻碍，最终将保留具备择优取向的枝晶。

然而，实验观察中有一种异常现象，如果施加足够小的抽拉速度，非择优枝晶会消除择优枝晶[160-162]。根据最新的相场模拟结果[163-165]，这种异常现象可归因于：抽拉速度的降低使得枝晶的竞争生长不再仅仅依赖于物理 (热) 能垒，而是与克服溶质场 (溶质) 能垒有关。非择优枝晶在克服溶质障碍方面具有更大的潜力，将倾向于消除其他枝晶，有利于出现上述异常现象。由抽拉速度确定的热力学驱动力将决定枝晶竞争生长的动力学机制。在高抽拉速度下 (即增加 ΔG)，生长方向的选择取决于热流方向，即克服热扩散能垒的能力。然而，在低抽拉速率下 (即降低 ΔG)，枝晶生长取决于溶质扩散能垒，并且随着 ΔG 的降低，较大能垒的溶质扩散逐渐取代较小能垒的热扩散，并主导了枝晶生长过程，即较小的热力学驱动力对应于较大能垒的动力学过程。

3. 薄带连铸中枝晶模型的应用

利用 4.4.2 小节给出的枝晶生长模型，计算得到典型薄带连铸 (如 VTC) 涉及的凝固过程中热力学驱动力 ΔG 和有效动力学能垒 Q_{eff} 之间的关系 [图 4-26(b)]，其中，随着 V_{I} 的增加，ΔG 和 Q_{eff} 之间呈明显负相关；与此同时，图 4-26(a) 给出了深过冷快速凝固中 ΔG 和 Q_{eff} 间的相应变化。可见，两种凝固条件下，Q_{eff} 均随 ΔT 升高而降低，这是因为与热扩散和溶质扩散相关的式 (4-37) 中 T_{I} 的下降和 x_k^{il} 与 x_k^{is} 之间差异的协同减小。对于液相温度梯度为负值的深过冷凝固 [图 4-26(a)]，T_{I} 的下降和溶质分配的抑制均来自 ΔT 的增加，进而提升 ΔG 的同时降低 Q_{eff}，详见 3.4.2 节。然而，对于固相温度梯度为正的强制性凝固，加速的 V_{I} 或下降的 T_{I} 并不仅仅取决于 ΔT，也同时取决于固相的冷却速度，这保证了 VTC 可以通过人为控制带来热–动力学相关性不同的表现形式。只有在固相温度梯度为正的前提下，随着 Q_{eff} 的持续下降，才有可能忽略 ΔG 的变化 [图 4-26(b)]，详见文献 [30]。

在 VTC 工艺中 (详见 4.5.2 小节)，液态金属直接通过两个反向旋转辊之间的中间包浇注，中间包通常由导电金属制成，内部由冷却水冷却，提供凝固所需的冷却条件，并在短时间内形成厚度很小的薄带[166,167]。如图 4-27 所示，啮合点作为铸造和轧制参数的综合反映，理论上对应于相向生长枝晶的接触点，实际决定了变形的起始点，并随后影响微观结构的演变[167,168]。业界对此开展了大量的研究工作[168-171]，然而大都涉及技术细节，并没有专注于如何调整枝晶生长

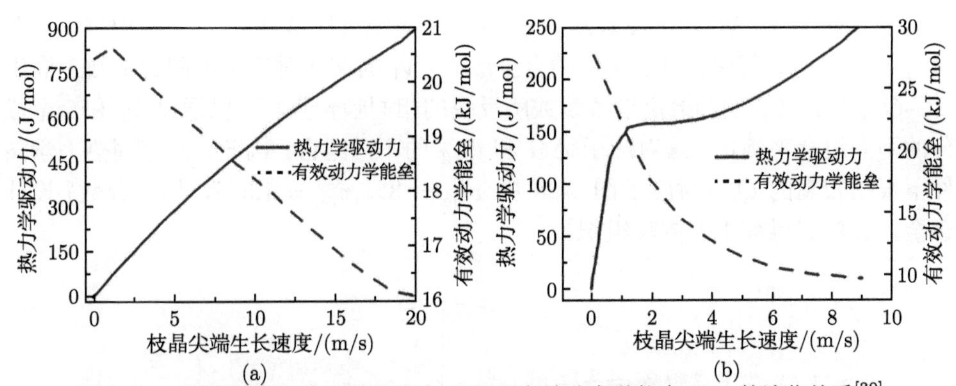

图 4-26　凝固过程中热力学驱动力 ΔG 和有效动力学能垒 Q_{eff} 的演化关系[30]

(a) Ni-18%Cu-18%Co 合金的负温度梯度深过冷快速凝固；(b) Al-2%Mg-1.5%Zn 合金的正温度梯度薄带连铸亚快速凝固

热–动力学来优化啮合点位置。4.4.2 小节描述的枝晶生长模型可用于定量确定啮合点或优化同给定啮合点对应的工艺参数[30]。

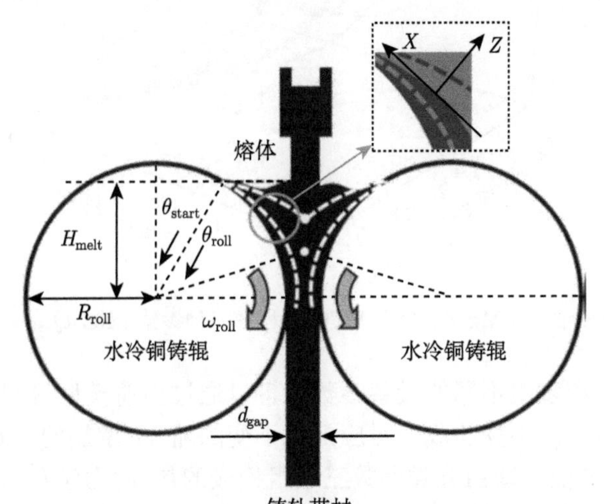

图 4-27　双辊薄带连铸中薄带形成机理图[30]

θ_{start} 为轧制开始角度；θ_{roll} 为轧制旋转角度；ω_{roll} 为铸辊速度；d_{gap} 为辊缝的厚度

相比负温度梯度的自由枝晶生长，正温度梯度的强制性枝晶生长，特别是 VTC 涉及的亚快速凝固，缓解了再辉 (即潜热释放) 对初始凝固组织的影响作用。因此，枝晶生长热–动力学可以基本确定凝固组织的大致形貌，从而在 ΔG、Q_{eff} 和微观组织之间形成直接的关联。简言之，不同的 ΔG-Q_{eff} 组合可近似认为直接对应不同的微观组织。在此基础上，不同合金成分和给定的设备参数集可通

过当前模型相关联 (图 4-28)。通常，VTC 的啮合点 (图 4-27) 由凝固和几何条件确定[30]，如 $V_{\rm I}$(即 $V_{\rm water}$、冷却水流量) 和设备参数 (如熔体进料高度和外辊半径、$R_{\rm roll}$ 和 $H_{\rm melt}$)，其中，对于不同的合金成分，$V_{\rm I}$ 的演变对应于不同的参数三联组 ΔG-$Q_{\rm eff}$-$V_{\rm I}$。这表明，给定设备参数所反映的相同啮合点，可以通过 $V_{\rm I}$ 和合金成分的不同组合来满足，这对应于 ΔG 和 $Q_{\rm eff}$ 的不同组合。因此，在相同热力学条件下根据较高的 $Q_{\rm eff}$(对应于图 4-28 中 $x^0_{\rm Mg}=3\%,x^0_{\rm Zn}=1.5\%$，原子分数) 设计合金，必然获得细小的微观组织。

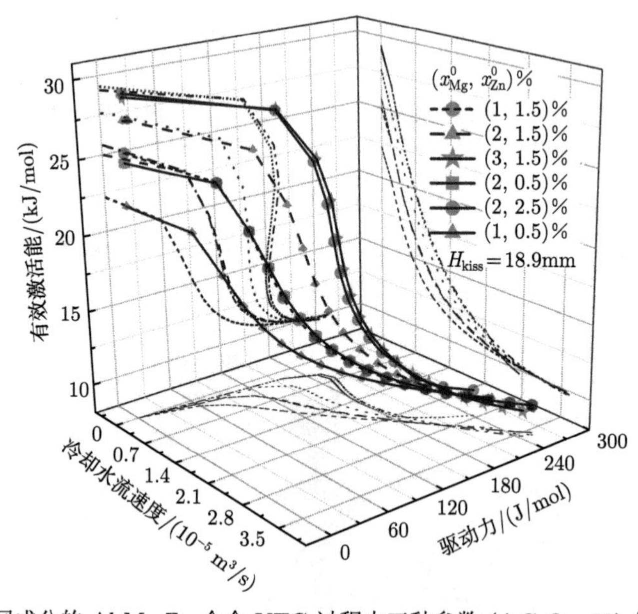

图 4-28 不同成分的 Al-Mg-Zn 合金 VTC 过程中三种参数 (ΔG-$Q_{\rm eff}$-$V_{\rm I}$) 的关系演变[30]

给定的成分和多组不同的设备参数也可以通过当前模型得到关联 (图 4-29)。根据计算结果发现，不变的成分对应几乎不变的随 $V_{\rm I}$ 增加的 ΔG-$Q_{\rm eff}$ 组合 (见图 4-29 中灰色曲面，即由五类参数三联组构成的热–动力学互斥面)。与此同时，不同的设备参数在不同坐标系内呈现出不同的 $V_{\rm I}$-ΔG 和 $V_{\rm I}$-$Q_{\rm eff}$ 的独立演化关系，见图 4-29 中相应的坐标系。显然，由 $V_{\rm water}$ 控制的相同 $V_{\rm I}$ 可以满足由不同设备参数集 (仅考虑 $R_{\rm roll}$) 引起的不同啮合点，但对应于不同的 ΔG 和 $Q_{\rm eff}$ 的组合，如高 ΔG 和低 $Q_{\rm eff}$(图 4-29 中 $R_{\rm roll}$=215mm) 以及低 ΔG 和高 $Q_{\rm eff}$(见图 4-29 中 $R_{\rm roll}$=1000mm) 组合。因此，对于给定的合金成分，可以设计不同的设备参数集，以满足 ΔG-$Q_{\rm eff}$-$V_{\rm I}$ 的人为组合，这对应于不同的啮合点位置。

与强塑性互斥一样，热–动力学互斥是绝对成立的，但互斥行为是相对变化的，即可以通过调整合金成分、设备和工艺参数来调节沿不同互斥关系变化的 ΔG 和

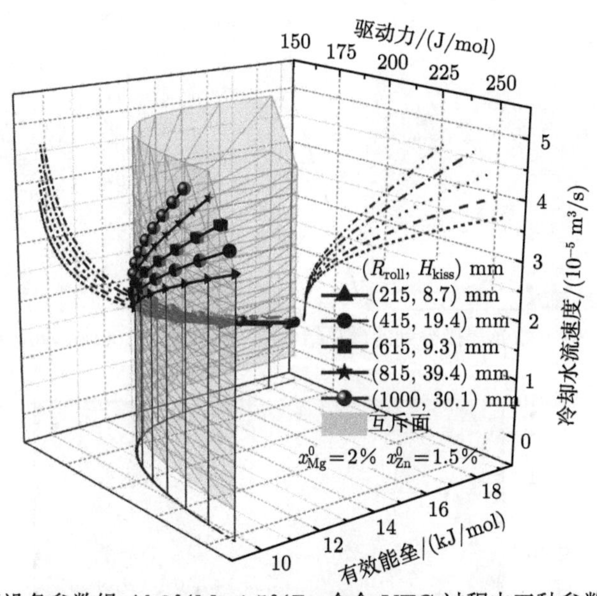

图 4-29 不同设备参数组 Al-2%Mg-1.5%Zn 合金 VTC 过程中三种参数 (ΔG-Q_{eff}-V_I) 的关系演变[30]

具有相同成分 Al-2%Mg-1.5%Zn 不同的设备参数组，分别存在五种不同的辊半径和接吻点高度，即 R_{roll}=215mm、415mm、615mm、815mm、1000mm；H_{kiss}= 8.7mm、19.4mm、9.3mm、39.4mm、30.1mm

Q_{eff}，这突出了当前凝固理论与 VTC 工艺间定量联系的本质。

4. 增材制造中的形态选择

在金属增材制造 (AM) 中，零件通过高能束 (如激光、电子束或电弧熔炼) 开始固结，从而导致快速冷却和 AM 过程中的循环热效应。因此，熔池的凝固过程由不同的机制 (即溶质扩散和热扩散) 控制，由于成分和温度的局部条件不同，反映了不同的凝固热–动力学，并导致微观结构的不同稳定性及其转变。文献 [172] 和 [173] 给出了凝固模式的解析表达式，包括平面、树枝状和共晶，以及从柱状晶到等轴晶的转变 (columnar to equiaxed transition, CET)。基于此，本小节总结了 AM 工艺中涉及的热–动力学关联[172]，以服务于必要的合金设计。

鉴于平面、树枝状和共晶生长的非平衡理论，可以构建 Al-12%Ce 的近似微观结构 (图 4-30)[173]，对应激光熔池内形成的三种微观结构，以评估束流速度为 100mm/min(即对应的 V_I 约为 10^{-2}m/s) 时的定向能量沉积。在低 V_I 和高温度梯度的熔池边缘附近，完全共晶组织由初生 Al 和金属间化合物 $Al_{11}Ce_3$ 组成；向熔池中心移动时，V_I 增大，温度梯度减小，导致共晶生长不稳定，在枝晶间/胞间区域形成典型的枝晶/胞状铝与细小共晶组织混合的微观结构，与上述模型的预测结果一致 (图 4-31)。

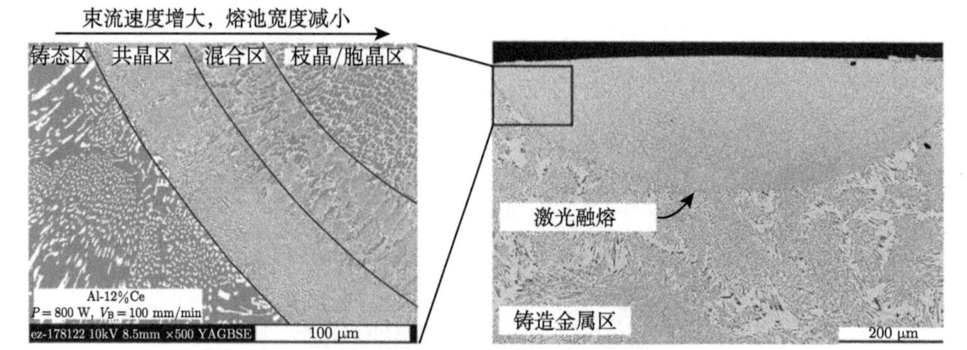

图 4-30　激光焊接得到的微观结构 (束流速度为 100mm/min)[173]

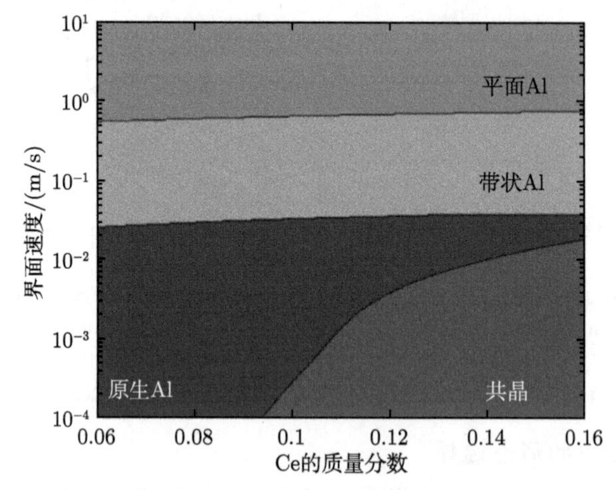

图 4-31　基于界面速度和合金成分 (Ce 的质量分数) 的微观组织设计

与过冷合金熔体不同 (第 3.1.3 小节)，增材制造中块体相温度梯度为正，界面能和热扩散代替溶质扩散来稳定平界面。因此，凝固时界面形态稳定性取决于界面能、热扩散和溶质扩散，而界面速度和合金成分可以针对目标组织进行设计。图 4-31 中[173]，对于低 V_{I} 和高温度梯度，由于曲率较低，界面前 Al 原子和 Ce 原子的横向扩散完全进行 (即溶质完全扩散)，因此形貌主要由溶质扩散控制，对应于低 ΔG 和高 Q，遵循方程如下[173]：

$$K_{\mathrm{S}}G_{\mathrm{S}}+K_{\mathrm{L}}G_{\mathrm{L}}=\sum_{j=2}^{n}\left[M_j^{\mathrm{L}}\frac{V_{\mathrm{CS}}\left(x_j^{\mathrm{il}}\right)_{\mathrm{CS}}(k_j-1)}{D_j\psi k_j}\right] \tag{4-38}$$

式中，K_{S} 和 K_{L}、G_{S} 和 G_{L} 分别为固相和液相中热导率和温度梯度；M_j^{L} 为动力学液相线斜率；V_{CS} 为成分过冷判据 CS 的临界速度；其他参数解释见式 (2-62)、式 (4-32) 和式 (4-34)。

如果式 (4-38) 中代表溶质扩散效应的右边项大于代表温度梯度效应的左边项，共晶结构就会稳定形成，这符合多组分合金的扩展 CS 理论[173,174]。随着生长速率的增加，溶质的横向扩散减弱，这是因为曲率增加使得凸面前方形成溶质梯度层，界面形态主要受对应于低 ΔG 和高 Q 的溶质扩散和界面能控制，从而形成铝枝晶。对于足够高的生长速率，溶质扩散减弱，界面形态主要由对应于最大驱动力的界面能控制，遵循如下方程[146,175]：

$$\Gamma V_{\mathrm{abs}}\left[1+\sum_{j=1}^{n}\frac{M_j^{\mathrm{L}}x_j^{\mathrm{il}}\dfrac{\partial k_j}{\partial T_i}}{x_j^{\mathrm{il}}\dfrac{\partial k_j}{\partial x_j^{\mathrm{il}}}+k_j}\right]=\sum_{j=2}^{n}\left[M_j^{\mathrm{L}}\frac{D_j\left(x_j^{\mathrm{il}}\right)_{\mathrm{abs}}\left(1-\dfrac{1}{k_j}\right)}{x_j^{\mathrm{il}}\dfrac{\partial k_j}{\partial x_j^{\mathrm{il}}}+k_j}\right] \tag{4-39}$$

式中，Γ 为 Gibbs-Thomson 系数；V_{abs} 为绝对稳定性判据的临界速度。式 (4-39) 是基于 $\Gamma\omega^2 = mG_{\mathrm{C}}\xi_{\mathrm{C}}$ 而对多元合金的扩展。一旦界面能超过溶质扩散的影响，平界面生长根据绝对稳定性判据保持稳定，进而形成带状 Al 和平面 Al (图 4-31)。从熔池边缘到中心，随凝固速率变化，凝固机制发生一系列变化，即主要溶质扩散控制 → 溶质扩散和界面能控制 → 界面能控制，而增加的热力学驱动力对应降低的动力学能垒 (即热–动力学相关性主导)。

热–动力学相关性对凝固而言，其重要意义绝不仅仅在于热力学驱动力和动力学能垒的互斥，而是在于借助热–动力学相关性可实现非平衡凝固理论同实际工艺参数 (设备参数、成分) 的定量结合，从而真正实现凝固理论的工业化推广及其广泛应用。相关研究工作可参考文献 [30] 和 [176]。

4.5　同位错演化相关的热–动力学相关性

与相变类似，塑性变形作为材料科学的另一个中心课题，也可以从热–动力学的角度来理解[176,177]，即相变和变形可被统一描述为由热力学驱动力驱动的原子动力学行为。基于此，很有必要证明变形从微观位错滑移到宏观力学性能也存在热–动力学相关性 (包括热–动力学多样性)。本节中，源于典型热–动力学相关性的强塑性互斥关系将被重新解释。

4.5.1　位错热–动力学

经典热力学的引入应该从 “滑移的热力学和动力学”[178] 开始。首先，将热力学应用于变形时需特别注意，即变形本质上是不可逆的，并且敏感地依赖于切应力而不是压力，因此会导致形状变化而不是体积变化，其驱动力是偏离 (静态) 平衡的程度。通常，描述封闭系统能量性质的物理量包括 (内部) 能量 U 和熵 S，它们与周围环境不涉及粒子交换，只是考虑对物体做功的增加和流入物体的热量增加；根据热力学第一定律和第二定律，可表述如下：

$$\delta U = \delta Q + \delta W \tag{4-40a}$$

和

$$\delta S \geqslant \frac{\delta Q}{T} \tag{4-40b}$$

通常，变形与材料的热力学性质及其在恒定温度下的变化有关，因此定义亥姆霍兹自由能的变化，可以表示为

$$\delta H = \delta U - T\delta S \tag{4-41}$$

结合热力学第一定律和第二定律可以得出：

$$\delta H \leqslant \delta W \tag{4-42}$$

将式 (4-40b) 和式 (4-42) 应用于不可逆过程，可以定量评估变形偏离平衡的程度，从而确定热力学驱动力，定义为

$$\delta \Psi = T\delta S - \delta Q = \delta W - \delta H \tag{4-43}$$

由此，热力学第二定律对应于变化过程中消耗的能量，或者温度同“不可逆熵变”的乘积。由于忽略了变形引起的典型非机械功，式 (4-43) 特指：

$$\delta \Psi = V\sigma_{ij}\delta\varepsilon_{ij} - \delta H \geqslant 0 \tag{4-44}$$

如果将某演化过程中因位置改变而引起的面积变化定义为 δa，这种变化是否进行以及向哪个方向进行则由该演化的热力学驱动力决定：

$$\frac{\delta \Psi}{\delta a} = V\sigma_{ij}\frac{\delta\varepsilon_{ij}}{\delta a} - \frac{\delta H}{\delta a} \tag{4-45}$$

式中，$\delta H/\delta\alpha$ 可以定义为线滑行阻力或平面滑行阻力。因此，上述虚拟位错滑移的热力学驱动力表示为

$$\frac{\delta \Psi}{\delta a} = b\sigma_{ij} - b\tau \tag{4-46}$$

在极端情况下，δa 可认为是单位长度位错线的微分正向位移，而式 (4-46) 定义了作用于单位长度位错的合力；位错运动的阻力 [式 (4-46) 中的 τ] 包括拖拽力、晶格和障碍物阻力，详见文献 [178]。

塑性变形时，位错运动特征通过位错平均速度与受力控制位错段的外加应力之间的关系得以反映，同时也暗示了位错运动在空间和时间上的热力学变化以及

各种类型的障碍[179,180]。由于具有晶格缺陷的晶体周期性结构，在晶体中移动的位错必须经历一个本征的摩擦应力，即所谓的相邻能量极小值点之间形成的 Peierls-Nabarro(PN) 应力 [在式 (4-46) 中为 τ][181,182]。大量理论和实验表明，克服上述本征摩擦应力需要位错行为的改变，这对应于不同的位错迁移率，而不同的迁移率是由声子拖拽 (phonon drag) 主导或扭折 (kink pair) 主导造成的[179,183,184]。

相应的，扭折对形成可以在热力学上表述为[179]

$$\Delta H_{\mathrm{kp}} = H_0 \left[1 - \Theta(\sigma)^p\right]^q \tag{4-47}$$

$$\Delta S_{\mathrm{kp}} = \Delta H_0 / T_0 \tag{4-48}$$

$$\Delta G_{\mathrm{kp}} = \Delta H_{\mathrm{kp}} - T \Delta S_{\mathrm{kp}} \tag{4-49}$$

式中，ΔG_{kp} 为扭折机制主导情况下体系的吉布斯自由能变化 [$\Delta G_{\mathrm{kp}}(\sigma, T) > 0$] 的激活能，$\Delta G_{\mathrm{kp}} = 0$ 对应扭折机制和声子拖拽机制主导的临界转变。Hirattani 和 Nadgorny[184] 研究了上述两种情况，当位错速度 V_{dis} 在 10^{-6} ~1m/s，$v(\sigma)$ 呈非线性，障碍物对速度影响较大；当 V_{dis} 在 1m/s 以上时，$v(\sigma)$ 呈线性，仅对障碍物有弱依赖，这类似于 Gilbert 等 [185] 的位错动力学模拟。

一般来说，当局部应力低于 PN 应力时，位错无法在 0K 时活动，并且显示出对金属元素、施加应力的方向和温度的较强依赖性[186,187]。因此，随温度升高，热激活可以帮助位错解锁并减少所需施加的应力[179,180,185,187,188]。在这种情况下，上述解锁并不是一次移动整个直位错，而是将一个短位错段抛入下一个 Peierls 谷并伴随扭折对的发生[179,181,183,186]。在应力和 (或) 热起伏的辅助下，扭折向两个相反的方向反复不断地逃逸，直到整个位错线完成迁移。温度的升高也会增加位错迁移率，但要受到更频繁的扭折对成核的限制，即 $\Delta G_{\mathrm{kp}}(\sigma, T) > 0$ 时的扭折对形成机制[179,183]。考虑到位错迁移率由扭折对的成核和迁移控制，Dora 和 Rajnak[182] 提取了位错速度的函数形式，也就是说，作为热激活状态下应力和温度的函数：

$$V_{\mathrm{dis}} = h_{\mathrm{dis}} J_{\mathrm{kp}} X_{\mathrm{dis}} \tag{4-50}$$

式中，J_{kp} 为单位长度和单位时间内扭折对成核的净概率；X_{dis} 为扭折对成核的平均长度；h_{dis} 为位错在 $1/(J_{\mathrm{kp}} X_{\mathrm{dis}})$ 时间内前进距离。因此，扭折对成核的速率遵循阿伦尼乌斯定律[182]：

$$J_{\mathrm{kp}} = \frac{1}{w} v_{\mathrm{D}} \exp\left(-\frac{\Delta G_{\mathrm{kp}}}{k_{\mathrm{B}} T}\right) \tag{4-51}$$

式中，v_{D} 为德拜频率；w 为扭折宽度。结合式 (4-50) 和式 (4-51)，位错速度可表

示为[179,186]

$$V_{\text{dis}} = h_{\text{dis}} J_{\text{kp}} X_{\text{dis}} = \frac{L_{\text{dis}}}{w} v_{\text{D}} \exp\left(-\frac{\Delta G_{\text{kp}}}{k_{\text{B}} T}\right) \tag{4-52}$$

式中，L_{dis}/w 为扭折对“成核位点”的总数。

当局部应力高于 PN 应力时，位错的运动不再需要热激活[179,186]。根据线弹性理论，弹性波 (即声子) 在位错处散射并向其传递动量[180]。热弹性波的这种散射导致在有限温度下位错运动产生黏性阻尼[180,186]。因此，位错速度成为受位错与晶格振动限制的应力的线性函数，并对应于条件 $\Delta G_{\text{kp}}(\sigma, T) = 0$[179]。在该情况下，位错运动由式 (4-53) 决定[180]：

$$f_{\text{d}} = \tau^* b = B_1 V_{\text{dis}} \tag{4-53}$$

式中，f_{d} 为单位长度的力；B_1 为黏性阻力系数。Leibfried[189] 给出随温度变化的阻力系数。

$$B_1 = \frac{3kTz}{20c_{\text{t}}b^2} \tag{4-54}$$

式中，z 为单胞的原子数；c_{t} 为剪切波的速度。

一般来说，上述两种区域是分开考虑的，然而，通过统一描述位错动力学可精确捕捉两种区域下位错运动的特征，包括应力状态、温度和局部线取向，以及两种状态间的平滑过渡[184,185]。由于位错–位错的短程互作用，应力可以沿位错线迅速变化，因此两种机制可同时发生。据此，Po 等[179] 给出了位错速度 (刃型或螺型) 的一般形式：

$$V_{\text{dis}}(\sigma, T) = \begin{cases} \dfrac{\tau b}{B_1(\sigma, T)} \exp\left(-\dfrac{\Delta G_{\text{kp}}(\sigma, T)}{2kT}\right), & \Delta G_{\text{kp}}(\sigma, T) > 0 \\ \dfrac{\tau b}{B_1(\sigma, T)}, & \Delta G_{\text{kp}}(\sigma, T) \leqslant 0 \end{cases} \tag{4-55}$$

其中，$\Delta G_{\text{kp}}(\sigma, T)$ 根据式 (4-49) 定义了扭折对成核的激活能，对于 $\Delta G_{\text{kp}}(\sigma, T) > 0$ 的条件，假设 $B_1(\sigma, T) = B_{\text{k}}$，则热激活的扭折对机制与扭折–扩散模型一致，而式 (4-55) 在 $\Delta G_{\text{kp}}(\sigma, T) = 0$ 时描述了声子拖拽机制的一般形式。因此，两种不同的区域均被式 (4-55) 涵盖，位错迁移率则由拖拽系数分别定义。

通过模拟 α-Fe 中刃型位错和螺型位错的滑移速度，研究并阐明了位错滑移速度随应力或温度的变化规律 (图 4-32)[190]；通过分析不同温度和切应力下的位错，可以提取出位错速度的信息。结果表明，刃型位错 [图 4-32(a) 和 (b)] 和螺型位错 [图 4-32(c) 和 (d)] 的温度效应完全相反，即刃型位错的滑移速度随着温度的升高而减小，螺型位错的滑移速度则随温度的升高而增大。上述针对 α-Fe 的模拟结果表明，刃型位错属于黏滞拖拽区域，而螺型位错属于热激活区域；刃型位错的滑移速度更高。

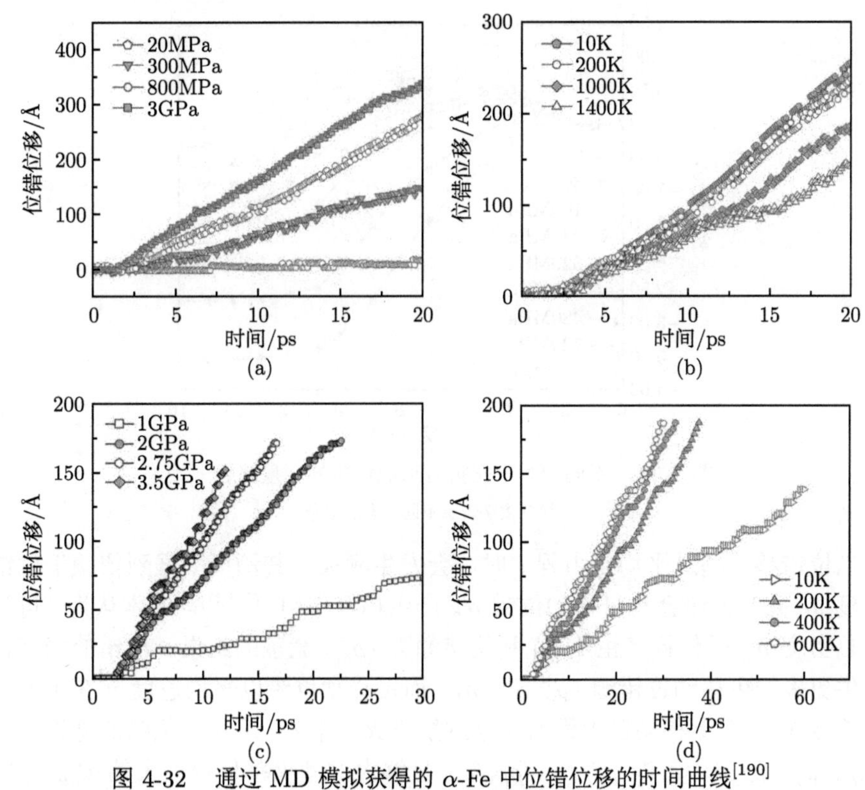

图 4-32　通过 MD 模拟获得的 α-Fe 中位错位移的时间曲线[190]

(a) 不同剪切应力下刃型位错位移；(b) 不同温度条件刃型位错位移；(c) 不同剪切应力下螺型位错位移；(d) 不同温度条件螺型位错位移

4.5.2　热–动力学相关性与强塑性互斥

根据经典位错理论[177,191]，强度体现位错滑移的阻碍，而塑性通常与位错的产生、增殖和扩展有关。因此，强度的提高通常是以牺牲金属和合金的塑性为代价的，这就造成了所谓的强塑性互斥的困局。强度与位错密度 ρ 的关系表明，ρ 的增大需要流变应力的增大来抵消位错相互作用产生的内阻，对应于位错滑移 ΔG 的增加，这是因为 ΔG 与内阻成正比[191]。相应的，热–动力学相关性[式 (4-47)～式 (4-49)]表明，伴随位错运动速率的提升，提升的 $\Delta G(\sigma)$ 总是对应降低的 $Q\left[\Delta G_{\mathrm{kp}}(\sigma, T)\right]$。例如，利用 NEB 方法计算了连接体心立方体中螺型位错核心的两种简并状态之间的跳跃激活路径[192]，发现所有的跳跃都涉及扭折对，并且跳跃的激活能随着应力的增加而降低。如图 4-33 所示，产生扭折对的动力学能垒随应力增加而单调减小。这反映了同变形耦合在一起的热–动力学相关性，即提高位错速度的过程伴随着固有的 $\Delta G(\sigma)$ 的增加和 $Q\left[\Delta G_{\mathrm{kp}}(\sigma,T)\right]$ 的减小。

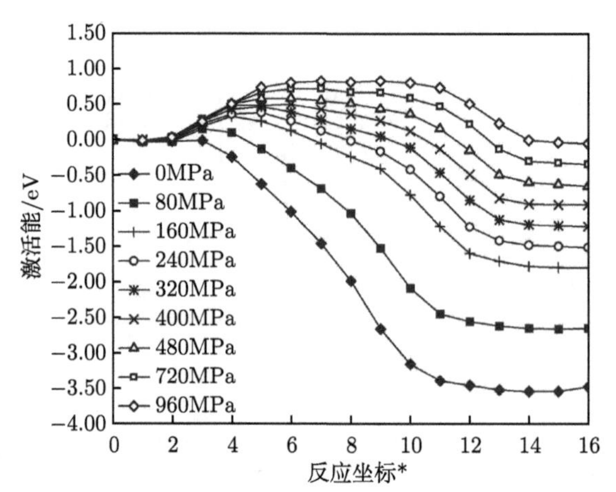

图 4-33　不同应力下扭折对形成对应的能量路径 [192]

* 横轴数字表示不同状态的序号

当位错移动超过平均自由程 l 时，会发生湮灭，其湮灭率强烈依赖于位错平均速度 v，并且位错会与可移动位错 ρ_{m} 产生相互作用[177,191]。通常认为，可动位错的总密度 ρ_{m} 是位错产生 (ρ_{m}^{+}) 和位错湮灭 (ρ_{m}^{-}) 竞争的结果。位错的相互作用会产生更多的可移动位错源 $(\rho_{\mathrm{m}}^{+}\propto\sqrt{\rho})$，而可移动位错以平均速度 v 在平均自由路径 $(l\propto 1/\sqrt{\rho})$ 上移动自由程后才会发生湮灭。那么，可移动位错的湮灭率与寿命 (l/V_{dis}) 有关[177]，即 $\rho_{\mathrm{m}}^{-}\propto\sqrt{\rho}\rho_{\mathrm{m}}v$。足够大的湮灭率使得较大的 V_{dis} 和较大的 ρ 往往与较小的 ρ_m 相关联。如此，较低的临界分切应力意味着启动位错形核与滑移必需的流变应力或驱动力降低，但可动位错密度会相应升高，随即带来更好的塑性，这就是所谓的小驱动力大能垒。随着变形进行，位错密度的提升导致临界分切应力的提升，这虽然提高了位错的形核和滑移速率，但也导致可动位错密度的降低，即塑性的降低，这就是所谓的大驱动力小能垒。同时增大 ρ 和减小 ρ_{m} 对应于在调整位错滑移时增加 ΔG 和减小 Q，如强度和塑性分别随着拉伸变形时应变率的增加而增加和减少。从这方面来看，宏观力学性能的强塑性互斥反映了位错滑移的热–动力学相关性[177]。

热–动力学相关性可以解释强塑性互斥，如图 4-34(a) 所示，该图简要总结了几种钢中最大抗拉强度和延伸率的组合[193]。总体趋势表明，马氏体钢强度高，但塑性有限，而塑性特别好的无间隙铁素体钢的强度较低。图 4-34(b) 为 Fe-0.5%C-12%Mn-7%Al-(0,3%)Cu(质量分数) 钢的应力–应变曲线[194]，其中展示

了在 T=730℃、830℃ 和 930℃ 时，铜的加入和退火温度的影响。结果表明，不含 Cu 的钢 (A73、A83、A93) 和含 Cu 的钢 (CA73、CA83、CA93)，其强塑性间均存在互斥关系，但表现出不同的变化。这是因为 Cu 的加入促进了 B2 相的形成，由奥氏体基体和 B2 相组成的含 Cu 钢的显微组织表现出不同的变形机制 (即激活平面滑移后形成细小位错亚组织 [195])。这也恰恰证明，强塑性互斥行为的不同体现于变形机制的不同，但根本来自于热–动力学互斥行为的不同；热–动力学互斥是绝对的，但如何互斥是相对的。

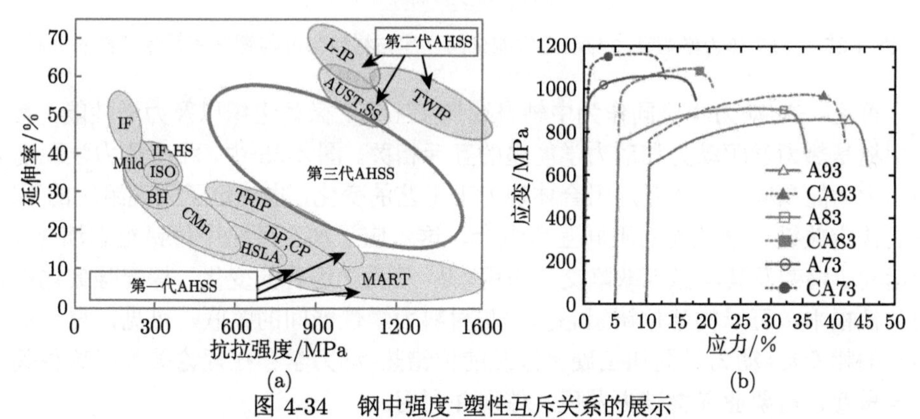

图 4-34　钢中强度–塑性互斥关系的展示

(a) 典型钢的抗拉强度和延伸率[193]；(b) 工程应力–应变曲线[194]。A73、A83 和 A93 分别表示 Fe-0.5%C-12%Mn-7%Al-0Cu 在 730℃、830℃ 和 930℃ 下退火 1min；而 CA73、CA83 和 CA93 分别表示 Fe-0.5%C-12%Mn-7%Al-3%Cu 在 730℃、830℃ 和 930℃ 退火 1min

4.6　存在的问题

在当前的一级相变和位错理论体系内，不存在通过某种工艺实现热–动力学相关性被打破，只是通过某种工艺改变了相关性的格局，即热力学驱动力和动力学能垒互斥的函数关系被改变。同样，不存在通过某种工艺实现了强塑性互斥被打破，只是通过某种工艺改变了强塑性互斥关系。无论对于相变还是变形，互斥是绝对的，如何互斥是相对的，这导致可以通过设计不同工艺得到不同的热力学驱动力–动力学能垒–微观组织的定量关系；微观组织对应加工硬化中位错组态演化的热力学驱动力和动力学能垒，即强度和塑性。如图 4-35 所示，如果相变热力学驱动力和动力学能垒间互斥与材料强塑性间互斥存在关联，那么形成微观组织的加工过程中的大驱动力和大能垒应该对应微观组织变形体现的大强度和大塑性。

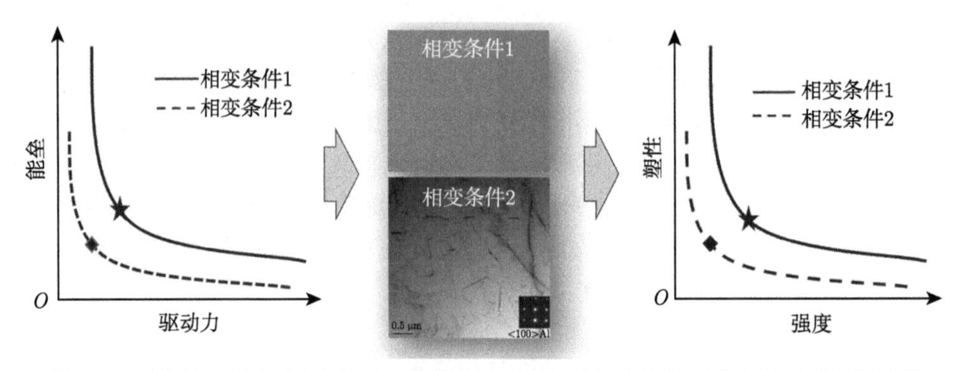

图 4-35　相变热力学驱动力与动力学能垒间互斥与材料强度与塑性间互斥存在的关联

可见，热–动力学协同作为中轴贯通加工工艺、微观组织以及力学性能，其真正中枢是热力学驱动力和动力学能垒的互斥相关。图 4-35 中，相变热力学驱动力和动力学能垒间不同的互斥组合体现加工工艺的变化，也决定了微观组织的不同，进而决定关键力学性能的不同互斥组合，这对应于加工硬化中位错组态演化 (位错运动、增殖及其与微观缺陷交互作用) 热–动力学组合的变化。探究强韧化机制的共性根本，可以构建位错组态演化与材料力学性能间的关联。可见，材料加工涉及的相变热–动力学同加工硬化涉及的位错热–动力学存在理论关联；这种关联至关重要，需要业界尝试去发现、体现并利用。

参 考 文 献

[1] JIANG Q, WEN Z. Thermodynamics of Materials[M]. Beijing: Higher Education Press, 2011.
[2] 徐祖耀. 材料热力学[M]. 北京: 科学出版社, 2005.
[3] LIU F, YANG G C. Rapid solidification of highly undercooled bulk liquid superalloy: Recent developments, future directions[J]. International Materials Reviews, 2006, 51(3): 145-170.
[4] HILLERT M. Phase Equilibria, Phase Diagrams and Phase Transformations: Their Thermodynamic Basis[M]. Cambridge: Cambridge University Press, 2007.
[5] PORTER D A, EASTERLING K E. Phase Transformations in Metals and Alloys[M]. Boca Raton: CRC Press, 2009.
[6] KRIELAART G, SIETSMA J, VAN DER ZWAAG S. Ferrite formation in Fe-C alloys during austenite decomposition under non-equilibrium interface conditions[J]. Materials Science and Engineering: A, 1997, 237(2): 216-223.
[7] PENG H R, LIU B S, LIU F. A strategy for designing stable nanocrystalline alloys by thermo-kinetic synergy[J]. Journal of Materials Science & Technology, 2020, 43: 21-31.
[8] WANG K, ZHANG L, LIU F. Multi-scale modeling of the complex microstructural evolution in structural phase transformations[J]. Acta Materialia, 2019, 162: 78-89.
[9] WANG K, SHANG S L, WANG Y, et al. Martensitic transition in Fe via Bain path at finite temperatures: A comprehensive first-principles study[J]. Acta Materialia, 2018, 147: 261-276.
[10] WANG T L, DU J L, WEI S Z, et al. Ab-initio investigation for the microscopic thermodynamics and kinetics of martensitic transformation[J]. Progress in Natural Science-Materials International, 2021, 31(1): 121-128.
[11] CHRISTIAN J W. The Theory of Transformation in Metals and Alloys[M]. London: Newnes, 2002.

[12] KELTON K F. Crystal nucleation in liquids and glasses[J]. Solid State Physics, 1991, 45: 75-177.

[13] WEEKS J D, GILMER G H. Dynamics of crystal growth[J]. Advances in Chemical Physics, 1979, 40: 157-228.

[14] TURNBULL D. On the relation between crystallization rate and liquid structure[J]. Journal of Physical Chemistry, 1962, 66(4): 609-613.

[15] AZIZ M J, BOETTINGER W J. On the transition from short-range diffusion-limited to collision-limited growth in alloy solidification[J]. Acta Metallurgica et Materialia, 1994, 42(2): 527-537.

[16] EYRING H. The activated complex in chemical reactions[J]. Journal of Chemical Physics, 1935, 3(2): 107-115.

[17] LIU F, SOMMER F, MITTEMEIJER E J. Determination of nucleation and growth mechanisms of the crystallization of amorphous alloys; Application to calorimetric data[J]. Acta Materialia, 2004, 52(11): 3207-3216.

[18] BORGENSTAM A, HILLERT M. Nucleation of isothermal martensite[J]. Acta Materialia, 2000, 48(11): 2777-2785.

[19] CHEN H, BORGENSTAM A, ODQVIST J, et al. Application of interrupted cooling experiments to study the mechanism of bainitic ferrite formation in steels[J]. Acta Materialia, 2013, 61(12): 4512-4523.

[20] SIETSMA J, VAN DER ZWAAG S. A concise model for mixed-mode phase transformations in the solid state[J]. Acta Materialia, 2004, 52(14): 4143-4152.

[21] BOS C, SIETSMA J. A mixed-mode model for partitioning phase transformations[J]. Scripta Materialia, 2007, 57(12): 1085-1088.

[22] CHEN H, VAN DER ZWAAG S. A general mixed-mode model for the austenite-to-ferrite transformation kinetics in Fe-C-M alloys[J]. Acta Materialia, 2014, 72: 1-12.

[23] WILSON E A. $\gamma \to \alpha$ transformation in Fe, Fe-Ni and Fe-Cr alloys[J]. Metal science, 1984, 18(10): 471-484.

[24] LIFSHITZ I M, SLYOZOV V V. The Kinetics of precipitation from supersaturated solid solutions[J]. Journal of Physics and Chemistry of Solids, 1961, 19(1-2): 35-50.

[25] HILLERT M. The nature of bainite[J]. ISIJ International, 1995, 35(9): 1134-1140.

[26] OFFERMAN S E, VAN DIJK N H, SIETSMA J, et al. Solid-state phase transformations involving solute partitioning: Modeling and measuring on the level of individual grains[J]. Acta Materialia, 2004, 52(16): 4757-4766.

[27] SERAJZADEH S. A study on kinetics of static and meta-dynamic recrystallization during hot rolling[J]. Materials Science and Engineering: A, 2007, 448(1): 146-153.

[28] TURNBULL D, FISHER J C. Rate of nucleation in condensed systems[J]. Journal of Chemical Physics, 1949, 17(1): 71-73.

[29] LIU F, WANG K. Discussions on the correlation between thermodynamics and kinetics during the phase transformations in the TMCP of low-alloy steels[J]. Acta Metallurgica Sinica, 2016, 52(10): 1326-1332.

[30] ZHANG Y B, DU J L, WANG K, et al. Application of non-equilibrium dendrite growth model considering thermo-kinetic correlation in twin-roll casting[J]. Journal of Materials Science & Technology, 2020, 44: 209-222.

[31] PENG H R, HUANG L K, LIU F. A thermo-kinetic correlation for grain growth in nanocrystalline alloys[J]. Materials Letters, 2018, 219: 276-279.

[32] SONG S J, CHE W K, ZHANG J B, et al. Kinetics and microstructural modeling of isothermal austenite-to-ferrite transformation in Fe-C-Mn-Si steels[J]. Journal of Materials Science & Technology, 2019, 35(8): 1753-1766.

[33] LIN B, WANG K, LIU F, et al. An intrinsic correlation between driving force and energy barrier upon grain boundary migration[J]. Journal of Materials Science & Technology, 2018, 34(8): 1359-1363.

[34] MITTEMEIJER E J, SOMMER F. Solid state phase transformation kinetics: A modular transformation model[J]. Ztschrift Fur Metallkunde, 2013, 102(5): 352-361.

[35] SEOL J B, JUNG J E, JANG Y W, et al. Influence of carbon content on the microstructure, martensitic transformation and mechanical properties in austenite/ε-martensite dual-phase Fe-Mn-C steels[J]. Acta Materialia, 2013, 61(2): 558-578.

[36] NITSCHE H, SOMMER F, MITTEMEIJER E J. Nucleation and growth modes deduced from particle density distributions: Nanocrystallization of fcc Al in amorphous $Al_{85}Ni_8Y_5Co_2$[J]. Metallurgical and Materials Transactions A, 2006, 37(3): 621-632.

[37] HE Y Q, SONG S J, DU J L, et al. Thermo-kinetic connectivity by integrating thermo-kinetic correlation and generalized stability[J]. Journal of Materials Science & Technology, 2022, 127: 225-235.

[38] JIANG Y H, LIU F, SONG S J. An extended analytical model for solid-state phase transformation upon continuous heating and cooling processes: Application in γ/α transformation[J]. Acta Materialia, 2012, 60(9): 3815-3829.

[39] MILITZER M, HUTCHINSON C, ZUROB H, et al. Modelling of the diffusional austenite-ferrite transformation[J]. International Materials Reviews, 2022: 1-30.

[40] GAMSJAGER E, WIESSNER M, SCHIDER S, et al. Analysis of the mobility of migrating austenite-ferrite interfaces[J]. Philosophical Magazine, 2015, 95(26): 2899-2917.

[41] VAN DER MEER R A, JENSEN D J. Recrystallization in hot vs. cold deformed commercial aluminum: A microstructure path comparison[J]. Acta Materialia, 2003, 51(10): 3005-3018.

[42] PURDY G R, BRECHET Y J M. A solute drag treatment of the effects of alloying elements on the rate of the proeutectoid ferrite transformation in steels[J]. Acta Metallurgica et Materialia, 1995, 43(10): 3763-3774.

[43] ZHAO Y T, SHANG C J, YANG S W, et al. The metastable austenite transformation in Mo-Nb-Cu-B low carbon steel[J]. Materials Science and Engineering: A, 2006, 433(1): 169-174.

[44] MADARIAGA I, GUTIERREZ I, GARCIA-DE ANDRES C, et al. Acicular ferrite formation in a medium carbon steel with a two-stage continuous cooling[J]. Scripta Materialia, 1999, 41(3): 229-235.

[45] LIU Y C, SOMMER F, MITTEMEIJER E J. The austenite-ferrite transformation of ultralow-carbon Fe-C alloy; Transition from diffusion- to interface-controlled growth[J]. Acta Materialia, 2006, 54(12): 3383-3393.

[46] 赵运堂, 尚成嘉, 贺信莱, 等. 低碳 Mo-Cu-Nb-B 系微合金钢的中温转变组织类型[J]. 金属学报, 2006, 42(1): 54-58.

[47] 唐文军, 郑磊, 王自强, 等. 宝钢 1880mm 热轧试生产 DP600 双相钢的组织性能[J]. 宝钢技术, 2010, 2: 45-48.

[48] HONG M, WANG K, CHEN Y Z, et al. A thermo-kinetic model for martensitic transformation kinetics in low-alloy steels[J]. Journal of Alloys and Compounds, 2015, 647: 763-767.

[49] LI Z D, YANG Z G, ZHANG C, et al. Influence of austenite deformation on ferrite growth in a Fe-C-Mn alloy[J]. Materials Science & Engineering A, 2010, 527(16-17): 4406-4411.

[50] XIAO N M, TONG M M, LAN Y J, et al. Coupled simulation of the influence of austenite deformation on the subsequent isothermal austenite-ferrite transformation[J]. Acta Materialia, 2006, 54(5): 1265-1278.

[51] BELADI H, TIMOKHINA I B, MUKHERJEE S, et al. Ultrafine ferrite formation through isothermal static phase transformation[J]. Acta Materialia, 2011, 59(10): 4186-4196.

[52] SIETSMA J. Nucleation and growth during the austenite-to-ferrite phase transformation in steels after plastic deformation[J]. Phase Transformations in Steels, 2012, 1: 505-526.

[53] ZHAO M C, YANG K, XIAO F R, et al. Continuous cooling transformation of undeformed and deformed low carbon pipeline steels[J]. Materials Science and Engineering: A, 2003, 355(1): 126-136.

[54] SMITH Y E, SIEBERT C A. Continuous cooling transformation kinetics of thermo-mechanically worked low-carbon austenite[J]. Metallurgical Transactions, 1971, 2(6): 1711-1725.

[55] WANG Z D, QU J B, LIU X H, et al. Influence of hot deformation on continuous cooling bainitic transformation in a low carbon steel[J]. Acta Metallurgica Sinica (English Letters), 1998, 22(2): 121-127.

[56] OLSON G B, COHEN M. A general mechanism of martensitic nucleation: Part I. General concepts and the FCC→HCP transformation[J]. Metallurgical Transactions A, 1976, 7(12): 1897-1904.

[57] OLSON G B, COHEN M. A general mechanism of martensitic nucleation: Part Ⅱ. FCC→BCC and other martensitic transformations[J]. Metallurgical Transactions A, 1976, 7(12): 1905-1914.

[58] OLSON G B, COHEN M. A general mechanism of martensitic nucleation: Part Ⅲ. Kinetics of martensitic nucleation[J]. Metallurgical Transactions A, 1976, 7(12): 1915-1923.

[59] GHOSH G, OLSON G B. Kinetics of FCC→BCC heterogeneous martensitic nucleation—I. The critical driving force for athermal nucleation[J]. Acta Metallurgica et Materialia, 1994, 42(10): 3361-3370.

[60] GHOSH G, OLSON G B. Kinetics of FCC → BCC heterogeneous martensitic nucleation—Ⅱ. Thermal activation[J]. Acta Metallurgica et Materialia, 1994, 42(10): 3371-3379.

[61] VAN B S. Bainite growth retardation due to mechanical stabilization of austenite[J]. Materialia, 2019, 7: 100384.

[62] BHADESHIA H. A rationalization of shear transformations in steels[J]. Acta Metallurgica, 1981, 29(6): 1117-1130.

[63] YANG X S, SUN S, WU X L, et al. Dissecting the mechanism of martensitic transformation via atomic-scale observations[J]. Scientific Reports, 2014, 4(1): 6141.

[64] KELLY M J. Energetics of the martensitic phase-transition in sodium[J]. Journal of Physics F-Metal Physics, 1979, 9(10): 1921-1938.

[65] KRASKO G L, OLSON G B. Energetics of bcc-fcc lattice deformation in iron[J]. Physical Review B, 1989, 40(17): 11536-11545.

[66] HENKELMAN G, JONSSON H. Improved tangent estimate in the nudged elastic band method for finding minimum energy paths and saddle points[J]. Journal of Chemical Physics, 2000, 113(22): 9978-9985.

[67] GRIMVALL G, MAGYARI-KOPE B, OZOLINS V, et al. Lattice instabilities in metallic elements[J]. Reviews of Modern Physics, 2012, 84(2): 945-986.

[68] KRESSE G, FURTHMULLER J. Efficient iterative schemes for ab initio total-energy calculations using a plane-wave basis set[J]. Physical Review B, 1996, 54(16): 11169-11186.

[69] KRESSE G, FURTHMULLER J. Efficiency of ab-initio total energy calculations for metals and semiconductors using a plane-wave basis set[J]. Computational Materials Science, 1996, 6(1): 15-50.

[70] METHFESSEL M, PAXTON A T. High-precision sampling for Brillouin-zone integration in metals[J]. Physical Review B, 1989, 40(6): 3616-3621.

[71] PERDEW J P, BURKE K, ERNZERHOF M. Generalized gradient approximation made simple[J]. Physical Review Letters, 1996, 77(18): 3865-3868.

[72] CHEN L Q. Phase-field models for microstructure evolution[J]. Annual Review of Materials Research, 2002, 32(1): 113-140.

[73] RADHAKRISHNAN R, TROUT B L. Handbook of Materials Modeling[M]. Netherlands: Kluwer Academic Publishers, 2005.

[74] BOLHUIS P G, DELLAGO C, CHANDLER D. Reaction coordinates of biomolecular isomerization[J]. Proceedings of the National Academy of Sciences, 2000, 97(11): 5877-5882.

[75] HEO T W, CHEN L Q. Phase-field modeling of displacive phase transformations in elastically anisotropic and inhomogeneous polycrystals[J]. Acta Materialia, 2014, 76: 68-81.

[76] DINSDALE A T. Sgte data for pure elements[J]. Calphad-Computer Coupling of Phase Diagrams and Thermochemistry, 1991, 15(4): 317-425.

[77] BUSCH P, HEINONEN T, LAHTI P. Heisenberg's uncertainty principle[J]. Physics Reports-Review Section of Physics Letters, 2007, 452(6): 155-176.
[78] KAUFMAN L, COHEN M. Thermodynamics and kinetics of martensitic transformations[J]. Progress in Metal Physics, 1958, 7: 165-246.
[79] OLSON G B, COHEN M. A mechanism for the strain-induced nucleation of martensitic transformations[J]. Journal of the Less Common Metals, 1972, 28: 107-118.
[80] LIU F, SOMMER F, BOS C, et al. Analysis of solid-state phase transformation kinetics: Models and recipes[J]. International Materials Reviews, 2007, 52(4): 193-212.
[81] KOZESCHNIK E, SVOBODA J, FRATZL P, et al. Modelling of kinetics in multi-component multi-phase systems with spherical precipitates - Ⅱ: Numerical solution and application[J]. Materials Science and Engineering: A, 2004, 385(1): 157-165.
[82] VAITHYANATHAN V, WOLVERTON C, CHEN L Q. Multiscale modeling of precipitate microstructure evolution[J]. Physical Review Letters, 2002, 88(12): 125503.
[83] VAITHYANATHAN V, WOLVERTON C, CHEN L Q. Multiscale modeling of θ' precipitation in Al-Cu binary alloys[J]. Acta Materialia, 2004, 52: 2973-2987.
[84] MARTYUSHEV L M, SELEZNEV V D. Maximum entropy production principle in physics, chemistry and biology[J]. Physics Reports, 2006, 426(1): 1-45.
[85] HU S Y, BASKES M I, STAN M, et al. Atomistic calculations of interfacial energies, nucleus shape and size of θ' precipitates in Al-Cu alloys[J]. Acta Materialia, 2006, 54(18): 4699-4707.
[86] BENNETT C H. Efficient Estimation of free-energy differences from monte-carlo data[J]. Journal of Computational Physics, 1976, 22(2): 245-268.
[87] KATHMANN S M, HALE B N. Monte-Carlo simulations of small sulfuric acid water clusters[J]. The Journal of Physical Chemistry B, 2001, 105(47): 11719-11728.
[88] KLIMOVICH P V, SHIRTS M R, MOBLEY D L. Guidelines for the analysis of free energy calculations[J]. Journal of computer-aided molecular design, 2015, 29(5): 397-411.
[89] KELTON K F. Time-dependent nucleation in partitioning transformations[J]. Acta Materialia, 2000, 48(8): 1967-1980.
[90] RICE B M, GARRETT B C, KOSZYKOWSKI M L, et al. Kinetic isotope effects for hydrogen diffusion in bulk nickel and on nickel surfaces[J]. Journal of Chemical Physics, 1990, 92: 775-791.
[91] WANG T L, DU J L, LIU F. Modeling competitive precipitations among iron carbides during low-temperature tempering of martensitic carbon steel[J]. Materialia, 2020, 12: 100800.
[92] WAGNER R, KAMPMANN R, VOORHEES P W. Homogeneous Second-Phase Precipitation in Phase Transformations in Materials[M]. Weinheim: Wiley-VCH, 2001.
[93] FANG C M, SLUITER M H, VAN HUIS M A, et al. Origin of predominance of cementite among iron carbides in steel at elevated temperature[J]. Physical Review Letters, 2010, 105(5): 055503.
[94] CHEN Z, LIU F, YANG X Q, et al. A thermokinetic description of nanoscale grain growth: Analysis of the activation energy effect[J]. Acta Materialia, 2012, 60(12): 4833-4844.
[95] CASTRO R H R. Interfacial energies in nanocrystalline complex oxides[J]. Current Opinion in Solid State & Materials Science, 2021, 25(3): 100911.
[96] SONG X Y, ZHANG J X, LI L M, et al. Correlation of thermodynamics and grain growth kinetics in nanocrystalline metals[J]. Acta Materialia, 2006, 54(20): 5541-5550.
[97] PENG H R, CHEN Y Z, LIU F. Effects of alloying on nanoscale grain growth in substitutional binary alloy system: Thermodynamics and kinetics[J]. Metallurgical and Materials Transactions A, 2015, 46(11): 5431-5443.
[98] GONG M M, LIU F, ZHANG K. A thermokinetic description of nanoscale grain growth: Analysis of initial grain boundary excess amount[J]. Scripta Materialia, 2010, 63(10): 989-992.
[99] CHEN Z, LIU F, WANG H F, et al. A thermokinetic description for grain growth in nanocrystalline materials[J]. Acta Materialia, 2009, 57(5): 1466-1475.

[100] RAJGARHIA R K, SAXENA A, SPEAROT D E, et al. Microstructural stability of copper with antimony dopants at grain boundaries: Experiments and molecular dynamics simulations[J]. Journal of Materials Science, 2010, 45(24): 6707-6718.

[101] RAJGARHIA R K, SPEAROT D E, SAXENA A. Behavior of dopant-modified interfaces in metallic nanocrystalline materials[J]. JOM, 2010, 62(12): 70-74.

[102] GUPTA R, RAMAN R K S, KOCH C C. Grain growth behaviour and consolidation of ball-milled nanocrystalline Fe-10Cr alloy[J]. Materials Science and Engineering: A, 2008, 494(1-2): 253-256.

[103] SHVINDLERMAN L S, GOTTSTEIN G, IVANOV V A, et al. Grain boundary excess free volume—Direct thermodynamic measurement[J]. Journal of Materials Science, 2006, 41(23): 7725-7729.

[104] ESTRIN Y, GOTTSTEIN G, SHVINDLERMAN L S. Intermittent 'self-locking' of grain growth in fine-grained materials[J]. Scripta Materialia, 1999, 41(4): 385-390.

[105] UPMANYU M, SROLOVITZ D J, SHVINDLERMAN L S, et al. Vacancy generation during grain boundary migration[J]. Interface Science, 1998, 6(4): 287-298.

[106] BORISOV V T, GOLIKOV V M, SCHERBEDINSKIY G V. Relation between diffusion coefficients and grain boundary energy[J]. Physics of Metals and Metallography, 1964, 17: 881-885.

[107] PELLEG J. On the relation between diffusion coefficients and grain boundary energy[J]. Philosophical Magazine, 1966, 14(129): 595-601.

[108] KRILL C E, EHRHARDT H, BIRRINGER R. Thermodynamic stabilization of nanocrystallinity[J]. Zeitschrift Fur Metallkunde, 2005, 96(10): 1134-1141.

[109] HILLERT M. On the theory of normal and abnormal grain growth[J]. Acta Materialia, 1965, 13(3): 227-238.

[110] KRILL C E, CHEN L Q. Computer simulation of 3-D grain growth using a phase-field model[J]. Acta Materialia, 2002, 50(12): 3057-3073.

[111] NATTER H, SCHMELZER M, LOFFLER M S, et al. Grain-growth kinetics of nanocrystalline iron studied in situ by synchrotron real-time X-ray diffraction[J]. Journal of Physical Chemistry B, 2000, 104(11): 2467-2476.

[112] LAI J K L, SHEK C H, LIN G M. Grain growth kinetics of nanocrystalline SnO_2 for long-term isothermal annealing[J]. Scripta Materialia, 2003, 49(5): 441-446.

[113] VANDERMEER R A, HU H. On the Grain-Growth Exponent of Pure Iron[J]. Acta Metallurgica et Materialia, 1994, 42(9): 3071-3075.

[114] GANAPATHI S K, OWEN D M, CHOKSHI A H. The kinetics of grain-growth in nanocrystalline copper[J]. Scripta Metallurgica et Materialia, 1991, 25(12): 2699-2704.

[115] RABKIN E. On the grain size dependent solute and particle drag[J]. Scripta Materialia, 2000, 42(12): 1199-1206.

[116] LIU F, YANG G C, WANG H F, et al. Nano-scale grain growth kinetics[J]. Thermochimica Acta, 2006, 443(2): 212-216.

[117] LIU K W, MUCKLICH F. Thermal stability of nano-RuAl produced by mechanical alloying[J]. Acta Materialia, 2001, 49(3): 395-403.

[118] OLMSTED D L, HOLM E A, FOILES S M. Survey of computed grain boundary properties in face-centered cubic metals-Ⅱ: Grain boundary mobility[J]. Acta Materialia, 2009, 57(13): 3704-3713.

[119] HOLM E A, FOILES S M. How grain growth stops: A mechanism for grain-growth stagnation in pure materials[J]. Science, 2010, 328(5982): 1138-1141.

[120] OLMSTED D L, FOILES S M, HOLM E A. Survey of computed grain boundary properties in face-centered cubic metals: I. Grain boundary energy[J]. Acta Materialia, 2009, 57(13): 3694-3703.

[121] LIU F, YANG G C, KIRCHHEIM R. Overall effects of initial melt undercooling, solute segregation and grain boundary energy on the grain size of as-solidified Ni-based alloys[J]. Journal of Crystal Growth, 2004, 264(1-3): 392-399.

[122] LIU F, KIRCHHEIM R. Grain boundary saturation and grain growth[J]. Scripta Materialia, 2004, 51(6): 521-525.

[123] BURKE J E, TURNBULL D. Recrystallization and grain growth[J]. Progress in Metal Physics, 1952, 3: 220-292.

[124] FANG T H, LI W L, TAO N R, et al. Revealing extraordinary intrinsic tensile plasticity in gradient nano-grained copper[J]. Science, 2011, 331(6024): 1587-1590.

[125] LU K, LU L, SURESH S. Strengthening materials by engineering coherent internal boundaries at the nanoscale[J]. Science, 2009, 324(5925): 349-352.

[126] GLEITER H. Nanostructured materials: Basic concepts and microstructure[J]. Acta Materialia, 2000, 48(1): 1-29.

[127] HOHENWARTER A, VOLKER B, KAPP M W, et al. Ultra-strong and damage tolerant metallic bulk materials: A lesson from nanostructured pearlitic steel wires[J]. Scientific Report, 2016, 6: 33228.

[128] AMES M, MARKMANN J, KAROS R, et al. Unraveling the nature of room temperature grain growth in nanocrystalline materials[J]. Acta Materialia, 2008, 56(16): 4255-4266.

[129] WANG Y, CHEN M, ZHOU F, et al. High tensile ductility in a nanostructured metal[J]. Nature, 2003, 419: 912-915.

[130] WU X, YANG M, YUAN F, et al. Heterogeneous lamella structure unites ultrafine-grain strength with coarse-grain ductility[J]. Proceeding of the National Academy of Sciences of the United State of America, 2015, 112(47): 14501-14505.

[131] LU K. Making strong nanomaterials ductile with gradients[J]. Science, 2014, 345(6203): 1455-1456.

[132] WU X L, ZHU Y T. Heterogeneous materials: A new class of materials with unprecedented mechanical properties[J]. Materials Research Letters, 2017, 5(8): 527-532.

[133] MA E, ZHU T. Towards strength-ductility synergy through the design of heterogeneous nanostructures in metals[J]. Materials Today, 2017, 20(6): 323-331.

[134] DETOR A J, SCHUH C A. Tailoring and patterning the grain size of nanocrystalline alloys[J]. Acta Materialia, 2007, 55(1): 371-379.

[135] MEYERS M A, MISHRA A, BENSON D J. Mechanical properties of nanocrystalline materials[J]. Progress in Materials Science, 2006, 51(4): 427-556.

[136] SHAN Z W, STACH E A, WIEZOREK J M K, et al. Grain boundary-mediated plasticity in nanocrystalline nickel[J]. Science, 2004, 305(5684): 654-657.

[137] WANG L, TENG J, LIU P, et al. Grain rotation mediated by grain boundary dislocations in nanocrystalline platinum[J]. Nature Communications, 2014, 5: 4402.

[138] RUPERT T J, GIANOLA D S, GAN Y, et al. Experimental observations of stress-driven grain boundary migration[J]. Science, 2009, 326(5960): 1686-1690.

[139] SCHITZ J, JACOBSEN K W. A maximum in the strength of nanocrystalline copper[J]. Science, 2003, 301: 1357-1359.

[140] HALL E O. The deformation and ageing of mild steel: Ⅲ. Discussion of results[J]. Proceedings of the Physical Society of London Section B, 1951, 64(381): 747-753.

[141] HU J, SHI Y N, SAUVAGE X, et al. Grain boundary stability governs hardening and softening in extremely fine nanograined metals[J]. Science, 2017, 355(6331): 1292-1296.

[142] PETCH N J. The Cleavage Strength of Polycrystals[J]. Journal of the Iron and Steel Institute, 1953, 174(1): 25-28.

[143] PENG H R, JIAN Z Y, LIU C X, et al. Uncovering the softening mechanism and exploring the strengthening strategies in extremely fine nanograined metals: A molecular dynamics study[J]. Journal of Materials Science & Technology, 2022, 109: 186-196.

[144] TAN Y M, WANG H F. Modeling constrained dendrite growth in rapidly directional solidification[J]. Journal of Materials Science, 2012, 47(13): 5308-5316.

[145] WANG H F, LIU F, CHEN Z, et al. Analysis of non-equilibrium dendrite growth in a bulk undercooled alloy melt: Model and application[J]. Acta Materialia, 2007, 55(2): 497-506.

[146] WANG K, WANG H F, LIU F, et al. Modeling rapid solidification of multi-component concentrated alloys[J]. Acta Materialia, 2013, 61(4): 1359-1372.

[147] WANG K, WANG H, LIU F, et al. Morphological stability analysis for planar interface during rapidly directional solidification of concentrated multi-component alloys[J]. Acta Materialia, 2014, 67: 220-231.

[148] BOETTINGER W J, CORIELL S R, TRIVEDI R. Application of dendritic growth theory to the interpretation of rapid solidification microstructures[C]. Los Angeles: 4th Conference Rapid Solidification, 1988: 13-25.

[149] SVOBODA J, TUREK I, FISCHER F D. Application of the thermodynamic extremal principle to modeling of thermodynamic processes in material sciences[J]. Philosophical Magazine, 2005, 85(31): 3699-3707.

[150] JOU D, LEBON G J S N. Extended Irreversible Thermodynamics[M]. Berlin: Springer, 2010.

[151] GALENKO P. Extended thermodynamical analysis of a motion of the solid-liquid interface in a rapidly solidifying alloy[J]. Physical Review B, 2002, 65(14): 144103.

[152] BERTSEKAS D P. Constrained Optimization and Lagrange Multiplier Methods[M]. New York: Academic Press, 1982.

[153] LUCJAN P. Ideas of Quantum Chemistry[M]. Amsterdam: Elsevier, 2013.

[154] HERLACH D M, FEUERBACHER B. Non-equilibrium solidification of undercooled metallic melts[J]. Metals, 1991, 4(2): 196-234.

[155] WILLNECKER R, HERLACH D M, FEUERBACHER B. Evidence of nonequilibrium processes in rapid solidification of undercooled metals[J]. Physical Review Letters, 1989, 62(23): 2707-2710.

[156] GALENKO P K, HERLACH D M. Diffusionless crystal growth in rapidly solidifying eutectic systems[J]. Physical Review Letters, 2006, 96(15): 150602.

[157] GALENKO P K, DANILOV D A. Linear morphological stability analysis of the solid-liquid interface in rapid solidification of a binary system[J]. Physical Review B, 2004, 69(5): 051608.

[158] GALENKO P K, DANILOV D. Local nonequilibrium effect on rapid clendrite growth in a binary alloy mellt[J]. Physics Letters A, 1997, 235(3): 271-280.

[159] WALTON D, CHALMERS B. The origin of the preferred orientation in the columnar zone of ingots[J]. Transactions of the American Institute of Mining and Metallurgical Engineers, 1959, 215(3): 447-457.

[160] ZHOU Y Z, VOLEK A, GREEN N R. Mechanism of competitive grain growth in directional solidification of a nickel-base superalloy[J]. Acta Materialia, 2008, 56(11): 2631-2637.

[161] YU H L, LI J J, LIN X, et al. Anomalous overgrowth of converging dendrites during directional solidification[J]. Journal of Crystal Growth, 2014, 402: 210-214.

[162] HU S S, YANG W C, CUI Q W, et al. Effect of secondary dendrite orientations on competitive growth of converging dendrites of Ni-based bi-crystal superalloys[J]. Materials Characterization, 2017, 125: 152-159.

[163] LI J J, WANG Z J, WANG Y Q, et al. Phase-field study of competitive dendritic growth of converging grains during directional solidification[J]. Acta Materialia, 2012, 60(4): 1478-1493.

[164] TAKAKI T, OHNO M, SHIMOKAWABE T, et al. Two-dimensional phase-field simulations of dendrite competitive growth during the directional solidification of a binary alloy bicrystal[J]. Acta Materialia, 2014, 81: 272-283.

[165] TOURRET D, KARMA A. Growth competition of columnar dendritic grains: A phase-field study[J]. Acta Materialia, 2015, 82: 64-83.

[166] COOK R, GROCOCK P G, THOMAS P M, et al. Development of the twin-roll casting process[J]. Journal of Materials Processing Technology, 1995, 55(2): 76-84.

[167] FERRY M. Direct Strip Casting of Metals and Alloys[M]. Cambridge: Woodhead Publishing, 2006.

[168] LI Q, ZHANG Y K, LIU L G, et al. Effect of casting parameters on the freezing point position of the 304 stainless steel during twin-roll strip casting process by numerical simulation[J]. Journal of Materials Science, 2012, 47(9): 3953-3960.

[169] FANG Y, WANG Z M, YANG Q X, et al. Numerical simulation of the temperature fields of stainless steel with different roller parameters during twin-roll strip casting[J]. International Journal of Minerals Metallurgy and Materials, 2009, 16(3): 304-308.

[170] SAHOO S, KUMAR A, DHINDAW B K, et al. Modeling and experimental validation of rapid cooling and solidification during high-speed twin-roll strip casting of Al-33 wt pct Cu[J]. Metallurgical and Materials Transactions B, 2012, 43(4): 915-924.

[171] STOLBCHENKO M, GRYDIN O, SCHAPER M. Twin-roll casting and finishing treatment of thin strips of the hardening aluminum alloy EN AW-6082[J]. Materials Today Proceedings, 2015, 2: S32-S38.

[172] RAGHAVAN N, DEHOFF R, PANNALA S, et al. Numerical modeling of heat-transfer and the influence of process parameters on tailoring the grain morphology of IN718 in electron beam additive manufacturing[J]. Acta Materialia, 2016, 112: 303-314.

[173] PLOTKOWSKI A, RIOS O, SRIDHARAN N, et al. Evaluation of an Al-Ce alloy for laser additive manufacturing[J]. Acta Materialia, 2017, 126: 507-519.

[174] TILLER W A, JACKSON K A, RUTTER J W, et al. The redistribution of solute atoms during the solidification of metals[J]. Acta Metallurgica, 1953, 1(4): 428-437.

[175] KURZ W, FISHER D F. Fundamentals of Solidification[M]. Switzerland: Trans Tech Publications, 1984.

[176] WU P, ZHANG Y B, HU J Q, et al. Generalized stability criterion for controlling solidification segregation upon twin-roll casting[J]. Journal of Materials Science & Technology, 2023, 134: 163-177.

[177] ARGON A. Strengthening Mechanisms in Crystal Plasticity[M]. Oxford: Oxford University Press, 2007.

[178] KOCKS U F, ARGON A S, ASHBY M F. Thermodynamics and kinetics of slip[J]. Progress in Materials Science, 1975, 19: 1-281.

[179] PO G, CUI Y N, RIVERA D, et al. A phenomenological dislocation mobility law for bcc metals[J]. Acta Materialia, 2016, 119: 123-135.

[180] MESSERSCHMIDT U. Dislocation Dynamics During Plastic Deformation[M]. Berlin: Springer Science & Business Media, 2010.

[181] HULL D, DJ B. Introduction to Dislocations[M]. Oxford: Butterworth-Heinemann, 2001.

[182] DORA J E, RAJNAK S. Nucleation of kink pairs and the Peierls' mechanism of plastic deformation[J]. Transactions of the Metallurgical Society of AIME, 1964, 230: 5012-1064.

[183] BULATOV V, WEI C. Computer Simulations of Dislocations[M]. Oxford: Oxford University Press, 2006.

[184] HIRATANI M, NADGORNY E M. Combined model of dislocation motion with thermally activated and drag-dependent stages[J]. Acta Materialia, 2001, 49(20): 4337-4346.

[185] GILBERT M R, QUEYREAU S, MARIAN J. Stress and temperature dependence of screw dislocation mobility in α-Fe by molecular dynamics[J]. Physical Review B, 2011, 84(17): 4193-4198.

[186] ITAKURA M, KABURAKI H, YAMAGUCHI M. First-principles study on the mobility of screw dislocations in bcc iron[J]. Acta Materialia, 2012, 60(9): 3698-3710.

[187] CHEN Y T, ATTERIDGE D G, GERBERICH W W. Plastic flow of Fe-binary alloys—I. A description at low temperatures[J]. Acta Materialia, 1981, 29(6): 1171-1185.

[188] DANG K, BAMNEY D, CAPOLUNGO L, et al. Mobility of dislocations in aluminum: The role of non-schmid stress state[J]. Acta Materialia, 2020, 185: 420-432.

[189] LEIBFRIED G. Uber den einfluss thermisch angeregter schallwellen auf die plastische deformation[J]. Zeitschrift Fur Physik, 1950, 127(4): 344-356.

[190] 尹建. α-Fe 中缺陷与富 Cu 纳米团簇交互作用的原子模拟[D]. 南京: 南京理工大学, 2019.
[191] MECKING H, KOCKS U F. Kinetics of flow and strain-hardening[J]. Acta Metallurgica, 1981, 29(11): 1865-1875.
[192] WEN M, NGAN A H W. Atomistic simulation of kink-pairs of screw dislocations in body-centred cubic iron[J]. Acta Materialia, 2000, 48(17): 4255-4265.
[193] ZHAO J W, JIANG Z Y. Thermomechanical processing of advanced high strength steels[J]. Progress in Materials Science, 2018, 94: 174-242.
[194] SUH D W, KIM S J. Medium Mn transformation-induced plasticity steels: Recent progress and challenges[J]. Scripta Materialia, 2017, 126: 63-67.
[195] COOMAN B D, ESTRIN Y, KIM S K. Twinning-induced plasticity (TWIP) steels[J]. Acta Materialia, 2017, 142: 283-362.

第 5 章　热–动力学贯通性

5.1　引　　言

根据第 3 章和第 4 章探讨的热–动力学多样性和相关性可知，形成微观组织的相变热–动力学对应于微观组织塑性变形中的位错热–动力学，即形成微观组织的能量聚集和耗散可以贯通至微观组织变形导致的能量聚集和耗散。借助这种所谓的热–动力学贯通性，微观组织的形成过程 (材料加工过程) 可以等同于在温度、压力等外界条件变化下，原有组织被新的组织替代而产生的能量变化；与此同时，结合晶体学的独特性，共同决定了千变万化的缺陷形态。热力学和动力学侧重宏观，晶体学侧重微观，如果热力学和动力学完全一致时，晶体学也会完全一致，最终微观组织完全一致[1]。基于此，如果可以精准确定微观组织形成的热–动力学，完全可以越过微观组织，直接决定微观组织变形行为涉及的位错热–动力学。以微观组织作为桥梁或载体，源于位错热–动力学的强塑性互斥必然取决于材料加工涉及的相变或变形的热–动力学相关性，因此精确设计成分和工艺，完全可以直接定量决定微观组织的力学性能。

无论是连续发生的多个相变，还是连续发生的相变和变形，都属于不同热–动力学多样性组合造成的不同格局的热–动力学相关性的延续，旨在实现热–动力学相关性格局的突破，并把先进的热–动力学组合传递下去，这就是材料设计的真谛。热–动力学贯通性包括三个层次的问题：如何突破热–动力学相关性，如何实现热–动力学贯通性，以及如何应用热–动力学贯通性，其实就是本章要阐述的热–动力学贯通性的体现、度量、基础和设计。

5.2　热–动力学贯通性的体现

凝固和固态相变包括一定热力学驱动力下由局部成分、结构起伏决定的形核过程及借助原子扩散穿过产物/母相界面的生长过程[1-4]。从转变机制看，无论是非平衡凝固还是 (扩散型) 固态相变，生长机制都包含界面控制和扩散控制两类，两者间差异仅在于热量传输对凝固过程有更重要影响。事实上，固态相变受到凝固过程非平衡性的强烈影响，不仅反映在材料的原始状态及进一步加工处理上，也体现在最终产物的物理化学特性上。因此，无论在科学研究还是工程应用上，非平衡凝固和固态相变的一体化研究都具有重大意义。

如果把目光从连续相变转移到连续发生的相变和变形，情况也是类似。相变和变形属于不同级别的原子运动，无论是形成微观组织，还是微观组织变形，都不同程度包括相变和变形[5,6]。对热–动力学而言，相变/变形可统一为组织形成需要的相变和组织变形导致位错组态的演化；热力学驱动力和动力学能垒贯通组织形成机制及组织决定的变形机理。在相变阶段，相变的热力学驱动力和动力学能垒决定微观组织，对应屈服强度；在变形阶段，位错组态演化导致的加工硬化使得继续变形所需要的驱动力提升，而微观组织又决定位错演化的动力学能垒，即加工硬化模式。可见，形成微观组织所涉及相变 (变形) 的热力学驱动力和动力学能垒，对应塑性变形涉及位错组态演化的热力学驱动力和动力学能垒。

5.2.1　非平衡凝固与固态相变一体化

固态相变作为与凝固相似的物理过程，强烈地体现着凝固过程的非平衡性，这种非平衡性直接影响着固态相变的发生、发展和最终材料的物理化学性能。如何定量表征非平衡凝固效应，揭示非平衡凝固与固态相变共同作用下的组织演化规律是准确预测相变组织形成的关键。对相变而言，非平衡凝固和固态相变均涉及形核和生长；对材料加工而言，非平衡凝固通过凝固组织必然影响固态相变的发生与发展；对材料设计而言，非平衡凝固和固态相变均依赖热力学和动力学，均体现不同非平衡条件下热力学驱动力和动力学能垒的相对变化。为探索非平衡凝固与固态相变的一体化问题，本书作者团队系统研究了单相固溶体合金[7,8]、共晶合金[9]、包晶合金[10,11]、工业用高温合金和铝合金的快速凝固及其固态相变 (包括块体转变 (massive transformation)[12]、亚稳/稳定转变[13]、沉淀析出[14]、再结晶和晶粒长大[15,16])。据此，可以把非平衡凝固与固态相变的一体化研究划分为三个层次：① 非平衡凝固影响后续固态相变；② 非平衡凝固与固态相变新机制；③ 非平衡凝固与固态相变的一体化调控。

1. 非平衡凝固与后续固态相变

包晶转变是凝固过程中一类重要的相变，研究发现，不同的凝固初始过冷度显著影响包晶转变及最终凝固组织。以典型 Fe-4.33%Ni (原子分数) 包晶合金为例[17,18]，包晶反应发生的必要条件是三相点 (L, δ,γ) 的出现，因此反应前需一定量 γ 相在初生 δ 相的表面析出[19]。由于 δ 相 (BCC) 与 γ 相 (FCC) 晶格结构不同，γ 相不能依附于初生 δ 相很快析出，而需要一定时间[20]，该时间被定义为包晶孕育时间 τ_{PR}。重复性实验表明，包晶反应发生与否取决于 τ_{PR} 和 δ 相凝固完成时间 t_δ 的相对大小，这由初始过冷度直接决定；其中临界过冷度 $\Delta T^* \approx 130\mathrm{K}$。当 $\Delta T < \Delta T^*$ 时，$t_\delta > \tau_{\mathrm{PR}}$，$\mathrm{L} + \delta \to \gamma$ 包晶反应充分进行，再辉曲线明显存在两个再辉峰 [图 5-1(a)]，分别对应初生 δ 相凝固和包晶凝固过程，对应组织如

图 5-1(b) 所示。当 $\Delta T > \Delta T^*$ 时，$t_\delta < \tau_{\rm PR}$，再辉曲线显示一个再辉峰 [图 5-1(c)]，对应于初生 δ 相凝固；由于过冷度足够大，δ 相凝固时间短，包晶反应被抑制。

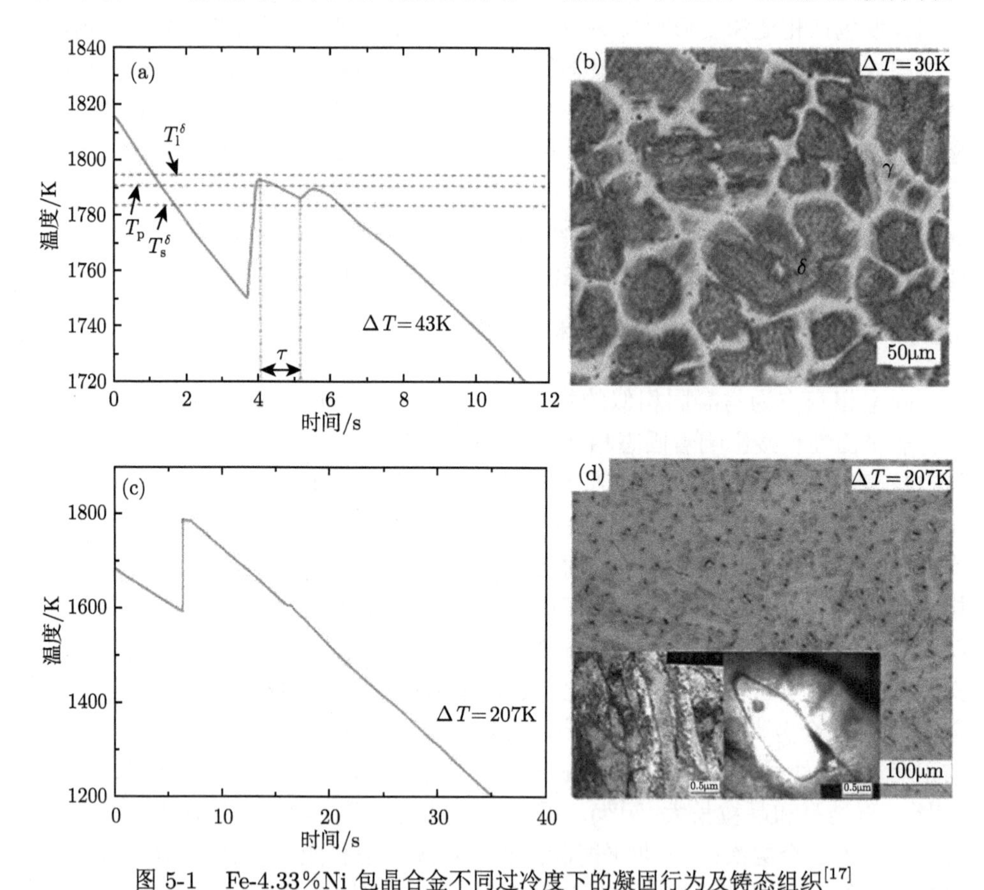

图 5-1　Fe-4.33%Ni 包晶合金不同过冷度下的凝固行为及铸态组织[17]

(a) $\Delta T < \Delta T^*$ 时对应的再辉曲线；(b) $\Delta T < \Delta T^*$ 时包晶凝固组织 (初生 δ 相被 γ 相包覆)；(c) $\Delta T > \Delta T^*$ 时对应的再辉曲线；(d) $\Delta T > \Delta T^*$ 时形成的第二相，小图为凝固基体 (左) 和析出的第二相 (右)

根据 Fe-Ni 包晶合金平衡相图可知，初生 δ 相一旦进入 γ 相区，便具有发生 $\delta \to \gamma$ 相变的热力学倾向，具体过程包括三个阶段：包晶反应、体积扩散型转变和块体转变。当 $\Delta T < \Delta T^*$ 时，初生 δ 相与液相发生反应，在 δ 相周围形成 γ 相的包晶层，一方面包晶层直接向熔体中凝固，另一方面会以包晶转变的方式向初生 δ 相内部生长。凝固结束后的冷却过程则完全受外界冷却控制，由时间–温度–转变 (time-temperature-transformation，TTT) 曲线 (图 5-2) 可以判断，冷速约为 20K/s 时，剩余的 δ 相通过块体转变成为 γ 相。当 $\Delta T > \Delta T^*$ 时，凝固过程只形成 δ 相，凝固组织成分均匀，有利于 $\delta \to \gamma$ 的块体转变。

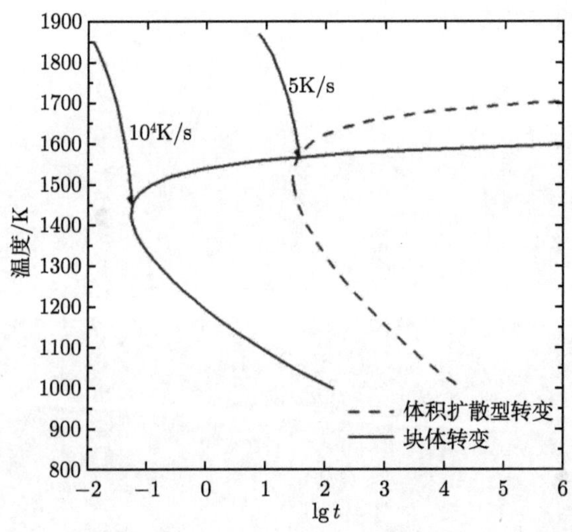

图 5-2 Fe-4.33%Ni 包晶合金 $\delta \rightarrow \gamma$ 相变的 TTT 曲线[12]

因 Ni 基合金具有优异的抗氧化和耐腐蚀性，被广泛用于海洋工程、蒸汽轮机和航空航天，其中 Ni-Si 合金引起了众多研究者的兴趣。Ni_3Si 析出相作为 Ni-Si 合金的主要析出相，其尺寸形貌对合金性能优化至关重要。有别于传统的固溶时效析出，有关深过冷 Ni-Si 合金的研究[21,22] 发现，非平衡凝固效应对随后 Ni_3Si 的析出过程影响显著。

对不同过冷度下得到的凝固组织在 973K 进行不同时间热处理，观察 Ni_3Si 析出相的形貌演变，具体实验细节见文献 [23]。实验结果显示，当过冷度从 105K 提升到 220K 时，经相同温度、相同时间退火，Ni_3Si 析出相在基体中分布均匀，但析出相尺寸显著增大 (图 5-3)。究其根本，提升凝固过冷度会增强溶质截留效应，使得 Si 原子在 α-Ni 固溶体中的溶解度提升。如图 5-4(a) 所示，从 $\Delta T \approx 50$K 时的 12.36%提升到 $\Delta T \approx 105$K 时的 13.88%，再到 $\Delta T \approx 220$K 时的 16.8%，这大大提高了 Ni_3Si 析出相的形核驱动力，增加了 Ni_3Si 析出相的形核密度；同时，过饱和度提升也显著提升析出相的生长速度 [图 5-4(b)]；析出相的形核率和生长速度均增加，形核与长大的综合作用导致凝固组织中析出相数量增多且尺寸增大 [图 5-4(c)]。可见，通过控制非平衡凝固效应和后续的热处理工艺，可有效调控析出相的析出过程，进而调控合金的力学性能。

A356 铝合金作为一种常见的 Al-Si 基铸造铝合金，具有优异的铸造性能，广泛应用于汽车、飞机等交通运输行业。采用末端铜模激冷的砂型铸造方法获得不同冷速的凝固样品，具体实验细节见文献 [24] 和 [25]，随后对不同样品进行相同温度和保温时间的固溶处理。对比不同冷速下 A356 合金凝固组织经固溶处理后

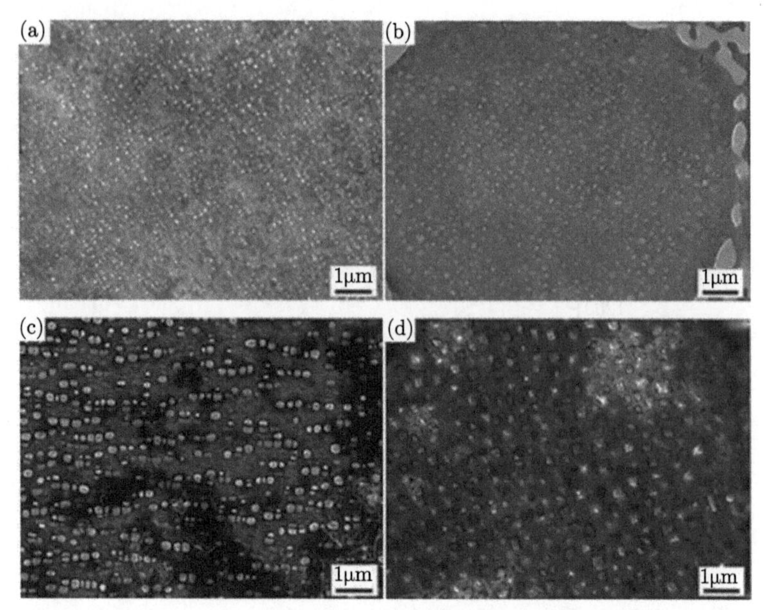

图 5-3　Ni-Si 合金非平衡凝固对析出相形貌的影响[23]

(a) $\Delta T \approx$105K 及 T = 973K 时退火处理 4h；(b) $\Delta T \approx$105K 及 T = 973K 时退火处理 8h；

(c) $\Delta T \approx$220K 及 T = 973K 时退火处理 4h；(d) $\Delta T \approx$220K 及 T = 973K 时退火处理 8h

共晶硅颗粒的形貌发现，高冷速 (2.6K/s) 样品中共晶硅颗粒球化比较充分，而低冷速 (0.12K/s) 样品中共晶硅基本仍处于粗大片状 (图 5-5)。

共晶 Si 颗粒球化的本质是 Si 原子从共晶 Si 区域向 Al 基体的扩散，可近似描述为[26]

$$\frac{\mathrm{d}R}{\mathrm{d}t} = -\varOmega_{\mathrm{sol}}\left(\frac{D_{\mathrm{b}}}{R_0} + \sqrt{\frac{D_{\mathrm{b}}}{\pi t}}\right) \tag{5-1}$$

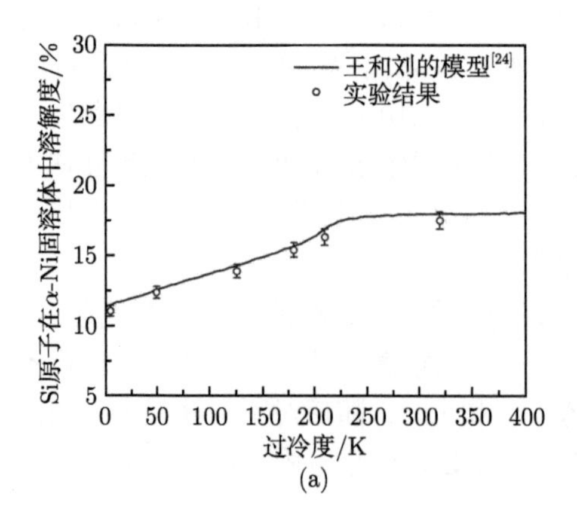

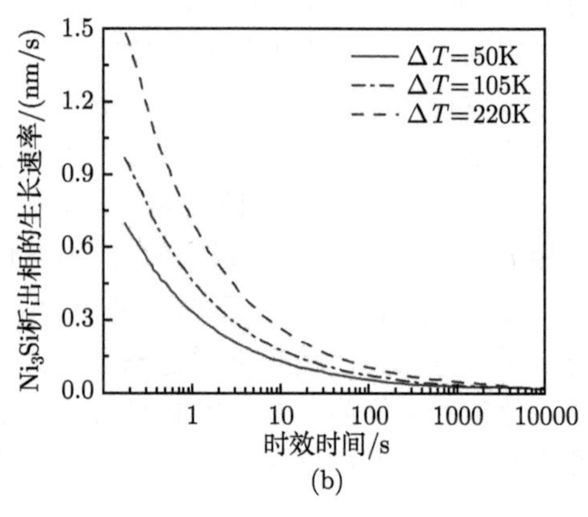

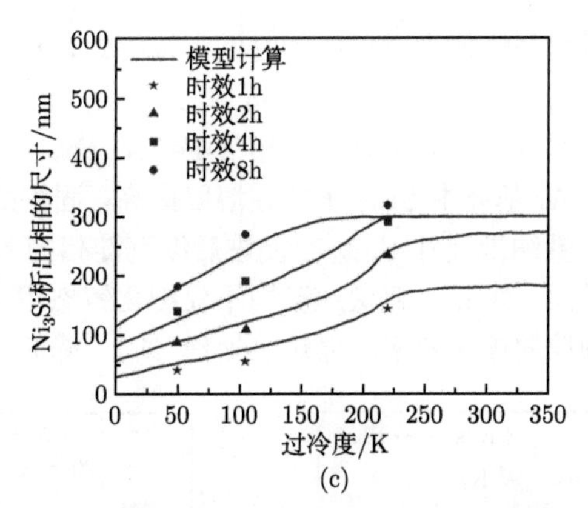

(c)

图 5-4　Ni-Si 合金在不同过冷度得到的非平衡凝固组织[23]

(a) Si 原子在 α-Ni 固溶体中溶解度随过冷度的变化；(b) 不同过冷度下，Ni_3Si 析出相的生长速率随时效时间的变化；(c) Ni_3Si 析出相的尺寸随过冷度和时效时间的变化

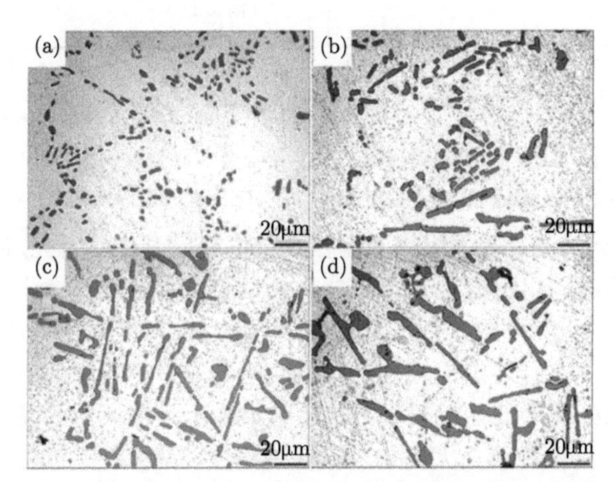

图 5-5　不同冷速下 A356 合金凝固组织经固溶处理后的共晶硅颗粒形貌[25]

(a) 2.6K/s；(b) 0.6K/s；(c) 0.22K/s；(d) 0.12K/s

式中，R_0 为共晶 Si 的初始尺寸；Ω_{sol} 为 Si 在基体组织中的过饱度；D_{b} 为扩散系数；t 为固溶处理时间。式 (5-1) 等号右端的负号表明，$\mathrm{d}R/\mathrm{d}t$ 曲线斜率为负值，即随固溶时间延长，共晶 Si 溶解速率降低。由式 (5-1) 可知，较小的 R_0 与较大的 Ω_{sol} 均有利于提高共晶 Si 的溶解速率。随着冷速提高，R_0 减小，Ω_{sol} 增大，同时 α-Al 的二次枝晶间距也会减小，一定程度上缩短了 Si 原子向 Al 基体扩散的距离，进而促进共晶 Si 的快速溶解，提高共晶 Si 的球化效率。

进一步，采用阶梯铜模浇铸获得更高冷速下的 A356 凝固组织[27]，分别进行固溶、时效处理，所获得组织的屈服强度如图 5-6 所示。对比发现，随冷速增大，凝固组织固溶时效后达到峰值力学性能的时间大幅缩短，相比低冷速，96K/s 下试样达到峰值固溶时间和时效时间只需 0.5h 和 1h。由此可知，细小的共晶 Si 较容易发生球化且球化程度高，同时有害杂相 β-Fe (Al_5FeSi) 在较短固溶时间内几乎完全溶解，从而使 Al 基体中 Si 原子的固溶度提高，固溶处理效率提高；另外，高冷速凝固组织中大量纳米尺寸 Si 颗粒促进后续沉淀相的形核，提高其形核率，进而大大缩短时效时间。可见，亚快速凝固不仅细化铸态组织，也显著提高固溶处理过程中共晶硅颗粒的球化效率，缩短热处理时间，降低合金的生产成本。

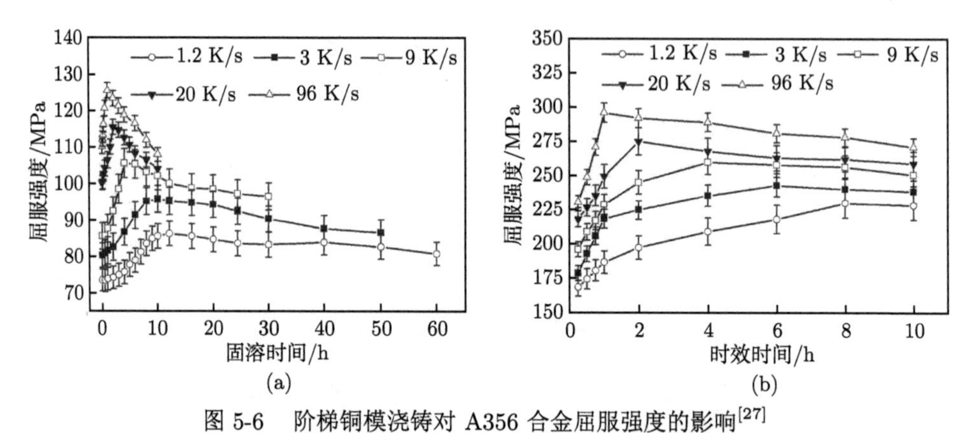

图 5-6 阶梯铜模浇铸对 A356 合金屈服强度的影响[27]

(a) 不同冷速下凝固试样屈服强度随固溶时间变化；(b) 不同冷速下凝固试样屈服强度随时效时间变化

对 Ni-B 合金深过冷凝固组织的晶粒细化机制已有广泛研究，但尚不清楚非平衡凝固是否影响凝固组织的进一步晶粒长大。通过熔融玻璃净化和循环过热快淬处理获得不同过冷度下的 Ni-1.5%B (原子分数) 合金，详细实验过程见文献 [28]；随后，在 900℃ 下进行等温退火处理，以此研究非平衡凝固效应如何影响该合金凝固组织固态热处理中的晶粒长大。实验结果显示，退火后的晶粒随凝固初始过冷度增加出现了交替晶粒长大现象，即低过冷度下 ($\Delta T = 90$K) 晶粒正常长大，过冷度增大到一定程度 ($\Delta T = 140$K) 时晶粒出现非正常长大 [图 5-7(a)~(c)]，但当过冷度进一步增大 ($\Delta T = 250$K)，晶粒又呈现正常长大的现象 [图 5-7(d)~(f)]。不同过冷度下得到 Ni-1.5%B 合金凝固组织在 1173K 退火时晶粒尺寸随退火时间的变化见图 5-8。

基于非平衡凝固溶质截留和固态转变溶质拖拽的模型计算，结合式 (3-5) 提出晶粒长大的驱动力 (P_G) 和拖拽力 (P_D) 的概念，凝固初始过冷度大小直接决定退火过程中晶粒长大驱动力 (P_G) 和拖拽力 (P_D) 的相对大小，存在三种情况：当过冷度足够小时，铸态晶粒粗大，晶粒长大驱动力 (P_G) 很小，相应的低过冷度导致基体溶质再分配显著，从而产生大的晶粒长大拖拽力 (P_D)，即 $P_G \ll P_D$，出现正常的晶粒长大；当过冷度足够大时，铸态晶粒细小，晶粒长大驱动力 (P_G) 很

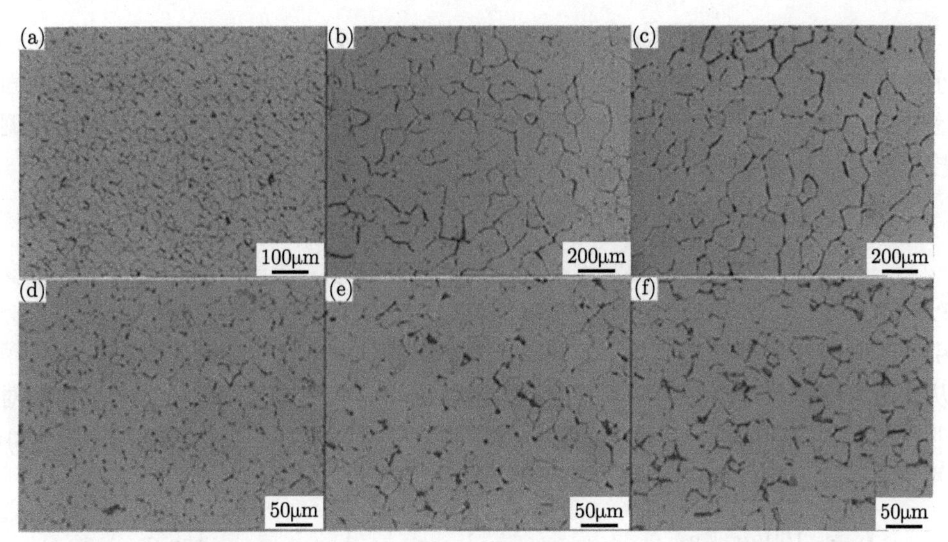

图 5-7　不同过冷度下得到 Ni-1.5%B 合金凝固组织在 1173K 退火后的微观组织

(a) $\Delta T = 140\text{K}$，$t = 0.5\text{h}$；(b) $\Delta T = 140\text{K}$，$t = 8\text{h}$；(c) $\Delta T = 140\text{K}$，$t = 24\text{h}$；(d) $\Delta T = 250\text{K}$，$t = 0.5\text{h}$；(e) $\Delta T = 250\text{K}$，$t = 16\text{h}$；(f) $\Delta T = 250\text{K}$，$t = 30\text{h}$

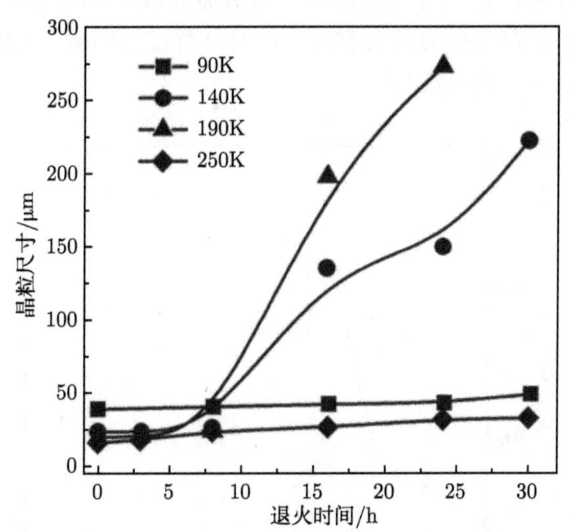

图 5-8　不同过冷度下得到 Ni-1.5%B 合金凝固组织在 1173K 退火时晶粒尺寸随退火时间的变化

大，同时，大的过冷度导致溶质截留效应增强，基体溶质分布趋于均一，从而晶粒长大的拖拽力 (P_D) 大大降低，即 $P_G \gg P_D$，组织也呈现正常的晶粒长大；当过冷度处在上述两种情况之间，晶粒长大驱动力与拖拽力相当时，晶界迁移速度产生不连续的跳跃[29]，最终导致了晶粒的不正常长大。

可见，非平衡凝固效应对凝固组织进一步热处理中发生的固态相变影响显著：小过冷度相比大过冷度的凝固过程，属于小驱动力–大能垒的组合，凝固组织的固态转变，也是小驱动力大能垒的组合；反之亦然。深入研究二者的联系对组织调控和性能优化有重要指导意义。

2. 非平衡凝固与固态相变新机制

一般而言，再结晶主要发生于金属塑性加工过程，通过形核和生长消除形变以及回复基体，其驱动力是形变金属的机械储存能。研究发现，非平衡凝固也会引发凝固组织的再结晶现象。以镍基 DD3 高温合金为研究对象，Liu 和 Yang[7] 从快速再辉中热冲击和应力累积遵循的能量守恒和变形原理出发，分析了再辉对非平衡凝固组织的热、流动和应力作用，建立了凝固组织应力累积模型 (式 5-2)，并定量计算了应力累积与熔体初始过冷度的关系 (图 5-9)：

$$\sigma_S(g_S)=\frac{160\mu a^2}{(f_S^R)^2 t_f \lambda_2^2}\frac{g_S}{g_L}\left(g_S-g_S^{coh}+\frac{1}{1-g_S}-\frac{1}{1-g_S^{coh}}+2\ln\frac{1-g_S}{1-g_S^{coh}}\right)\beta_S \quad (5\text{-}2)$$

式中，g_L 为液相体积分数；g_S 为初生固相体积分数 ($g_S^{coh}<g_S<f_S^R$)；f_S^R 为再辉后最大固相体积分数；g_S^{coh} 为枝晶骨架形成所需的最小固相体积分数；β_S 为凝固初期的收缩系数；μ 为液相的动态黏度；a 为再辉过程中固/液混合区的长度；λ_2 为二次枝晶间距；t_f 为再辉时间。

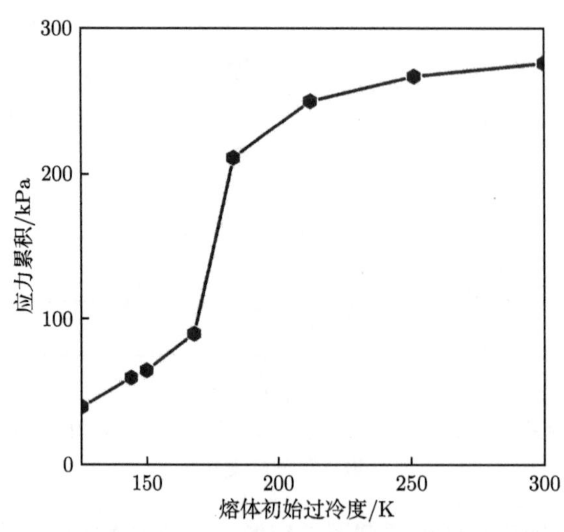

图 5-9　镍基 DD3 高温合金中应力累积与熔体初始过冷度之间的定量关系[7]

图 5-9 表明，只有当溶体初始过冷度超过临界值，非平衡凝固导致的应力积累才会导致微观组织发生塑性变形并储存变形能，凝固组织才会在随后的冷却过

程中发生再结晶，导致晶粒细化。以 Ni-20%Cu (原子分数) 合金为例，实验观察直接给出了应力诱发再结晶机制的实验证据，详细实验过程见文献 [30]。与自然冷却得到的组织相比，深过冷快淬下得到的组织里出现了大量孪晶界，且小角度晶界的分数高达 75.2%，由此推断凝固组织为部分再结晶组织 [图 5-10(a) 和 (c)]。

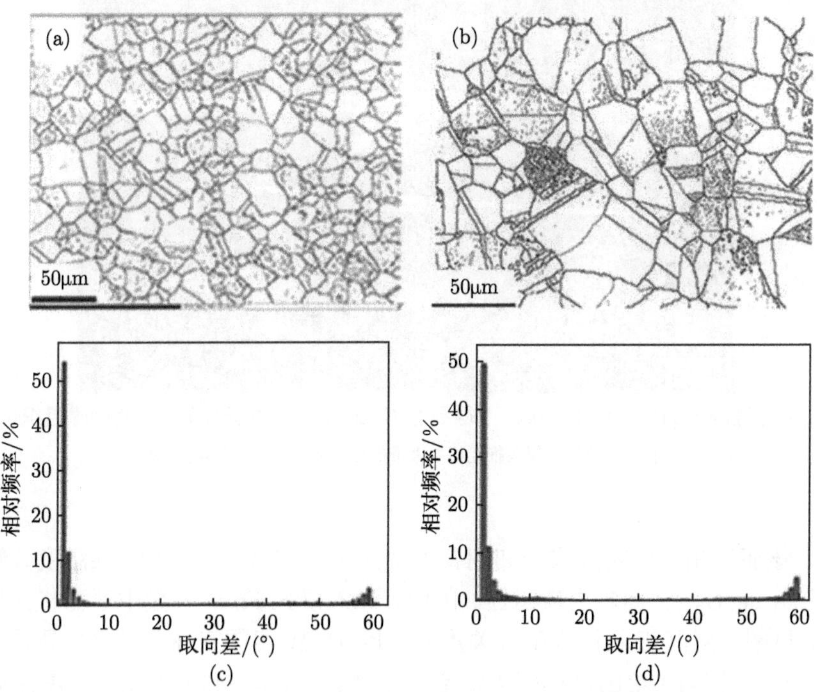

图 5-10 Ni-20%Cu (原子分数) 合金非平衡凝固及再结晶后的微观组织

(a) 深过冷 ($\Delta T = 225$K) 快淬下得到的凝固组织；(b) 深过冷后经 1273K 退火 30min 得到的组织；(c) 深过冷 ($\Delta T = 225$K) 快淬下得到的凝固组织中晶界取向差分布；(d) 深过冷后经 1273K 退火 30min 得到的组织中晶界取向差分布

同时，实验发现，快淬晶粒内部存在大量类似冷变形的缠结位错，远多于自然冷却状态下组织内部的位错数量 (图 5-11)。进一步对快淬组织进行短时间的退火处理，铸态组织内部晶界平直尖锐，出现大量的退火孪晶，呈现典型的完全再结晶形貌 [图 5-10(b) 和 (d)]。

理论计算结合实验表征，有力证实非平衡凝固的引入为凝固组织的再结晶提供了足够的驱动力，在随后的退火处理中引发了变形晶粒的再结晶，这为材料加工过程获得再结晶组织提供了一种新的处理手段。

Fe-B 合金作为一种典型的玻璃形成能力很强的非晶体系，具有优异的软磁性能。其软磁相是从 12%~25%B (原子分数) 非晶基体中析出的亚稳相 Fe_3B 颗

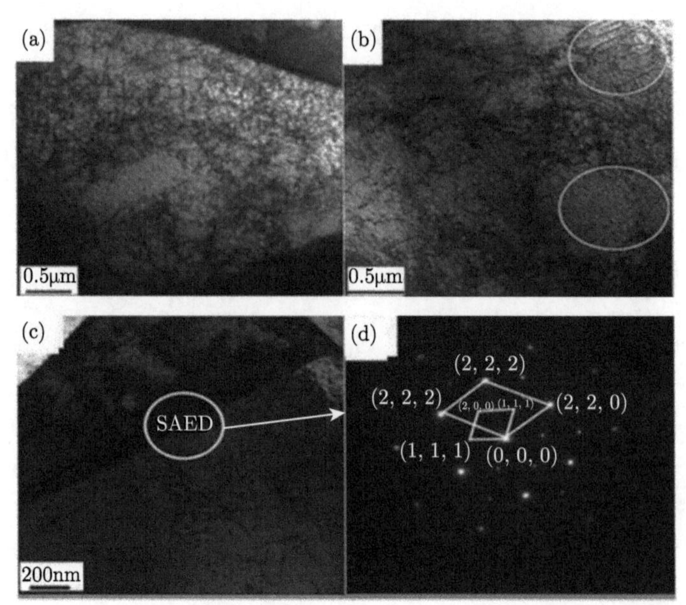

图 5-11　深过冷 ($\Delta T = 225\text{K}$) 快淬下得到的 Ni-20%Cu (原子分数) 合金凝固组织位错形貌
(a)~(c) 透射电镜表征组织中大量的位错网；(d) 选区电子衍射

粒[31]，该亚稳相会因合金成分和制备方法的差异在 623~1113K 某温度分解，生成稳定相 Fe_2B[32]，而丧失软磁性。因此，深入研究 Fe-B 合金中亚稳相的形成及其转变机制，对其工业化应用至关重要。以 Fe-B 相图富 Fe 端的共晶系合金为研究对象，图 5-12 给出过冷度达到超过冷 $\Delta T_{\text{hyper}} = 445\text{K}$ 时的 $Fe_{83}B_{17}$ 合金在 858K 退火处理 3h 和 16h 后的 X 射线衍射 (XRD) 图谱。由图可见，退火后试样中亚稳相 Fe_3B 仍然存在；这说明在此温度和时间范围内，亚稳相–稳定相转变，即 $Fe_3B \rightarrow Fe_2B + Fe\ (\alpha)$ 并未发生。与之对比，Fe-B 非晶合金在同样条件下相对容易发生亚稳转变生成 Fe_2B。可见，非晶合金和超过冷快速凝固组织中均可得到亚稳相 Fe_3B，但从超过冷快速凝固组织中得到的 Fe_3B 相更加稳定[31-33]，这说明非平衡凝固效应的引入影响其凝固组织中亚稳相 Fe_3B 的后续分解。

由热力学可知，非晶态和深过冷凝固组织均处于亚稳态，具有自发向稳定相转变的趋势，其转变过程要经历一个过渡态 (图 2-6)，此时的原子具有最大的自由能 G_{A}，即处于临界转变状态。随熔体初始过冷度提升，亚稳相–稳定相转变所必需的动力学障碍 $\Delta G_{\text{A}} = (G_{\text{A}} - G_{\text{I}})$ (动力学能垒) 提升。如此，当非平衡凝固效应使得超过冷凝固组织的初始态名义自由能 G_{I}[34] 小于非晶态时，非晶晶化所需要的 ΔG_{A} 必然少于超过冷凝固组织发生稳定化转变所需要的 ΔG_{A}。与此同时，亚稳相–稳定相转变所需驱动力 $\Delta G = G_{\text{I}} - G_{\text{F}}$ 却小于非晶晶化 ($\Delta G_{\text{amorphous}} >$

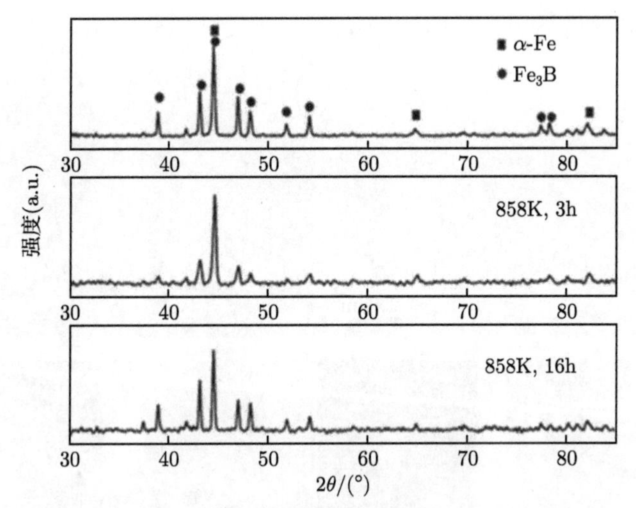

图 5-12　超过冷凝固 $Fe_{83}B_{17}$ 合金及不同热处理后的 XRD 图谱 ($\Delta T_{\rm hyper} = 445$K)

$\Delta G_{\rm hypercooling}$，$G_{\rm F}$ 为转变后最终稳定相的名义自由能)，这意味着亚稳相–稳定相转变自身提供的驱动力小，需要外界提供更多能量才能完成亚稳相转变。综上所述，亚稳相–稳定相转变相比非晶晶化，是一个小驱动力–大能垒的过程，非平衡效应的引入使得超过冷凝固组织更加稳定，其亚稳相–稳定相转变拥有更高的动力学能垒而需要消耗更多的能量，因此，$Fe_3B \rightarrow Fe_2B$ 转变就需要更高温度和更长时间。非平衡凝固效应的不同使得后续固态相变具备不同的驱动力和能垒的搭配，从而引发后续亚稳相–稳定相转变的进行或抑制，也就是稳定性不同的 Fe_3B 亚稳相。

可见，非平衡凝固效应改变了微观组织的热力学状态和进一步固态相变的动力学过程。究其根本，只有当凝固的初始过冷度达到临界值以后，才会在凝固组织中出现较低过冷度下观察不到的动力学现象，这就是非晶合金中 Fe_3B 相更容易失稳，而超过临界过冷度的非平衡凝固组织更容易发生固态再结晶的原因。

3. 非平衡凝固与固态相变的一体化调控

工程应用中，希望材料具有高强度的同时也具有较好的塑性，但以位错理论为基础的传统强化方法，无法改变一个事实：牺牲材料一部分塑性来换取其强度的提升。研究发现，非平衡凝固结合后续固态处理可有效改善这一现状。以 A356 铸造铝合金为例[27]，通过阶梯铜模浇铸获得凝固冷速 96K/s 的亚快速凝固组织，随后进行短时间的低温退火处理。相比传统 A356 合金，该工艺获得了一种全新的多级组织 (图 5-13)。

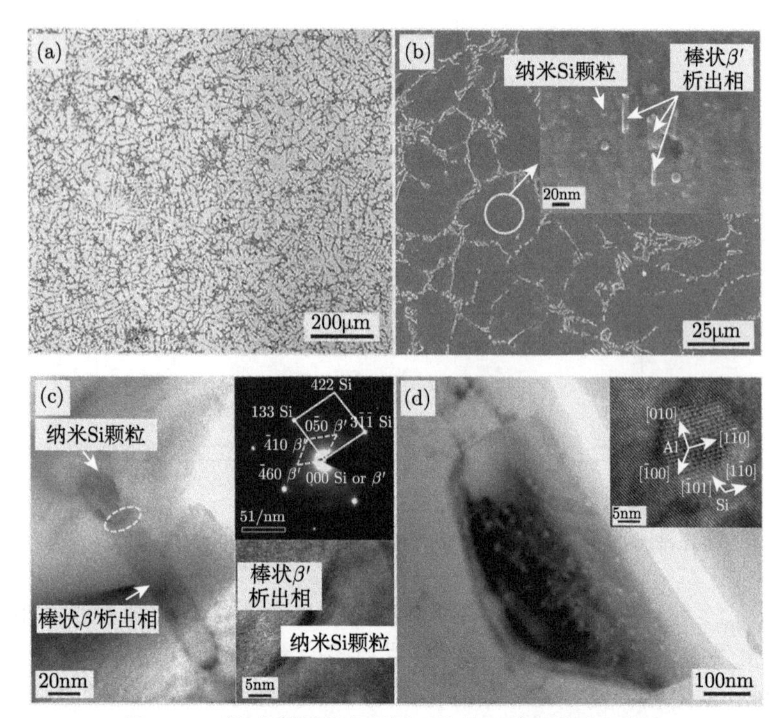

图 5-13　快速凝固结合凝固后热处理获得的多级组织

(a) 冷却速度为 96K/s 的铸态组织，主要由 Al 枝晶和共晶 Si 组成；(b) Al 枝晶内部存在大量弥散纳米 Si 颗粒；(c) 基体中部分棒状 β' 析出相与纳米 Si 颗粒相连，界面结合处电子衍射花样及其高分辨图像；(d) 共晶 Si 颗粒表面上的纳米 Al 颗粒及其高分辨图像

经一体化处理的 A356 合金组织中除均匀分布的微米级共晶硅颗粒，其内部还分布大量纳米尺度的 Si 颗粒，棒状 β' 析出相依附于纳米硅颗粒析出，且共晶硅颗粒内部分布大量纳米尺度的 Al 颗粒。在随后的固溶时效处理中，纳米 Si 和纳米 Al 颗粒表现出优异的热稳定性，在经历时效处理后的组织中依然保留；对比不同冷速下凝固组织最终时效处理后的应力应变曲线，合金的强度和塑性均得到显著提升 (图 5-14)。

合金发生塑性变形时，纳米 Si 颗粒会阻碍、缠结位错，从而提升 α-Al 基体的位错储存能力，进而避免位错在 Al/Si 界面上聚集而引发应力集中，使位错在晶内均匀分布，提升了材料整体的塑性。与此同时，分布于共晶 Si 中的纳米 Al 颗粒会改善其变形承载能力，使其发生孪生变形而不是直接脆断。上述问题也可以从相变角度理解：非平衡凝固是大过冷度驱动下的热扩散过程，这是典型的大驱动力–小能垒导致过饱和单相固溶体的现象。例如，Al 在 Si 中、Si 在 Al 中的溶解；随后低温短时退火使得上述固溶体中析出纳米第二相，即 Al 中析出纳米 Si，

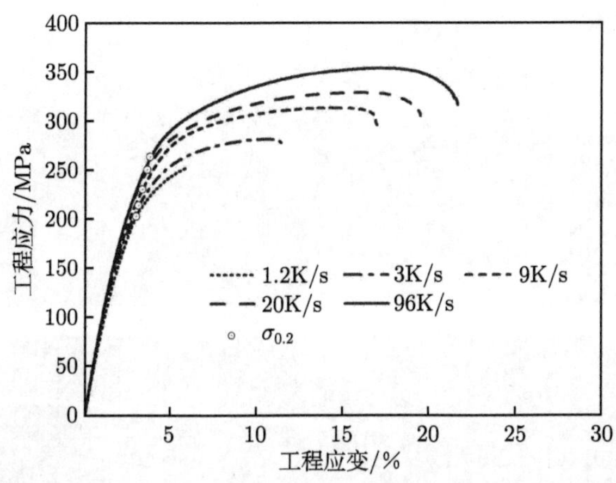

图 5-14 快速凝固结合后热处理工艺获得多级组织对应的拉伸性能曲线

而 Si 中析出纳米 Al，这是典型的大驱动力–大能垒导致第二相析出的现象。根据刘峰等的最新理解，正是上述大驱动力–小能垒和大驱动力–大能垒的相变组合，才会导致后续纳米第二相颗粒的产生以及上述强韧化机制的体现[27]。可见，快速凝固与固态相变一体化处理可实现 A356 合金强塑性的兼顾。

基于非平衡凝固与固态相变一体化的思想，将非平衡凝固组织热力学状态与固态相变动力学耦合，通过控制非平衡凝固效应实现了工业 DD3 高温合金非平衡凝固和固相析出的一体化调控[35,36]。随非平衡凝固过冷度的提升，凝固组织晶粒形貌依次经历粗大枝晶、一次等轴晶、细小枝晶再到二次等轴晶[37,38]，初生枝晶体积分数变大，尺寸变小。当过冷度达到甚至超过某临界值时，枝晶的快速生长会在已凝固枝晶内部产生收缩应力并引入大量晶体缺陷，结合溶质截留的效应，造成很大的晶格畸变能，这会降低凝固组织中 γ' 相的形核功，致使 γ' 相形核点增多，尺寸降低 (图 5-15)。

与此同时，快速凝固的溶质截留效应使得 γ 枝晶中溶质过饱和度提升，增加了 γ' 相的体积分数，而 W、Mo 高熔点原子的溶入可增加沉淀相在服役过程中的稳定性。如此，形变过程中细小、均匀分布的 γ' 相颗粒阻碍或延缓位错运动，使得位错必须切过析出相或者 γ/γ' 的相界面，造成形变所需应力提高，从而提高合金强度。一体化处理得到超细枝晶及细小、弥散、高体积分数强化沉淀相的微观组织，提高了该合金的室温抗拉强度和延伸率：ΔT = 145K 时，延伸率和抗拉强度高达 27%和 1040MPa，分别是普通铸态组织 (3%，346MPa) 的 9 倍和 3 倍，与工业 DD3 单晶高温合金的室温力学性能 (25%，1024MPa) 持平 [36,37] (图 5-16)。常规铸造、固溶、时效工艺的流程长，效率低，通过一体化调控，在未经任何热处理情况下，实现了 DD3 高温合金的高体积分数、细小、弥散沉淀相强化，

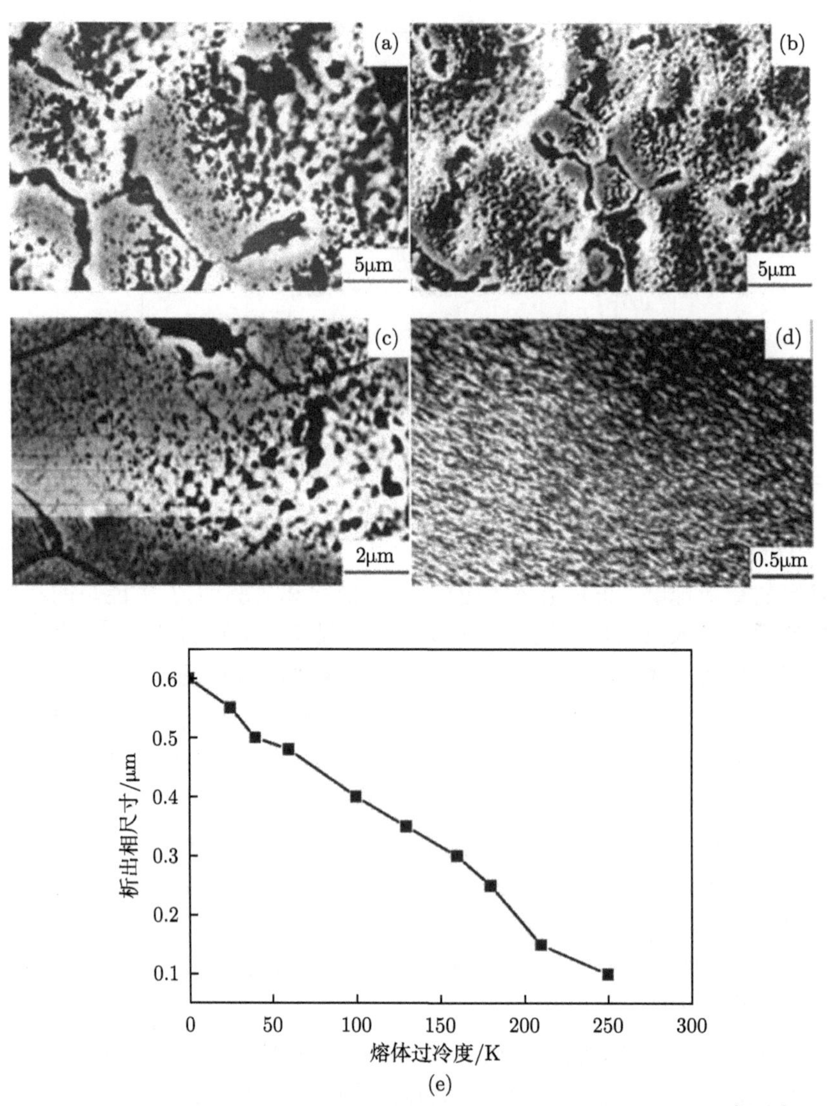

图 5-15　不同过冷度下 DD3 合金凝固组织中 γ' 析出相形貌和尺寸[35,36]

(a) $\Delta T = 45\text{K}$；(b) $\Delta T = 125\text{K}$；(c) $\Delta T = 200\text{K}$；(d) $\Delta T = 250\text{K}$；(e) γ' 析出相尺寸随熔体过冷度变化曲线

显著提高了铸态合金的力学性能，为铸造高温合金的加工成形提供了新思路。

可见，非平衡凝固结合固态相变，相当于在形成微观组织的过程中实现了大热力学驱动力–大动力学能垒的组合。那么，微观组织在随后的变形过程中，其位错演化只有也满足大热力学驱动力–大动力学能垒的组合，才会观察到上述强塑性的同时提升，这就是 5.2.2 小节将重点阐述的内容。

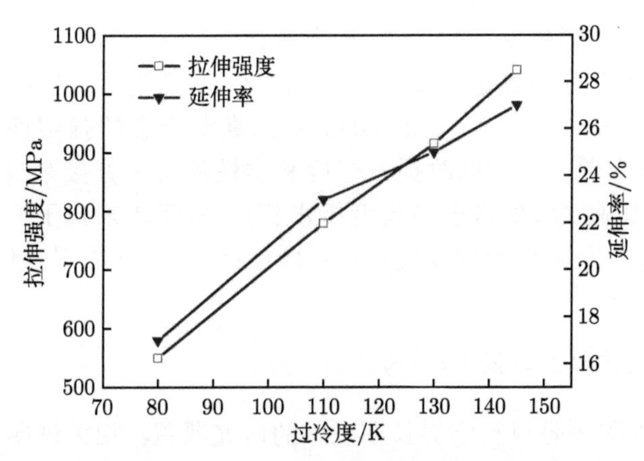

图 5-16　不同过冷度下 DD3 合金铸态组织的拉伸强度和延伸率[36,37]

5.2.2　微观组织形成与变形机理

如 5.2.1 小节所述，连续相变间存在前者对后者的影响，如非平衡凝固组织的固态相变过程[27,36,38]，连续变形过程中也是如此。例如，进一步对冷轧态合金进行轧制会越来越难，体现于越来越大的流变应力和塑性的变差 (位错增殖越来越难，但其自由运动速率越来越快)。如 4.2~4.4 节所示，相变发生所需的热力学驱动力越大，相变越难被启动，而启动后的动力学能垒越小。同样，变形发生所需的流变应力越大，说明启动位错越难，但是一旦启动，位错自由运动越快；或者说，给定应变下，流变应力越大意味着越难发生的变形和越快的位错自由运动，详见 4.5 节。

实验表明，以上微观组织的形成过程同微观组织变形的过程存在热–动力学方面的关联，该规律在业界常见的高温合金、高熵合金、马氏体组织、低合金钢、均质和非均质纳米晶材料中极其普遍。

1. 非平衡凝固组织的析出强化

凝固是微观组织形成的第一步，之后是固态相变。因此，凝固改性是设计力学性能的有效方法，如非平衡效应和合金化。通常采用这两种方法来实现大驱动力和大能垒的相变 (形成微观组织)，进而实现大驱动力和大能垒的位错滑移 (微观组织变形)。5.2.1 小节给出的铝合金和高温合金案例不仅强调了非平衡凝固与固态相变的一体化组织调控，更是凸显出微观组织形成与微观组织变形之间的热–动力学贯通性。下面以 DD3 镍基高温合金为例给予说明[35,36,38]。

在不同的冷却速率下，高体积分数的细小 (超细晶和纳米晶) γ' 析出相均匀地分散在奥氏体枝晶基体中，并且该凝固组织在室温下获得了随冷速提升而提高的拉伸强度和延伸率。如图 5-16 所示，当 $\Delta T = 145\text{K}$ 时，铸态合金的抗拉强度和延伸率分别高达 1040MPa 和 27%，分别为常规铸态合金 (346MPa 和 3%) 的 9 倍和 3 倍，与工业 DD3 单晶高温合金的强塑性 (1024MPa 和 25%) 几乎相同[35,36]。这种同时提升强度和塑性的现象直接来自于变形时位错滑移的高 ΔG 和高 Q (受益于多尺度析出相)，而间接来自于非平衡凝固导致的高 ΔG (较大的凝固初始过冷度) 和高 Q (较低温度下的固态体积扩散) 控制的固态析出过程[35,36,38]。

2. 多主元调控凝固的强化/增韧机制

合金化改性凝固是材料学界长期以来的研究课题，相关进展可见文献 [36]、[39]~[41]。由于独特的微观结构及颇具吸引力的力学性能[42,43]，本小节关注由多种主要元素 (具有接近等原子比) 形成的高熵合金的凝固。与传统合金不同，高熵合金被认为具有非凡的特性，在 2006 年被 Yeh[44] 总结为“四大核心效应”：高熵效应——高构型熵促进稳定固溶体相形成；严重的晶格畸变效应——晶格中原子的随机分布导致其畸变并影响材料的机械、传输和热性能；鸡尾酒效应——由组成元素之间的相互作用产生的协同效应，相比由混合规则简单预测得到的数量平均值存在过剩量；缓慢扩散效应——与纯金属和常规合金相比，扩散动力学受到阻碍，导致扩散系数较小。与传统金属/合金相比，尽管同样采用快速凝固或机械合金化等方法，在多主元高熵合金形成中，却可以获得相对较高的热力学驱动力和动力学能垒，这意味着高熵合金应该表现出根本不同的变形行为和力学性能。下面将展示高熵合金的微观结构在保证高流变应力 (高热力学驱动力 ΔG) 时，实现由高动力学能垒 Q 控制的位错运动。

高熵合金固有的晶格畸变和局部化学有序，其典型的微观结构和成分特征使得形成的固溶体中具有明显的空间成分变化 (即成分不均匀性)[45]。与只有一种主溶剂的合金相比，高熵合金引起的变形机制将表现出不同的行为，如高熵合金具有空间变化的层错能 γ_{SFE}[46]，高熵合金中孪晶难以生长[47]，全位错穿过高熵合金可以留下更高的能量构型[48] 等。所有这些因素在拓扑学上将塑性应变限制和局部化到具有位错塞积的单个或有限滑移面上，从而使高熵合金中的位错滑移被局部阻止。例如，在 Cantor 合金 (即 CoCrFeMnNi) 中，位错滑移强烈定位在一组 {111} 平面上[49]。鉴于此，可以重新解释通过调节化学成分/加工工艺达到局部异质性而优化高熵合金变形行为/力学性能的传统理念。也就是说，通过仔细选择成分 (即改变微观组织形成所涉及的相变热–动力学)，可以调整高熵合金变形中的位错行为 (即产生新的位错热–动力学)。例如，Ding 等[50] 用 Pd 元素替代 Cantor 合金中 Mn 元素，即形成 CrFeCoNiPd 合金，从而显著增加了电负性和原子尺寸的差异。与 Cantor 合金相比，CrFeCoNiPd 合金中所有五种元素的分布相对随机、均匀，呈现出更大的聚集性，这种显著的成分波动导致其对位错滑移的抵抗力比在 Cantor 合金中更强，并且最终在不影响应变硬化和塑性的情况下获得更高的屈服强度。在 BCC $(TiZrHfNb)_{98}O_2$ 高熵合金中也有类似的例子，Lei 等[51] 引入 2%(原子分数) 的氧元素形成高密度的纳米级氧配合物以改变位错滑移模式，从而大大促进了由迟缓位错运动构成的交滑移，获得了较高的应变硬化能力。相比传统合金，高熵合金中独特的变形机制及各种位错滑移模式，证实了其变形和力学性能主要归因于典型的高 ΔG 和高 Q 凝固给予的微观组织特殊性。

近年来，高熵合金以稳定相和单相为主的合金设计原则有所放宽，因此越来越多的研究关注亚稳相和多相构型。典型的例子有相变诱导塑性辅助的双相 (transformation-induced plasticity dual phase，TRIPDP) 高熵合金[52]、多组分金属间化合物纳米颗粒 (multicomponent intermetallic nano particles，MCINP) 强化的 FCC 高熵合金[53]、双相共晶薄片 (dual-phase eutectic lamellae，DPEL) 高熵合金[54] 等。在这些高熵合金中，有意地在基体中引入二次相、团簇/析出相、平面缺陷、晶粒尺寸分布等微观组织非均质性，以增加位错运动的阻力，见图 5-17[50-58]。类似于单相金属/合金，非均质微结构可以产生不均匀塑性变形，从而产生陡峭的应变

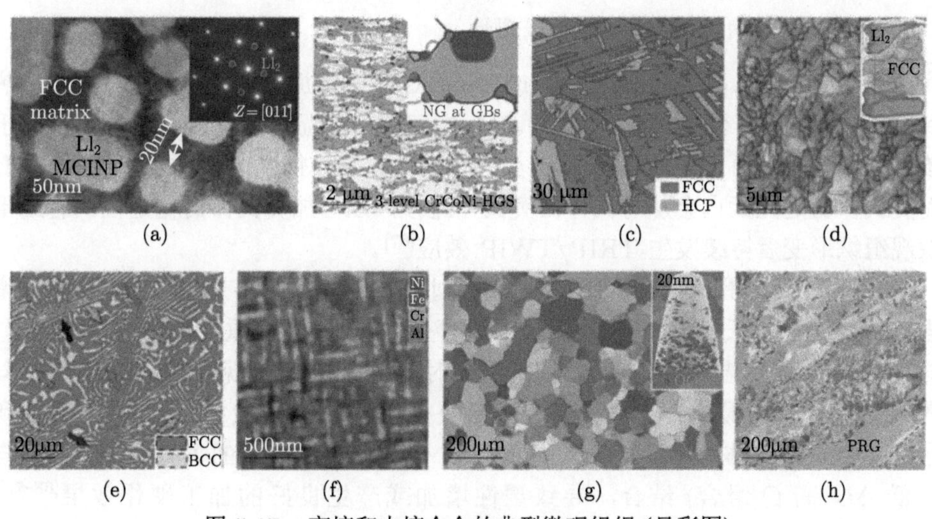

图 5-17　高熵和中熵合金的典型微观组织 (见彩图)

(a) $(FeCoNi)_{86}$-Al_7Ti_7 (Ll_2) 高熵合金，基体为 FCC 结构，析出相为多组元；(b) CrCoNi 中熵合金，超细晶和晶界析出构成非均质结构；(c) $Fe_{50}Mn_{30}Co_{10}Cr_{10}$ 高熵合金 FCC 和 HCP 结构；(d) $Al_{0.5}Cr_{0.9}FeNi_{2.5}V_{0.2}$ 高熵合金中 FCC 基体和 $L1_2$ 析出相；(e) $AlCoCrFeNi_{2.1}$ 共晶高熵合金双相层片组织；(f) $Al_{1.3}CoCrCuFeNi$ 高熵合金中富 Al-Ni 基体和富 Cr-Fe 析出相；(g) 含有富氧复合体结构的 TiZrHfNb 高熵合金；(h) 再结晶和部分再结晶构成的非均质结构高熵合金，详见文献 [45]

梯度，阻止位错滑移，允许更多的位错在晶粒内部相互作用和增殖，最终促进位错塞积以增强应变硬化。双相高熵合金中的组织不均匀性都是通过比单相高熵合金更合理的 ΔG-Q 组合来实现的。

3. 马氏体形成的热–动力学与强塑性

根据 Olson 等[59] 提出的马氏体相变模型 [式 (4-21)]，化学驱动力应克服应变能和界面能，以产生稳定的马氏体核胚。马氏体相变中界面运动由位错的保守性滑移组成[60,61]，可认为是变形的一种形式，并取决于母相中对位错滑移的阻力。根据 Olson 等的研究[60-64]，假设该过程中的界面运动可以像位错滑移一样看作是一种热激活过程，具有足够高的热力学驱动力但同时动力学能垒足够小的典型切变过程。同理，形变孪生也可以看作是一种特殊的马氏体相变，母相和新相具有相同的结构，但取向不同。

马氏体的形态通常表现为板条状或层片状，前者来自于位错滑移，后者则来自于形变孪生，二者的发生需要不同的热力学驱动力，因而遵循不同的热–动力学相关性。马氏体组织变形时的位错增殖导致强度升高，但塑性较差。与位错相比，孪生是典型的高 ΔG–低 Q 的过程，因此层片状马氏体相比板条状马氏体，其强度更高但塑性更低，参见 3.2.1 小节和 4.5.1 小节。

4. 淬火配分钢的热–动力学和强塑性

在淬火配分 (quenching & partitioning, Q&P) 钢加工过程中，通常将其加热到奥氏体化温度，然后淬火到 M_s 和 M_f 之间的一定温度[65,66]。在该温度或高于该温度保温时，由于 C 从马氏体向奥氏体扩散，马氏体中 C 的质量分数会降低，而奥氏体稳定元素也会从马氏体向奥氏体迁移，以增加奥氏体的稳定性，有助于微观组织形变后持续发生 TRIP/TWIP 效应[67]。

由于奥氏体具有良好的塑性，变形过程中 TRIP/TWIP 效应对塑性有增强作用，使得奥氏体体积分数的调整对钢的强塑性至关重要；通过优化工艺，如调节奥氏体化温度、淬火温度和配分时间，可控制微观组织，以获得不同的残余奥氏体体积分数，使得 Q&P 钢获得良好的力学性能。如图 5-18(a) 所示，较少的马氏体相 (即来自于高 ΔG–低 Q 组合) 与较多的奥氏体相 (即来自于低 ΔG–高 Q 组合) 结合，导致塑性增加或产生良好的加工硬化效果[68-79]，即位错演化的小驱动力–大能垒有利于加工硬化的延续。由于奥氏体的屈服强度低于马氏体，淬火后增加马氏体的体积分数可提高钢的屈服强度 (对应位错演化的大驱动力–小能垒)；屈服强度与马氏体体积分数的正相关关系如图 5-18(b) 所示[67-73,80-85]。

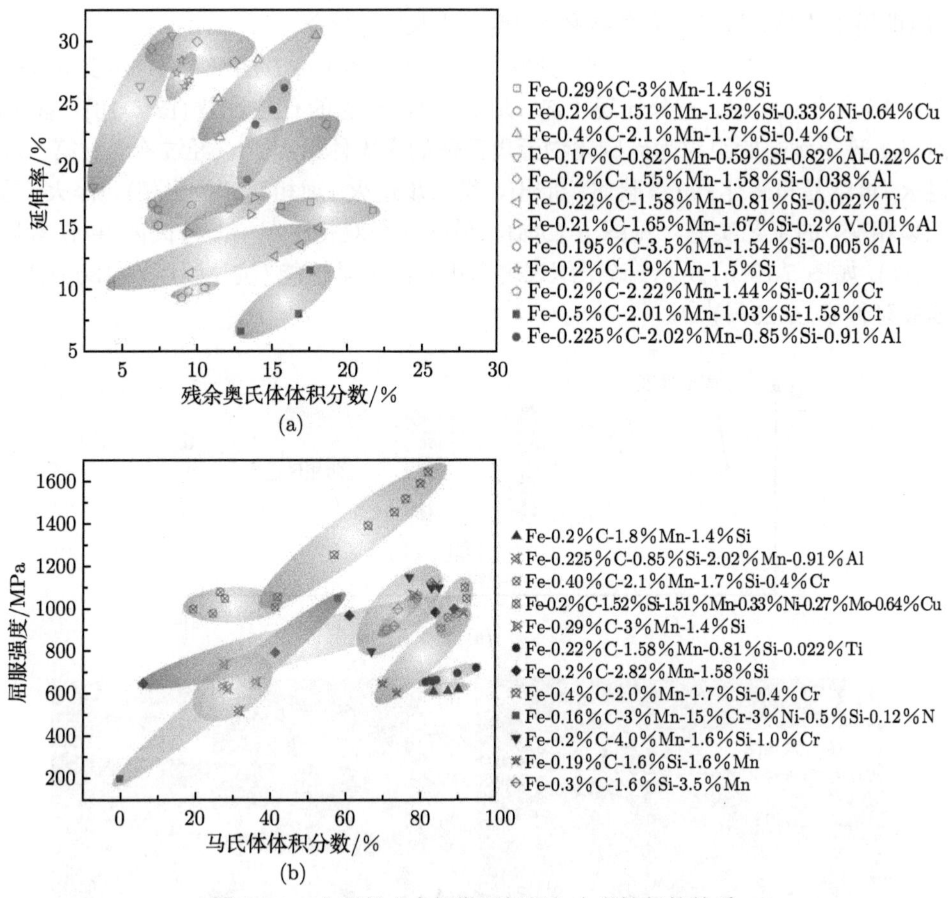

图 5-18　典型低合金钢微观组织与力学性能的关系

(a) 残余奥氏体体积分数与延伸率的正相关关系[68-79]；(b) 屈服强度与马氏体体积分数的正相关关系[67-73,80-85]

5. 双相钢中的大驱动力大能垒

一般来说，双相 (duplex phase, DP) 钢所含的马氏体体积分数不超过 30%[86]，传统强韧化通常集中在以不同方式强化铁素体基体[87-89]。铁素体的晶粒细化通过临界退火和淬火前变形来实现，即提高相变的热力学驱动力 [86,90,91]。根据 Hall-Petch 关系，超细铁素体晶粒 (<1μm) 会提升屈服强度，进而提高最大抗拉强度，但考虑到成本原因，其细化程度似乎总是限制在 1μm 水平。晶粒细化受限于高形核速率 (高 ΔG[92]) 和高生长速率 (低 Q[93]) 相结合，从而将抗拉强度限制在低于 1200MPa[94]。因此，在热–动力学协同作用下，引入大塑性变形意味着相变中极高的形核驱动力与被抑制的生长[88]。除晶粒细化，另一种有效的处理方法是微合金化，它不仅提高了铁素体的硬化能力，同时也阻碍了铁素体晶粒的生长，使晶粒细化和沉淀强化融为一体[91]。这些解决方案均试图在相变上实现高热力学驱动

力 (即用于成核) 和高动力学能垒 (即用于生长) 的组合。

基于前人工作，Zhang 等[95] 开发了一种新的热机械方法来制备 Fe-C-Mn-Si-Al-V 低合金双相钢，充分体现了热–动力学协同理念的有益效果 (图 5-19)。首先，Zhang 等得到起始组织为无碳化物无奥氏体的贝氏体组织[95]，经过冷轧、第一步退火 [再结晶和碳化钒 (渗碳体) 析出]、第二步退火 (逆相变和析出相)、淬火 (马氏体相变) 的工艺实施，见图 5-19(a)，最终获得双相组织——马氏体 + 铁素体 (基体)，如图 5-19(b) 所示。该组织表现出优异的力学性能 (抗拉强度 > 1300MPa，断裂延伸率 > 15%)[95]。

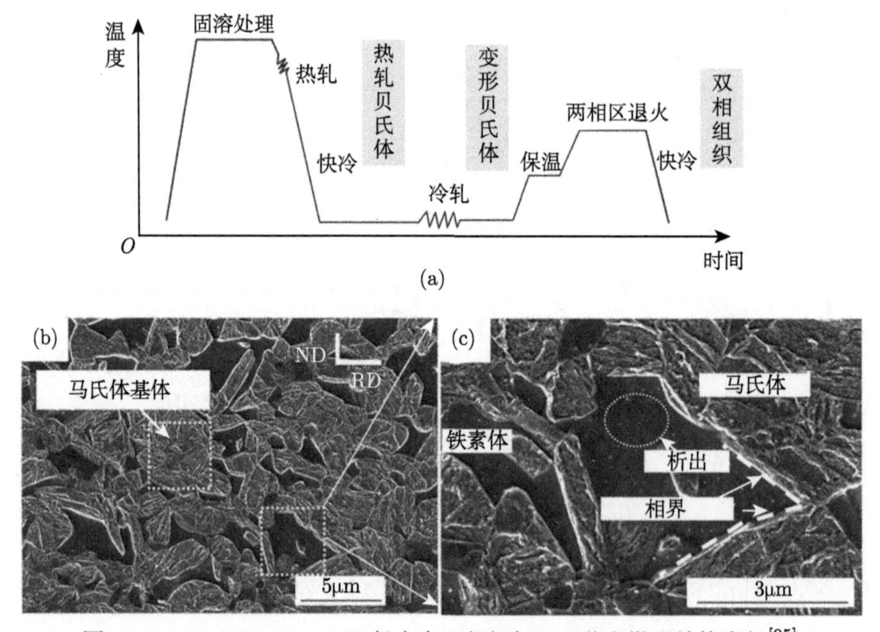

图 5-19 Fe-C-Mn-Si-Al-V 低合金双相钢加工工艺和微观结构表征[95]

(a) 热加工工艺；(b) 扫描电子显微镜图像，其中马氏体呈亮色而铁素体呈暗色；(c) (b) 图中白色放大区域显示铁素体有弥散析出相 (虚线表示相界)

在由铁素体和马氏体组成的双相组织中，铁素体晶粒中含有碳化钒 (VC) 颗粒，且马氏体晶粒得到有效细化，使屈服强度在低碳条件下 (< 0.2%，质量分数) 可达到 1000MPa。此外，该双相组织具有良好的塑性，当马氏体相的体积分数为 80%时，总延伸率可达 15.6%，说明马氏体组织已经发生变形，积累了大量应变。这相应产生三个问题[96-98]：① 高塑性是否来自于马氏体相；② 当前马氏体相与传统马氏体相是否不同；③ 如何获得当前马氏体相。

为了回答上述问题，有必要对相变热–动力学进行分析，包括初始变形铁素体的再结晶、渗碳体和共格 VC 的析出、逆奥氏体相变和马氏体相变。据文献

[95] 可知，高 ΔG 和高 Q 的组合贯穿整个加工过程，包括再结晶、逆奥氏体相变和马氏体相变；在马氏体相变之前，VC 从铁素体中析出并与其共格，再与奥氏体共格，最后与马氏体共格 (图 5-20)。因此，再结晶时的界面迁移和奥氏体逆相变

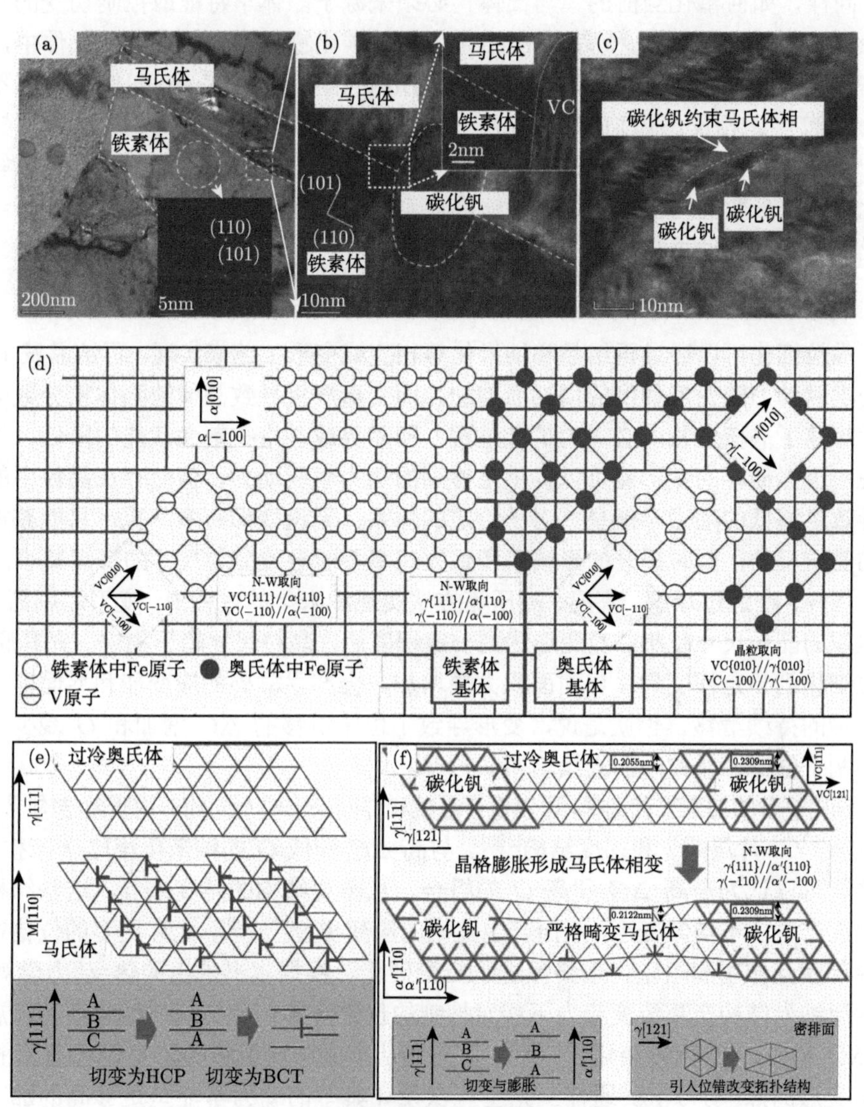

图 5-20　马氏体相变机制的晶体学分析[95]

(a) 透射电子显微镜 (TEM) 表征马氏体–铁素体双相组织；(b) (a) 图中放大区域表明马氏体、铁素体、VC 呈共格关系；(c) 马氏体相内部 VC 颗粒；(d) 奥氏体逆转变示意图；(e) 马氏体相变 Bogers-Burgers-Olson-Cohen 机制示意图；(f) 基于 VC 约束的马氏体剪切机制的示意图

均受到析出相的钉扎作用，细化了原始奥氏体晶粒 (图 5-20)。计算表明[95]，当前马氏体相变的热力学驱动力和动力学能垒均高于常规的同类型相变，这意味着其热–动力学的不同。

同样，如何塑化当前的“马氏体”必须来源于晶体学特征或控制切变的不同路径，必须符合高 ΔG 和高 Q 的结合。在与碳化物相结合的细化奥氏体中，马氏体相变不会遵循传统的 BBOC (Bogers-Burgers-Olson-Cohen) 机制来引入不可动位错[59-63]。相反，VC 的约束作用会诱发另一种切变机制，并引入大量位错滑移[95] (图 5-20)。正是新增的可动位错使马氏体表现出一定的变形能力，可以解释如此高体积分数的马氏体为什么能够提供良好的塑性；相应计算也表明[95]，当前马氏体相变的驱动力与传统的切变机制不匹配。

6. 纳米结构材料的强韧化

晶粒细化可以通过再结晶和纳米化等相变或变形工艺来实现。再结晶发生时，热力学驱动力随变形程度的增加而增加，而变形严重导致晶体缺陷体积分数的增加，加速了晶核生长所必需的扩散过程，即晶界或晶格扩散激活能的降低。也就是说，虽然储存的变形能可以提供足够高的热力学驱动力，但储存在晶粒中的缺陷导致足够低的动力学能垒。对于给定的体系，无论变形有多严重，只能获得有限的晶粒尺寸；同时提升的形核率和长大速率不能导致晶粒尺寸的持续减小。

同样，在通过球磨、高温、高压等方法实现纳米化的过程中，变形越剧烈，得到组织的晶粒尺寸越小；当变形达到一定程度后，晶粒尺寸趋于稳定。究其原因，晶粒细化到一定程度后，界面面积大幅增加，会产生额外的应变能和界面能，抑制位错的持续滑移。也就是说，变形导致了位错滑移的 ΔG 增加和 Q 减少，最终抑制了位错在晶粒中的继续增殖和扩展。

利用复杂的加工工艺选择，可以设计晶粒和界面来形成不同的非均质微结构[99,100]，如双峰[101]、片层[102] 和梯度结构[103]。与高 ΔG 和低 Q 的纳米化相比，上述非均质结构可以认为是高 ΔG 和高 Q 的组合。从微观结构的角度来看，这些结构不均匀性产生了不均匀变形，从而产生陡峭的应变梯度[99,100]，允许更多的位错在晶粒内部相互作用和增殖，最终促进了应变硬化。根据本书提出的热–动力学观点：非均质纳米结构在高流变应力下相对抑制的位错滑移，相比均质纳米结构，属于高 ΔG 和高 Q 的位错演化[101-103]。考虑到从形成微观组织的相变 (变形) 到微观组织变形的热–动力学贯通性，完全可以设计典型的动力学能垒足够高的加工过程来增强纳米材料的塑性。

7. 纳米相变–长大共生的大驱动力大能垒设计

大量研究表明，纳米晶材料的固态相变往往与母相的晶粒长大同时发生，但由于缺乏直接的动力学证据和系统研究，相变与晶粒长大共生的本源以及物理机制并不明确。

通常，粗晶材料的晶粒长大驱动力一般小于 0.1kJ/mol，而纳米晶材料晶粒长大的驱动力至少提高一个数量级。例如，晶粒尺寸介于 10~100nm 的纳米晶纯 Fe 的晶粒长大驱动力为 0.1~1.0kJ/mol；典型固态相变的驱动力为 0.5~3.0kJ/mol[104,105]，可见纳米晶材料中晶粒长大和相变驱动力的数量级相当 (即对应热力学条件)。此外，如图 5-21 所示，无论是界面控制型相变还是扩散控制型相变，大部分工程材料的相界迁移激活能大于或近似等于晶界迁移激活能 (即对应动力学条件)；这意味着纳米晶体系发生相变时 (即相界迁移被热激活)，晶界迁移可同时被热激活，即晶粒长大具备同时发生的热力学和动力学条件。因此，从热力学和动力学角度出发，共生的物理本源在于：① 热力学上，纳米晶材料晶粒长大驱动力与相变驱动力数量级相当；② 动力学上，对于大多数工程材料，相界迁移激活能高于或者相当于晶界迁移激活能。

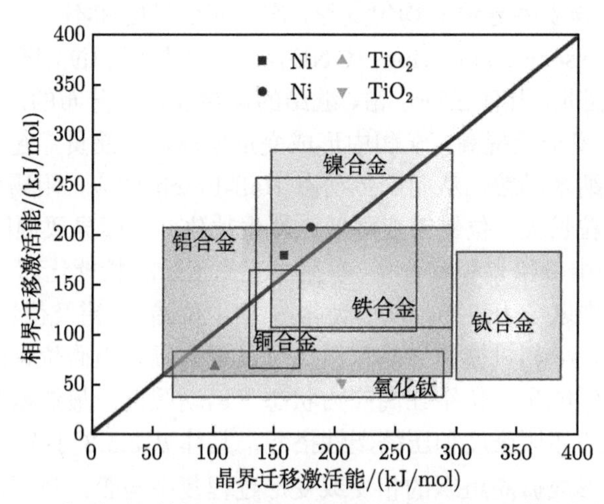

图 5-21 典型工程材料中晶界迁移激活能和相界迁移激活能的对比

黑色实线 (对应 $Q_{\mathrm{GB}} = Q_{\mathrm{PB}}$) 将图示区域分为两部分，其中右下角区域 (对应 $Q_{\mathrm{GB}} < Q_{\mathrm{PB}}$) 的材料更容易发生相变与晶粒长大的共生

依据上述热力学驱动力和动力学能垒匹配原则，设计 Fe-Ni-Zr 合金体系，其奥氏体相变点降低且晶粒发生显著长大的温度提高，进而实现 $\gamma \rightarrow \alpha$ 相变与纳米铁素体晶粒长大的共生。为探究纳米晶相变的潜在应用，设计简单的热处理工艺：均质纳米晶结构材料以 30K/min 的速率加热至不同的相变温度，而后以 200 K/min 的冷速冷却至室温。引入纳米/超细晶 γ 相至纳米 α 相基体，形成双相双峰纳米结构 (dual-phase bimodal nanostructure, DPBN)[106]。具体实验步骤及其组织表征见 5.5.3 小节。

为理解双相双峰纳米结构的形成机制，利用实验表征结合理论模型，系统探

究了纳米晶材料的 $\alpha \to \gamma$ 相变动力学，提出晶界在扩散型生长中的双重作用：增强有效扩散 (即增强效应) 和形成约束扩散场 (即约束效应)[107]。约束效应主要由晶界形核实现，且纳米晶材料中高密度晶界的存在使得这一机制作用会越发重要。基于此，将上述机制称为“晶界约束机制”，此为纳米晶铁基材料 $\alpha \to \gamma$ 相变的本征属性。当前的纳米相变由扩散型机制控制 (大驱动力)，相界受控于晶界约束效应 (大能垒)，最终生长速度缓慢，具体理论分析见文献 [107]。相比普通粗晶材料或均质纳米晶/超细晶材料，大驱动力–大能垒的相变机制在 5.5.3 小节得到实验和模型计算证实。

双相双峰纳米结构材料的优异力学性能来源于 $\alpha \to \gamma$ 相变设计。$\alpha \to \gamma$ 相变过程的大驱动力–大能垒组合可遗传至变形过程。在固溶强化、晶界强化、析出强化机制的共同作用下，双相双峰纳米结构材料变形时产生较高的流变应力，使得位错运动具有较高的热力学驱动力。位错运动的大能垒来源于三方面[108,109]：① 结构与成分的异质性导致非均匀变形，产生应变梯度和不可动的几何必须位错 (geometrical necessary dislocation，GND)。GND 与可动位错产生交互表现出强烈的钉扎效应。因此，几何必须位错、缠结的位错及均匀分布的团簇，可共同阻碍位错运动。② 随变形量提高，γ 相中形成变形孪晶，孪晶贯穿超细晶奥氏体，将其分割成一系列纳米晶粒，从而产生动态 Hall-Petch 效应，阻碍位错运动。③ α 相中机械诱导晶粒长大，位错密度降低，产生软化，进而导致周围 γ 相的机械不稳定，加剧 γ 相中位错累积和位错–孪晶交互作用。α 相软化而 γ 相硬化，两相变形逐步协调，推迟应力集中，从而使得 γ 相中位错–位错及位错–孪晶交互作用更为持久。因此，α 相机械诱导晶粒粗化可以视为额外阻碍位错运动的因素。正是由于大的动力学能垒，位错在高应力状态下运动缓慢，最终双相双峰纳米结构材料表现出较高的屈服强度和压缩塑性搭配，具体见 5.5.3 小节。

综上，无论形成微观组织的相变或变形过程复杂与否，只要准确得到该过程的热力学驱动力和动力学能垒，该热–动力学组合会借助微观组织或晶体缺陷这一载体，遗传到随后的服役或变形过程中，进而通过具有类似热–动力学组合的位错演化来体现强塑性。简言之，大驱动力–大能垒对应的成分和工艺直接决定微观组织塑性变形中大驱动力–大能垒的位错演化，导致高强度和高塑性。

5.2.3 借助缺陷的热–动力学贯通性

热–动力学相关性是相变和变形涉及的热–动力学组合中的本征属性 [图 5-22(a)]，如 5.2.2 小节所述，大驱动力–小能垒的相变一般会导致微观组织变形时的大强度和小塑性，反之亦然。因此，可以用图 5-22(c) 所示的“跷跷板”来生动且符合逻辑地说明材料强塑性的互斥现象[110]，可见，热力学驱动力和强度，动力学能垒和塑性，分别占据“跷跷板”的一端。即便无法直接测量形成微观组织涉及的相变或变形的大驱动力–小能垒或小驱动力–大能垒组合，也可以通过直接测量微观组织变形时体现出的大强度–小塑性或小强度–大塑性组合，来得到本征反映。这个逻辑，正如“跷跷板”体现的材料设计的精髓，可以被定义为热–动力学贯通性。

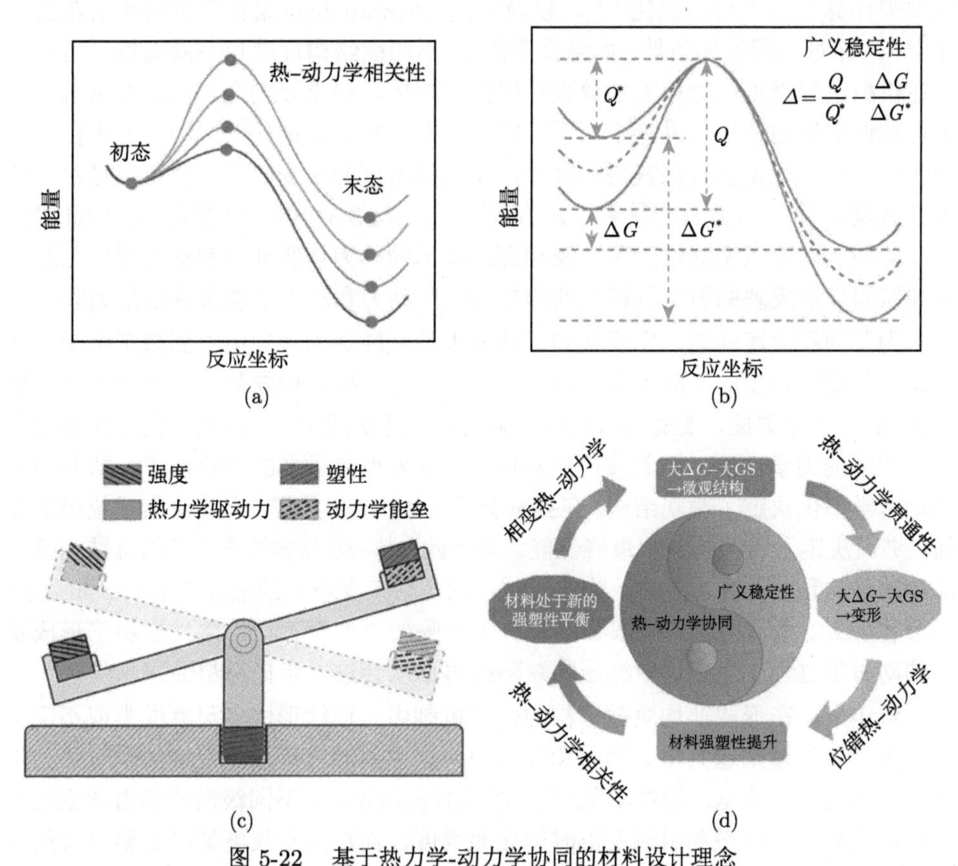

图 5-22 基于热力学-动力学协同的材料设计理念

(a) 热–动力学相关性；(b) 广义稳定性；(c) 热力学驱动力和动力学能垒或强度和塑性的同时提升；(d) 热–动力学贯通性

在结构材料的制备和服役过程中，微观组织形成及其演变可以合理假设为连续变化的 n 个阶段，此间相变或变形可以交替进行或同时进行。以微观组织为桥梁，如果认为微观组织的形成来自于前 $(n-1)$ 个阶段的集成，那么第 n 个阶段的变形或服役过程则体现出微观组织的力学性能[110]。因此，在整个相变或变形的连续集成中，热–动力学贯通性天然存在，任何一个单一阶段的热–动力学组合均来自于所有前端阶段的热–动力学集成效应。

根据以上描述，一个问题应运而生，如何选择和控制前述 $(n-1)$ 个阶段的集成来获得第 n 阶段微观组织变形时的目标热–动力学。如 5.2.2 小节所述，显微组织可被认为是晶体缺陷的集成化，即点缺陷、线缺陷、面缺陷和体缺陷，它们定量地为屈服强度作出集成贡献[65]。例如，运用 Fleischer 模型来计算固溶体引起的强化[111]，采用 Hall-Petch 公式来计算晶界引起的强化[112]，利用 Bailey-Hirsch 模型来计算位错引起的强化[113]，以及使用 Orowan 机制来计算沉淀相引起的强化[114]。针对不同外部条件 (如温度范围)、不同微结构尺度和不同晶格，可以对上述模型进行修正，对相关参数进行优化[115-117]，最重要的是，对多个结构集成中可加性原理的使用也进行了修正，特别是对于复杂微结构[118,119]。非平衡组织演化涉及的一些无法直接获得的参数，如位错密度和应变能等，也可以通过晶体塑性有限元[120]、相场法[121] 和 FP 方程[122-125] (4.3.5 小节) 计算得到。由此提出一个问题，即形成微观组织所涉及相变或变形的热力学驱动力和动力学能垒是否与屈服强度所反映的引发位错启动的热力学驱动力和动力学能垒有定量关联。

为了回答上述问题，需要认知，业界大都从纯热力学守恒得到微观组织或晶体缺陷与屈服强度的对应关系，而忽略了动力学效应，即缺陷是如何产生的。根据热–动力学相关性，微观组织决定于驱动力和能垒的组合，这也决定了微观组织变形体现的力学性能。这其实严格对应于 5.2.2 小节提供的实验证据，即热力学和动力学不仅决定了微观结构，包括成分、尺寸、析出物等，而且决定了位错的存储，进而决定了屈服强度和最终性能。基于此，热–动力学贯通性可以总结为基于晶体缺陷的预测，针对晶体缺陷的压制，以及后续变形中缺陷的再启动。如 4.5.1 小节和 5.2.2 小节所示，屈服强度取决于缺陷的热力学存在，塑性取决于形成缺陷的动力学过程，而变形中被压制缺陷的再启动会进一步提高塑性。

近年来，在形成非均质微结构的众多机制中，连续形成多尺度同类或不同类缺陷逐渐变得越来越具备竞争力和吸引力，这主要源自形成多尺度缺陷时热力学驱动力和动力学能垒的连续演化[110]。形成微观组织时，不同级别的热力学驱动力的释放或集成对应微观组织变形时的屈服强度，而形成多尺度缺陷需要克服的多级别动力学能垒对应变形的不同阶段。以最大驱动力形成的缺陷往往驻扎在变形的末端提供可能的应变。

5.3 热–动力学贯通性的度量

根据热–动力学多样性，热力学稳定性越高，启动相变或变形的驱动力越高，如连续冷却或变形中的马氏体相变[59]、共格析出相[126] 等。根据热–动力学相关性，热力学驱动力越高，对应的动力学能垒越低。热–动力学贯通性则表明，相变/变形之间存在遗传性，也就是说，以驱动力和能垒为典型组合设计加工路线形成微观组织，其塑性变形中也会以类似的热–动力学组合来实现位错演化，参见 5.2.2 小节。基于此，提出广义稳定性 (generalized stability, GS) 的概念，对材料进行定量设计。

5.3.1　基于热–动力学协同的广义稳定性

在非均质相变框架内，试图打破热–动力学相关性是不可能的，但通过一定处理来改变它是可能的，也就是说，热–动力学互斥是绝对的，但如何互斥是相对的[93,109,127]。热力学稳定性究其根本对应连续发生的相变或变形中的某个静态，而热–动力学贯通性展示出不同阶段之间的定量或定性遗传，由此可以设计形成微观组织的加工路线，使得微观组织变形中的位错演化具有相类似的热力学驱动力和动力学能垒，参见 5.2.3 小节。广义稳定性旨在定量评估某个相变或变形过程的进展程度。

1. 相变广义稳定性建模

热力学第一定律表明，越难发生的相变需要越大的热力学驱动力，热力学第二定律则选择能量耗散最快的路径。简而言之，热力学驱动力增大和动力学能垒降低对应能量聚集加快，甚至达到极端非平衡，而驱动力减小和能垒增大使得能量耗散加快，最终达到热力学准平衡，甚至完全平衡。在此基础上，本节针对晶粒长大 (体现于晶界迁移)、相变 (体现于溶质扩散或切变) 及塑性变形 (体现于位错演化) 提出统一的判据[109]，来集成热力学驱动力和动力学能垒，用以判断过程的连续性，包括驱动力减小能垒增大的稳定型和驱动力增大能垒减小的失稳型。

首先，通过分析形核与长大，根据热–动力学相关性划分三类相变，提出了热–动力学相关性的统一解析表达式 (具体见 4.2.2 小节)；其次，借助针对热–动力学相关性 [(式 (4-6)] 的归一化处理，进一步给出统一的 Δ 表达式如下[109,128]：

$$\Delta=\frac{Q}{Q_{\mathrm{m}}}-\frac{\Delta G^{\mathrm{chem}}-f\Delta G^{\mathrm{s}}}{\Delta G^{\mathrm{chem}}}\tag{5-3}$$

可见，对于一给定相变，提高负驱动力 ΔG^{s} 或降低 $Q_{\mathrm{b}}-Q_{\mathrm{m}}$ 的数值会减小 Δ，反之亦然。式 (5-3) 适用于化学驱动力不变的等温相变，但对于不等温相变，如连续加热中的 $\alpha\rightarrow\gamma$ 相变[107,109]，化学驱动力由于扩散效应随相变进行而减小，可以得到一变化的参量，定义为热–动力学配分[128]：

$$\frac{\mathrm{d}Q}{\mathrm{d}\Delta G}=\frac{Q_{\mathrm{b}}-Q_{\mathrm{m}}}{\Delta G^{\mathrm{s}}}\left(\frac{\mathrm{d}\Delta G^{\mathrm{chem}}}{\mathrm{d}\Delta G}-1\right)\tag{5-4}$$

式中，对于驱动力降低而能垒增大的相变，动力学的贡献逐渐减弱，热–动力学配分不再是等温相变时的常数，其绝对值依赖 $\mathrm{d}\Delta G^{\mathrm{chem}}/\mathrm{d}\Delta G$ 的精确值；此类相变对应典型的软化过程。根据等动力学假设[129,130]，类似等加热速率相变的 GS 可

以将式 (5-3) 修正为

$$\Delta = \frac{Q}{Q_{\mathrm{m}}} - \frac{\Delta G}{\Delta G^{\mathrm{chem}}(f=0)} \tag{5-5}$$

式中，参考态 $(f=0)$ 对应 $Q=Q_{\mathrm{m}}$ 和 $\Delta G^{\mathrm{chem}}=\Delta G^{\mathrm{chem}}(f=0)$，此时 Δ 等于零；当 $f=1$ 时，热–动力学极端组合对应 $\Delta G=\Delta G^{\mathrm{chem}}(f=1)-\Delta G^{\mathrm{s}}$ 和 $Q=Q_{\mathrm{b}}$，此时 GS 表述为 $\Delta=Q_{\mathrm{b}}/Q_{\mathrm{m}}-[\Delta G^{\mathrm{chem}}(f=1)-\Delta G^{\mathrm{s}}]/\Delta G^{\mathrm{chem}}(f=0)$。上述获取 GS 的基本逻辑同样适用于纳米晶材料的晶粒长大过程[127]。

对于驱动力提高而能垒降低的亚稳相变，如连续冷却过程中发生的 $\gamma\rightarrow\alpha$ 相变[131,132]，非均质形核依旧成立且整个冷却过程可以根据等动力学假设近似为一系列连续发生的提高驱动力而降低能垒的等温转变领域，据此，等时冷却中相变的 GS 可以将式 (5-5) 修正为[128]

$$\Delta = \frac{Q}{Q_{\mathrm{b}}} - \frac{\Delta G}{\Delta G^{\mathrm{chem}}(f=0)} \tag{5-6}$$

式中，参考态 $(f=0)$ 对应 $Q=Q_{\mathrm{b}}$ 和 $\Delta G=\Delta G^{\mathrm{chem}}(f=0)$，此时 Δ 等于零；当 $f=1$ 时，热–动力学极端组合对应 $\Delta G=\Delta G^{\mathrm{chem}}(f=1)-\Delta G^{\mathrm{s}}$ 和 $Q=Q_{\mathrm{m}}$，此时 Δ 表述为 $\Delta=Q_{\mathrm{m}}/Q_{\mathrm{b}}-[\Delta G^{\mathrm{chem}}(f=1)-\Delta G^{\mathrm{s}}]/\Delta G^{\mathrm{chem}}(f=0)$。

同式 (5-4) 类似，可以得到热–动力学配分[128]：

$$\frac{\mathrm{d}Q}{\mathrm{d}\Delta G} = \frac{Q_{\mathrm{b}}-Q_{\mathrm{m}}}{\Delta G^{\mathrm{s}}}\left(1-\frac{\mathrm{d}\Delta G^{\mathrm{chem}}}{\mathrm{d}\Delta G}\right) \tag{5-7}$$

式中，对于驱动力增大而能垒降低的相变，动力学的贡献逐渐增强，热–动力学配分不再是等温相变时的常数，其绝对值依靠 $\mathrm{d}\Delta G^{\mathrm{chem}}/\mathrm{d}\Delta G$ 的精确值。此类相变对应典型的硬化过程。

遵循类似的处理，对于驱动力提升能垒降低的切变型相变，如连续冷却中的马氏体相变，式 (4-3) 和式 (4-5) 依旧成立，类似的 Δ 如下[128]：

$$\Delta = \frac{Q}{Q_{\mathrm{mt}}} - \frac{\Delta G}{\Delta G^{\mathrm{chem}}(f=0)} \tag{5-8}$$

式中，参考态 $(f=0)$ 对于 $Q=Q_{\mathrm{mt}}$，$\Delta G=\Delta G^{\mathrm{chem}}(f=0)$，此时 $\Delta=0$；当 $f=1$ 时，热–动力学极端组合 $\Delta G=\Delta G^{\mathrm{chem}}(f=1)-\Delta G^{\mathrm{s}}$ 和 $Q=Q_{\mathrm{mf}}$ 对应 $\Delta=Q_{\mathrm{mf}}/Q_{\mathrm{mt}}-[\Delta G^{\mathrm{chem}}(f=1)-\Delta G^{\mathrm{s}}]/\Delta G^{\mathrm{chem}}(f=0)$。

同式 (5-7) 类似，可以得到热–动力学配分[128]：

$$\frac{\mathrm{d}Q}{\mathrm{d}\Delta G} = \frac{Q_{\mathrm{mt}}-Q_{\mathrm{mf}}}{\Delta G^{\mathrm{s}}}\left(1-\frac{\mathrm{d}\Delta G^{\mathrm{chem}}}{\mathrm{d}\Delta G}\right) \tag{5-9}$$

其中，热–动力学配分不再是等温相变时的常数，其绝对值依靠 $\mathrm{d}\Delta G^{\mathrm{chem}}/\mathrm{d}\Delta G$ 的精确值；此类相变对应典型的硬化过程，动力学贡献随相变进行而增强。

到此为止，对于不同类型的相变均得到一致的 GS 解析表达式。其中，无论等温或是等时相变，稳定或是亚稳相变，扩散型或是切变型相变，参考态总是对应 $f=0$。

2. 位错广义稳定性建模

对于塑性变形中的位错演化，尤其对于均匀变形，位错的启动可以近似等同于屈服的开始，此后，不同的位错形核和滑移决定了不同的热–动力学相关性，进而得到不同的强塑性互斥关系。类似于马氏体相变，热力学驱动力被定义为来自于流变应力的驱动力 (ΔG_σ) 和来自于位错反应的负驱动力 (ΔG_τ) 的差[5,6]：

$$\Delta G = \Delta G_\sigma - \Delta G_\tau = \sigma_{\mathrm{b}} - C_1 \mu b \rho^{1/2} \tag{5-10}$$

式中，μ 对应式 (1-1) 中的 G；C_1 对应式 (1-1) 中的 α；其他相应参数见式 (1-1)。同样，ΔG_{y} 在屈服点满足：

$$\Delta G_{\mathrm{y}} = \sigma_{\mathrm{y}} - C_1 \mu b \rho_{\mathrm{y}}^{1/2} \tag{5-11}$$

根据经典关系，应变速率 $\dot{\varepsilon} = \rho_{\mathrm{m}} b V_{\mathrm{dis}}$，其中 ρ_{m} 为可动位错密度且 $V_{\mathrm{dis}} = v_0 \exp\left(-Q/RT\right)$ 是位错迁移速率，可得

$$Q = -RT \ln \frac{\dot{\varepsilon}}{\rho_{\mathrm{m}} b v_0} \tag{5-12}$$

与此同时，位错演化的动力学能垒均可以依据热–动力学相关性简化为

$$Q = Q_{\mathrm{y}} - \frac{\mathrm{d}Q}{\mathrm{d}\Delta G}(\Delta G - \Delta G_{\mathrm{y}}) \tag{5-13}$$

式中，$\mathrm{d}Q/\mathrm{d}\Delta G$ 类似于前述相变中的热–动力学配分，在此被定义为激活体积，可以被另外表示为[5,6,128]

$$V^* = \frac{RT\mathrm{d}\left(\ln \dfrac{\dot{\varepsilon}}{\rho_{\mathrm{m}} b v_0}\right)}{\mathrm{d}(\sigma_{\mathrm{b}} - C_1 \mu b \rho^{1/2})} \tag{5-14}$$

以及

$$Q = Q_{\mathrm{y}} + V^* \Delta G_{\mathrm{y}} - V^* \Delta G = Q_0 - V^* \Delta G \tag{5-15}$$

式中，Q_0 为热力学驱动力为零时的激活能。同上，位错演化的热–动力学相关性可以看作是 Q_0 关于激活体积的再分配。同式 (4-7)、式 (4-9) 和式 (4-12) 类似，式 (5-15) 可看作是 Olson-Cohen 模型[60] 的简化。据此，在屈服点类似关系同样成立：

$$Q_{\mathrm{y}}=Q_0-\Delta G_{\mathrm{y}}V^* \tag{5-16}$$

集成式 (5-15) 和式 (5-16)，可得

$$\frac{\dfrac{Q-Q_{\mathrm{y}}}{Q_{\mathrm{y}}}}{\dfrac{\Delta G_{\mathrm{y}}-\Delta G}{\Delta G_{\mathrm{y}}}}=\frac{\Delta G_{\mathrm{y}}}{Q_{\mathrm{y}}}V^* \tag{5-17}$$

根据应用于 $\alpha\rightarrow\gamma$ 相变的类似处理[109]，位错演化的 $\varDelta$ 如下：

$$\varDelta=\frac{Q}{Q_{\mathrm{y}}}-\frac{\Delta G}{\Delta G_{\mathrm{y}}} \tag{5-18}$$

式 (5-18) 表明，位错演化是一个典型的驱动力增大能垒降低的过程，即 $\varDelta$ 连续减小的过程。其中，参考态对应于 $Q=Q_{\mathrm{y}}$，$\Delta G=\Delta G_{\mathrm{y}}$，此时 $\varDelta$ 等于零。热–动力学极端组合对应 $\varDelta=Q/Q_{\mathrm{y}}-(\sigma_{\mathrm{b}}-C_1\mu b\rho^{1/2})/\Delta G_{\mathrm{y}}$，其中，$\Delta G^{\mathrm{s}}=C_1\mu b\rho^{1/2}$，$Q=Q_0-V^*\Delta G$。当变形中的位错演化和应变诱导晶粒长大、马氏体相变和 (或) 孪生同时发生时，可以推导得到类似的广义稳定性，详见 5.5.3 小节。

3. 广义稳定性的范式

如前所述，相变或位错演化的热力学驱动力包括两部分：对应于化学驱动力或流变应力的正驱动力部分，以及同相变分数或位错密度相关的负驱动力 ΔG^{s}。相应的，动力学能垒取决于形核和生长的不同机制或总体位错密度和可动位错密度的不同组合。对于位错演化，Q_0 被定义为热力学驱动力为零时的有效动力学能垒，具体表达为 $Q_{\mathrm{y}}+\Delta G_{\mathrm{y}}V^*$，见式 (5-15)；对于等温相变，同上类似的 $Q_0[Q_0=Q_{\mathrm{m}}+(Q_{\mathrm{b}}-Q_{\mathrm{m}})\Delta G^{\mathrm{chem}}/\Delta G^{\mathrm{s}}]$ 成立，而对于等时相变，Q_0 不再是常数，而是同 f 或 T 相关的变量，具体表达为 $Q_{\mathrm{m}}+(Q_{\mathrm{b}}-Q_{\mathrm{m}})\Delta G^{\mathrm{chem}}/\Delta G^{\mathrm{s}}$、$Q_{\mathrm{b}}-(Q_{\mathrm{b}}-Q_{\mathrm{m}})\Delta G^{\mathrm{chem}}/\Delta G^{\mathrm{s}}$ 或 $Q_{\mathrm{mt}}-(Q_{\mathrm{mt}}-Q_{\mathrm{mf}})\Delta G^{\mathrm{chem}}/\Delta G^{\mathrm{s}}$，其中，$\Delta G^{\mathrm{chem}}$ 是 f 或 T 的函数。本书把有关相变或位错演化的热–动力学相关性称为 Q_0 遵循 $\mathrm{d}Q/\mathrm{d}\Delta G$ 或 V^* 的再分配。可见，无论是相变还是变形，均可以得到解析表达一致的热–动力学相关性、热–动力学配分或激活体积，以及广义稳定性[128]。

对于多个过程组成的复杂相变或变形，本书作者认为可以采取模块化计算来得到总体有效的热力学驱动力和广义稳定性。

5.3.2　广义稳定性在金属材料中的普适性

图 5-22(a) 和 (b) 共同描述了广义稳定性的物理意义[110]：针对介观相变/变形过程，其能量变化曲线上的初态点与末态点 [图 5-22(a)] 分别对应了图 5-22(b)

中代表微观子过程的由 ΔG^* 与 Q^* 描述的初态热–动力学曲线与由 ΔG 与 Q 描述的末态热–动力学曲线。可见，任意时间段内完整的介观相变/变形过程都是由众多时刻的微观子过程所组成。当整个介观体系状态从图 5-22(a) 中初态点演化到末态点，与之对应，瞬态相变/变形的微观热–动力学便会由图 5-22(b) 中初态线转变为末态线。例如，由相对大热力学驱动力和小动力学能垒控制的初态 (参考态) 转变为由相对小热力学驱动力和大动力学能垒控制的末态，而该过程的可持续性正是由广义稳定性来度量。

由于广义稳定性由控制相变/变形的瞬态 ΔG 和 Q 决定，以此为桥梁，形成微观结构的相变/变形的 ΔG 和 Q 可以与位错密度反映的流变应力和塑性定量关联。广义稳定性从根本上不同于传统只考虑热力学的结构或机械稳定性，它不仅可以度量静态的热力学稳定性，而且可以衡量在瞬态或动态的维持能力，特别是相变/变形动力学行为[39,109,110,133]。

1. 相变的持久程度或变形的塑性

广义稳定性越大，相变/变形进行得越持久，因此，维持相变/变形持续进行的能力越强。根据以上逻辑，本书研究了 Fe-0.04%C 合金在 $T = 1106.4\text{K}$ 和 1107.7K 的等温扩散型 $\gamma \rightarrow \alpha$ 相变[134]；利用式 (5-3) 可计算得到该相变的广义稳定性演化 (图 5-23)。可见在相同温度，广义稳定性随相变进行而提高，但在相同的转变分数，较高的加热温度对应较高的广义稳定性，这说明相变在较低温度 ($T = 1106.4\text{K}$) 下具备较大的驱动力，但广义稳定性较小，相比在较高温度 ($T = 1107.7\text{K}$) 开展的相变，显然被加速了。这也表明，较大的广义稳定性趋向于更稳定、更持久的相变。

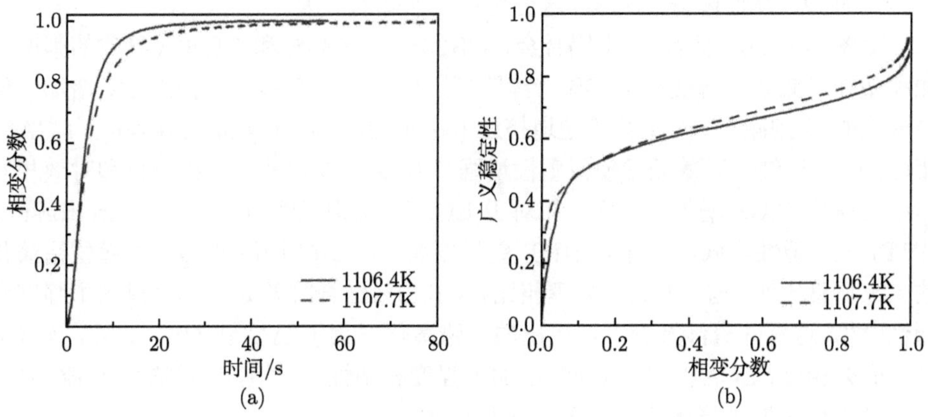

图 5-23　超低碳 Fe-0.04%C 合金等温扩散型 $\gamma \rightarrow \alpha$ 相变的热–动力学分析[134]

(a) 相变分数随时间的演化；(b) 广义稳定性随相变分数的演化

广义稳定性将强韧化机制转变为位错演化的热–动力学机制，决定了材料的强度和塑性。对于纳米晶金属，极小的晶粒尺寸大大降低了变形过程中纳米晶粒对位错的容纳性。纳米晶金属材料的强度比传统粗晶金属材料高很多倍，但由于变形时位错演化极低的 GS 导致其应变硬化能力不足，塑性显著降低。例如，Fang 等[135] 对 50mm 厚、晶粒尺寸小于 100nm 的 Cu 箔进行了力学性能测试。结果表明，测得的屈服强度约为粗晶 Cu (63MPa) 的 10 倍，达 660MPa，但是断裂延伸率 $<2\%$。Torre 等[136] 比较了电沉积晶粒尺寸为 21nm 的纳米晶 Ni 箔和粗晶 Ni 箔的力学性能。结果表明，粗晶 Ni 箔在延伸率为 35%时，屈服强度约为 100MPa，抗拉强度约为 500MPa；纳米晶 Ni 箔的屈服强度达到 1500MPa 时，抗拉强度约为 1900MPa，但断裂延伸率只有 3%。结合 5.2.2 小节、5.2.3 小节和 5.3.1 小节可知，提高纳米晶材料的塑性在于提高形成非均质纳米结构所需材料加工过程的广义稳定性。

2. 加工参量同力学性能间关联

利用广义稳定性的概念，可以重新解释钢的加工工艺和力学性能的相关性。如图 5-24(a) 所示，对于 316 钢[137]，动态塑性变形 (dynamic plastic deformation，DPD) 与退火处理相结合，使其强度和塑性同时提高，这与退火过程中 ΔG 和 Q 同时增加导致 GS 增加有关；类似情况可见冷轧 (cold rolling，CR) 40%+ 时效处理与 CR40%处理的比较[137]。对于 CR+ 退火的无间隙原子钢 (interstitial-free steel，IF 钢)[138]，温度升高导致塑性提高，这很可能是由于晶粒长大的 ΔG 降低而 Q 增加，进而提高了 GS。对于 Fe-Mn-Al-C 钢[139]，Cu 作为 γ 相稳定化元素增加了 ΔG，但对 Q 的影响甚微 (即 GS 降低)，进而降低塑性。对于 Fe-Mn-C 钢[140]，与热轧 (hot rolling，HR) 相比，冷轧 (CR) 处理增加了 ΔG，降低了随后相变的 Q，从而降低了 GS，这也是塑性下降的原因。

如图 5-24(b) 所示，对于铝合金，CR20%、CR30%和 CR40%导致的强度增加和塑性降低意味着变形中 GS 持续降低[141]，这是应变增加导致 ΔG 增加，位错演化的 Q 则减小。与单纯等通道挤压 (equal-channel angular pressing，ECAP) 相比，ECAP 结合时效处理使得塑性增强[142]，这可以解释为位错滑移和时效相互作用使得整体 GS 增加。然而，相对于 ECAP，高压扭转 (high pressure torsion，HPT) 导致塑性降低，意味着 HPT 更强烈地提高 ΔG 而降低 Q，引起位错演化的 GS 降低[143]。与 CR40%处理相比，CR40%结合时效处理同时提高了强度和塑性[144]，这意味着涉及变形和析出的位错演化增大了 ΔG 和 GS。此外，与 CR 结合时效相比，ECAP+ 时效同时增加了强度和塑性[142,144]，这意味着在 ECAP+ 时效处理后，位错演化的 ΔG 和 GS 同时增加。

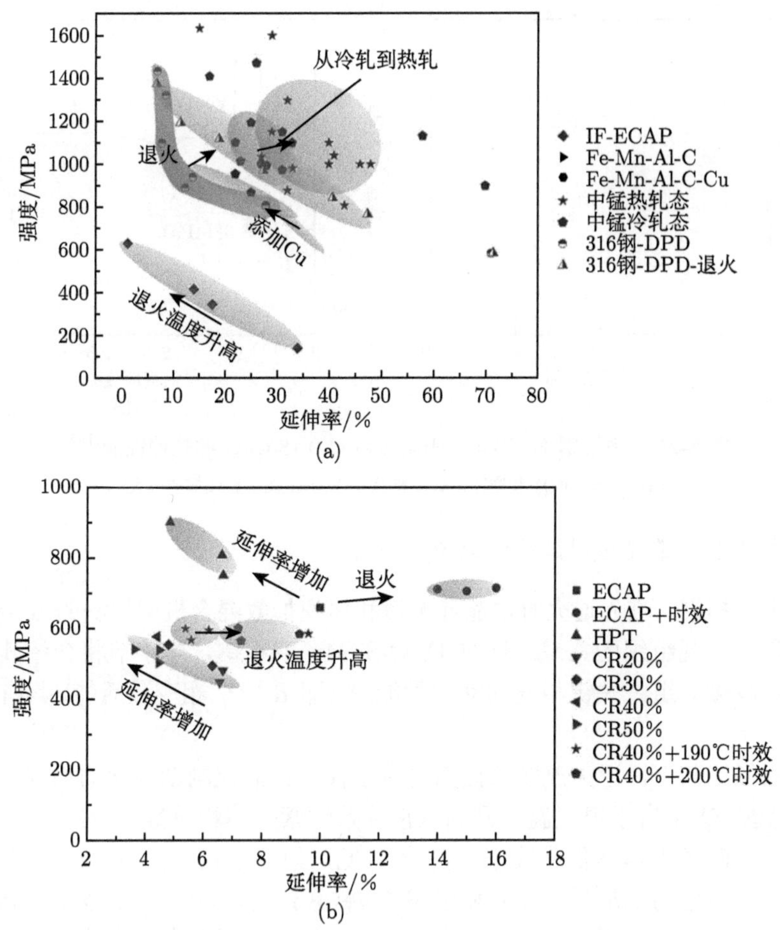

图 5-24　典型金属结构材料强塑性协同与加工工艺间定性关联

(a) 钢铁材料；(b) 铝合金

Ma 等[145] 采用临界退火结合不同速率的冷却 [水淬 (WQ) 和空冷 (AC)] 两种工艺路线制备了超细晶双相中锰钢，可以获得明显不同的铁素体–奥氏体相界的碳偏析。图 5-25 的拉伸性能实验表明，相比空冷样品，水淬样品的抗拉强度高而塑性低，水淬样品表现出较高的流变应力，对应于较大的位错演化驱动力。微观组织表征表明，相比水淬样品，空冷样品中相界处发生明显碳偏析，碳质量分数 (约 1.48%[145]) 提高约 5 倍，有效提高了位错演化的 Q 值。上述现象与高 ΔG–低 GS 结合的水淬工艺形成马氏体和低 ΔG–高 GS 结合的 AC 工艺形成铁素体相对应。因此，较高的 ΔG 和较低的 GS 组合产生的相变对应较高的 ΔG 和较低的 GS 组合产生的位错演化，即高强度和低塑性；反之亦然。

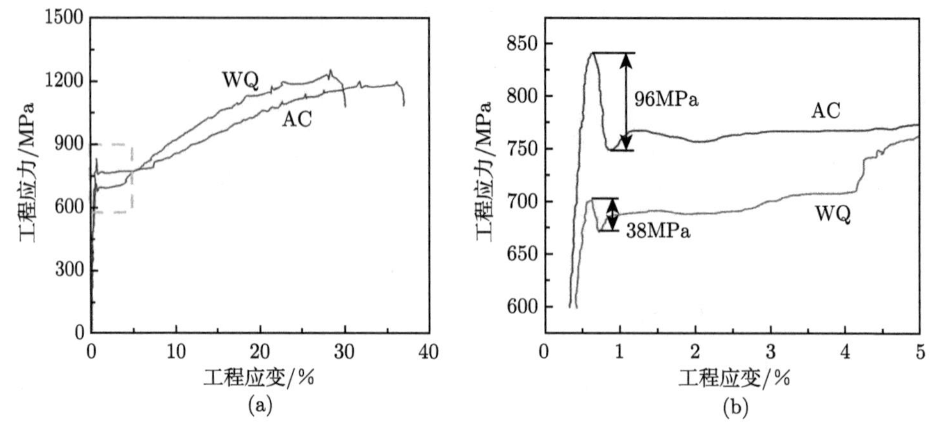

图 5-25　中锰钢 Fe-10.4%Mn-2.9%Al-0.185%C 的拉伸性能[145]

(a) 水淬 (WQ) 和空冷 (AC) 样品；(b) (a) 图中虚线框的放大

3. 相变动力学能垒同微观组织塑性间关联

对于双相钢，临界退火时由晶界扩散和体积扩散混合机制控制的 $\alpha \rightarrow \gamma$ 相变是形成最终微观组织的关键。针对 Fe-C-Si-Mn 双相钢，本小节将介绍其塑性的演变同形成微观组织关键相变的动力学能垒 (即 $\alpha \rightarrow \gamma$ 相变激活能) 具有相似的演化。

在相似工艺下，退火温度的提高对应于体积扩散控制动力学的加强，增加的动力学能垒 Q 来自于退火温度升高直接导致铁素体体积分数 f 的提升，间接导致临界退火时奥氏体体积分数 $(1-f)$ 的降低，最终导致马氏体体积分数的降低。也就是说，塑性的增加反映在双相组织 (即铁素体 + 马氏体) 形成中并暗含广义稳定性的增加。以上逻辑可通过图 5-26 所示的实验数据[146-148] 展示，可观察到延伸率与马氏体体积分数之间的互斥关系。据此，可以合理地假定双相组织中的马氏体体积分数为 $f_1 = 1 - f$，进而可以根据式 (5-6) 将有效 Q 进一步改写为

$$Q = Q_{\mathrm{b}} - f_1(Q_{\mathrm{b}} - Q_{\mathrm{m}}) \tag{5-19}$$

式中，如果选择 $Q_{\mathrm{m}} = 169\mathrm{kJ/mol}$[107] 和 $Q_{\mathrm{b}} = Q_{\mathrm{m}}/0.6$[149]，可以得到 Q 和 f_1 之间类似的互斥关系，见图 5-26 中直线。对比关键相变的动力学能垒和微观组织的塑性可知，大的动力学能垒对应大的塑性。

针对 Fe-C-Si-Mn 系 DP 钢[150-155]，将铁素体基体和马氏体岛的双相组织作为起始组织，在临界退火之前，利用 TMCP 使得铁素体基体在轧制方向被拉长，并沿着马氏体岛弯曲。相对于上述未经历 TMCP 的钢而言，当前组织延伸率的显著提高主要来自于形成的近等轴超细铁素体晶粒和均匀分布的马氏体岛

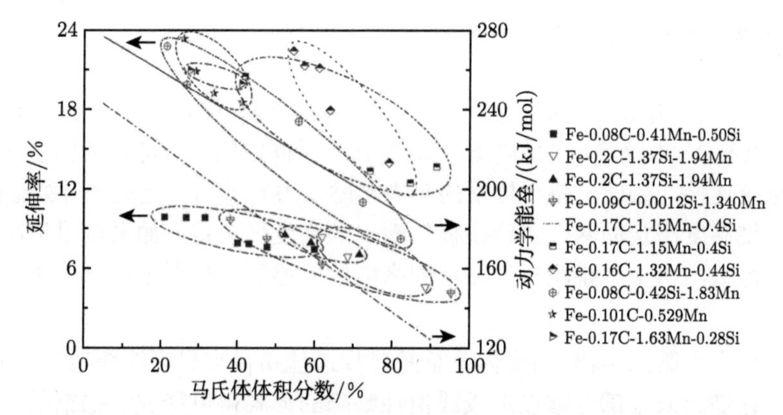

图 5-26 典型双相钢中逆奥氏体相变的动力学能垒及延伸率同马氏体体积分数的定量关联

延伸率变化归因于马氏体体积分数，而实线和虚线给出有效动力学能垒 [即 $Q = Q_\text{b} - (1 - f)\ (Q_\text{b} - Q_\text{m})$] 随马氏体体积分数的变化

组织，其延伸率与 f_1 之间仍然存在互斥关系，但斜率明显增加 (图 5-26 中左上箭头所示)。在临界退火之前进行的 TMCP 导致微观组织 (尤其是晶界) 中的晶体缺陷数量大幅增加，会降低 Q_b 和 Q_m，尤其是 Q_m[156]，而促进扩散。依旧应用式 (5-19)，如果选取 $Q_\text{b} = 247\text{kJ/mol}$[157]，$Q_\text{m} = 110\text{kJ/mol}$[156]，可以得到类似的互斥关系，如图 5-26 中虚线所示。对比关键相变的动力学能垒和微观组织的塑性可知，大的动力学能垒对应大的塑性。与图 5-26 中实线的斜率相比，虚线所示斜率的增大可以合理地归因于式 (5-19) 中采用的 $Q_\text{b} - Q_\text{m}$ 增大，这导致更高的热–动力学配分或广义稳定性，即塑性提升，详见 5.3.1 小节。

5.3.3 大热力学驱动力大广义稳定性策略

如 5.2.2 小节所述，相变的热力学驱动力和动力学能垒决定微观组织及其形貌。相对而言，大驱动力–大能垒的相变组合必然导致更为优异的组织形貌。例如，晶粒细化、高固溶度、晶体缺陷增多等更能发挥固溶强化、弥散和沉淀强化、位错强化和晶界或亚晶强化等强化机制，也就是说能进一步提高屈服强度。屈服代表宏观材料整体克服阻力而开动位错，决定屈服强度的是弹性模量；决定抗拉强度的是加工硬化，大驱动力–大能垒组合对应的微观组织在变形时能更有效地阻碍位错运动，促进位错增殖，通过提高加工硬化率，在获得高抗拉强度的同时获取不错的塑性。达到抗拉强度时的强度和塑性取决于整个加工硬化阶段中位错组态演化的热力学驱动力和动力学能垒；根据热–动力学贯通性，大驱动力–大能垒组合自然对应大强度和大塑性的结果。如果通过成分及工艺设计实现相变热力学驱动力和动力学能垒的同时提升，那么微观组织在加工硬化阶段对应的位错演化的驱动力和能垒也会同时提升，表现为强度和塑性的同时提升。

1. 大驱动力大广义稳定性的实现

如图 5-22(c) 所示，“跷跷板”体现了材料设计的精髓，被定义为热–动力学贯通性。究其根本，“跷跷板”支撑轴的高度并不是固定的，而是同基座呈现可任意变化的螺纹连接，如此，整个体系的热力学驱动力和动力学能垒 (或强度和塑性) 可由支撑轴高度决定的两个“跷跷板”端点的高度来决定。如果可以提高支撑轴的高度，那么，两个“跷跷板”端点的高度依旧遵循互斥原则，但确实可同时提升[110]。

根据热力学第二定律，相变体系总是寻找最佳路径来尽可能快地耗散能量，能量部分被存储起来，部分被以形成或消耗缺陷的形式得以释放，如钢的马氏体相变和回火处理便对应上述两个极端情况，前者属于大驱动力–小能垒偏离平衡而带来大强度小塑性，后者属于小驱动力–大能垒趋向平衡而带来小强度–大塑性。因此，形成微观组织的相变或变形如果符合大驱动力–大能垒组合，那就意味着，上述过程受控于一类导致过程进行和另一类导致过程终止的缺陷，两者有效地压制随后的结构变化 (如位错演化) 从而带来大的强度；同时，前一类缺陷到后一类缺陷的转变速率也应按照如下规律选择，即尽可能给予前一类缺陷足够长的服役时间，来延续结构变化或满足大塑性。

几乎所有实现了所谓“强度塑性同时提升”的材料设计策略均符合上述逻辑，如双相双峰纳米结构[106-109]、纳米结构中的纳米析出相[53,126]、纳米孪晶界[158] 等。因此，如何使“跷跷板”的支撑轴提升便是材料设计的主要任务。根据广义稳定性的定义，大驱动力–小能垒组合对应大强度–小塑性组合，即对应小的 GS。因此，通过设计大驱动力–大能垒的微观组织形成过程，就可以在不牺牲强度的同时提升位错演化的能垒，相应的广义稳定性也会提升。如此，提升“跷跷板”支撑轴高度带来的大驱动力和大能垒 [图 5-23(c)]，究其根本，等同于大驱动力–大能垒–大广义稳定性的参数三联组。在同一参考态下，考虑到 GS 和 Q 的变化同步且相关，可进一步简化为大驱动力–大广义稳定性，此即为优化材料强塑性的热–动力学方法。

图 5-22(d) 中热–动力学协同法则与广义稳定性理论共通共融，这恰好与太极图中“阴”与“阳”的协调类似，正是二者间相辅相成的演化才造就出材料不同的相变/变形行为与力学性能。以“太极图”的左端为材料设计起点顺时针“旋转”，通过调控材料加工制备的前 $(n-1)$ 个阶段来引发大驱动力–大广义稳定性的相变过程，随后以所获得的微观结构为媒介，借助热–动力学贯通性，将大驱动力–大广义稳定性的相变热–动力学特征传递到最终的变形阶段，从而使位错热–动力学在满足大驱动力–大广义稳定性判据后，使材料在外界载荷下表现出大强度–大塑性。基于热–动力学相关性可知，材料此时应处于一个新的热–动力学或强塑性平

衡关系下，并再次回到“太极图”的左端起点。这个通过不断旋转“太极图”进行材料性能优化的过程正是将图 5-22(c) 中热–动力学与强塑性的“跷跷板”两端同时提升的有效方法[110]。

2. 热力学稳定性与广义稳定性

大驱动力和大广义稳定性的实现隐含着热–动力学协同。如果某缺陷 A 涉及的动力学过程在一定条件下不能实现理论可及的大或小 GS，那么意味着两类情况有可能发生。首先，在足够小或大的热力学驱动力到来之前，缺陷 A 涉及的动力学过程已然分别被压制 (对于相变) 和被突破 (对于变形中的位错)，受制于热力学稳定性的存在。其次，在缺陷 A 涉及的动力学过程分别被压制和被突破之前，缺陷 B 的热力学稳定性已然被突破 (如机械诱导)，以致缺陷 B 涉及的具备更小或更大 GS 的动力学过程确实发生了，具体见 4.3.3 小节。可见，选择不同的相变或变形机制对应着调配不同格局下的热–动力学相关性，这对应着通过成分和工艺设计来调控热力学驱动力和动力学过程，其目的是调控热力学稳定性和广义稳定性，进而调整硬化和软化的平衡。例如，在低合金钢中，马氏体的形成需突破高的热力学稳定性但对应 GS 小的马氏体相变，溶质配分或奥氏体逆转变需突破小的热力学稳定性但对应 GS 大的相变或过程，与此同时，残余奥氏体来自于被压制的未发生的马氏体相变，但一旦给予足够的应变诱导，便会突破不同层错能 (SFE) 对应的热力学稳定性并反映不同 GS 的动力学过程。

5.4　热–动力学贯通性的基础

基于广义稳定性的材料设计旨在设计形核与生长，分别对应提高能量和耗散能量。具有不同热力学稳定性的微观组织一定对应不同广义稳定性体现的形核和生长。微观组织变形时，位错演化也是借助不同的形核和生长 (位错形核和演化) 来分别体现硬化和软化，具体衡量强塑性。形成微观组织所需相变的形核和生长对应于微观组织变形中位错的形核和生长；借助形核与生长来关联组织形成和组织变形这两类热–动力学组合的机理和行为，堪称热–动力学贯通性的根本和精髓。

提高相变的热力学驱动力会提升系统能量，所形成组织的强度会提升，在此基础上，高的 GS 意味着上述强度提升的过程是缓慢且稳定的，如提升最大抗拉强度的同时，扩展从屈服到颈缩点的应变。然而，同时实现生长的大驱动力和大能垒或位错演化对应的高流变应力和缓慢速率，在理论上是不可能的，这源于热–动力学贯通性的根本。本节将从三方面来阐明：① 针对单一过程如何设计相变/变形新机制；② 针对多个过程如何设计多个形核/生长过程的共生；③ 如何将形核与生长分开，从而实现大驱动力形核和大能垒生长的集成。

5.4.1 相变/变形新机制

对于单一过程，实现大驱动力形核配合大能垒生长，在于寻找新的形核/生长机制。解决上述问题的基本方案在于极端非平衡条件下的形核同相对近平衡生长的组合。例如，TWIP/TRIP 效应和共格析出相等作用下的微观组织变形时，点缺陷、微观组织不均匀性、位错、晶界、高度分散的颗粒等均会对位错运动产生作用，导致位错缠结、孪生、马氏体相变或其他变形机制。由于加工硬化能否延续依赖于流变应力持续提升时位错演化的持续性，因此足够延续的加工硬化旨在突破原来位错演化的热–动力学相关性，这需要在更高的流变应力下突破新的变形机制内涵的热力学稳定性，且尽可能保证突破后足够慢且稳定的位错增殖 (即足够大的广义稳定性)。根据 4.5.1 小节式 (4-47)～ 式 (4-49)[159]，强塑性互斥可以被划分为几个部分，且每部分均同成分/工艺紧密关联。可见，即便热力学驱动力提升同动力学能垒降低本征协同，一旦变形机制使得动力学能垒没有充分被减小，可动位错密度 ρ_{m} 就有可能被提升，根本上源于位错增殖高于位错湮灭的贡献，最终导致应变或塑性得以延续。

1. 应变诱导效应导致的高强度和高塑性

与普通铁素体钢相比，TWIP/TRIP 钢表现出高强度和高塑性的典型组合。例如，TWIP 钢在初始变形过程中，会产生位错并在滑移面上移动，一旦在移动过程中遇到障碍物，位错就会缠结和塞积，增加位错密度，进而提高流变应力或强度。随着变形的继续，高密度位错区的应力集中变大，将抑制在原方向重新启动位错；一旦应力集中达到孪生所需要的临界值，孪晶会在不同的方向发生，使位错滑移转移到新的有利方向，从而提高材料的塑性。此外，变形孪晶降低位错运动的平均自由程，进而阻碍位错运动，增加变形阻力。与 TWIP 钢相比，普通铁素体钢的位错滑移可认为是小热力学驱动力–小动力学能垒的组合[160]，这起源于形成铁素体钢微观组织涉及的小驱动力–小能垒组合的相变，最终对应于低强度和低塑性；反之亦然。以上策略的基本思路是如何让位错难启动且启动后其运动速率较慢且较持久；好的广义稳定性是好的加工硬化的必要条件，是多种机制延续优异塑性的体现[161,162]。

2. 共格析出相导致的高强度和高塑性

金属材料中引入第二相粒子是调控强塑性的常见方法之一[39,163,164]。按照第二相粒子和基体的界面错配度，可分为非共格/半共格粒子和共格粒子。析出非共格/半共格粒子的热力学驱动力小 (对应高形核能垒)，往往在缺陷处 (如晶界、位错) 形成，生长激活能小，粒子易于粗化，不利于获得高密度、均匀弥散、细小的析出相。共格析出对应较大的热力学驱动力 (对应低形核能垒)，生长由体扩散控制，具有较高的生长激活能，粒子难于粗化，利于获得高密度，均匀弥散、细小的析出相。因此，相比于非共格/半共格粒子析出，共格粒子析出受控于大驱动力形核和大能垒生长，对应产生较高的强度和塑性[126,165]。例如，传统马氏体时效钢中，主要的强化相通常与基体的晶体结构存在巨大差异 (如非共格析出)，粒子易粗化，往往会促进不均匀析出。Jiang 等[126] 在马氏体时效钢中通过共格析出引入弥散均匀分布的 B2-NiAl 相，体积密度达 $10^{24}m^{-3}$，平均粒径约 2.7nm，最终马氏体钢的屈服强度及抗拉强度分别达 1950MPa 和 2240MPa，均匀延伸率达 3.8%，总延伸率超过 8%。类似的，通过在 FeCoNiCr 高熵合金中添加不同质量分数的 Ti 和 Al，在高熵基体中形成大量纳米级弥散分布的共格 γ' 相，该共格析出具有 $Ni_3(Ti, Al)$ 型 L_{12} 结构，颗粒直径为 15~30nm，体积分数约为 21%，最终材料的室温屈服强度为 645MPa，抗拉断裂强度为 1GPa，总延伸率达 39%，加工硬化效果显著，表现出优异的综合室温力学性能[166]。上述案例中，共格粒子实现高强度和高塑性的物理机制在于，共格析出粒子在保证高强度的同时，有效阻碍晶内位错运动，实现大驱动力和大能垒的位错运动，而这与大驱动力和大能垒的共格析出热–动力学对应。

3. 小驱动力大广义稳定性的潜力

对于塑性变形过程，提高广义稳定性旨在提高塑性；塑性更高意味着更强的相或结构 (对应大驱动力–小能垒) 有更多的机会在均匀变形末端提供应变 (即对应更大的 GS)。可见，同时提升可动位错密度和整体位错密度，趋向于实现位错演化的大驱动力和大能垒或大 GS。例如，与没有 TWIP/TRIP 效应的单纯位错演化相比，受 TWIP/TRIP 效应影响的位错运动遵循大驱动力和小能垒的组合；当应变不足以支持马氏体相变或孪生所需的驱动力时，流变应力无法驱动产生新的位错，位错演化停止。然而，对于具有 TWIP/TRIP 效应的系列钢的内部横向对比，良好的加工硬化和良好的强塑性组合意味着位错滑移应该起源于相对较小的驱动力和较大的能垒，即较大的 GS。

Liu 等[161] 研发出一种新型 Cr/Mo 合金 TWIP 钢，其表现出高强度和良好塑性的组合。与变形孪晶过早饱和的无 Cr/Mo 合金钢相比，该 Cr/Mo 合金钢独特的孪生行为使其在较高的应变范围内持续进行应变硬化，从而延缓塑性失稳，同时提高强度和塑性。室温拉伸试验结果表明，Cr 和 Mo 的加入使拉伸曲线上移，应变硬化速率曲线第 Ⅱ 阶段变长，$d\sigma/d\varepsilon$ 升高，第 Ⅲ 阶段 $d\sigma/d\varepsilon$ 下降缓慢 [图 5-27(a) 和 (b)]。图 5-27(c) 和 (d) 给出两种钢断口处典型 TEM 图像，其中，通过选区衍射图可以清楚地看到变形孪晶层片，与无 Cr/Mo 合金相比，含 Cr/Mo 合金中形成的孪晶更密集且更细。进一步分析该孪生行为的潜在机制，发现含 Cr/Mo 合金的强度和塑性之间存在良好的匹配；Cr 和 Mo 的加入既降低层

错能 γ_{SFE}，也影响动态应变时效 (dynamic strain aging, DSA) 效应[167-169]，这有利于在较低应变下形成变形孪晶 (即形成孪晶所需 ΔG 的减少)。此外，Cr/Mo 合金化可以抑制碳活度和扩散系数，导致 DSA 效应减弱，进一步成为较低应变下抑制形变孪晶的因素[170-172] (即孪生的 Q 增加)。

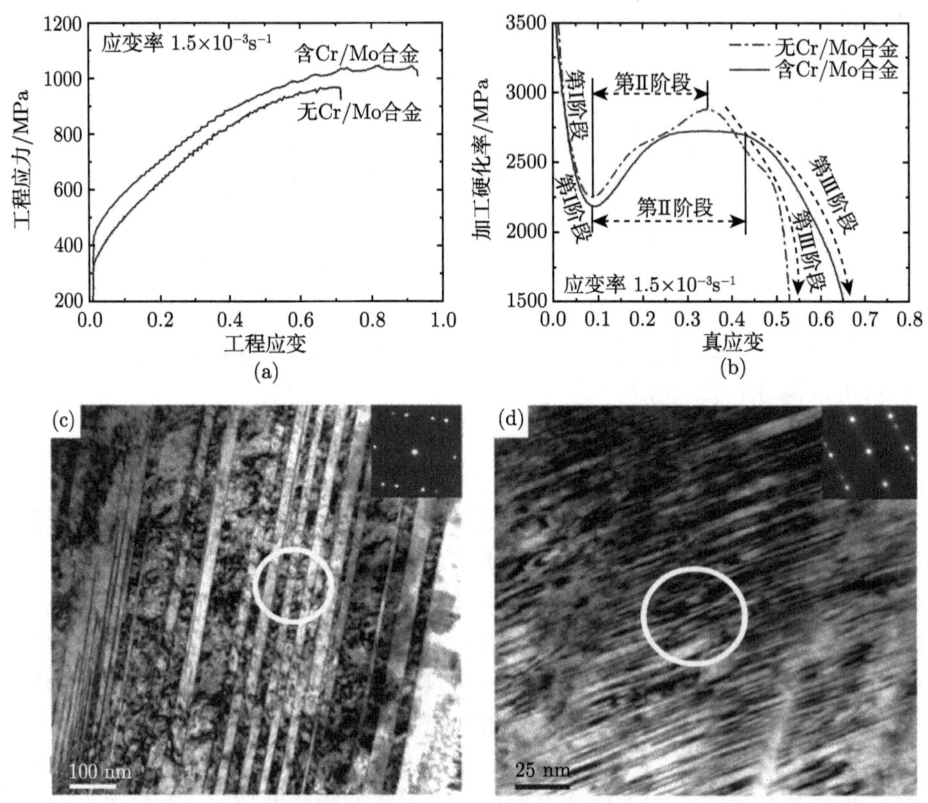

图 5-27　无 Cr/Mo 合金钢和含 Cr/Mo 合金钢的力学性能和变形组织[161]

(a) 工程应力–工程应变曲线；(b) 加工硬化率–真应变曲线；(c) 无 Cr/Mo 合金钢断口处典型 TEM 图像；(d) 含 Cr/Mo 合金钢断口处典型 TEM 图像

根据 5.3.1 小节，这种低 ΔG 和高 Q 的组合恰好说明了当前孪生的广义稳定性增大，这保证了位错密度的持续增大；同时，局部应力集中也增大，从而有更多潜在的孪晶成为形核位点。随应变进一步增大，更多的低应变下的非孪晶区域将不断成为变形孪晶。也就是说，Cr/Mo 元素的加入通过降低 DSA 效应，提高了低应变下形变孪晶的抗变形能力 (即对应于 Q 的增大)，而 γ_{SFE} 的降低 (即对应于 ΔG 的减少) 有利于低应变下形变孪晶的形成。因此，更早开始但更持久的孪生行为意味着广义稳定性的增大导致塑性失稳的延迟，最终该 Cr/Mo 合金的强度和塑性同时增大。同样的情况参见 5.5.3 小节。

究其根本，此类小驱动力–大广义稳定性的新机制等同于引入形核较容易但生长较缓慢的晶体缺陷，从而延缓变形中位错的演化。

5.4.2　多个过程的共生

对于复杂工艺，多个形核和生长交互，如第二相颗粒钉扎界面迁移、晶界–相界交互、缺陷交互提高迁移能垒或降低迁移速率等，均能体现大动力学能垒的效果。在形成微观组织的过程中，如果形成硬相对应的 GS 同形成软相对应的 GS 之间差距足够大，那么随后微观组织变形中，从软相连续产生的位错无法被顺利传输至硬相，进而导致软相发生应力集中而断裂时，硬相中位错尚未启动。也就是说，太软的相和太硬的相组合在一起，往往不能提供优异的强塑性。变形时，从软相到硬相连续降低的位错演化广义稳定性必须由微观组织形成时多种缺陷的共生来保证。微观组织形成时，如果两类缺陷的同时产生使得每一类缺陷对应的 GS 均被提升，根据热–动力学贯通性，微观组织变形时更高的 GS 必然拥有更大的机会来促生新的变形机制，进而激发大驱动力–小能垒组合的位错，详见 5.5.2 小节。

1. 相变或变形的共生导致高塑性

根据热–动力学贯通性，微观组织形成过程的大 GS 可以反映于微观组织的变形过程。例如，利用原位中子衍射和高能同步辐射 X 射线技术[173]，研究变形过程中不同相间的应力、应变配分行为及残余奥氏体体积分数变化，发现双相协同变形和动态应力应变配分有效抑制了界面处的应力集中，促进了均匀变形。研究人员借助淬火–配分–回火工艺发现[174-176]，在均匀变形阶段，马氏体中的位错能够越过马氏体与奥氏体之间的相界面而被奥氏体吸收，从而使马氏体处于“软化态”或“未加工硬化态”，使之能够与软相奥氏体协调变形，提供了前期的塑性。上述塑性的提升来源于微观组织形成时马氏体相变后的配分过程，即贫碳马氏体、残留奥氏体、贝氏体等的共生。多个过程间相近的 GS 通过共生进一步得到提高。

这种情况类似于 DPBN 形成中相变/长大共生导致各自的广义稳定性提升 (见 5.5.3 小节)，在梯度纳米结构的形成和变形中也有体现。

2. 梯度纳米铜的非凡拉伸塑性

Fang 等[135] 制备了梯度纳米结构 (gradient nanostructured，GNS) 铜，其微观组织包括粗晶铜基板约束下的 150mm 厚的纳米组织 (晶粒尺寸为 20~300nm)，其强度约为粗晶铜的 2 倍，同时还维持超过 100% 的拉伸真应变。与粗晶铜相比，GNS 铜强度的提升归因于纳米级的晶粒尺寸。根据变形机制分析[135]，机械驱动的晶界迁移及大量伴生的晶粒长大主导了梯度纳米结构的塑性变形，从而表现出良好的强塑性组合。与常规变形机制 (如位错滑移) 相比，机械诱导晶粒长大的发

生意味着具有高 Q 的变形机制，根据广义稳定性理论，GNS 铜受高 ΔG–高 GS 组合的变形机制控制。Cheng 等[177] 进一步研究了梯度纳米孪晶块体纯铜样品的力学性能，该样品具有均匀纳米孪晶组分的可控模式，并通过增加纯铜的结构梯度可同时提高强度和加工硬化。

纳米晶或纳米孪晶层主导了 GNS 铜的高强度 (即保证了高 ΔG)；同时，跨越多尺度梯度的纳米结构使应力/应变梯度沿深度方向分布，结合梯度结构约束形成的富含 GND 的束状组织，从而产生连续的应变硬化和背应力，提高 GNS 铜的变形能力[177] (即保证了高 GS)。因此，基于梯度结构约束产生的附加强化和加工硬化，对应于位错滑移的高 ΔG 和高 GS。可见，ΔG 和 GS 同时提升是最理想的强化/增塑机理[110,178]。

针对上述强韧化机制，形成 GNS 的加工工艺也应遵循类似的热–动力学组合 (即同时提升 ΔG 和 GS)。GNS 结构为位错增殖和扩展提供了较高的 ΔG，而新增缺陷所产生的附加应变和界面能可以抑制位错的继续增殖和扩展。如此形成的亚稳平衡对应一个稳态晶粒尺寸；变形量越大，GNS 金属材料的亚稳平衡晶粒尺寸越小。纯金属的亚稳平衡晶粒尺寸一般在亚微米量级，经合金化后，亚稳平衡晶粒尺寸可进一步降低到纳米级。特别是借助合金化降低层错能后，在适当的变形条件下可以获得大量孪晶，孪晶界将原始粗晶划分为纳米级厚层结构[179]。因此，如 5.2.3 小节所述，缺陷之间的固态反应越多，在设计成分和工艺中所涉及的缺陷形成的 GS 就越高。因此，广义稳定性可完美解释 GNS 材料中存在良好的强塑性平衡。

5.4.3 形核与生长的分开

根据热–动力学相关性，热力学驱动力和动力学能垒存在互斥关系，因此不可能实现单一相变或变形的大驱动力和大能垒。相变中，借助非均质形核和非热形核，通过降低界面能和形核功来体现大驱动力的效果，可以在等效高形核率的前提下，借助体积扩散控制生长，实现大驱动力形核和大能垒生长[35,36,163-166,180]。变形中，如果可以使位错的形核先进行 (如类似于位置饱和中预存在的晶核，预先将可动位错储备起来，详见 2.4.3 小节)，随后变形，这些预存在位错只是在变形中开始生长 (整体滑移)，其速率不再受制于经典的驱动力和能垒互斥原则，而是在整体运动时呈现速度相对减缓，进而体现大塑性。

参考文献 [181] 给出的办法，将位错的增殖和滑移分开。例如，在第三代先进高强钢微观组织形成过程中，如果可以储存可移动位错，在变形中，位错储量增多保证高的流变应力，同时位错胞中的位错释放与滑移，促进均匀塑性变形的发生，使材料塑性进一步提高。位错形核与生长 (即增殖与滑移) 分开等同于大驱动力下提高位错演化的广义稳定性。

5.5　热–动力学贯通性的设计

任何相变或变形均属于热力学驱动力驱动下的动力学行为。从热–动力学角度分析驱动力和能垒的演化、热–动力学相关性、硬化与软化以及强度与塑性，可以发现，一切结果均源于热–动力学导致形核与生长的不同贡献。一定热力学驱动力下，形成微观组织的广义稳定性决定了屈服后微观组织的塑性和加工硬化。广义稳定性的演化取决于形核和生长的不同贡献，这种贡献可以从相变贯通到变形。

5.5.1　设计逻辑

根据热–动力学贯通性，利用广义稳定性和热–动力学相关性可以对相变和相应变形中的位错演化进行设计，如图 5-28 所示[128]。

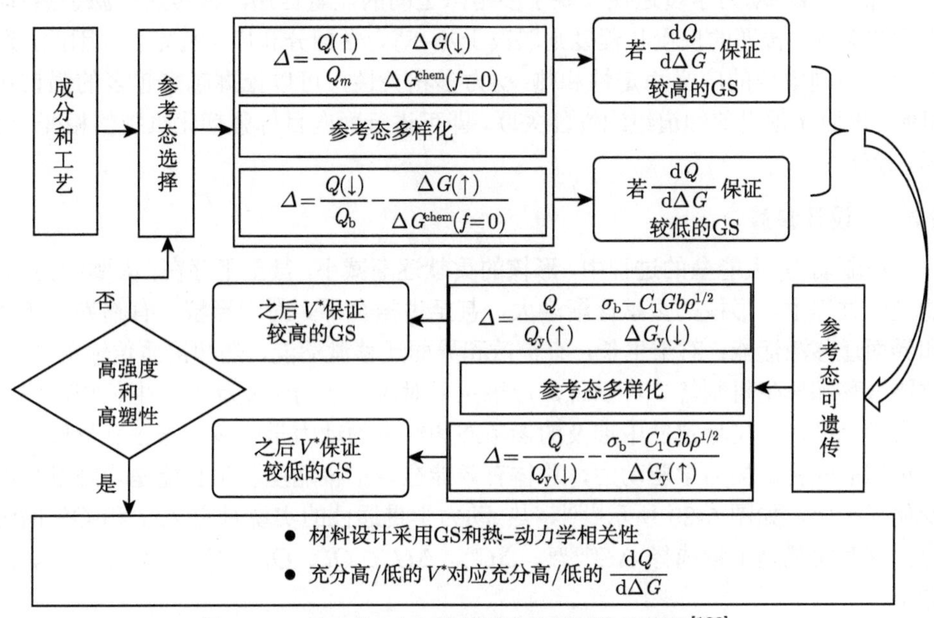

图 5-28　基于热–动力学贯通性的材料设计逻辑[128]

根据式 (5-3)、式 (5-5)、式 (5-6)、式 (5-8) 和式 (5-18)，就相变而言，参考态决定热力学驱动力的演化并决定终态。利用式 (5-4)、式 (5-7) 和式 (5-9)，对于给定的相变，热–动力学配分 $\mathrm{d}Q/\mathrm{d}\Delta G$ 可以区分热力学驱动力和动力学能垒的相对变化。如此，针对给定的参考态，如果可以通过调整 Q 和 ΔG 来确保提升或降低 $\mathrm{d}Q/\mathrm{d}\Delta G$，那么广义稳定性会相应提高或降低。根据能量守恒定律，相变的终态反映于 $\Delta G[\Delta G=\Delta G^{\mathrm{chem}}-f\Delta G^{\mathrm{s}})]$ 对应变形中位错演化的参考态，此时，参考态的 ΔG_{y} 和 Q_{y} 也必然满足热–动力学相关性。利用式 (5-14)，对于给定的位错演化，激活体积 V^* 可以区分 $\Delta G(\Delta G=\sigma_b-C_1Gb\rho^{1/2})$ 和 Q 的相对变化。如此，针对给定的参考态，如果可以通过调整 Q 和 ΔG 来确保提升或降低 V^*，那么位错演化的 GS 则会相应提高或降低。最重要的是，如果最初的相变参考态发生变化，初始的存在于 $\Delta G^{\text{chem}}(f=0)$ 和 Q_m 或 Q_b 或 Q_{mt} 之间的热–动力学相关性必然改变，相应改变上述逻辑，见图 5-28，细节可参考文献 [128]。

可见，微观组织变形中位错演化的参考态取决于形成微观组织涉及相变的参考态；给定相变参考态，位错演化热–动力学将严格遵循相变演化热–动力学。为了保证热–动力学贯通性的成立，同位错演化广义稳定性相关的足够高或低的 V^* 一定来自于同相变演化广义稳定性相关的足够高或低的 $dQ/d\Delta G$。通过设计成分和工艺，可以实现相变驱动力、能垒和微观组织的定量关联，对应于加工硬化中位错驱动力、能垒和位错密度的定量关联，进而反映不同的强塑性。

综上，热–动力学贯通性反映了参考态之间的能量传递，该传递起源于热–动力学相关性，传递的快慢和程度则取决于热–动力学配分和广义稳定性。因此，通过设计不同组合的广义稳定性和热–动力学相关性，可以挖掘越来越多的强韧化机制，进而无须提前知道组织性能关联，即可进行面向目标强韧化机制的相变 (变形) 设计。

5.5.2 设计参量

小驱动力–大能垒的过程中，形核的贡献逐渐减小，甚至不存在；大驱动力–小能垒的过程中，形核的贡献逐渐增大，甚至占据全部。对于形核，有临界形核功和界面迁移激活能；对于生长，有扩散和界面迁移激活能、热和溶质传输动力学、位错滑移和孪生机制等。可以说，形核主要对应于热力学驱动力，生长相对偏重动力学机制。广义稳定性中涉及的参考态和终态的动力学能垒，隐含着形核与生长贡献的变化。热力学驱动力、总体有效能垒、形核能垒和生长能垒均随过程而变化。因此，如图 5-29 所示[128]，热–动力学贯通性的实现对应 ΔG 和 GS 的组合，这其实就是定量选择 ΔG^{chem}、ΔG^{s}、ΔG_y、Q_b、Q_m、Q_{mt}、Q_{mf}、Q_y、ρ^* 和 ρ。

1. 案例分析 I

以 Fe-1.0%C 合金的扩散型 $\gamma\to\alpha$ 等温相变 ($T=1023$K 和 983K) 为例，假设所有潜在晶核在从奥氏体化温度快淬到某加热温度过程中，已经成为超临界尺寸晶核，即位置饱和形核占据主导，形核率可以表示为 $N=N^*\delta(t-0)$[39,129,130]，其中 N^* 为有效晶核数目，见 2.4 节。对于生长，式 (4-3) 和式 (4-5) 依旧成立，但是没有考虑应变能和界面能的效应，本小节提出不同负驱动力 ΔG^{s} 的选择方法。可以从如下推导看出，式 (5-3)~ 式 (5-5) 对于当前案例中 GS 和热–动力学相关性的计算依然有效。计算所需参数及其取值见表 5-1。

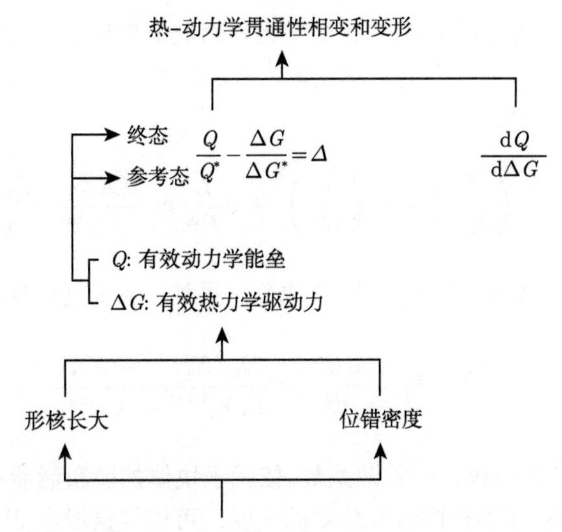

图 5-29　热–动力学贯通性的实现依托相变和变形中热–动力学参数的定量选择

表 5-1　相变和晶粒长大热–动力学计算所需参数及其取值

相变类型	参数	参考态	高 T	高 C 含量	高 Q_{b}
等温 $\gamma\to\alpha$ 相变	X_{C}^0/%	1.0	1.0	1.5	1.0
	T/K	983	1023	983	983
	Q_{m}/(kJ/mol)	140	140	140	140
	Q_{b}/(kJ/mol)	142	142	142	145

相变类型	参数	数值
等时 $\alpha\to\gamma$ 相变和晶粒长大	ΔH_{seg}/(kJ/mol)	55[186]
	Q_0/(kJ/mol)	176[187]
	Γ_{b}/(mol/m^2)	1.3×10^{-5}[188]
	$A_{\mathrm{m}}^{\mathrm{GB}}$/(m^2/mol)	7103.6[127]
	δ/nm	0.8[189]
马氏体相变	E_{s}/(J/mol)	41.9[184]
	$Q_{\gamma\gamma}$/(kJ/mol)	$165.2-62.4\times\Delta G(T)$[183]
	$Q_{\mathrm{M}\gamma}$/(kJ/mol)	$115.7-20.7\times\Delta G(T)$[183]

假设铁素体球形长大，其界面前沿 C 浓度 $X_{\mathrm{C}}(r)$ 分布均匀，且符合线性近似，可得[182]

$$X_{\mathrm{C}}(r)=X_{\mathrm{C}}^0+(X_{\mathrm{C}}^{\gamma,\mathrm{int}}-X_{\mathrm{C}}^0)\left(1-\frac{r-R^{\alpha}}{L}\right) \tag{5-20}$$

式中，X_{C}^{0} 为 C 的名义成分；$X_{\mathrm{C}}^{\gamma,\mathrm{int}}$ 为界面处奥氏体中 C 成分；R^{α} 为单个铁素体颗粒的半径；r 为从界面向奥氏体内部的距离；L 为扩散长度。注意，L 遵循如下质量守恒定律：

$$\left(\frac{L}{R^{\alpha}}\right)^{3}+4\left(\frac{L}{R^{\alpha}}\right)^{2}+6\frac{L}{R^{\alpha}}=\frac{4(X_{\mathrm{C}}^{0}-X_{\mathrm{C}}^{\alpha,\mathrm{eq}})}{X_{\mathrm{C}}^{\gamma,\mathrm{int}}-X_{\mathrm{C}}^{0}} \tag{5-21}$$

式中，$X_{\mathrm{C}}^{\alpha,\mathrm{eq}}$ 为界面处铁素体中 C 成分。另外，界面迁移速率 (V_{I}) 遵循：

$$V_{\mathrm{I}}=\frac{\mathrm{d}R^{\alpha}}{\mathrm{d}t}=\frac{D_{\mathrm{C}}(X_{\mathrm{C}}^{\gamma,\mathrm{int}}-X_{\mathrm{C}}^{0})}{L(X_{\mathrm{C}}^{\gamma,\mathrm{int}}-X_{\mathrm{C}}^{\alpha,\mathrm{eq}})} \tag{5-22}$$

式中，D_{C} 为 C 在奥氏体中扩散系数，依赖于块体扩散激活能 Q_{b}。为了得到 $X_{\mathrm{C}}^{\gamma,\mathrm{int}}$，有必要给出铁素体半径同转变分数的关联，可以根据经典 JMA 理论[130] 得到

$$f=\frac{f_{\alpha}}{f_{\mathrm{eq}}}=\frac{1-\exp\left[-N^{*}\frac{4\pi}{3}(R^{\alpha})^{3}\right]}{f_{\mathrm{eq}}} \tag{5-23a}$$

式中，位置饱和假设使得 $N^{*}=1/[(4\pi/3)(D^{\gamma})^{3}]$ (D^{γ} 是球形奥氏体颗粒的半径) 成立。因此，可将式 (5-23a) 改写为

$$f=\frac{f_{\alpha}}{f_{\mathrm{eq}}}=\left\{1-\exp\left[-\left(\frac{R^{\alpha}}{D^{\gamma}}\right)^{3}\right]\right\}\Big/f_{\mathrm{eq}} \tag{5-23b}$$

式中，f_{α} 为实际铁素体的体积分数；f_{eq} 为平衡状态铁素体的体积分数。

进一步，假设 $\Delta G=\chi(X_{\mathrm{C}}^{\gamma,\mathrm{eq}}-X_{\mathrm{C}}^{\gamma,\mathrm{int}})=(1-f)\chi(X_{\mathrm{C}}^{\gamma,\mathrm{eq}}-X_{\mathrm{C}}^{0})$，其中 $\chi(X_{\mathrm{C}}^{\gamma,\mathrm{eq}}-X_{\mathrm{C}}^{0})$ 等同于 $\Delta G=\Delta G^{\mathrm{chem}}(f=0)$，$\chi$ 为比例因子。因此，受控于界面和块体混合机制的有效动力学能垒依旧符合式 (4-7)，可以得到类似的热–动力学相关性：

$$Q+\frac{Q_{\mathrm{b}}-Q_{\mathrm{m}}}{\Delta G^{\mathrm{chem}}(f=0)}\Delta G=Q_{\mathrm{b}} \tag{5-24}$$

式中，由于应变能、界面能及溶质拖拽等情况均未考虑，负驱动力被修正为 $\Delta G^{\mathrm{s}}=\Delta G^{\mathrm{chem}}(f=0)$。尽管如此，上述最简单的热–动力学相关性依旧遵循式 (4-7) 暗含的所有规律，从而将式 (5-24) 归一化后依旧可给出式 (5-5) 指代的广义稳定性。

图 5-30(a) 和 (b) 给出了不同热–动力学参数下，ΔG 和 Q 间的互斥关系，以及相变分数和相变时间的关系，可见，提升 $\Delta G^{\mathrm{chem}}(f=0)$ 或降低 $Q_{\mathrm{b}}-Q_{\mathrm{m}}$ 以及降低 $\Delta G^{\mathrm{chem}}(f=0)$ 分别提升和降低热–动力学配分 (即 $\mathrm{d}Q/\mathrm{d}\Delta G$ 在单转变中保

持不变)。对比不同参考态的相变，提升相变温度、增加原始成分及提高 Q_b 均趋向于使得相变尽早停止 [图 5-30(b)]。基于计算得到的 ΔG 和 Q，等温 $\gamma \to \alpha$ 相变中 GS 随相变分数的演化可以根据式 (5-3) 计算得到 [图 5-30(c)]，同时也展示出 f 和 ΔG 的关联。同式 (5-24) 一致，当 $f=0$ 时，ΔG 等于 $\Delta G^{\text{chem}}(f=0)$ 且 $Q=Q_m$；当 $f=1$ 时，Q 和 GS 分别等于 Q_b 和 Q_b/Q_m 且 $\Delta G=0$ [图 5-30(a) 和 (c)]，并且在相同温度，所有的 GS 均随 ΔG 降低 [即随 f 提高，图 5-30(c)] 而增大。提高加热温度、提高 C 含量及提高激活能 Q_b 均倾向于降低驱动力且提高 GS[图 5-30(c)]，尤其针对给定 f，如 $f=0.5$ 对应 $\Delta G=(1-f)\Delta G^{\text{chem}}(f=0)$，此时，对应较高激活能的相变 [图 5-30(c) 中“●”和“○”] 相比对应较高温度的相变 [图 5-30(c) 中“▲”和“△”]，意味着大驱动力和大广义稳定性的实现。

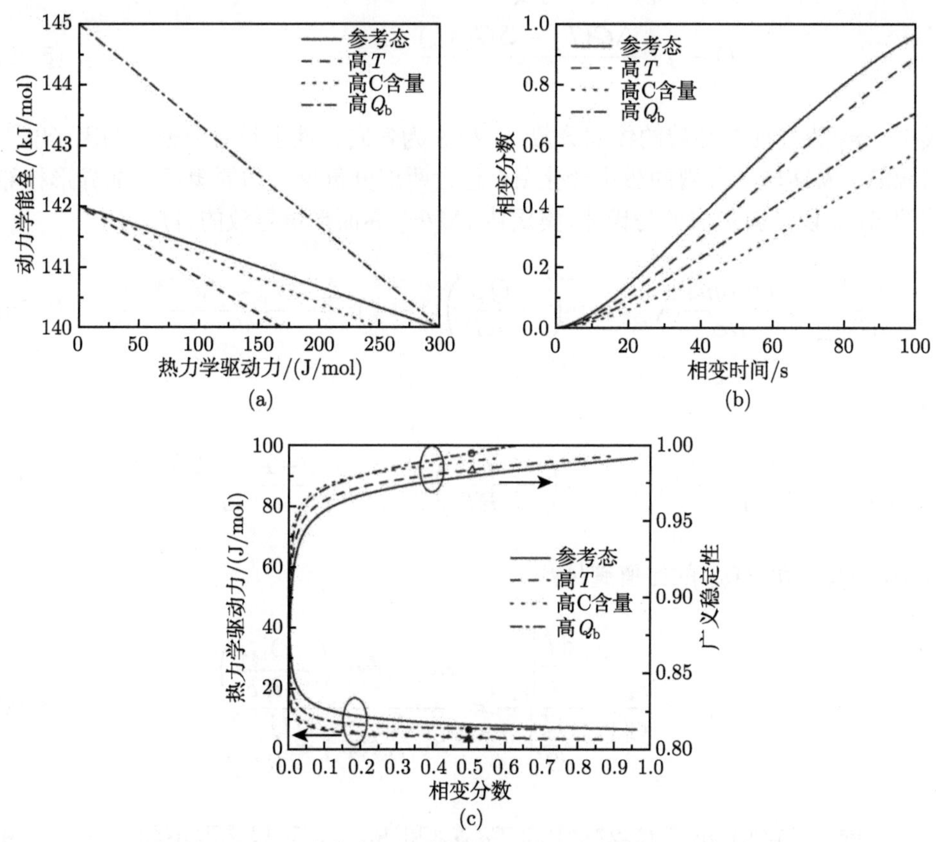

图 5-30　Fe-C 合金不同温度等温 $\gamma \to \alpha$ 相变的热–动力学计算

(a) 动力学能垒随热力学驱动力的变化；(b) 铁素体相变分数随相变时间的变化；

(c) 热力学驱动力和广义稳定性随相变分数的变化

2. 案例分析 II

根据 4.2.3 小节的相关结果，式 (4-12) 和式 (5-9) 可用来计算马氏体相变的热–动力学相关性和广义稳定性 (图 5-31)；鉴于 Q_{mt} 对应 M_{s}，Q_{mf} 对应 M_{f}，且 ΔG^{s}(41.9J/mol[184]) 源于应变能，该计算需要对参考态的有效能垒提前处理。此案例将基于奥氏体晶界和马氏体/奥氏体相界的形核激活能 (即 $Q_{\gamma\gamma}$ 和 $Q_{\mathrm{M}\gamma}$，见 4.2.3 小节)，针对 Q_{mt} 和 Q_{mf} 进行动力学处理，关键参数取值见表 5-1。

紧跟 4.2.4 小节，结合马氏体层片各向异性生长这一碰撞模式，得到马氏体相变的相变速率模型[183]：

$$\frac{\mathrm{d}f}{\mathrm{d}T}=\frac{vm_1qn_{\mathrm{S}}^0}{R\phi}\left[S_{\mathrm{V},\gamma\gamma}\exp\left(-\frac{Q_{\gamma\gamma}}{RT}\right)+S_{\mathrm{V},\mathrm{M}\gamma}\exp\left(-\frac{Q_{\mathrm{M}\gamma}}{RT}\right)\right]\times(1-f)^{\xi}\frac{\Delta G(T)-\Delta G(M_{\mathrm{s}})}{T}\tag{5-25}$$

式中，m_1 为转变前晶粒的体积分数；q 和 ξ 为各向异性生长碰撞模式的因子[130]。相应的，真实转变分数的微小变化 $\mathrm{d}f$ 包含两部分贡献，即原奥氏体晶界形核导致的 $\mathrm{d}f_{\gamma\gamma}$ 以及新形成的马氏体/奥氏体 (M/γ) 界面形核导致的 $\mathrm{d}f_{\mathrm{M}\gamma}$：

$$\left.\frac{\mathrm{d}f}{\mathrm{d}T}\right|_{\gamma\gamma}=\frac{vm_1qn_{\mathrm{S}}^0}{R\phi}S_{\mathrm{V},\gamma\gamma}\exp\left(-\frac{Q_{\gamma\gamma}}{RT}\right)(1-f)^{\xi}\frac{\Delta G(T)-\Delta G(M_{\mathrm{s}})}{T}\tag{5-26}$$

和

$$\left.\frac{\mathrm{d}f}{\mathrm{d}T}\right|_{\mathrm{M}\gamma}=\frac{vm_1qn_{\mathrm{S}}^0}{R\phi}S_{\mathrm{V},\mathrm{M}\gamma}\exp\left(-\frac{Q_{\mathrm{M}\gamma}}{RT}\right)(1-f)^{\xi}\frac{\Delta G(T)-\Delta G(M_{\mathrm{s}})}{T}\tag{5-27}$$

式中，$\mathrm{d}f_{\mathrm{M}\gamma}$ 和 $\mathrm{d}f_{\gamma\gamma}$ 的比值满足：

$$r_{1,2}=\frac{r_2}{r_1}=\frac{\left.\dfrac{\mathrm{d}f}{\mathrm{d}T}\right|_{\mathrm{M}\gamma}}{\left.\dfrac{\mathrm{d}f}{\mathrm{d}T}\right|_{\gamma\gamma}}=\frac{S_{\mathrm{V},\mathrm{M}\gamma}\exp\left(-\dfrac{Q_{\mathrm{M}\gamma}}{RT}\right)}{S_{\mathrm{V},\gamma\gamma}\exp\left(-\dfrac{Q_{\gamma\gamma}}{RT}\right)}\tag{5-28}$$

面向式 (5-26) 和式 (5-27) 中的 $S_{\mathrm{V},\mathrm{M}\gamma}$ 和 $S_{\mathrm{V},\gamma\gamma}$，可以选取不同的 $S_{\mathrm{V},\mathrm{M}\gamma}^*$ 和 $S_{\mathrm{V},\gamma\gamma}^*$ 使得 $\mathrm{d}f$ 完全由原奥氏体晶界形核贡献：

$$\frac{\mathrm{d}f}{\mathrm{d}T}=\left.\frac{\mathrm{d}f}{\mathrm{d}T}\right|_{\gamma\gamma}^{\prime}=\frac{vm_1qn_{\mathrm{S}}^0}{R\phi}S_{\mathrm{V},\gamma\gamma}^*$$

$$\times \exp\left(-\frac{Q_{\gamma\gamma}}{RT}\right)(1-f)^{\xi}\frac{\Delta G(T)-\Delta G(M_{\rm s})}{T} \tag{5-29}$$

或使得 $\mathrm{d}f$ 完全由 M/γ 界面形核贡献：

$$\frac{\mathrm{d}f}{\mathrm{d}T}=\left.\frac{\mathrm{d}f}{\mathrm{d}T}\right|'_{\mathrm{M}\gamma}=\frac{vm_1qn_{\rm S}^0}{R\phi}S^*_{\mathrm{V,M}\gamma}\exp\left(-\frac{Q_{\mathrm{M}\gamma}}{RT}\right)(1-f)^{\xi}\frac{\Delta G(T)-\Delta G(M_{\rm s})}{T} \tag{5-30}$$

按照文献 [185] 中类似处理方法，$\mathrm{d}f$ 可以改写为

$$\mathrm{d}f=\frac{1}{r_1+r_2}\left(r_1\left.\frac{\mathrm{d}f}{\mathrm{d}T}\right|'_{\gamma\gamma}+r_2\left.\frac{\mathrm{d}f}{\mathrm{d}T}\right|'_{\mathrm{M}\gamma}\right) \tag{5-31}$$

式中，r_1 和 r_2 为与相变分数相关的变量，分别表征上述两个子过程 [式 (5-29) 和式 (5-30)] 对总体转变速率的相对贡献。

如此，结合式 (3-70) 可以将式 (5-25) 进一步改写为

$$\frac{\mathrm{d}f}{\mathrm{d}T}=\frac{vmqn_{\rm S}^0}{R\phi}[(1+r_{1,2})S_{\mathrm{V},\gamma\gamma}]^{\frac{1}{1+r_{1,2}}}[(1+r_{1,2}^{-1})S_{\mathrm{V,M}\gamma}]^{\frac{1}{1+r_{1,2}^{-1}}}$$
$$\times\exp\left(-\frac{\dfrac{1}{1+r_{1,2}}Q_{\gamma\gamma}+\dfrac{1}{1+r_{1,2}^{-1}}Q_{\mathrm{M}\gamma}}{RT}\right)(1-f)^{\xi}\frac{\Delta G(T)-\Delta G(M_{\rm s})}{T} \tag{5-32}$$

式中，有效动力学能垒可被解析表达为

$$Q=\frac{1}{1+r_{1,2}}Q_{\gamma\gamma}+\frac{1}{1+r_{1,2}^{-1}}Q_{\mathrm{M}\gamma} \tag{5-33}$$

按照上述步骤，可通过式 (5-25)～ 式 (5-32) 对马氏体相变的实验数据[183] 进行拟合来得到 $Q_{\gamma\gamma}$ 和 $Q_{\mathrm{M}\gamma}$，再利用式 (5-33) 得到 $Q_{\rm mt}$ 和 $Q_{\rm mf}$。

图 5-31 给出不同奥氏体化处理后连续冷却中马氏体相变的热力学驱动力和动力学能垒间的非线性互斥关联 [图 5-31(a)]，以及 $\mathrm{d}Q/\mathrm{d}\Delta G$ 和 f [图 5-31(b)]、T 和 f [图 5-31(c)] 的演化关系。由图 5-31 可见，驱动力随相变进行而连续增大，且低温短时的奥氏体化处理趋向于降低 $M_{\rm s}$ 和 $M_{\rm f}$ 的数值，并在任意给定 f，降低 $\mathrm{d}Q/\mathrm{d}\Delta G$ 的绝对值。利用计算得到的 ΔG 和 Q，可进一步根据式 (5-9) 计算得到马氏体相变的 GS 同 f 的演化以及 ΔG 和 f 的关系 [图 5-31(d)]。

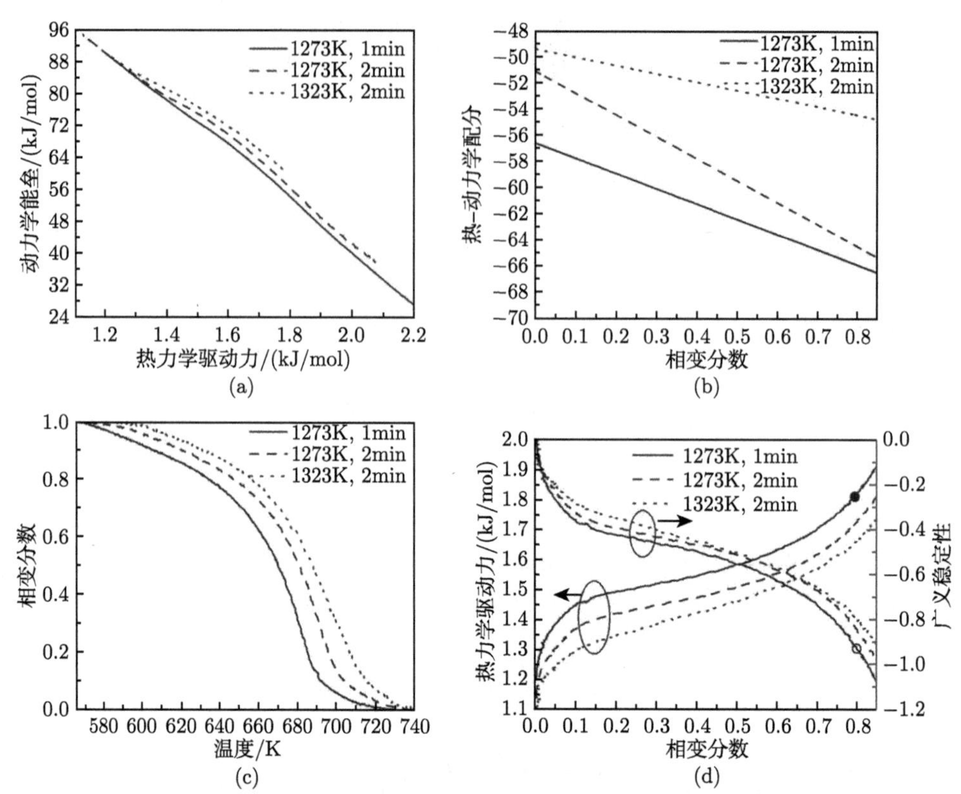

图 5-31 Fe-0.2%C-1%Mn-1%Si 合金钢不同奥氏体化处理后马氏体相变的热–动力学计算

(a) 利用文献 [183] 方法计算得到的动力学能垒随热力学驱动力的变化；(b) 利用式 (5-9) 计算的热–动力学配分 $\mathrm{d}Q/\mathrm{d}\Delta G$ 同相变分数 f 的关联；(c) 马氏体相变分数随温度的演化，数据取自文献 [183]；(d) 热力学驱动力 [式 (4-3)] 和广义稳定性 [式 (5-8)] 随相变分数的演化

同式 (5-7) 一致，在 $f=0$ 时，ΔG 等于 $\Delta G^{\text{chem}}(f=0)$，$Q=Q_{\text{mt}}$，但在 $f=1$ 时，Q 和 GS 分别等于 Q_{mf} 和 $Q_{\text{mf}}/Q_{\text{mt}}-[\Delta G^{\text{chem}}(f=1)-\Delta G^{\text{s}}]/\Delta G^{\text{chem}}(f=0)$ [图 5-31(a) 和 (d)]。对任何相变，随相变分数提高、GS 提升的同时 ΔG 均下降；低温短时的奥氏体化处理倾向于提高 ΔG、降低 GS [或提高 GS 绝对值，图 5-31(d)]；对于任意给定的 f，如 $f=0.8$ 对应于 $\Delta G=\Delta G^{\text{chem}}-f\Delta G^{\text{s}}$，经过 ($T=1273\text{K}$ 和 $t=1\text{min}$) 奥氏体化处理后的马氏体相变，相比其他两类高温长时间处理后的马氏体相变，实现了大 ΔG 和大 GS 绝对值 [图 5-31(d)] 的组合[128]。这与文献 [183] 中结论吻合，即低温短时处理后的马氏体相变给出马氏体层片尺寸最小，这归因于马氏体相变中大 ΔG 大 GS 绝对值的结果，即相变进行充分。换言之，奥氏体化处理相当于筛选 ΔG^{chem}、ΔG^{s}、Q_{mt} 和 Q_{mf}，来实现上述热–动力学组合。

综上所述，对于一个驱动力减小而能垒增大的相变，GS 始终为正，且随相变进行，GS 逐渐增大，表明相变越发持久 [图 5-22(b)]；对于一个驱动力增大而能垒减小的相变，GS 始终为负，且随相变进行，GS 逐渐减小 [图 5-31(c)]。如果对一系列相变进行比较，那么在给定的相变分数下，较小的 GS 绝对值意味着热力学上更不稳定 (GS 始终为正) 或更稳定 (GS 始终为负) 的状态，并且有更大的时间或空间来延续该过程 [图 5-31(d) 和图 5-32(c)]。同驱动力增大而能垒减小的相变类似，位错演化过程中 GS 始终为负值，单一过程中，GS 越小或其绝对值越大，表明过程越不持久或塑性越差；反之亦然。如果对一系列位错演化进行比较，那么在给定变形时，较大 GS 或较小 GS 绝对值意味着热力学上更稳定的状态，并且有更大的时间或空间来延续该过程，来达到更好的塑性 (详见 5.4.1 小节和 5.5.3 小节)。

5.5.3　高强度和高塑性纳米晶材料设计

如 4.3.3 小节所述，引入非均质组织可有效提高纳米晶材料的塑性，究其根本，非均质组织产生非均匀塑性变形和较大的应变梯度[99,100]，进而阻碍位错运动，提高位错存储、增殖能力和加工硬化率。高应力状态下抑制位错运动的热–动力学本质在于实现大驱动力 (ΔG) 和大能垒 (Q) 的位错运动。如 5.2.2 小节所示，由于相变与位错热–动力学相对应，引入大能垒相变来调控组织有望提高纳米晶材料的塑性。据此，5.3 节提出设计高性能金属结构材料的大驱动力–大广义稳定性判据，并在 5.4 节对其本质进行了剖析。

5.5.1 小节和 5.5.2 小节陈述了上述判据的设计理念和应用规范，本小节面向纳米晶铁合金的 $\alpha \rightarrow \gamma$ 相变与晶粒长大共生，制备 DPBN 合金，获得超高强度、高塑性和较大的加工硬化能力；基于广义稳定性计算，分析 DPBN 合金强塑性的热–动力学机制。此类设计策略可在金属晶材料设计中推广。

1. $\alpha \rightarrow \gamma$ 相变与晶粒长大热–动力学设计

由式 (4-3) 可知，$\alpha \rightarrow \gamma$ 相变的有效驱动力 (ΔG) 为

$$\Delta G = \Delta G^{\text{chem}} - \Delta G^{\text{strain}} \tag{5-34}$$

式中，ΔG^{chem} 为 $\alpha \rightarrow \gamma$ 相变的化学驱动力，可以通过 Thermo-calc 软件进行计算 [图 5-32(a)]；$\Delta G^{\text{strain}}(\Delta G^{\text{strain}} = fE_{\text{s}})$ 为机械阻力或负驱动力 (见 4.2.2 小节)，其数值一般为 10~50J/mol[184]，计算中 ΔG^{strain} 取常数 (30J/mol)。由于 ΔG^{strain} 远小于 ΔG^{chem}，因此 ΔG^{strain} 常数化处理对 ΔG 影响不大，不会改变广义稳定性的演化趋势。

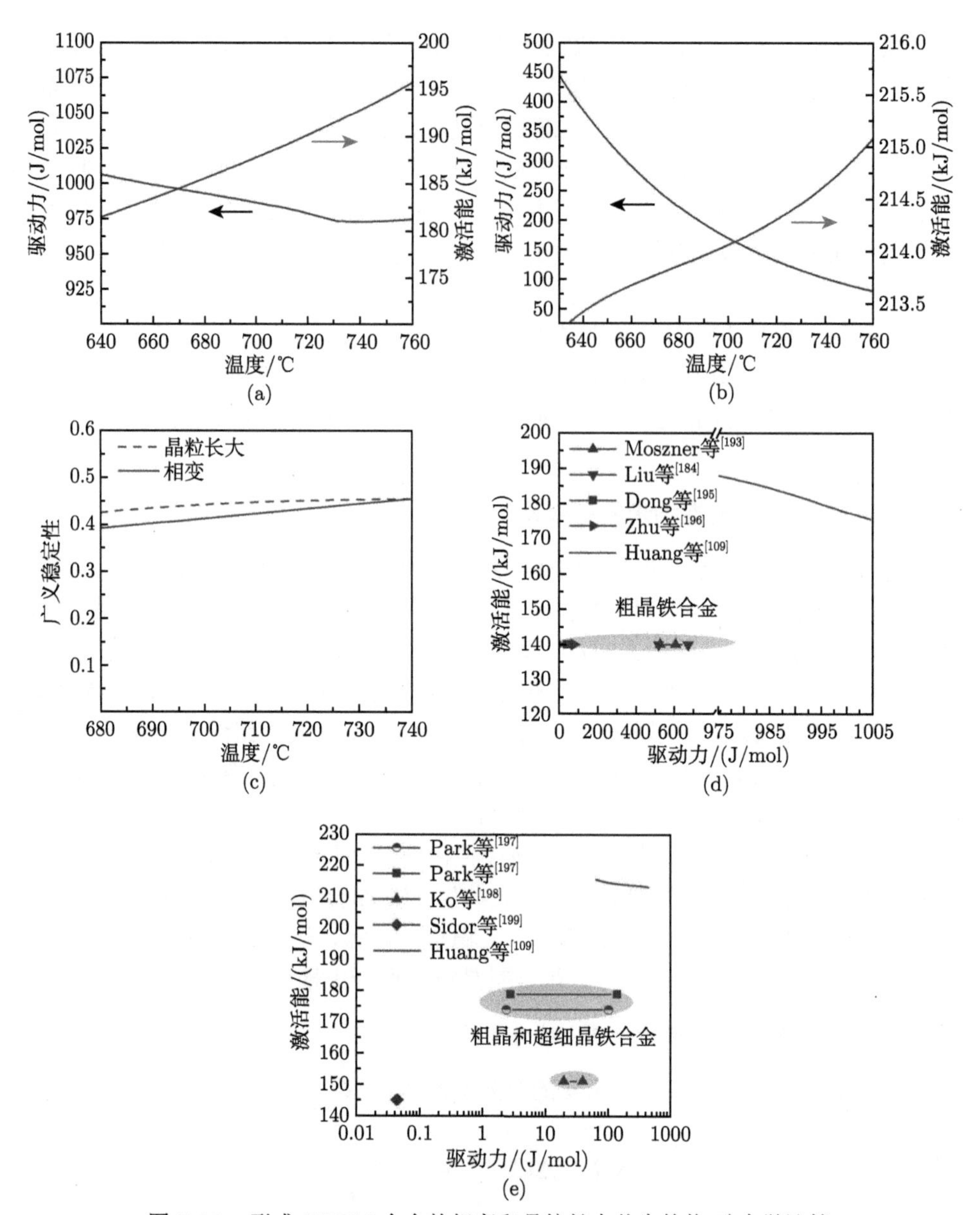

图 5-32 形成 DPBN 合金的相变和晶粒长大共生的热-动力学计算

(a) 相变的热力学驱动力和激活能随温度变化；(b) 晶粒长大的热力学驱动力和激活能随温度变化；(c) 相变和晶粒长大的广义稳定性随温度变化；(d) 粗晶铁合金中相变的热力学驱动力和激活能；(e) 粗晶和超细晶铁合金中晶粒长大的热力学驱动力和激活能

为确定相界迁移的有效激活能 (Q_{pt})，利用 DICTRA 软件 (TCFE8 和 MOB3 数据库) 计算 γ 相生长动力学，其中初始厚度设为 1nm，扩散场距离 (受晶界约束效应[107] 影响，见 5.2.2 小节) 设为 500nm，根据名义成分确定 α 相的初始成分 ($Fe_{90}Ni_8C_1$)。最终，确定 γ 相的尺寸变化、速度演化和溶质配分行为。相界迁移速度 (V_{pt}) 表示为界面迁移率 (G_{pt}) 与驱动力 (ΔG) 的乘积[190]：

$$V_{pt} = G_{pt}\Delta G = G_0 \exp\left(-\frac{Q_{pt}}{RT}\right)\Delta G \tag{5-35}$$

式中，G_0 为迁移率指前因子。

ΔG 和 V_{pt} 的值确定后，可得到 $Q_{pt} = -RT\ln[V_{pt}/(G_0\Delta G)]$，结果见图 5-32(b)。此外，根据式 (5-5)，结合表 5-2 给出的参数，可求出相变的 GS [图 5-32(c)]。

表 5-2　相变和晶粒长大热–动力学计算所需参数及其数值

物理量	参数	数值
相界迁移率指前因子	$G_0/[\mathrm{mol\cdot m/(J\cdot s)}]$	0.058[200]
晶界迁移激活能	$Q_{GB}/(\mathrm{kJ/mol})$	169[107]
晶界迁移率指前因子	$M_0/[\mathrm{mol\cdot m/(J\cdot s)}]$	4.1×10^{-6}[107]
纯 Fe 晶界能	$\sigma_0/(\mathrm{J/m^2})$	0.79[201]
Fe 中 C 偏析焓	$\Delta H_{seg}/(\mathrm{kJ/mol})$	55[186]
饱和溶质过剩量	$\Gamma_b/(\mathrm{mol/m^2})$	1.3×10^{-5}[187]
摩尔体积	$V_m/(\mathrm{m^3/mol})$	7×10^{-6}[188]
晶界宽度	δ/nm	0.8[189]
密度	$\rho_0/(\mathrm{mol/cm^3})$	0.14[188]
纯 Fe 晶界迁移激活能	$Q_0/(\mathrm{kJ/mol})$	176[188]

根据文献 [107]，α 相晶粒长大动力学表达式为

$$V_{gg} = M_0 \exp\left(-\frac{Q_{gg}}{RT}\right)P \tag{5-36}$$

式中，M_0 为迁移率指前因子；Q_{gg} 为晶粒长大有效激活能。考虑 C 偏析和 Zr-O 团簇钉扎效应，有效驱动力表达式为

$$P = 4\sigma_{gb}/D - 3\sigma f_p/(2r) \tag{5-37}$$

式中，σ_{gb} 为晶界能，进一步表达为 $\sigma_{gb} = \sigma_0 - \Gamma_b(\Delta H_{seg} + RT\ln C_C^\alpha)$[191]，$\sigma_0$ 为纯 Fe 晶界能，ΔH_{seg} 为偏析焓，Γ_b 为晶界饱和过剩量，$C_C^\alpha = C_0[3 - V_m\rho_0(D/6+\delta)/D]$ 为 α 相晶粒内部的 C 浓度，V_m 为摩尔体积，δ 为晶界厚度，ρ_0 为密度，C_0 为 C 元素全局浓度。最终有

$$Q_{gg} = -RT\ln\frac{V_{gg}}{M_0P} \tag{5-38}$$

模型计算所需参数见表 5-2。晶粒长大的广义稳定性可由式 (5-5) 计算[127]，结果见图 5-32(c)。由上述计算可确定 $\alpha\to\gamma$ 相变和晶粒长大对应的 $\Delta G(\Delta G^*)$、

$Q(Q^*)$。如图 5-32(a) 和 (b) 所示，随着温度升高，两种固态反应中 ΔG 降低且 Q 增加，表现出互斥关系。根据文献 [106] 和 [107]，模型合金中 $\alpha \to \gamma$ 相变受控于扩散控制和晶界约束效应 (详见 5.2.2 小节)。与界面控制机制相比，$\alpha \to \gamma$ 相变具有较高的 ΔG，同时共生的纳米级 α 相晶粒长大还受到多种钉扎机制 (如溶质拖拽和 Zener 钉扎[192]) 影响。将模型合金中 $\alpha \to \gamma$ 相变以及晶粒长大的 ΔG 和 Q，与文献 [193]~[199] 中粗晶 Fe 合金的相应值进行对比 [图 5-32(d) 和 (e)]，发现纳米晶金属合金的 $\alpha \to \gamma$ 相变和晶粒长大均具有更高的 ΔG 和 Q。

如图 5-32(c) 所示，随温度升高，$\alpha \to \gamma$ 相变和晶粒长大的 GS 逐渐增大并在 730℃ 趋于饱和，表明 $\alpha \to \gamma$ 相变和晶粒长大共生过程中体系热力学稳定性不断增强。基于上述计算，结合 5.2.2 小节，选择 690℃、710℃ 和 730℃ 作为最高温度，相应的 $\alpha \to \gamma$ 相变和晶粒长大共生可以满足大 ΔG 和大 GS。根据广义稳定性设计原则，大 ΔG 和大 GS 的相变有望获得大 ΔG 和大 GS 的变形机制，最终获得优异的强度–塑性匹配。基于此，本小节将纳米晶合金的 $\alpha \to \gamma$ 相变定义为大 ΔG 和大 GS 控制的相变。

2. 组织表征和力学性能

根据文献 [106]，利用高压热烧结法制备 Fe 基纳米晶块体材料。XRD 和 TEM 结果表明 [图 5-33(a) 和 (b)]，烧结态样品主要由 α 相组成 (平均晶粒度约为 40nm)，含有少量 γ 相 (体积分数约为 2%)。将烧结态样品加热至确定温度 (690℃、710℃ 和 730℃)，快冷至室温，利用 $\alpha \to \gamma$ 相变将超细晶 γ 相引入 α 相纳米基体，相应的样品分别记为 690DPBN、710DPBN 和 730DPBN；3 种 DPBN 合金的 γ 相体积分数不同 [图 5-33(a)]。进一步，利用自动化晶体取向透射电子显微技术 (automated crystallographic orientation mapping TEM，ACOM-TEM) 表征 DPBN，图 5-33(c) 给出 730DPBN 合金的相应结果：α 相纳米基体分布着超细晶 γ 相晶粒，以及一些更为细小的 γ 相。α 相和 γ 相的平均晶粒尺寸分别为 82nm 和 250nm [图 5-33(d)]，其中 730DPBN 比 690DPBN 和 710DPBN 合金中两相的平均晶粒尺寸更大 [图 5-33(d) 中小图]。结合 3.2.1 小节有关热力学稳定性的阐述，DPBN 合金中超细晶粒尺寸和 γ 相稳定化元素 (如 Ni 和 C) 会提高 γ 相稳定性，最终 γ 相可以稳定保留至室温。此外，DPBN 中 α 相和 γ 相的尺寸差异归结于 α 相晶粒长大和 $\alpha \to \gamma$ 相变的动力学不同。

图 5-34 给出 730DPBN 合金的原子探针层析 (atom probe tomography，APT) 分析结果。三维原子分布图 [图 5-34(a)] 表明，体系除 Ni、C 和 Zr 元素外，还存在球磨和烧结过程中较容易引入的 O 元素[192,195]。其中，富 Ni 和富 C 元素的区域对应奥氏体，而贫 Ni 和贫 C 元素的区域对应铁素体。以 7%Ni 的等浓度面为参考，定量分析相界两侧的 Ni、C、O、Zr 元素的原子分数 [图 5-34(b)]。结

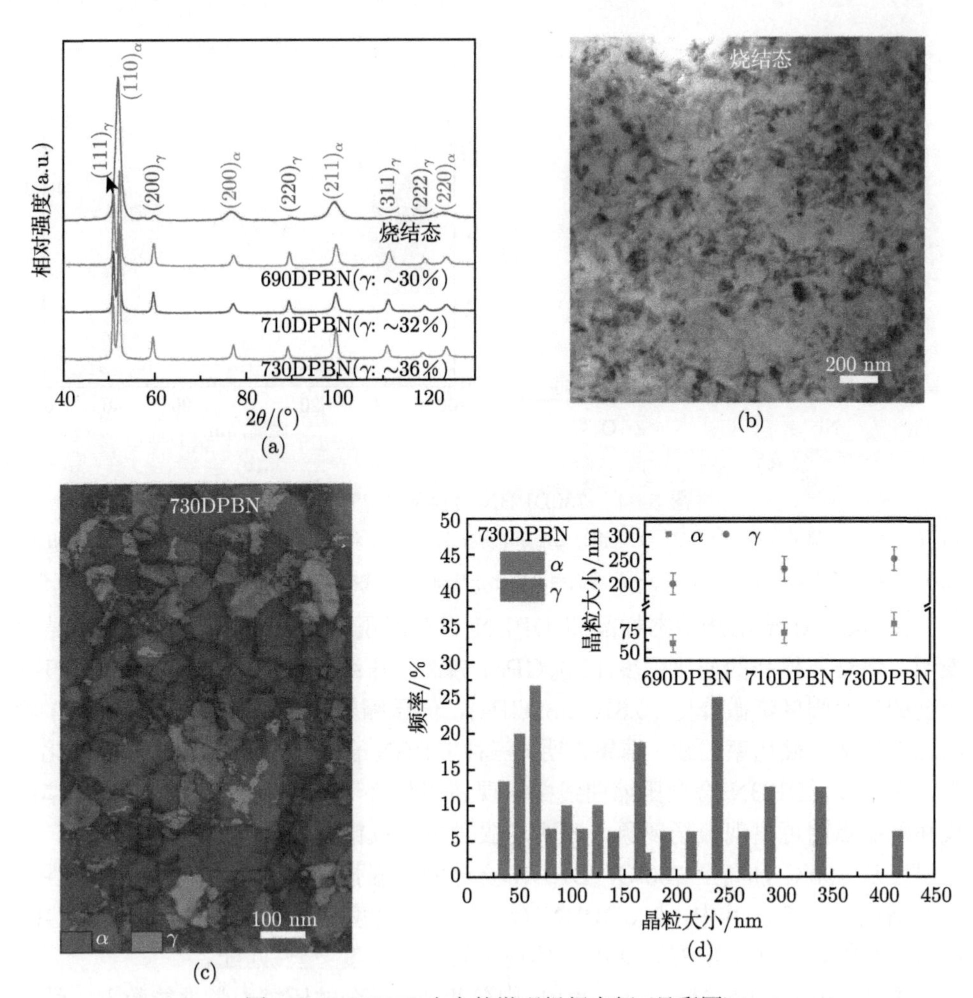

图 5-33　DPBN 合金的微观组织表征 (见彩图)

(a) 烧结态和 DPBN 合金的 XRD 图谱；(b) 表明烧结态样品为均质纳米结构的 TEM 图；(c) 表征 730DPBN 合金的 ACOM-TEM 图；(d) 730DPBN 合金 α 相和 γ 相晶粒尺寸的统计分布，小图表明，随退火温度升高，α 相和 γ 相的平均晶粒尺寸不断增大

果显示，奥氏体中 C 和 Ni 元素的原子分数分别为 5%和 12%，而铁素体中 C 和 Ni 元素的原子分数分别为 1%和 3%。元素配分归因于纳米晶 $Fe_{91}Ni_8Zr_1$ 合金中 $\alpha \to \gamma$ 相变由体扩散机制控制 (详见 5.2.2 小节)。Zr 元素对 O 元素具有较高的亲和性[192,202]，二者反应后在体系中形成均匀分布的纳米尺度 Zr-O 团簇。研究表明，Zr-O 团簇形成于 $\alpha \to \gamma$ 相变发生之前，仅对 α 相晶粒的长大产生钉扎，而不会对 $\alpha \to \gamma$ 相变中相界迁移产生明显钉扎[107]。

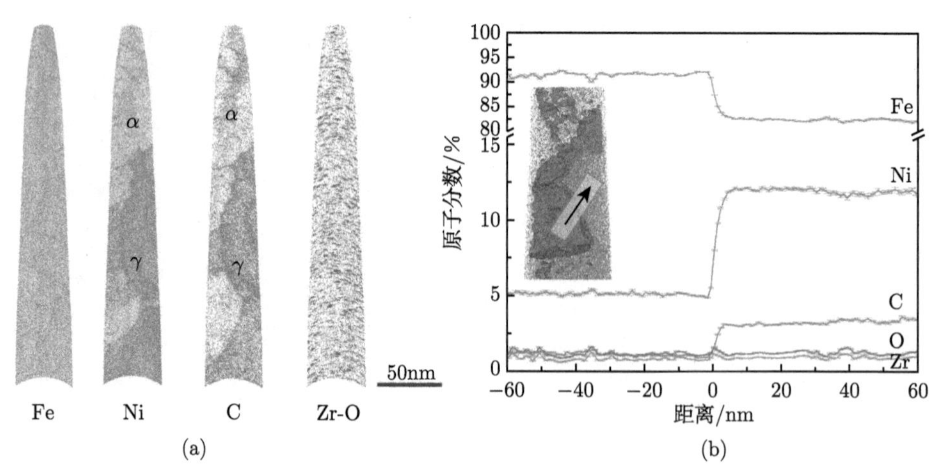

图 5-34 730DPBN 合金的 APT 分析

(a) Fe、Ni、C 原子分布，以及 Zr-O 团簇的三维原子分布图；富 Ni 和富 C 元素的区域对应 γ 相，贫 Ni 和贫 C 元素的区域对应 α 相；(b) α/γ 相界面两侧成分分布图 (沿小图中黑色箭头方向) 表明强烈的溶质配分

图 5-35(a) 给出烧结态样品和 DPBN 合金的压缩真应力–真应变曲线。结果表明，烧结态样品的屈服强度 (2.94GPa) 较高，压缩塑性低于 5%。三种 DPBN 合金的屈服强度略微降低 (2.61~2.82GPa)，但压缩塑性显著提高。图 5-35(b) 给出相应的加工硬化率曲线。结果表明，三种 DPBN 合金表现出明显的加工硬化行为。进一步，DPBN 合金压缩曲线中出现屈服强度下降现象，以及加工硬化率曲线在屈服点附近出现上扬现象，表明屈服发生后位错塑性机制开始主导变形。退火温度从 690℃ 升高至 730℃，DPBN 合金的屈服强度略有下降，而压缩塑性从 21%增加至 35%。其中，730DPBN 合金的屈服强度和抗压强度分别为 2.61GPa 和 3.32GPa，总压缩应变为 35%，体现了较佳的强度–塑性匹配。

图 5-35(c) 给出文献 [203]~[212] 中单相 Fe 合金的压缩力学性能数据。结果表明，DPBN 合金的压缩强度和塑性组合，几乎超过了当前文献报道的所有 Fe 基合金。与燕山大学开发的超高强度钢 (2.5GPa，38%)[204] 相比，DPBN 合金的加工硬化能力更为突出。

3. 强塑性机制的热–动力学分析

如前所述，DPBN 合金优异的力学性能验证了广义稳定性设计理念。通过大驱动力和大广义稳定性的共生过程制备的 DPBN 合金在变形时，其高强度和大塑性对应的位错机制是否同样遵循大驱动力和大广义稳定性的热–动力学关系。本小节将从热–动力学角度诠释变形机制，证实相变机制与变形机制在热–动力学关系上的对应，即相变热–动力学互斥决定力学性能的强塑性互斥。

基于大驱动力和大广义稳定性原则，设计共生制备的 DPBN 合金包括多种

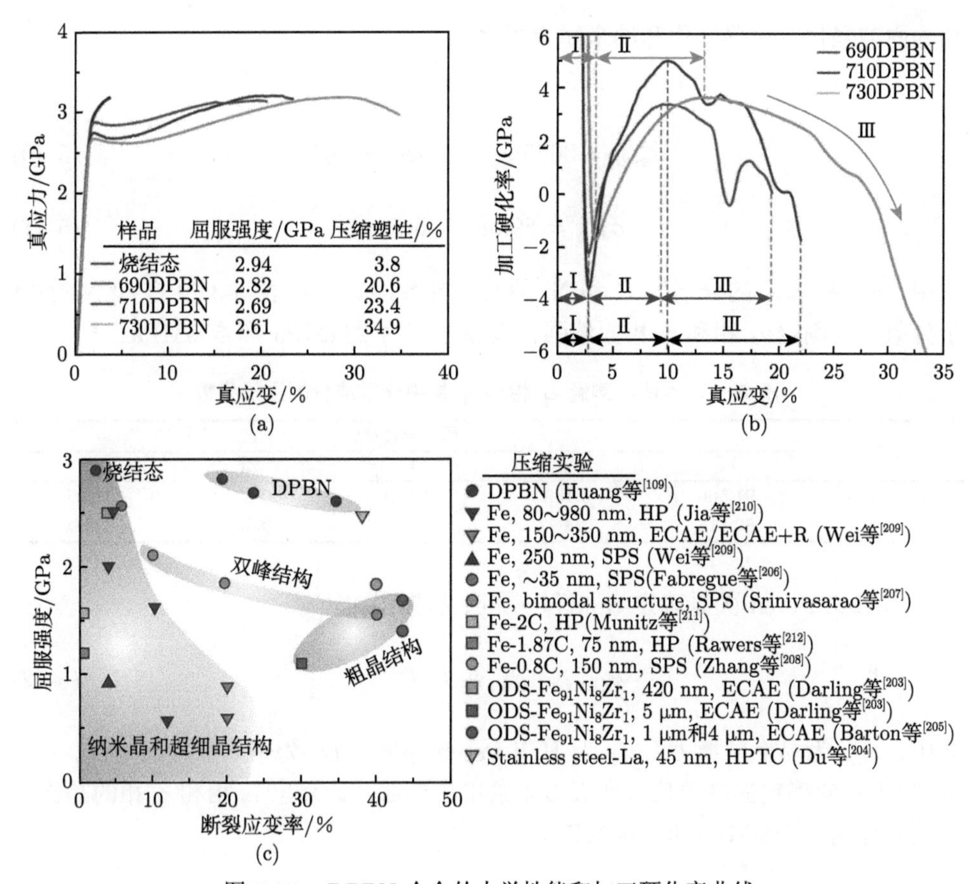

图 5-35　DPBN 合金的力学性能和加工硬化率曲线

(a) 烧结态样品和 DPBN 合金的压缩真应力–真应变曲线；(b) 加工硬化率曲线；三种 DPBN 合金的加工硬化率曲线可分为三个阶段 (阶段 Ⅰ、Ⅱ 和 Ⅲ)；(c) DPBN 合金与纳米晶/超细晶/粗晶铁合金的压缩力学性能比较

相组成和元素配分 (图 5-33 和图 5-34)。这种非均质组织具备多种阻碍位错运动的强化机制包括：固溶强化、纳米晶 (晶界) 强化和纳米团簇强化。因此，相对于粗晶 Fe 的情形 (小 ΔG)，需要较大的流变应力 (对应大 ΔG) 驱动变形过程中位错的产生和运动。

通过计算 α 相和 γ 相中固溶强化、晶界强化和纳米团簇强化，由混合法则可以确定 DPBN 合金中屈服强度 (σ_{y})：

$$\sigma_{\mathrm{y}} = f_{\alpha}(\sigma_{\mathrm{ss},\alpha} + \sigma_{\mathrm{GB},\alpha} + \sigma_{\mathrm{p},\alpha}) + f_{\gamma}(\sigma_{\mathrm{ss},\gamma} + \sigma_{\mathrm{GB},\gamma} + \sigma_{\mathrm{p},\gamma}) \tag{5-39}$$

式中，f_{α} 和 f_{γ} 分别为 α 相和 γ 相的体积分数；$\sigma_{\mathrm{ss},i}$、$\sigma_{\mathrm{GB},i}$ 和 $\sigma_{\mathrm{p},i}$ ($i=\alpha, \gamma$) 分

别为固溶强化、晶界强化和纳米团簇强化。

α 相和 γ 相中成分相关的固溶强化可由下列经验公式确定[213,214]：

$$\sigma_{\mathrm{ss},\alpha} = 3065 w_{\mathrm{C}} + 45 w_{\mathrm{Ni}} - 161 \tag{5-40}$$

$$\sigma_{\mathrm{ss},\gamma} = 598 w_{\mathrm{C}} + 5.7 w_{\mathrm{Ni}} \tag{5-41}$$

式中，w_{C} 和 w_{Ni} 的分别为 C 和 Ni 的质量分数，%。根据表 5-3 中 C 和 Ni 的原子分数，可确定 α 相和 γ 相固溶强化贡献分别为 944MPa 和 506MPa。

表 5-3　APT 测量 α 相和 γ 相中化学成分的原子分数

相	原子分数/%				
	Fe	Ni	C	Zr	O
α	91.566	5.189	1.289	0.827	1.126
γ	82.713	12.092	3.239	0.851	1.104

由 Hall-Petch 关系确定 α 相和 γ 相中晶界强化贡献：

$$\sigma_{\mathrm{GB},i} = \sigma_{0,i} + K_i D_i^{-1/2} \tag{5-42}$$

式中，$\sigma_{0,i}$ 为晶格摩擦力；K_i 为 Hall-Petch 系数；D_i 为平均晶粒尺寸；$i = \alpha$, γ。根据实验确定的晶粒尺寸和表 5-4 给出的参数，计算出 α 相和 γ 相的晶界强化贡献分别为 796MPa 和 600MPa。

表 5-4　强化机制计算所需的参数

物理量	符号和单位	数值	
		α 相	γ 相
晶粒尺寸	D_i/nm	82	250
体积分数	f_i	0.64	0.36
Burgers 矢量	b_i/nm	0.248	0.248
泊松比	υ_i	0.33	0.33
剪切模量	G_i/GPa	80[217]	62[218]
Zr-O 团簇平均粒径	r/nm	1.20	1.20
团簇体积分数	f_{P}/%	1.01	1.01
Taylor 因子	M_i	2.75[219]	3.06[193]
摩擦力	$\sigma_{0,i}$	53.9[215]	忽略不计
Hall-Petch 指数	K_i/(MPa·m$^{1/2}$)	0.21[215]	0.30[220]

Zr-O 团簇产生的析出强化可以用 Ashby-Orowan 机制确定[215]：

$$\sigma_{p,i}=\frac{0.4M_iG_ib_i}{\pi\lambda_i}\frac{\ln[r_{\mathrm{x},i}/(2b_i)]}{\sqrt{1-\upsilon_i}} \tag{5-43}$$

式中，$M_i(i=\alpha,\gamma)$ 为 Taylor 因子；$b_i(i=\alpha,\gamma)$ 为 Burgers 矢量；$G_i(i=\alpha,\gamma)$ 为剪切模量；$\upsilon_i\ (i=\alpha,\gamma)$ 为泊松比；$r_{\mathrm{x},i}=2\sqrt{2/3}r$ 和 $\lambda_i=\sqrt{\frac{2}{3}}\left(\sqrt{\frac{\pi}{f_p}}-2\right)r$ 分别为与平均半径 (r) 和 Zr-O 团簇体积分数 (f_{p}) 相关的参数。基于表 5-3 给出的参数，确定 α 相和 γ 相中 Zr-O 团簇强化的贡献分别为 762MPa 和 658MPa。

最终，计算 730DPBN 合金的屈服强度约为 2.3GPa，与实验值 (2.6GPa) 相当。计算结果与实验的差异可能源于材料参数选择的准确性，也可能源于未考虑屈服前可能的位错强化贡献[216]。作者认为，这种差异的产生也会来自于忽略了缺陷产生的动力学效应。

为进一步分析变形机理，利用 ACOM-TEM 表征 730DPBN 合金不同应变时得到的微观组织。图 5-36(a)~(g) 给出不同应变下 α 相和 γ 相的相图和 Kemel 平均取向差 (Kemel average misorientation，KAM) 图。结果表明，当前 DPBN 具有多种变形机制，如位错滑移、机械诱导粗化和孪生。图 5-36(a)~(c) 给出 $\varepsilon=0.10$ 的变形组织，其中图 5-36(b) 和 (c) 中绿色等高线表明，在 α 相和 γ 相中晶界和三界点附近，以及两相晶粒内部，局部取向差较大。高密度位错在这些位置周围开始堆积证实变形早期的位错机制。由于 α 相纳米基体和超细晶 γ 相力学性能不匹配，产生不均匀变形，从而在 α/γ 相界面处产生较大的塑性应变梯度，最终 GND 在相界面附近形成。GND 是不动的，可以对新生成的可动位错表现出强烈的钉扎效应。因此，GND 相互缠结的位错和均匀分散的 Zr-O 团簇，共同阻碍可动位错的连续运动，并促进变形早期统计存储位错产生。如图 5-36(d) 所示，当 $\varepsilon=0.15$ 时，出现少量较大的 α 相晶粒 (尺寸约为 300nm)，表明 α 相开始以机械诱导粗化进行塑性变形，而 γ 相中塑性变形仍以位错滑移为主。当 $\varepsilon=0.20$ 时，图 5-36(e) 表明除位错滑移，机械诱导 α 相的粗化更为明显。更重要的是，此时可以观察到变形孪晶 [图 5-36(e)~(i)]。

利用 TEM 图像进一步表征 $\varepsilon=0.20$ 时 730DPBN 合金中形成的变形孪晶 (图 5-37)。由图 5-37(a) 可见，纳米孪晶 (间距小于 50nm) 完全贯穿超细晶 γ 相，从而形成纳米级晶粒，缩短位错运动的平均自由程。最终，位错–孪晶相互作用，位错在孪晶界处堆积 [图 5-37(b)]。同时，图 5-37(c) 中纳米孪晶的交割也证实存在孪晶–孪晶的相互作用。因此，动态 Hall-Petch 效应将变得极其重要，显著阻碍位错滑移。上述物理过程，保证位错与孪晶产生持续的相互作用。因此，DPBN 合金中位错滑移具备较大的动力学能垒。相比之下，均匀纳米晶材料中，随驱

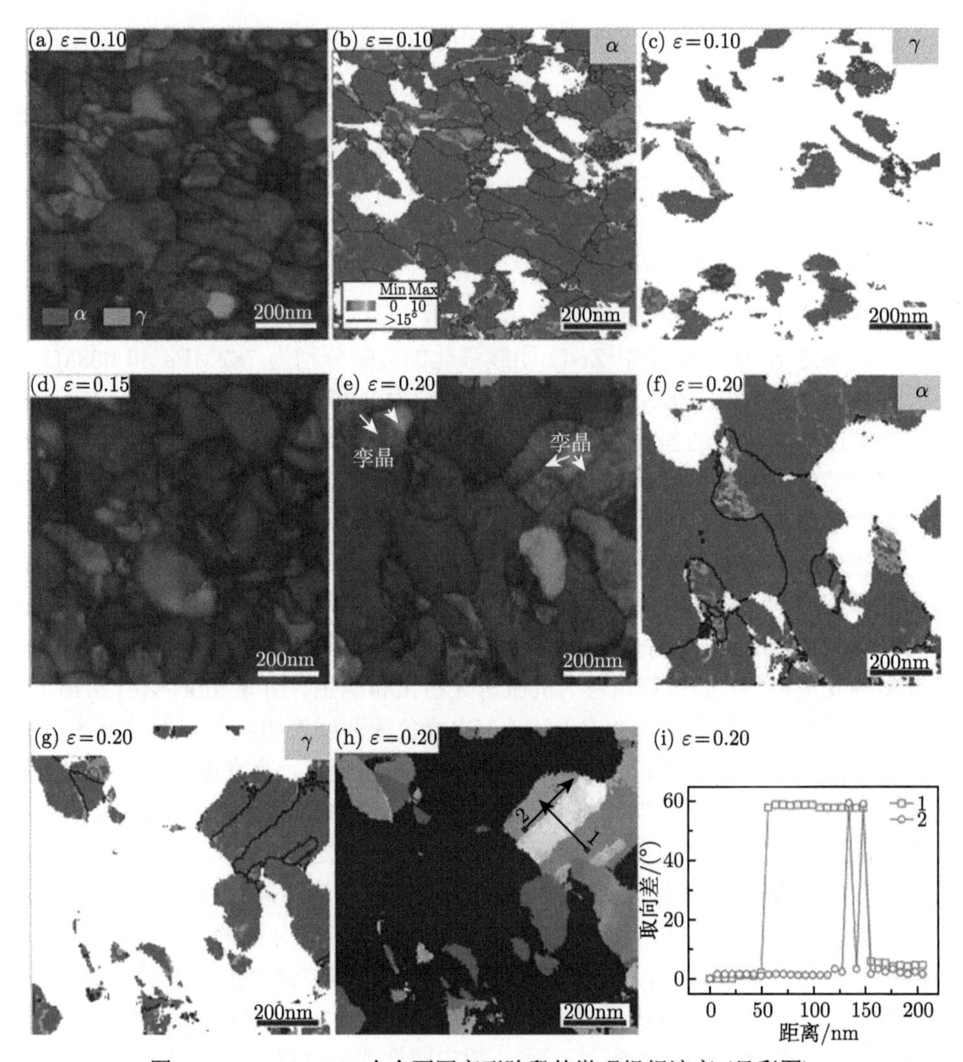

图 5-36 730DPBN 合金不同变形阶段的微观组织演变 (见彩图)

(a) $\varepsilon=0.10$ 时相图；(b) $\varepsilon=0.10$ 时 α 相的 KAM 图；(c) $\varepsilon=0.10$ 时 γ 相的 KAM 图；(d) $\varepsilon=0.15$ 时相图；(e) $\varepsilon=0.20$ 时相图；(f) $\varepsilon=0.20$ 时 α 相的 KAM 图；(g) $\varepsilon=0.20$ 时 γ 相的 KAM 图；(h) $\varepsilon=0.20$ 时 γ 相的反极图；(i) (h) 图中沿线 1 和 2 的取向差

动力或流变应力提升，位错滑移速度较大，位错运动对应较小的动力学能垒。

为研究 α 相纳米基体晶粒的粗化行为，每个应变水平选取超过 100 个晶粒进行统计分析。图 5-38(a) 给出面积加权累积分布。结果表明，低应变时，晶粒长大趋势较为缓慢，而高应变时，晶粒长大趋势较为显著，从而证实了机械诱导粗化现象[221-223]。由于晶内位错运动可以促进晶界迁移[224]，α 相纳米基体粗化伴

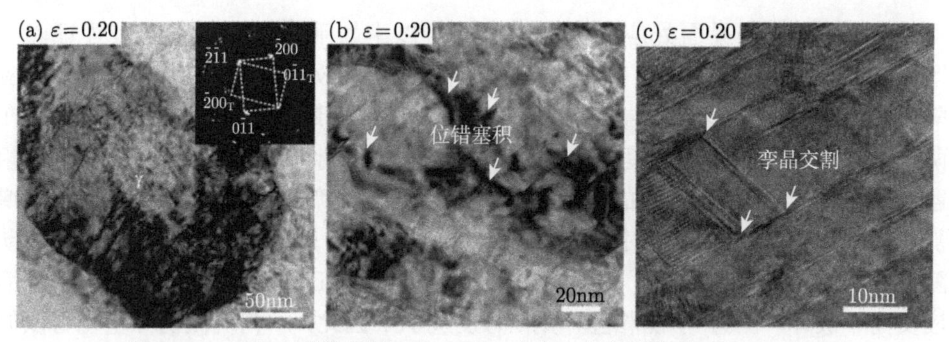

图 5-37　TEM 图像表征 730DPBN 合金中的变形孪晶 ($\varepsilon = 0.20$)

(a) 典型 TEM 图像表明孪晶穿透超细 γ 晶粒；(b) TEM 图像显示位错–孪晶相互作用 (孪晶钉扎位错)；(c) 高分辨 TEM 图像显示孪晶–孪晶交割

随着位错密度的降低，最终 α 相产生软化，不可避免地影响 γ 相中位错运动。因此，γ 相的变形行为不仅取决于其机械稳定性，而且还取决于邻近的 α 相。具体而言，由于屏蔽效应[225-227]，硬相包围的 γ 相通常比被软相包围的 γ 相更稳定。因此，α 相纳米基体的软化更容易导致 γ 相的机械不稳定性。图 5-38(b) 给出 730DPBN 合金中 α 相和 γ 相的 KAM 值。结果表明，随应变增大，α 相纳米基体的 KAM 值减小而超细晶 γ 相的 KAM 值增大。进一步，由 KAM 图 [图 5-36(f) 和 (g)] 可知，具有较高位错密度和相互作用孪晶的变形 γ 相周围往往分布着较大的 α 晶粒 (位错密度较低)。综上，机械诱导粗化不仅软化 α 相，还有助于硬化 γ 相。可见，α 相和 γ 相的力学匹配和应力应变配分可以降低 α/γ 相界面处的局域应变集中。

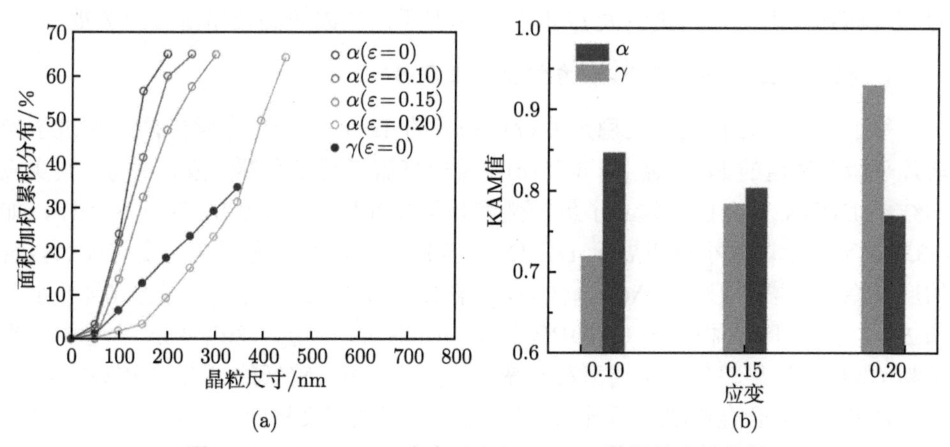

图 5-38　730DPBN 合金 ACOM-TEM 数据的定量分析

(a) 不同应变下 α 相晶粒度面积加权累积分布；(b) 不同应变下 α 相和 γ 相的 KAM 值

上述 α/γ 相界面处应变集中的减弱可以由如下实验得到进一步佐证。如图 5-36(c) 和 (g) 所示，$\varepsilon=0.20$ 时，α/γ 相界面处附近 KAM 值较低 (相应降低位错密度) 的区域更容易在实验中观察到。进一步，通过比较 DPBN 合金在两种不同应变水平下的硬度分布，可以证明 α 相纳米基体和超细 γ 相的变形相容性增强。在图 5-39 给出的微观组织纳米硬度分布等高线图中，当 ε 从 0.15 增加到 0.20 时，绿色区域 (对应纳米硬度小于 11GPa) 的面积减小，说明硬度波动随着应变增加而减小。由于特殊的去应变集中机制，DPBN 可以承受更大的压缩应变而不破坏，位错–孪晶相互作用阶段更持久。因此，α 相机械诱导粗化可以促进 γ 相中位错和孪晶间作用，进而导致位错滑移具备较大的动力学能垒。

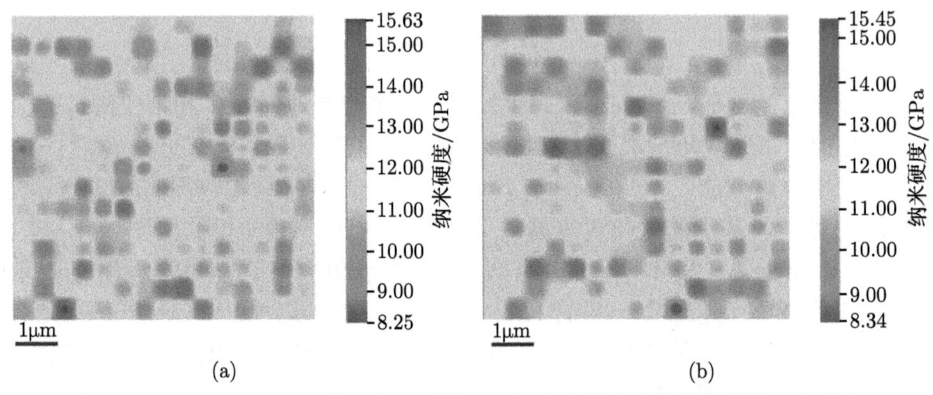

(a)　(b)

图 5-39　730DPBN 不同变形量下的微观组织纳米硬度分布等高线图 (见彩图)

(a) $\varepsilon=0.15$；(b) $\varepsilon=0.20$

与均匀纳米结构相比，DPBN 合金引入阻碍位错滑移的变形机制，具有较高的 Q 和 GS。因此，相变中大 Q 和大 GS 对于产生缓慢的位错滑移至关重要。

4. 强塑性互斥与相变热-动力学互斥关联性

基于大驱动力和大广义稳定性设计制备的 DPBN 合金力学性能，超过了当前几乎所有报道的 Fe 合金 [图 5-35(c)]，看似打破了强度和塑性互斥关系，其实应归结于 DPBN 合金自身建立了新的强度和塑性互斥关系 [图 5-35(a) 和 (d)]，如 5.3.3 小节所示。本小节将展示 DPBN 合金的强塑性互斥源于随温度升高而呈现的广义稳定性增加 [对应 ΔG 降低与 Q 增加，图 5-32(a)~(c)]。结合 5.4.1 小节和 5.4.2 小节可知，相对于 690DPBN 和 710DPBN 合金，730DPBN 合金中变形机制 (即机械诱导粗化、位错滑移和孪生) 表现出相对较低的 ΔG 和较高的 Q。

730DPBN 合金中机械诱导 α 相的粗化具有大广义稳定性，这一点可由其较慢的粗化过程证明。图 5-40(a) 为 DPBN 合金中 α 相的相对晶粒尺寸变化随应变增加的变化。结果表明，应力较低时 ($\varepsilon=0$~0.10)，730DPBN 合金中 α 相尺寸变化显著小于 690DPBN 和 710DPBN 合金，即其粗化速率较低。为定量探究机械诱导粗化过程，采用如下模型进行描述[221]：

$$V_E = V_0 \exp\left(-\frac{Q_E}{RT}\right) \tag{5-44}$$

式中，V_E 为粗化速率；V_0 为特征速率；Q_E 为与应力相关的激活能；R 为摩尔气体常量；T 为温度。进一步，$Q_E = Q_{E,0}(1-E/E_0)^m$[221]，其中 $Q_{E,0}$ (282kJ/mol[193]) 为应力等于零时的激活能，E 为外加应力，E_0 为临界应力 (3.5GPa)，m (3[221]) 为特征常数。

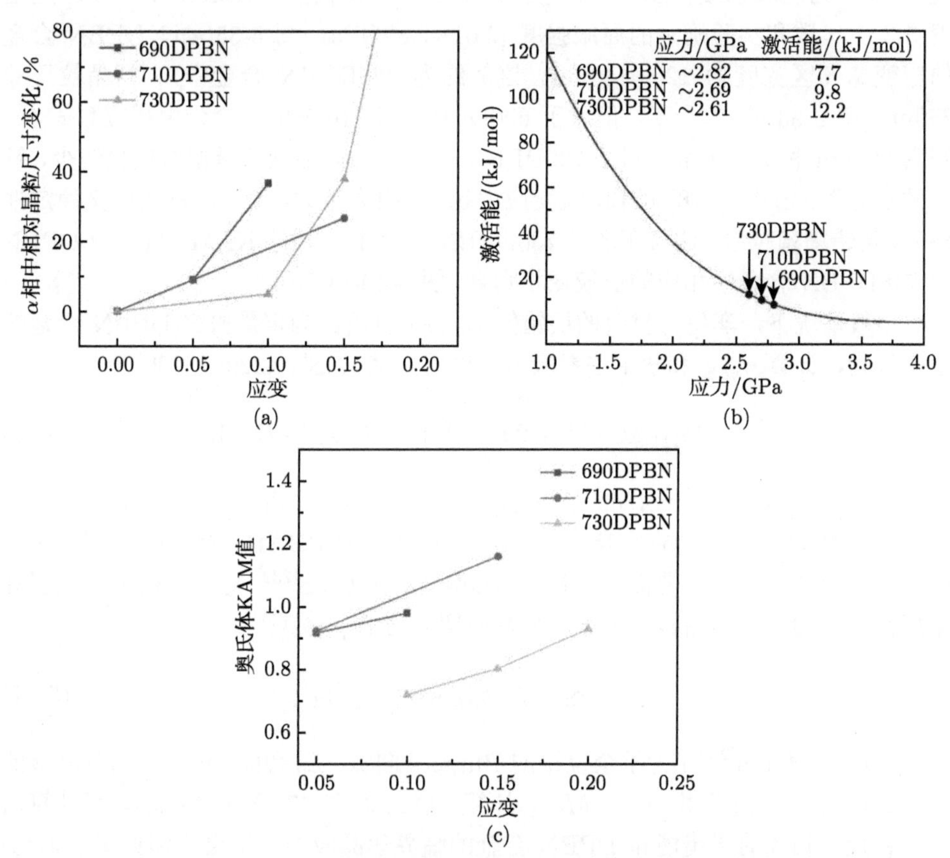

图 5-40　DPBN 合金中 α 相机械诱导粗化的热–动力学分析和 γ 相 KAM 值演化

(a) α 相中相对晶粒尺寸变化与应变关系；(b) 机械诱导粗化激活能随外加应力变化，图中给出 DPBN 合金对应的外加应力和激活能数值；(c) 不同应变下 γ 相的 KAM 值

基于上述考虑，以 V_0 (4.6nm/s) 作为拟合参数，机械诱导粗化动力学可由式 (5-45) 描述；图 5-40(b) 给出 Q_E 与 E 的定量关系。结果表明，E 增大 (对应

于热力学驱动力增大) 伴随着 Q_E 减小。经相关计算，图 5-32(c) 表明，730DPBN 合金广义稳定性最大。综上所述，730DPBN 合金中机械诱导粗化较慢根源于大广义稳定性 (应力较低而能垒较大)。

如前所述，几何必须位错可以阻碍 γ 相中位错滑移。通常认为这种抑制效应与晶粒尺寸有关[221]：当晶粒尺寸小于应变梯度区的宽度，则位错的堆积空间就会减小，从而会在一定程度上抵消几何必须位错钉扎效应。γ 相中应变梯度区宽度 (D_{z}) 为[228]

$$D_{\mathrm{z}} = (G_\gamma/\sigma_{\mathrm{y}})^2 b_\gamma \tag{5-45}$$

式中，σ_{y} 为屈服强度；G_γ 和 b_γ 分别为 γ 相剪切模量和 Burgers 矢量。应用表 5-3 中参数和实验确定的屈服强度 [2.61~2.82GPa，图 5-35(a)]，DPBN 合金的应变梯度区宽度为 120~140nm。该值约为 730DPBN 合金中 γ 相晶粒尺寸 250nm [图 5-33(c)] 的一半，但大于 690DPBN 和 710DPBN 合金中相应数值 (分别为 200nm 和 230nm)。因此，730DPBN 合金中几何必须位错相对重叠较少，钉扎效应更强。由式 (5-18) 可知，流变应力越小，阻力越大，位错滑移的广义稳定性越高，位错增殖越慢。这与变形后 730DPBN 合金中 γ 相的 KAM 值较 690DPBN 和 710DPBN 合金中相应的值较低相吻合 [图 5-40(c)]。

一般情况下，孪生与材料的层错能 (γ_{SFE}) 有关。为定量探究 DPBN 合金的孪生行为，计算 γ_{SFE} 和孪生临界应力。根据文献 [218]、[229]、[230] 有

$$\gamma_{\mathrm{SFE}} = 2\rho_{111}\Delta G^{\gamma\to\varepsilon} + 2\sigma^{\gamma/\varepsilon} + 176.06\exp(-D_\gamma/18.55) \tag{5-46}$$

式中，ρ_{111} ($2.94\times10^{-5}\mathrm{mol/m^2}$[83]) 为沿 (111) 面的摩尔表面密度；$\Delta G^{\gamma\to\varepsilon}$ 为 γ 相与 ε-马氏体相之间的吉布斯自由能差，可由 CALPHAD 方法计算[230]；$\sigma^{\gamma/\varepsilon}$ ($10\mathrm{mJ/m^2}$[231]) 为 γ/ε 界面能。根据 Mahajan 和 Chin[232] 提出的模型，三层外禀层错可视为一个孪晶核。因此，孪晶剪切应力 (τ_{T}) 为[233]

$$\tau_{\mathrm{T}} = \gamma_{\mathrm{SFE}}/(3b_{\mathrm{p}}) + 3G_\gamma b_{\mathrm{p}}/L_0 \tag{5-47}$$

式中，b_{p} (0.147nm[233]) 为不全位错的 Burgers 向量；L_0 (260nm[233]) 为孪晶核的宽度。正应力 (σ_{T}) 可由 $\sigma_{\mathrm{T}} = M_\gamma\tau_{\mathrm{T}}$ 计算。联立式 (5-47) 和式 (5-48)，可计算出同晶粒尺寸相关的层错能和 DPBN 合金的临界孪晶应力，结果分别见图 5-41(a) 和 (b)。可见，DPBN 合金中 γ 相层错能为 20.1~25.3$\mathrm{mJ/m^2}$，这也符合文献 [231] 和 [233] 结论，即当层错能介于 18~40$\mathrm{mJ/m^2}$ 时变形易产生孪晶。

值得注意的是，与 690DPBN 和 710DPBN 合金相比，730DPBN 合金的层错能和 σ_{T} 更低。根据孪晶形成过程中位错滑移临界应力与激活能之间的互斥关系可知，γ_{SFE} 越低，孪晶对应的 Q 越高，广义稳定性也越大[233]。低应变时，γ

相中位错增殖较慢 [图 5-40(c)]，延缓了局部应力集中，同时保留了较大的非孪晶区，从而促使孪晶在高应变形成 [图 5-35(b)]。相比之下，如图 5-41(c)~(f) 所示，在 $\varepsilon = 0.05$ 时，690DPBN 和 710DPBN 合金中便可以观察到变形孪晶。因此，730DPBN 合金在较低应变时，受抑制的孪生行为，较慢的 α 相粗化及 γ 相中缓慢的位错积累，导致加工硬化率相对较低 [图 5-35(b)]。随应变增加，730DPBN 合金中孪晶不断发生，导致高应变下依然保持高加工硬化率 [图 5-41(b)]，详见 5.4.1 小节。

综上所述，730DPBN 合金的变形由大广义稳定性的变形机制控制，即机械诱导粗化、位错滑移和孪晶的发生更为持久。上述机制有利于获得较高的加工硬化能力和延迟变形失稳。结合图 5-32 给出的广义稳定性计算可知，热–动力学互斥可从相变遗传至塑性变形过程。力学性能间接取决于相变热–动力学互斥，而直

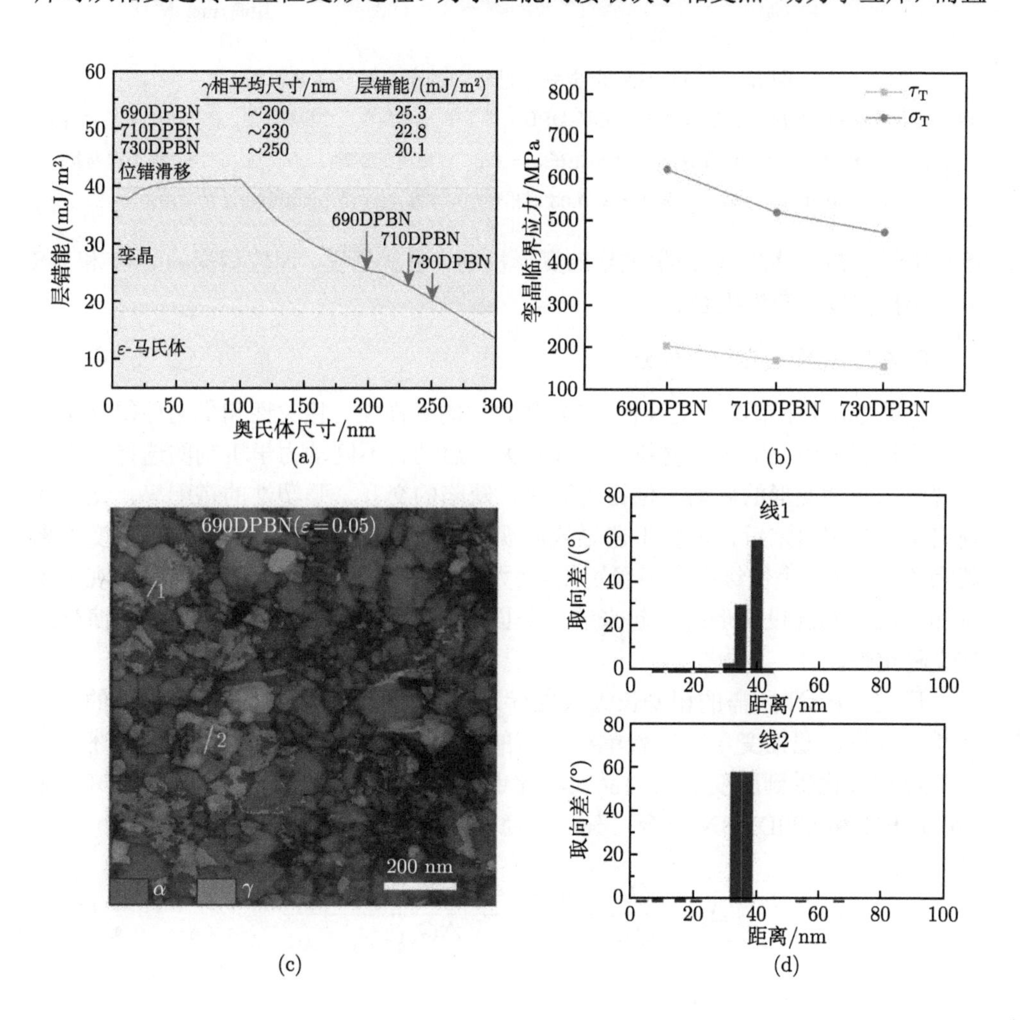

图 5-41　DPBN 合金变形过程中的孪晶演化 (见彩图)

(a) 层错能与 γ 相晶粒尺寸的关系，插图汇总了 DPBN 合金中 γ 相晶粒尺寸和层错能；(b) DPBN 合金 γ 相中孪生临界应力；(c) 690DPBN 合金中 γ 相在 $\varepsilon=0.05$ 时出现变形孪晶；(d) 沿 (c) 图中线 1 取向差；(e) 710DPBN 合金中 γ 相在 $\varepsilon=0.05$ 时出现变形孪晶；(f) 沿 (e) 图中线 2 的取向差

接决定于位错滑移热–动力学主导的变形机制。也就是说，调控相变的 ΔG 和 GS 可以调控强度和塑性组合。

5. 统一化的广义稳定性分析

借助 5.5.3 小节给出的案例，热–动力学的多样性、相关性和贯通性得到了很好的诠释和应用。纳米晶材料相变或长大的启动、不同动力学机制的选择、不同微观组织塑性变形的启动、位错的演化、缺陷的交互、强塑性的搭配等，无不体现出本书的撰写宗旨：成分工艺导致微观组织形成过程的多种多样，但万变不离其宗的是，从一个低级别向高级别热–动力学相关性的跨越；真正可以将微观组织从加工成形到服役变形统一起来的则是面向热–动力学贯通性的晶体缺陷演化的广义稳定性。

形成 DPBN 所需的相变长大共生行为的广义稳定性分析，见图 5-32 的计算及相应分析。塑性变形时，就单纯位错的演化，其 GS 可由式 (5-18) 描述[109]。一旦位错演化受到应变导致的晶粒粗化或 TRIP/TRIP 效应，针对 730DPBN、710DPBN 和 690DPBN 合金，其广义稳定性分别修正为[128]

$$\Delta_1=\frac{Q_1}{Q_{\mathrm{y}1}}-\frac{\sigma_{\mathrm{b}}+A_1-B_1-C\mu b\rho_1^{1/2}}{\Delta G_{\mathrm{y}1}} \tag{5-48}$$

$$\Delta_2 = \frac{Q_2}{Q_{y2}} - \frac{\sigma_b + A_2 - B_2 - C\mu b\rho_2^{1/2}}{\Delta G_{y2}} \tag{5-49}$$

$$\Delta_3 = \frac{Q_3}{Q_{y3}} - \frac{\sigma_b + A_3 - B_3 - C\mu b\rho_3^{1/2}}{\Delta G_{y3}} \tag{5-50}$$

式中，A_1、A_2 和 A_3 以及 B_1、B_2 和 B_3 分别代表由 TRIP/TWIP 效应和晶粒粗化带来的硬化和软化效应。基于此，应变诱导晶粒粗化对应能垒提高/驱动力下降的位错演化，TRIP/TWIP 效应则对应能垒降低/驱动力提升的位错演化，具体表现为如下不等式关系：$\Delta G_{y3} > \Delta G_{y2} > \Delta G_{y1}$，$Q_{y1} > Q_{y2} > Q_{y3}$ 和 $\Delta_1 > \Delta_2 > \Delta_3$。与此同时，$Q_1 > Q_2 > Q_3$ 和 $\sigma_b + A_3 - B_3 - C\mu b\rho_3^{1/2} > \sigma_b + A_2 - B_2 - C\mu b\rho_2^{1/2} > \sigma_b + A_1 - B_1 - C\mu b\rho_1^{1/2}$。

结合图 5-37(a) 可知，同一应力下，730DPBN 合金总是呈现更大的应变，或者同一应变下，730DPBN 合金总是呈现更小应力。究其根本，较大的 GS 不仅反映此时此刻位错演化较低的发展程度，更是反映了热力学上更稳定的位错演化，其具备时间和空间上更大的潜力来延续应变，最终会达到更好的塑性。这一点已经在 5.5.2 小节中进行了总结性归纳，可喜的是，它在 730DPBN 合金的制备加工和强韧化上得到完美的体现。

5.6　存在的问题

作为相变或变形动态过程持续性的定量评估，广义稳定性延伸并扩展了经典热力学稳定性，是能够贯通成分/工艺–组织–性能的普遍理论或规律。

大驱动力和大广义稳定性是材料设计的基本原则，无论是微观组织形成还是位错演化，关键相变或关键变形机制均在热–动力学上符合该原则。基于该原则，可以实现借助两类驱动力和两类广义稳定性的成分工艺与强塑性的关联。例如，某种成分和工艺对应多大的驱动力和广义稳定性？多大的驱动力和广义稳定性对应强塑性多少？这种解析–实验–计算综合的预测方法适用于多种机制共同作用的情况，但需要结合微观组织表征来分析具体问题。据此，如图 5-42 所示，可以开展如下四类研究：① 表征和计算相变，包括获取材料加工涉及的相变热–动力学及广义稳定性计算；② 表征和计算变形，包括微观组织塑性变形中强韧化机制、位错热–动力学及广义稳定性计算；③ 对比相变和变形，包括相变与变形热–动力学、微观组织、强韧化机制、强塑性，通过广义稳定性关联；④ 利用相变和变形，包括借助大驱动力和大广义稳定性策略，量化实现不同成分/工艺下微观组织强塑性的定量预测，以及面向目标性能的成分及工艺的确定。

这里面涉及三个关键问题：大驱动力和大广义稳定性组合得到的微观组织的弹性模量如何计算或测量？相变的大驱动力和大广义稳定性同屈服前组织内位错

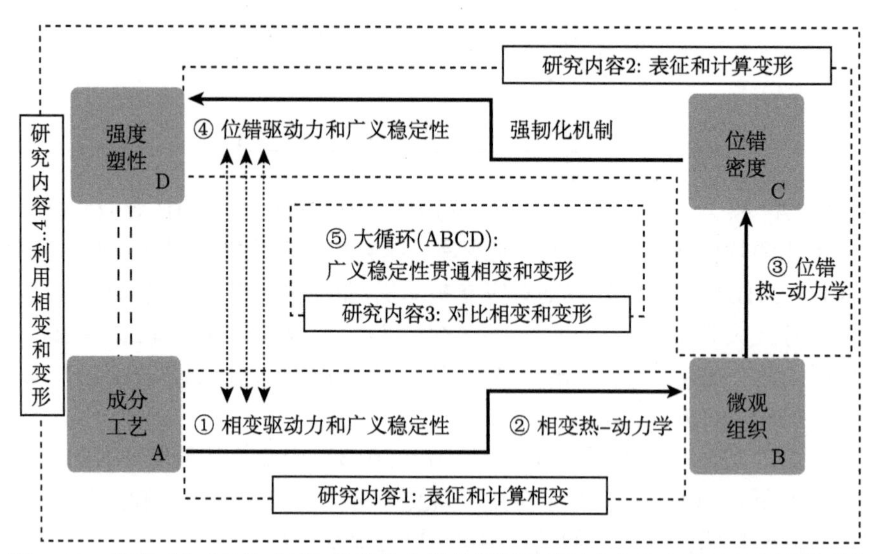

图 5-42　实现成分/工艺–组织–性能的定量贯通需要基于广义稳定性处理的四类研究

存储和屈服后加工硬化的关联？如何根据达到抗拉强度时位错组态同屈服开始时位错组态的区别，来得到强度和塑性的演化？解决上述问题，才会使得热–动力学协同贯通加工工艺–微观组织–力学性能。

参考文献

[1] HILLERT M. Phase Equilibria, Phase Diagrams and Phase Transformations: Their Thermodynamic Basis[M]. Cambridge: Cambridge University Press, 2007.

[2] KIM Y J, PEREPEZKO J H. The thermodynamics and competitive kinetics of metastable τ phase development in MnAl-base alloys[J]. Materials Science and Engineering: A, 1993, 163(1): 127-134.

[3] VANDYOUSSEFI M, KERR H W, KURZ W. Directional solidification and δ/γ solid state transformation in Fe3%Ni alloy[J]. Acta Materialia, 1997, 45(10): 4093-4105.

[4] AZIZ M J. Model for solute redistribution during rapid solidification[J]. Journal of Applied Physics, 1982, 53(2): 1158-1168.

[5] ARGON A. Strengthening Mechanisms in Crystal Plasticity[M]. Oxford: Oxford University Press, 2007.

[6] KOCKS U F, ARGON A S, ASHBY M F. Thermodynamics and kinetics of slip[J]. Progress in Materials Science, 1975, 19: 1-271.

[7] LIU F, YANG G C. Stress-induced recrystallization mechanism for grain refinement in highly undercooled superalloy[J]. Journal of Crystal Growth, 2001, 231(1-2): 295-305.

[8] LIU F, ZHAO D W, YANG G C. Solidification of undercooled molten Ni-based alloys[J]. Metallurgical and Materials Transactions B, 2001, 32(3): 449-457.

[9] YANG C L, YANG G C, LIU F, et al. Metastable phase formation in eutectic solidification of highly undercooled $Fe_{83}B_{17}$ alloy melt[J]. Physica B: Condensed Matter, 2006, 373(1): 136-141.

[10] LU Y P, YANG G C, LIU F, et al. The transition of alpha-Ni phase morphology in highly undercooled eutectic $Ni_{78.6}Si_{21.4}$alloy[J]. Europhysics Letters, 2006, 74(2): 281.

[11] CHEN Y Z, YANG G C, LIU F, et al. Microstructure evolution in undercooled Fe-7.5 at%Ni alloys[J]. Journal of Crystal Growth, 2005, 282(3-4): 490-497.

[12] CHEN Y Z, LIU F, YANG G C, et al. δ/γ transformation in non-equilibrium solidified peritectic Fe-Ni alloy[J]. Science in China Series G: Physics, Mechanics and Astronomy, 2007, 50(4): 421-431.

[13] YANG C L, LIU F, YANG G C, et al. Stability of bulk metastable $Fe_{83}B_{17}$ eutectic alloy prepared by hypercooling method[J]. Applied Physics A, 2007, 86(2): 231-234.

[14] LIU F, YANG G C. Refinement of γ' precipitate with melt undercooling in nickel-based superalloy[J]. Materials Transactions, 2001, 42(6): 1135-1138.

[15] LIU F, KIRCHHEIM R. Nano-scale grain growth inhibited by reducing grain boundary energy through solute segregation[J]. Journal of Crystal Growth, 2004, 264(1-3): 385-391.

[16] LIU F, YANG G C, KIRCHHEIM R. Overall effects of initial melt undercooling, solute segregation and grain boundary energy on the grain size of as-solidified Ni-based alloys[J]. Journal of Crystal Growth, 2004, 264(1-3): 392-399.

[17] CHEN Y Z, LIU F, YANG G C, et al. Suppression of peritectic reaction in the undercooled peritectic Fe-Ni melts[J]. Scripta Materialia, 2007, 57(8): 779-782.

[18] DOBLER S, LO T S, PLAPP M, et al. Peritectic coupled growth[J]. Acta Materialia, 2004, 52: 2795-2808.

[19] HILLERT M. Solidification and Casting of Metals[M]. London: The Metals Society, 1979.

[20] DHINDAW B K, ANTONSSON T, FREDRIKSSON H, et al. Characterization of the peritectic reaction in medium-alloy steel through microsegregation and heat-of-transformation studies[J]. Metallurgical and Materials Transactions A, 2004, 35(9): 2869-2879.

[21] ÇADIRLI E. Investigation of the microhardness and the electrical resistivity of undercooled Ni-10 at.% Si alloys[J]. Journal of Non-Crystalline Solids, 2011, 357(3): 809-813.

[22] LU Y P, LIU F, YANG G C, et al. Grain refinement in solidification of highly undercooled eutectic Ni-Si alloy[J]. Materials Letters, 2007, 61(4-5): 987-990.

[23] FAN K, LIU F, YANG G C, et al. Precipitation in as-solidified undercooled Ni-Si hypoeutectic alloy: Effect of non-equilibrium solidification[J]. Materials Science and Engineering: A, 2011, 528(22-23): 6844-6854.

[24] WANG H F, LIU F, CHEN Z, et al. Analysis of non-equilibrium dendrite growth in a bulk undercooled alloy melt: Model and application[J]. Acta Materialia, 2007, 55(2): 497-506.

[25] DANG B, LIU C C, LIU F, et al. Effect of as-solidified microstructure on subsequent solution-treatment process for A356 Al alloy[J]. Transactions of Nonferrous Metals Society of China, 2016, 26(3): 634-642.

[26] ARON H D, KOTLER G R. Second phase dissolution[J]. Metallurgical Transactions, 1971, 2(2): 393-408.

[27] DANG B, ZHANG X, CHEN Y Z, et al. Breaking through the strength-ductility trade-off dilemma in an Al-Si-based casting alloy[J]. Scientific Reports, 2016, 6(1): 1-10.

[28] CHEN Z, TANG Y Y, CHEN Q, et al. The interrelated effect of initial melt undercooling, solute trapping and solute drag on the grain growth mechanism of as-solidified Ni-B alloys[J]. Journal of Alloys and Compounds, 2014, 610: 561-566.

[29] FURTKAMP M, GOTTSTEIN G, MOLODOV D A, et al. Grain boundary migration in Fe-3.5%Si biocrystals with[001] tilt boundaries[J]. Acta Materialia, 1998, 46(12): 4103-4110.

[30] XU X L, LIU F. Crystal growth due to recrystallization upon annealing rapid solidification microstructures of deeply undercooled single phase alloys quenched before recalescence[J]. Crystal Growth & Design, 2014, 14(5): 2110-2114.

[31] CHIEN C L, MUSSER D, GYORGY E M, et al. Magnetic properties of amorphous Fe_xB_{100-x} $(72 < \sim x <\sim 86)$ and crystalline Fe_3B[J]. Physical Review B, 1979, 20(1): 283-295.

[32] INAL O T, KELLER L, YOST F G. High-temperature crystallization behavior of amorphous $Fe_{80}B_{20}$[J]. Journal of Materials Science, 1980, 15(8): 1947-1961.

[33] JIANG J, DEZSI I, GONSER U, et al. A study of amorphous $Fe_{79}B_{21}$ alloy powders produced by chemical reduction[J]. Journal of Non-Crystalline Solids, 1990, 116(2-3): 247-252.

[34] OWEN W S, HOPKINS D W, FINNISTON H M. The Kinetics of Phase Transformations in Metals[M]. Oxford: Pergamon Press, 1965.

[35] LIU F, YANG G C. Effect of microstructure and γ' precipitate from undercooled DD3 superalloy on mechanical properties[J]. Journal of Materials Science, 2002, 37(13): 2713-2719.

[36] LIU F, YANG G C. Rapid solidification of highly undercooled bulk liquid superalloy: Recent developments, future directions[J]. International Materials Reviews, 2006, 51(3): 145-170.

[37] LIU F, CAI Y, GUO X F, et al. Structure evolution in undercooled DD3 single crystal superalloy[J]. Materials Science and Engineering: A, 2000, 291(1-2): 9-16.

[38] LIU F, GUO X F, YANG G C. Recrystallization mechanism for the grain refinement in undercooled DD3 single-crystal superalloy[J]. Journal of Crystal Growth, 2000, 219(4): 489-494.

[39] CHRISTIAN J W. The Theory of Transformations in Metals and Alloys[M]. London: Newnes, 2002.

[40] BAKER J C, CAHN J W. Thermodynamics of Solidification in the Selected Works of John W. Cahn[M]. Hoboken: John Wiley & Sons, 2013.

[41] BOETTINGER W J, CORIELL S, TRIVEDI R. Application of Dendritic Growth Theory to the Interpretation of Rapid Solidification Microstructures in Rapid Solidification Processing: Principles and Technologies Ⅳ[M]. Baton Rouge: Claitor's Publishing Division, 1988.

[42] ZHANG Y, ZUO T T, TANG Z, et al. Microstructures and properties of high-entropy alloys[J]. Progress in Materials Science, 2014, 61: 1-93.

[43] CANTOR B. Multicomponent high-entropy Cantor alloys[J]. Progress in Materials Science, 2021, 120: 100754.

[44] YEH J W. Recent progress in high entropy alloys[J]. European Journal of Control, 2006, 31(6): 633-648.

[45] MA E, WU X L. Tailoring heterogeneities in high-entropy alloys to promote strength-ductility synergy[J]. Nature Communications, 2019, 10(1): 1-10.

[46] XU X D, LIU P, TANG Z, et al. Transmission electron microscopy characterization of dislocation structure in a face-centered cubic high-entropy alloy $Al_{0.1}CoCrFeNi$[J]. Acta Materialia, 2018, 144: 107-115.

[47] NIU C, LAROSA C R, MIAO J, et al. Magnetically-driven phase transformation strengthening in high entropy alloys[J]. Nature Communications, 2018, 9(1): 1-9.

[48] LI Q J, SHENG H, MA E. Strengthening in multi-principal element alloys with local-chemical-order roughened dislocation pathways[J]. Nature Communications, 2019, 10(1): 1-11.

[49] OTTO F, DLOUHÝ A, SOMSEN C, et al. The influences of temperature and microstructure on the tensile properties of a CoCrFeMnNi high-entropy alloy[J]. Acta Materialia, 2013, 61(15): 5743-5755.

[50] DING Q Q, ZHANG Y, CHEN X, et al. Tuning element distribution, structure and properties by composition in high-entropy alloys[J]. Nature, 2019, 574(7777): 223-227.

[51] LEI Z F, LIU X J, WU Y, et al. Enhanced strength and ductility in a high-entropy alloy via ordered oxygen complexes[J]. Nature, 2018, 563(7732): 546-550.

[52] LI Z M, PRADEEP K G, DENG Y, et al. Metastable high-entropy dual-phase alloys overcome the strength-ductility trade-off[J]. Nature, 2016, 534(7606): 227-230.

[53] YANG T, ZHAO Y L, TONG Y, et al. Multicomponent intermetallic nanoparticles and superb mechanical behaviors of complex alloys[J]. Science, 2018, 362(6417): 933-937.

[54] SHI P J, REN W L, ZHENG T X, et al. Enhanced strength-ductility synergy in ultrafine-grained eutectic high-entropy alloys by inheriting microstructural lamellae[J]. Nature Communications, 2019, 10(1): 1-8.

[55] SANTODONATO L J, LIAW P K, UNOCIC R R, et al. Predictive multiphase evolution in Al-containing high-entropy alloys[J]. Nature Communications, 2018, 9(1): 1-10.

[56] LIANG Y J, WANG L, WEN Y, et al. High-content ductile coherent nanoprecipitates achieve ultrastrong high-entropy alloys[J]. Nature Communications, 2018, 9(1): 1-8.

[57] SHUKLA S, CHOUDHURI D, WANG T H, et al. Hierarchical features infused heterogeneous grain structure for extraordinary strength-ductility synergy[J]. Materials Research Letters, 2018, 6(12): 676-682.

[58] YANG M X, YAN D S, YUAN F P, et al. Dynamically reinforced heterogeneous grain structure prolongs ductility in a medium-entropy alloy with gigapascal yield strength[J]. Proceedings of the National Academy of Sciences, 2018, 115(28): 7224-7229.

[59] OLSON G B, BHADESHIA H, COHEN M. Coupled diffusional/displacive transformations[J]. Acta Metallurgica, 1989, 37(2): 381-390.

[60] OLSON G B, COHEN M. A general mechanism of martensitic nucleation: Part I. General concepts and the FCC→ HCP transformation[J]. Metallurgical Transactions A, 1976, 7(12): 1897-1904.

[61] OLSON G B, COHEN M. A general mechanism of martensitic nucleation: Part Ⅱ. FCC→ BCC and other martensitic transformations[J]. Metallurgical Transactions A, 1976, 7(12): 1905-1914.

[62] OLSON G B, COHEN M. A general mechanism of martensitic nucleation: Part Ⅲ. Kinetics of martensitic nucleation[J]. Metallurgical Transactions A, 1976, 7(12): 1915-1923.

[63] GHOSH G, OLSON G B. Kinetics of FCC→BCC heterogeneous martensitic nucleation—I. The critical driving force for athermal nucleation[J]. Acta Metallurgica et Materialia, 1994, 42(10): 3361-3370.

[64] GHOSH G, OLSON G B. Kinetics of FCC→BCC heterogeneous martensitic nucleation—Ⅱ. Thermal activation[J]. Acta Metallurgica et materialia, 1994, 42(10): 3371-3379.

[65] 徐祖耀. 材料热力学[M]. 北京: 科学出版社, 2005.

[66] PORTER D A, EASTERLING K E. Phase Transformations in Metals and Alloys[M]. Boca Raton: CRC Press, 2009.

[67] LIU G, LI T, YANG Z G, et al. On the role of chemical heterogeneity in phase transformations and mechanical behavior of flash annealed quenching & partitioning steels[J]. Acta Materialia, 2020, 201: 266-277.

[68] WANG Y, XU Y, LIU R, et al. Microstructure evolution and mechanical behavior of a novel hot-galvanized Q&P steel subjected to high-temperature short-time overaging treatment[J]. Materials Science and Engineering: A, 2020, 789: 139665.

[69] GUI X L, GAO G H, GUO H R, et al. Effect of bainitic transformation during BQ&P process on the mechanical properties in an ultrahigh strength Mn-Si-Cr-C steel[J]. Materials Science and Engineering: A, 2017, 684: 598-605.

[70] YAN S, LIU H X, LIU W J, et al. Microstructural evolution and mechanical properties of low-carbon steel treated by a two-step quenching and partitioning process[J]. Materials Science and Engineering: A, 2015, 640: 137-146.

[71] ARLAZAROV A, BOUAZIZ O, MASSE J P, et al. Characterization and modeling of mechanical behavior of quenching and partitioning steels[J]. Materials Science and Engineering: A, 2015, 620: 293-300.

[72] LIU H P, LU X W, JIN X J, et al. Enhanced mechanical properties of a hot stamped advanced high-strength steel treated by quenching and partitioning process[J]. Scripta Materialia, 2011, 64(8): 749-752.

[73] DENG Y G, DI H S, MISRA R D K. Microstructure and mechanical property relationship in a high strength high-Al low-Si hot-dip galvanized steel under quenching and partitioning process[J]. Journal of Materials Research and Technology, 2020, 9(6): 14401-14411.

[74] LU J, YU H, KANG P F, et al. Study of microstructure, mechanical properties and impact-abrasive wear behavior of medium-carbon steel treated by quenching and partitioning (Q&P) process[J]. Wear, 2018, 414: 21-30.

[75] YAN S, LIU X H, LIU W J, et al. Comparative study on microstructure and mechanical properties of a C-Mn-Si steel treated by quenching and partitioning (Q&P) processes after a full and intercritical austenitization[J]. Materials Science and Engineering: A, 2017, 684: 261-269.

[76] ARLAZAROV A, OLLAT M, MASSE J P, et al. Influence of partitioning on mechanical behavior of Q&P steels[J]. Materials Science and Engineering: A, 2016, 661: 79-86.

[77] TAN X D, XU Y B, YANG X L, et al. Effect of partitioning procedure on microstructure and mechanical properties of a hot-rolled directly quenched and partitioned steel[J]. Materials Science and Engineering: A, 2014, 594: 149-160.

[78] SUN J, YU H, WANG S Y, et al. Study of microstructural evolution, microstructure-mechanical properties correlation and collaborative deformation-transformation behavior of quenching and partitioning (Q&P) steel[J]. Materials Science and Engineering: A, 2014, 596: 89-97.

[79] SANTOFIMIA M J, NGUYEN-MINH T, ZHAO L, et al. New low carbon Q&P steels containing film-like intercritical ferrite[J]. Materials Science and Engineering: A, 2010, 527(23): 6429-6439.

[80] CHEN S, HU J, SHAN L Y, et al. Characteristics of bainitic transformation and its effects on the mechanical properties in quenching and partitioning steels[J]. Materials Science and Engineering: A, 2021, 803: 140706.

[81] AN B, ZHANG C, GAO G, et al. Experimental and theoretical analysis of multiphase microstructure in a newly designed MnSiCrC quenched and partitioned steel to promote bainitic transformation: The significant impact on mechanical properties[J]. Materials Science and Engineering: A, 2019, 757: 117-123.

[82] WENDLER M, ULLRICH C, HAUSER M, et al. Quenching and partitioning (Q&P) processing of fully austenitic stainless steels[J]. Acta Materialia, 2017, 133: 346-355.

[83] SEO E J, CHO L, ESTRIN Y, et al. Microstructure-mechanical properties relationships for quenching and partitioning (Q&P) processed steel[J]. Acta Materialia, 2016, 113: 124-139.

[84] LI Y J, LI X L, YUAN G, et al. Microstructure and partitioning behavior characteristics in low carbon steels treated by hot-rolling direct quenching and dynamical partitioning processes[J]. Materials Characterization, 2016, 121: 157-165.

[85] HAJYAKBARY F, SIETSMA J, MIYAMOTO G, et al. Analysis of the mechanical behavior of a 0.3 C-1.6 Si-3.5 Mn (wt%) quenching and partitioning steel[J]. Materials Science and Engineering: A, 2016, 677: 505-514.

[86] CALCAGNOTTO M, ADACHI Y, PONGE D, et al. Deformation and fracture mechanisms in fine- and ultrafine-grained ferrite/martensite dual-phase steels and the effect of aging[J]. Acta Materialia, 2011, 59(2): 658-670.

[87] HWANG B, KIM Y G, LEE S, et al. Dynamic torsional deformation behavior of ultra-fine-grained dual-phase steel fabricated by equal channel angular pressing[J]. Metallurgical and Materials Transactions A, 2007, 38(12): 3007-3013.

[88] SON Y I, LEE Y K, PARK K T, et al. Ultrafine grained ferrite–martensite dual phase steels fabricated via equal channel angular pressing: Microstructure and tensile properties[J]. Acta Materialia, 2005, 53(11): 3125-3134.

[89] PAPA RAO M, SUBRAMANYA SARMA V, SANKARAN S. Processing of bimodal grain-sized ultrafine-grained dual phase microalloyed V-Nb steel with 1370 MPa strength and 16 pct uniform elongation through warm rolling and intercritical annealing[J]. Metallurgical and Materials Transactions A, 2014, 45(12): 5313-5317.

[90] SAMEI J, ZHOU L F, KANG J D, et al. Microstructural analysis of ductility and fracture in fine-grained and ultrafine-grained vanadium-added DP1300 steels[J]. International Journal of Plasticity, 2019, 117: 58-70.

[91] SCOTT C P, FAZELI F, AMIRKHIZ B S, et al. Structure-properties relationship of ultra-fine grained V-microalloyed dual phase steels[J]. Materials Science and Engineering: A, 2017, 703: 293-303.

[92] FOKIN V M, ZANOTTO E D, SCHMELZER J W P. On the thermodynamic driving force for interpretation of nucleation experiments[J]. Journal of Non-crystalline Solids, 2010, 356(41-42): 2185-2191.

[93] LIN B, WANG K, LIU F, et al. An intrinsic correlation between driving force and energy barrier upon grain boundary migration[J]. Journal of Materials Science & Technology, 2018, 34(8): 1359-1363.

[94] TASAN C C, DIEHL M, YAN D, et al. An overview of dual-phase steels: Advances in microstructure-oriented processing and micromechanically guided design[J]. Annual Review of Materials Research, 2015, 45: 391-431.

[95] ZHANG J B, SUN Y R, JI Z J, et al. Improved mechanical properties of V-microalloyed dual phase steel by enhancing martensite deformability[J]. Journal of Materials Science & Technology, 2021, 75: 139-153.

[96] WANG Y J, SUN J J, JIANG T, et al. A low-alloy high-carbon martensite steel with 2.6 GPa tensile strength and good ductility[J]. Acta Materialia, 2018, 158: 247-256.

[97] KRAUSS G. Martensite in steel: Strength and structure[J]. Materials Science and Engineering: A, 1999, 273: 40-57.

[98] KIM B, BOUCARD E, SOURMAIL T, et al. The influence of silicon in tempered martensite: Understanding the microstructure-properties relationship in 0.5–0.6 wt.%C steels[J]. Acta Materialia, 2014, 68: 169-178.

[99] WU X L, ZHU Y T. Heterogeneous materials: A new class of materials with unprecedented mechanical properties[J]. Materials Research Letters, 2017, 5(8): 527-532.

[100] MA E, ZHU T. Towards strength-ductility synergy through the design of heterogeneous nanostructures in metals[J]. Materials Today, 2017, 20(6): 323-331.

[101] WANG Y, CHEN M, ZHOU F, et al. High tensile ductility in a nanostructured metal[J]. Nature, 2002, 419(6910): 912-915.

[102] WU X L, YANG M X, YUAN F P, et al. Heterogeneous lamella structure unites ultrafine-grain strength with coarse-grain ductility[J]. Proceedings of the National Academy of Sciences, 2015, 112(47): 14501-14505.

[103] LU K. Making strong nanomaterials ductile with gradients[J]. Science, 2014, 345(6203): 1455-1456.

[104] EMBURY J D, DESCHAMPS A, BRECHET Y. The interaction of plasticity and diffusion controlled precipitation reactions[J]. Scripta Materialia, 2003, 49(10): 927-932.

[105] RIOS P R, SICILIANO JR F, SANDIM H R Z, et al. Nucleation and growth during recrystallization[J]. Materials Research, 2005, 8: 225-238.

[106] HUANG L K, LIN W T, LIN B, et al. Exploring the concurrence of phase transition and grain growth in nanostructured alloy[J]. Acta Materialia, 2016, 118: 306-316.

[107] HUANG L K, LIN W T, WANG K, et al. Grain boundary-constrained reverse austenite transformation in nanostructured Fe alloy: Model and application[J]. Acta Materialia, 2018, 154: 56-70.

[108] LIU F, HUANG L K, CHEN Y Z. Concurrence of phase transition and grain growth in nanocrystalline metallic materials[J]. Acta Metallurgica Sinica, 2018, 54(11): 1525-1536.

[109] HUANG L K, LIN W T, ZHANG Y B, et al. Generalized stability criterion for exploiting optimized mechanical properties by a general correlation between phase transformations and plastic deformations[J]. Acta Materialia, 2020, 201: 167-181.

[110] WANG T L, LIU F. Optimizing mechanical properties of magnesium alloys by philosophy of thermo-kinetic synergy: Review and outlook[J]. Journal of Magnesium and Alloys, 2022, 10: 326-355.

[111] FLEISCHER R L. Substitutional solution hardening[J]. Acta Metallurgica, 1963, 11(3): 203-209.

[112] EO H. The deformation and ageing of mild steel: Ⅲ. Discussion of results[J]. Proceedings of the Physical Society Section B, 1951, 64(9): 747-753.

[113] BAILEY J E, HIRSCH P B. The dislocation distribution, flow stress, and stored energy in cold-worked polycrystalline silver[J]. Philosophical Magazine, 1960, 5(53): 485-497.

[114] MEYERS M A, CHAWLA K K. Mechanical Behavior of Materials[M]. Cambridge: Cambridge University Press, 2008.

[115] MADEC R, KUBIN L P. Dislocation strengthening in FCC metals and in BCC metals at high temperatures[J]. Acta Materialia, 2017, 126: 166-173.

[116] PANDE C S, COOPER K P. Nanomechanics of Hall-Petch relationship in nanocrystalline materials[J]. Progress in Materials Science, 2009, 54(6): 689-706.

[117] SZAJEWSKI B A, CRONE J C, KNAP J. Analytic model for the Orowan dislocation-precipitate bypass mechanism[J]. Materialia, 2020, 11: 100671.

[118] QUEYREAU S, MONNET G, DEVINCRE B. Orowan strengthening and forest hardening superposition examined by dislocation dynamics simulations[J]. Acta Materialia, 2010, 58(17): 5586-5595.

[119] WANG J S, MULHOLLAND M D, OLSON G B, et al. Prediction of the yield strength of a secondary-hardening steel[J]. Acta Materialia, 2013, 61(13): 4939-4952.

[120] MA A, ROTERS F. A constitutive model for fcc single crystals based on dislocation densities and its application to uniaxial compression of aluminium single crystals[J]. Acta Materialia, 2004, 52(12): 3603-3612.

[121] VAITHYANATHAN V, WOLVERTON C, CHEN L Q. Multiscale modeling of precipitate microstructure evolution[J]. Physical Review Letters, 2002, 88(12): 125503.

[122] WANG K, ZHANG L, LIU F. Multi-scale modeling of the complex microstructural evolution in structural phase transformations[J]. Acta Materialia, 2019, 162: 78-89.

[123] DU J, ZHANG A, ZHANG Y, et al. Atomistic determination on stability, cluster and microstructures in terms of crystallographic and thermo-kinetic integration of Al-Mg-Si alloys[J]. Materials Today Communications, 2020, 24: 101220.

[124] WANG T L, DU J L, LIU F. Modeling competitive precipitations among iron carbides during low-temperature tempering of martensitic carbon steel[J]. Materialia, 2020, 12: 100800.

[125] WANG T L, DU J L, WEI S J, et al. Ab-initio investigation for the microscopic thermodynamics and kinetics of martensitic transformation[J]. Progress in Natural Science: Materials International, 2021, 31(1): 121-128.

[126] JIANG S H, WANG H, WU Y, et al. Ultrastrong steel via minimal lattice misfit and high-density nanoprecipitation[J]. Nature, 2017, 544(7651): 460-464.

[127] PENG H R, LIU B S, LIU F. A strategy for designing stable nanocrystalline alloys by thermo-kinetic synergy[J]. Journal of Materials Science & Technology, 2020, 43: 21-31.

[128] HE Y Q, SONG S J, DU J L, et al. Thermo-kinetic connectivity by integrating thermo-kinetic correlation and generalized stability[J]. Journal of Materials Science & Technology, 2022, 127: 225-235.

[129] LIU Y, SOMMER F, MITTEMEIJER E J. Nature and Kinetics of the Massive Austenite-Ferrite Phase Transformations in Steels[M]. Cambridge: Woodhead Publishing, 2012.

[130] LIU F, SOMMER F, BOS C, et al. Analysis of solid-state phase transformation kinetics: models and recipes[J]. International Materials Reviews, 2007, 52(4): 193-212.

[131] JIANG Y H, LIU F, SONG S J. An extended analytical model for solid-state phase transformation upon continuous heating and cooling processes: Application in γ/α transformation[J]. Acta Materialia, 2012, 60(9): 3815-3829.

[132] LIU Y C, SOMMER F, MITTEMEIJER E J. The austenite-ferrite transformation of ultralow-carbon Fe-C alloy; Transition from diffusion-to interface-controlled growth[J]. Acta Materialia, 2006, 54(12): 3383-3393.

[133] WU P, ZHANG Y B, HU J Q, et al. Generalized stability criterion for controlling solidification segregation upon twin-roll casting[J]. Journal of Materials Science & Technology, 2023, 134: 163-177.

[134] GUO Y B, SUI G F, LIU Y C, et al. Phase transformation mechanism of low-carbon high strength low alloy steel upon continuous cooling[J]. Materials Research Innovations, 2015, 19(S8): 416-422.

[135] FANG T H, LI W L, TAO N R, et al. Revealing extraordinary intrinsic tensile plasticity in gradient nano-grained copper[J]. Science, 2011, 331(6024): 1587-1590.
[136] TORRE F D, SPATIG P, SCHAUBLIN R, et al. Deformation behaviour and microstructure of nanocrystalline electrodeposited and high pressure torsioned nickel[J]. Acta Materialia, 2005, 53(8): 2337-2349.
[137] YAN F K, LIU G Z, TAO N R, et al. Strength and ductility of 316L austenitic stainless steel strengthened by nano-scale twin bundles[J]. Acta Materialia, 2012, 60(3): 1059-1071.
[138] HAZRA S S, PERELOMA E V, GAZDER A A. Microstructure and mechanical properties after annealing of equal-channel angular pressed interstitial-free steel[J]. Acta Materialia, 2011, 59(10): 4015-4029.
[139] SONG H, YOO J, KIM S H, et al. Novel ultra-high-strength Cu-containing medium-Mn duplex lightweight steels[J]. Acta Materialia, 2017, 135: 215-225.
[140] SUH D W, KIM S J. Medium Mn transformation-induced plasticity steels: Recent progress and challenges[J]. Scripta Materialia, 2017, 126: 63-67.
[141] ALEXOPOULOS N D, VELONAKI Z, I STERGIOU C, et al. Effect of ageing on precipitation kinetics, tensile and work hardening behavior of Al-Cu-Mg (2024) alloy[J]. Materials Science and Engineering: A, 2017, 700: 457-467.
[142] KIM W J, CHUNG C S, MA D S, et al. Optimization of strength and ductility of 2024 Al by equal channel angular pressing (ECAP) and post-ECAP aging[J]. Scripta Materialia, 2003, 49(4): 333-338.
[143] MOHAMED I F, MASUDA T, LEE S, et al. Strengthening of A2024 alloy by high-pressure torsion and subsequent aging[J]. Materials Science and Engineering: A, 2017, 704: 112-118.
[144] ZHAO Y L, YANG Z Q, ZHANG Z, et al. Double-peak age strengthening of cold-worked 2024 aluminum alloy[J]. Acta Materialia, 2013, 61(5): 1624-1638.
[145] MA Y, SUN B H, SCHOKEL A, et al. Phase boundary segregation-induced strengthening and discontinuous yielding in ultrafine-grained duplex medium-Mn steels[J]. Acta Materialia, 2020, 200: 389-403.
[146] GHANEI S, ALAM A S, KASHEFI M, et al. Nondestructive characterization of microstructure and mechanical properties of intercritically annealed dual-phase steel by magnetic Barkhausen noise technique[J]. Materials Science and Engineering: A, 2014, 607: 253-260.
[147] GAO B, HU R, PAN Z Y, et al. Strengthening and ductilization of laminate dual-phase steels with high martensite content[J]. Journal of Materials Science & Technology, 2021, 65: 29-37.
[148] SODJIT S, UTHAISANGSUK V. Microstructure based prediction of strain hardening behavior of dual phase steels[J]. Materials & Design, 2012, 41: 370-379.
[149] PAUL A, LAURILA T, VUORINEN V, et al. Thermodynamics, Diffusion and the Kirkendall Effect in Solids[M]. Zurich: Springer International Publishing, 2014.
[150] MAZAHERI Y, KERMANPUR A, NAJAFIZADEH A. A novel route for development of ultrahigh strength dual phase steels[J]. Materials Science and Engineering: A, 2014, 619: 1-11.
[151] MAZAHERI Y, KERMANPUR A, NAJAFIZADEH A, et al. Effects of initial microstructure and thermomechanical processing parameters on microstructures and mechanical properties of ultrafine grained dual phase steels[J]. Materials Science and Engineering: A, 2014, 612: 54-62.
[152] BAG A, RAY K K, DWARAKADASA E S. Influence of martensite content and morphology on tensile and impact properties of high-martensite dual-phase steels[J]. Metallurgical and Materials Transactions A, 1999, 30(5): 1193-1202.
[153] ZHANG J C, DI H S, DENG Y G, et al. Effect of martensite morphology and volume fraction on strain hardening and fracture behavior of martensite-ferrite dual phase steel[J]. Materials Science and Engineering: A, 2015, 627: 230-240.
[154] DULUCHEANU C, SEVERIN T, POTORAC A, et al. Influence of intercritical quenching on the structure and mechanical properties of a dual-phase steel with low manganese content[J]. Materials Today: Proceedings, 2019, 19: 941-948.

[155] CALCAGNOTTO M, PONGE D, DEMIR E, et al. Orientation gradients and geometrically necessary dislocations in ultrafine grained dual-phase steels studied by 2D and 3D EBSD[J]. Materials Science and Engineering: A, 2010, 527(10-11): 2738-2746.

[156] RAY S, VNS M, ML K. Non-isothermal austenitisation kinetics and theoretical determination of intercritical annealing time for dual-phase steels[J]. ISIJ International, 1994, 34(2): 191-197.

[157] MAZAHERI Y, KERMANPUR A, NAJAFIZADEH A, et al. Kinetics of ferrite recrystallization and austenite formation during intercritical annealing of the cold-rolled ferrite/martensite duplex structures[J]. Metallurgical and Materials Transactions A, 2016, 47(3): 1040-1051.

[158] LU K, LU L, SURESH S. Strengthening materials by engineering coherent internal boundaries at the nanoscale[J]. Science, 2009, 324(5925): 349-352.

[159] PO G, CUI Y N, RIVERA D, et al. A phenomenological dislocation mobility law for bcc metals[J]. Acta Materialia, 2016, 119: 123-135.

[160] HUMPHREYS F J, PRANGNELL P B, PRIESTNER R. Fine-grained alloys by thermomechanical processing[J]. Current Opinion in Solid State Materials Science, 2001, 5(1): 15-21.

[161] LIU S, QIAN L H, MENG J Y, et al. Simultaneously increasing both strength and ductility of Fe-Mn-C twinning-induced plasticity steel via Cr/Mo alloying[J]. Scripta Materialia, 2017, 127: 10-14.

[162] ZOU Y M, DING H, ZHANG Y, et al. Microstructural evolution and strain hardening behavior of a novel two-stage warm rolled ultru-high strength medium M_n steel with heterogeneous structures[J]. International Journal of plasticity, 2002, 151: 103212.

[163] ARDELL A J. Precipitation hardening[J]. Metallurgical Transactions A, 1985, 16(12): 2131-2165.

[164] GLADMAN T. Precipitation hardening in metals[J]. Materials Science and Technology, 1999, 15(1): 30-36.

[165] JIANG S H, XU X Q, LI W, et al. Strain hardening mediated by coherent nanoprecipitates in ultrahigh-strength steels[J]. Acta Materialia, 2021, 213: 116984.

[166] HE J Y, WANG H, HUANG H L, et al. A precipitation-hardened high-entropy alloy with outstanding tensile properties[J]. Acta Materialia, 2016, 102: 187-196.

[167] GRASSEL O, KRUGER L, FROMMEYER G, et al. High strength Fe-Mn-(Al, Si) TRIP/TWIP steels development-properties-application[J]. International Journal of plasticity, 2000, 16(10-11): 1391-1409.

[168] BOUAZIZ O, ALLAIN S, SCOTT C P, et al. High manganese austenitic twinning induced plasticity steels: A review of the microstructure properties relationships[J]. Current Opinion in Solid State and Materials Science, 2011, 15(4): 141-168.

[169] DASTUR Y N, LESLIE W C. Mechanism of work hardening in Hadfield manganese steel[J]. Metallurgical Transactions A, 1981, 12(5): 749-759.

[170] BOUAZIZ O, ZUROB H, CHEHAB B, et al. Effect of chemical composition on work hardening of Fe-Mn-C TWIP steels[J]. Materials Science and Technology, 2011, 27(3): 707-709.

[171] GUO P C, QIAN L H, MENG J Y, et al. Low-cycle fatigue behavior of a high manganese austenitic twin-induced plasticity steel[J]. Materials Science and Engineering: A, 2013, 584: 133-142.

[172] FRANCIOSI P, TRANCHANT F, VERGNOL J. On the twinning initiation criterion in Cu-Al alpha single crystals—II. Correlation between the microstructure characteristics and the twinning initiation[J]. Acta Metall Mater, 1993, 41(5): 1543-1550.

[173] HUANG S Y, GAO Y F, AN K, et al. Deformation mechanisms in a precipitation-strengthened ferritic superalloy revealed by in situ neutron diffraction studies at elevated temperatures[J]. Acta Materialia, 2015, 83: 137-148.

[174] ZHANG K, ZHANG M H, GUO Z H, et al. A new effect of retained austenite on ductility enhancement in high-strength quenching-partitioning-tempering martensitic steel[J]. Materials Science and Engineering: A, 2011, 528(29-30): 8486-8491.

[175] WANG Y, ZHANG K, GUO Z H, et al. A new effect of retained austenite on ductility enhancement in high strength bainitic steel[J]. Material Science and Engineering A, 2012, 552: 288-294.

[176] WANG Y, ZHANG K, GUO Z H, et al. A new effect of retained austenite on ductility enhancement of low carbon *Q-P-T* steel[J]. Acta Metallurgica Sinica, 2012, 48(6): 641-648.

[177] CHENG Z, ZHOU H F, LU Q H, et al. Extra strengthening and work hardening in gradient nanotwinned metals[J]. Science, 2018, 362:6414.

[178] WEI Y J, LI Y Q, ZHU L C, et al. Evading the strength-ductility trade-off dilemma in steel through gradient hierarchical nanotwins[J]. Nature Communications, 2014, 5(1):1-8.

[179] GLEITER H. Nanostructured materials: Basic concepts and microstructure[J]. Acta Materialia 2000, 48(1):1-29.

[180] WU Y, MA D, LI Q K, et al. Transformation-induced plasticity in bulk metallic glass composites evidenced by in-situ neutron diffraction[J]. Acta Materialia, 2017, 124: 478-488.

[181] HE B B, HU B, YEN H W, et al. High dislocation density-induced large ductility in deformed and partitioned steels[J]. Science, 2017, 357(6355): 1029-1032.

[182] CHEN H, VAN DER ZWAAG S. Modeling of soft impingement effect during solid-state partitioning phase transformations in binary alloys[J]. Journal of Materials Science, 2011, 46(5): 1328-1336.

[183] HONG M, WANG K, CHEN Y Z, et al. A thermo-kinetic model for martensitic transformation kinetics in low-alloy steels[J]. Journal of Alloys and Compounds, 2015, 647: 763-767.

[184] LIU Y C, SOMMER F, MITTEMEIJER E J. Kinetics of austenitization under uniaxial compressive stress in Fe-2.96at.%Ni alloy[J]. Acta Materialia, 2010, 58(3): 753-763.

[185] LIU F, SOMMER F, MITTEMEIJER E J. An analytical model for isothermal and isochronal transformation kinetics[J]. Journal of Materials Science, 2004, 39(5): 1621-1634.

[186] LEJCEK P, HOFMANN S. Prediction of enthalpy and entropy of grain boundary segregation[J]. Surface and Interface Analysis, 2002, 33(3): 203-210.

[187] CHEN Y Z, HERZ A, LI Y J, et al. Nanocrystalline Fe-C alloys produced by ball milling of iron and graphite[J]. Acta Materialia, 2013, 61(9): 3172-3185.

[188] GALE W F. Smithells Metals Reference Book[M]. Amsterdam: Elsevier, 2003.

[189] CHEN Z, LIU F, WANG H F, et al. A thermokinetic description for grain growth in nanocrystalline materials[J]. Acta Materialia, 2009, 57(5): 1466-1475.

[190] GOTTSTEIN G, SHVINDLERMAN L S. Grain Boundary Migration in Metals: Thermodynamics, Kinetics, Applications[M]. Boca Raton: CRC Press, 2009.

[191] KIRCHHEIM R. Grain coarsening inhibited by solute segregation[J]. Acta Materialia, 2002, 50(2): 413-419.

[192] CHEN Y Z, WANG K, SHAN G B, et al. Grain size stabilization of mechanically alloyed nanocrystalline Fe-Zr alloys by forming highly dispersed coherent Fe-Zr-O nanoclusters[J]. Acta Materialia, 2018, 158: 340-353.

[193] MOSZNER F, POVODEN-KARADENIZ E, POGATSCHER S, et al. Reverse $\alpha' \rightarrow \gamma$ transformation mechanisms of martensitic Fe-Mn and age-hardenable Fe-Mn-Pd alloys upon fast and slow continuous heating[J]. Acta Materialia, 2014, 72: 99-109.

[194] SOUZA FILHO I R, KWIATKOWSKI DA SILVA A, SANDIM M J R, et al. Martensite to austenite reversion in a high-Mn steel: Partitioning-dependent two-stage kinetics revealed by atom probe tomography, in-situ magnetic measurements and simulation[J]. Acta Materialia, 2019, 166: 178-191.

[195] DONG H K, CHEN H, WANG W, et al. Analysis of the interaction between moving α/γ interfaces and interphase precipitated carbides during cyclic phase transformations in a Nb-containing Fe-C-Mn alloy[J]. Acta Materialia, 2018, 158: 167-179.

[196] ZHU J N, LUO H W, YANG Z G, et al. Determination of the intrinsic α/γ interface mobility during massive transformations in interstitial free Fe-X alloys[J]. Acta Materialia, 2017, 133: 258-268.

[197] PARK K T, SHIN D H. Annealing behavior of submicrometer grained ferrite in a low carbon steel fabricated by severe plastic deformation[J]. Materials Science and Engineering: A, 2002, 334:79-86.

[198] KO Y G, HAMAD K. Analyzing the thermal stability of an ultrafine grained interstitial free steel fabricated by differential speed rolling[J]. Materials Science and Engineering: A, 2018, 726: 32-36.

[199] SIDOR Y, KOVAC F. Microstructural aspects of grain growth kinetics in non-oriented electrical steels[J]. Materials Characterization, 2005, 55: 1-11.

[200] HILLERT M, HOGLUND L. Mobility of α/γ phase interfaces in Fe alloys[J]. Scripta Materialia, 2006, 54(7): 1259-1263.

[201] HONDROS E D, ALLEN N P. The influence of phosphorus in dilute solid solution on the absolute surface and grain boundary energies of iron[J]. Proceedings of the Royal Society of London. Series A. Mathematical and Physical Sciences, 1965, 286(1407): 479-498.

[202] SURYANARAYANA C. Mechanical alloying and milling[J]. Progress in Materials Science, 2001, 46(1-2): 1-184.

[203] DARLING K A, KAPOOR M, KOTAN H, et al. Structure and mechanical properties of Fe-Ni-Zr oxide-dispersion-strengthened (ODS) alloys[J]. Journal of Nuclear Materials, 2015, 467: 205-213.

[204] DU C C, JIN S B, FANG Y, et al. Ultrastrong nanocrystalline steel with exceptional thermal stability and radiation tolerance[J]. Nature communications, 2018, 9(1): 1-9.

[205] BARTON D J, KALE C, HORNBUCKLE B C, et al. Microstructure and dynamic strain aging behavior in oxide dispersion strengthened 91Fe-8Ni-1Zr (at%) alloy[J]. Materials Science and Engineering: A, 2018, 725: 503-509.

[206] FABREGUE D, PIALLAT J, MAIRE E, et al. Spark plasma sintering of pure iron nanopowders by simple route[J]. Powder Metallurgy, 2012, 55(1): 76-79.

[207] SRINIVASARAO B, OH-ISHI K, OHKUBO T, et al. Bimodally grained high-strength Fe fabricated by mechanical alloying and spark plasma sintering[J]. Acta Materialia, 2009, 57(11): 3277-3286.

[208] ZHANG H W, GOPALAN R, MUKAI T, et al. Fabrication of bulk nanocrystalline Fe-C alloy by spark plasma sintering of mechanically milled powder[J]. Scripta Materialia, 2005, 53(7): 863-868.

[209] WEI Q, KECSKES L, JIAO T, et al. Adiabatic shear banding in ultrafine-grained Fe processed by severe plastic deformation[J]. Acta Materialia, 2004, 52(7): 1859-1869.

[210] JIA D, RAMESH K T, MA E. Effects of nanocrystalline and ultrafine grain sizes on constitutive behavior and shear bands in iron[J]. Acta Materialia, 2003, 51(12): 3495-3509.

[211] MUNITZ A, FIELDS R J. Mechanical properties of hot isostatically pressed nanograin iron and iron alloy powders[J]. Powder Metallurgy, 2001, 42(2): 139-147.

[212] RAWERS J, KRABBE R, DUTTLINGER N. Nanostructure characterization of mechanical alloyed and consolidated iron alloys[J]. Materials Science and Engineering: A, 1997, 230(1-2): 139-145.

[213] SEO E J, CHO L, ESTRIN Y, et al. Microstructure-mechanical properties relationships for quenching and partitioning (Q&P) processed steel[J]. Acta Materialia, 2016, 113: 124-139.

[214] ELIASSON J, SANDSTRÖM R. Proof strength values for austenitic stainless steels at elevated temperatures[J]. Steel Research, 2000, 71(6-7): 249-254.

[215] KAMIKAWA N, SATO K, MIYAMOTO G, et al. Stress-strain behavior of ferrite and bainite with nano-precipitation in low carbon steels[J]. Acta Materialia, 2015, 83: 383-396.

[216] ZHANG J W, BEYERLEIN I J, HAN W Z. Hierarchical 3D nanolayered duplex-phase Zr with high strength, strain hardening, and ductility[J]. Physical Review Letters, 2019, 122(25): 255501.

[217] KAYE G W C, LABY T H. Tables of Physical and Chemical Constants and Some Mathematical Functions[M]. New York: Longman, 1973.

[218] DE COOMAN B C, ESTRIN Y, KIM S K. Twinning-induced plasticity (TWIP) steels[J]. Acta Materialia, 2018, 142: 283-362.

[219] CHING Y, MAMMELW L. Computer solutions of Taylor analysis for axisymmetric flow[J]. Transactions of the Metallurgical Society of AIME, 1967, 239(9): 1400-1405.

[220] TSUCHIYAMA T, UCHIDA H, KATAOKA K, et al. Fabrication of fine-grained high nitrogen austenitic steels through mechanical alloying treatment[J]. ISIJ International, 2002, 42(12): 1438-1443.

[221] CHEN W, YOU Z S, TAO N R, et al. Mechanically-induced grain coarsening in gradient nano-grained copper[J]. Acta Materialia, 2017, 125(15): 255-264.

[222] GIANOLA D S, VAN PETEGEM S, LEGROS M, et al. Stress-assisted discontinuous grain growth and its effect on the deformation behavior of nanocrystalline aluminum thin films[J]. Acta Materialia, 2006, 54(8): 2253-2263.

[223] FAN G J, FU L F, CHOO H, et al. Uniaxial tensile plastic deformation and grain growth of bulk nanocrystalline alloys[J]. Acta Materialia, 2006, 54(18): 4781-4792.

[224] ZHOU X, LI X Y, LU K. Size dependence of grain boundary migration in metals under mechanical loading[J]. Physical Review Letters, 2019, 122(12): 126101.

[225] WANG M M, TASAN C C, PONGE D, et al. Spectral TRIP enables ductile 1.1 GPa martensite[J]. Acta Materialia, 2016, 111: 262-272.

[226] WANG M M, TASAN C C, PONGE D, et al. Nanolaminate transformation-induced plasticity-twinning-induced plasticity steel with dynamic strain partitioning and enhanced damage resistance[J]. Acta Materialia, 2015, 85: 216-228.

[227] JACQUES P J, DELANNAY F, LADRIERE J. On the influence of interactions between phases on the mechanical stability of retained austenite in transformation-induced plasticity multiphase steels[J]. Metallurgical and Materials Transactions A, 2001, 32(11): 2759-2768.

[228] HUANG C X, WANG Y F, MA X L, et al. Interface affected zone for optimal strength and ductility in heterogeneous laminate[J]. Materials Today, 2018, 21(7): 713-719.

[229] CURTZE S, KUOKKALA V T. Dependence of tensile deformation behavior of TWIP steels on stacking fault energy, temperature and strain rate[J]. Acta Materialia, 2010, 58(15): 5129-5141.

[230] LEE Y K, CHOI C. Driving force for $\gamma \rightarrow \varepsilon$ martensitic transformation and stacking fault energy of γ in Fe-Mn binary system[J]. Metallurgical and Materials Transactions A, 2000, 31(2): 355-360.

[231] DE COOMAN B C, KWON O, CHIN K G. State-of-the-knowledge on TWIP steel[J]. Materials Science and Technology, 2012, 28(5): 513-527.

[232] MAHAJAN S, CHIN G Y. Formation of deformation twins in fcc crystals[J]. Acta Metallurgica, 1973, 21(10): 1353-1363.

[233] STEINMETZ D R, JAPEL T, WIETBROCK B, et al. Revealing the strain-hardening behavior of twinning-induced plasticity steels: Theory, simulations, experiments[J]. Acta Materialia, 2013, 61(2): 494-510.

第 6 章 未来展望

迄今为止，相变热–动力学总结出本领域的精华成果，即热–动力学的多样性、相关性和贯通性。热–动力学多样性立足于热力学第一定律，重在突出热力学状态和动力学过程的变化；热–动力学相关性立足于热力学第二定律，重在突出热–动力学多样性框架下热力学驱动力和动力学能垒的本征关联；热–动力学贯通性则是将热–动力学相关性同广义稳定性定量结合，有望为高性能金属结构材料设计提供统一的定量准则。相变热–动力学主要体现于热力学和动力学均与转变路径相关，也就是说，不同的形核和生长方式、不同的耗散机制会伴随转变进行而发生变化，这源于相变体系所蕴含的不同层次的物理耦合：热力学与动力学、形核与长大、微观与介观、扩散与切变。

以实现上述定量准则为目标，需要解决如下科学问题。

1) 形核与生长的统一处理

一级相变的理论描述大都源于对经典形核与生长理论的修正和发展。由于形核和生长基于不同的理论框架，描述同一相变时其理论修正也有所不同，因此上述思路难以获得自洽的相变理论，同时在描述一些难以区分形核和生长阶段的相变时存在困难。在微观尺度，形核与生长过程均通过基本单元 (原子、团簇等) 的吸附/脱附过程进行，两者并无本质区别，人为假定并任意区分形核与生长，很可能会带来系统误差。通过形核与生长的统一处理，建立自洽的相变理论，且该理论可以在适当尺度内回归至经典的形核或生长理论。这不仅具有重大的理论价值，也必将促进相变理论在材料加工过程中的应用。

2) 扩散与切变的统一处理

由于扩散型相变和切变型相变及其产物区别显著，前人通常用两类相对独立的理论分别处理。随体系温度和变形条件连续变化，相变机制可在单纯扩散型、扩散/切变混合型和单纯切变型三者间连续变化。只有将扩散型相变和切变型相变统一处理，才能在建模中合理描述相变机制与热–动力学条件的相互关联。扩散型相变中，体系自由能耗散通过晶型转变、组元扩散及储存应变能三种方式进行；切变型相变发生在较低温度下，组元扩散导致的耗散由于扩散系数足够小而被忽略，体系自由能耗散通过晶型转变及储存应变能两种方式进行。因此，两类相变的自由能耗散机制均可归纳为晶型转变、组元扩散及储存应变能三种类型，利用最大熵产生原理建立自由能耗散对应的微观速率方程，即可实现扩散与切变的统一处理。

3) 微观和介观的统一处理

经典的相变热–动力学理论不能实现从微观到介观的过渡，而相变属于从微观到介观乃至宏观的演化过程；经典理论未能触及体系整体状态和全流程演化。所谓相变，就是体系所有热力学构成因素发生所有动力学路径对应概率的有效组合。处理该问题涉及三个步骤：微观体系热–动力学、介观体系热–动力学及非平衡相变体系演化。也就是说，基于热力学和动力学，建立一个从微观合理过渡到介观，不必区分相变阶段 (形核和生长)，同时考虑各种可能发生的相变机制 (如扩散和切变)，建立可实现组织结构与形貌预测的相变统一模型。

4) 基于热–动力学协同的微观速率方程

反应速率理论认为，微观速率方程将微观过程的速率与热力学驱动力、动力学能垒联系起来，旨在描述相变过程中热力学驱动力与动力学能垒间的函数关系。不可逆热力学是处理非平衡相变的理论基础；最大熵产生原理是获取非平衡体系演化中动力学耗散通量与热力学驱动力间函数关系的有效手段；分子动力学模拟和第一原理计算则侧重于原子尺度动力学机制分析、转变激活能及相关动力学系数计算。基于不可逆热力学理论，考虑动力学通量对热力学状态的影响而处理局域非平衡问题；分析自由能耗散机制，利用最大熵产生原理得到动力学耗散通量与热力学驱动力的函数关系；结合分子动力学模拟和第一原理计算阐明微观相变机制，计算反应能垒及相关动力学系数；最终，可以获得局域非平衡条件下体现相变热–动力学函数关系的微观速率方程。这就是热–动力学相关性，即热力学驱动力和动力学能垒之间实现函数关联的数学物理方程。

面向上述科学问题，本领域的重要研究方向包括如下两个方面：

1) 非平衡、多尺度、多组元体系中晶体学与相变热–动力学的结合

当前相变调控的三大特点在于：极端非平衡效应旨在应对极其难以发生的相变，即需要极大的热力学驱动力，多组元体系互作用旨在通过高熵效应来提升相变动力学机制的能垒，而多尺度效应在于热–动力学同晶体学集成的微观组织演化。事实上，前两个效应在于提倡大驱动力–大广义稳定性的相变设计原则，而晶体学的界面设计保证了微观体积单元的确定。也就是说，界面晶体学—微观热–动力学—介观热–动力学—组织演化链式的形成。

2) 基于广义稳定性的材料设计

利用广义稳定性设计材料，借助相变和位错演化过程通过广义稳定性的贯通，实现成分工艺和目标强塑性基于微观组织的关联。是面向新的强韧化机制设计大驱动力–大广义稳定性的相变，还是开发大驱动力–大广义稳定性的相变来预测新的强韧化机制？是为了明确的强韧化新机制而设计成分和工艺，还是通过设计相变来探明未知的强韧化机制？这些都体现了相变热–动力学、微观组织形成、位错

热–动力学和强塑性可以通过广义稳定性来得到关联与诠释。相变热–动力学协同通过热力学驱动力和动力学能垒决定微观组织，并展现出广义稳定性在相变间的遗传性；考虑到相变和变形是两种不同级别的原子运动，微观组织的强韧化机制转化为位错热–动力学问题，通过位错运动的驱动力和能垒决定位错组态 (以及位错密度)，继而决定强塑性，如此，相变到变形展现出广义稳定性的贯通性。广义稳定性链接相变热–动力学和微观组织预测，驱动力–能垒–广义稳定性共同决定微观组织选择；广义稳定性链接位错热–动力学和位错组态，位错运动的驱动力–能垒–广义稳定性共同决定了强塑性选择。这给金属结构材料设计提供了统一的定量准则。在此基础上，完全有理由相信，贯通成分/工艺–组织–性能的普遍理论或规律终将实现。

彩　　图

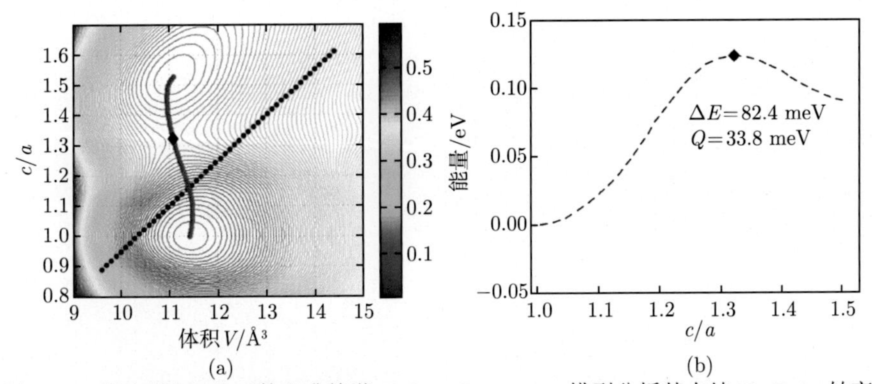

图 4-8　采用磁性配分函数和准简谐 Debye Grüneisen 模型分析基态纯 Fe Bain 转变

(a) 基态能量曲面 $E(c/a, V)$；(b) 基态最小能量路径 [9]

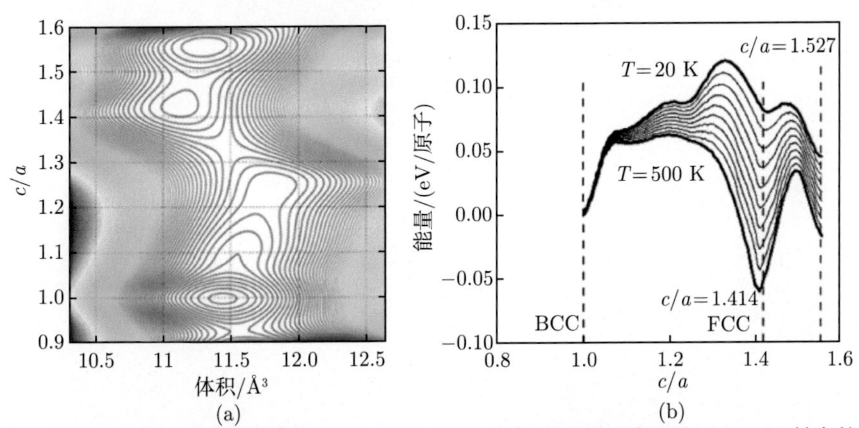

图 4-9　采用磁性配分函数和准简谐 Debye Grüneisen 模型分析温度对纯 Fe Bain 转变的影响

(a) 20K 的能量曲面等高线；(b) 最小能量路径曲线随温度的变化 [9]

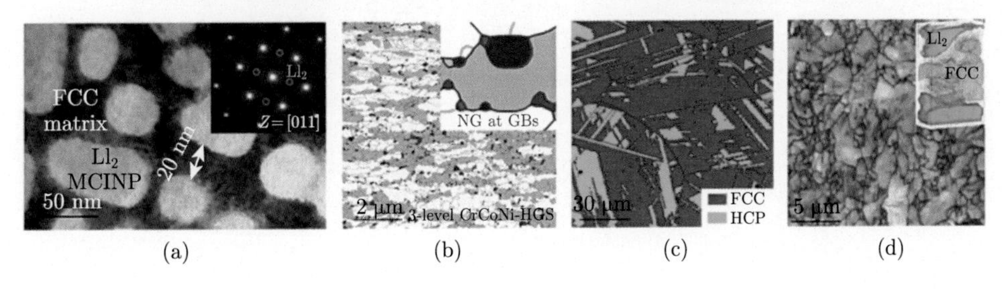

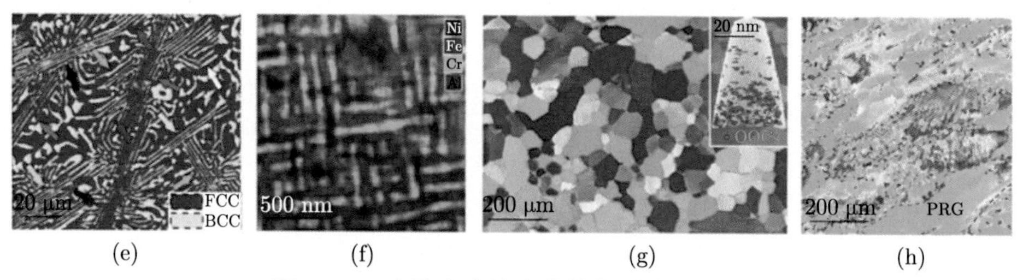

图 5-17　高熵和中熵合金的典型微观组织

(a) $(FeCoNi)_{86}$-Al_7Ti_7 (Ll_2) 高熵合金，基体为 FCC 结构，析出相为多组元；(b) CrCoNi 中熵合金，超细晶和晶界析出构成非均质结构；(c) $Fe_{50}Mn_{30}Co_{10}Cr_{10}$ 高熵合金 FCC 和 HCP 结构；(d) $Al_{0.5}Cr_{0.9}FeNi_{2.5}V_{0.2}$ 高熵合金中 FCC 基体和 $L1_2$ 析出相；(e) $AlCoCrFeNi_{2.1}$ 共晶高熵合金双相层片组织；(f) $Al_{1.3}CoCrCuFeNi$ 高熵合金中富 Al-Ni 基体和富 Cr-Fe 析出相；(g) 含有富氧复合体结构的 TiZrHfNb 高熵合金；(h) 再结晶和部分再结晶构成的非均质结构高熵合金，详见文献 [45]

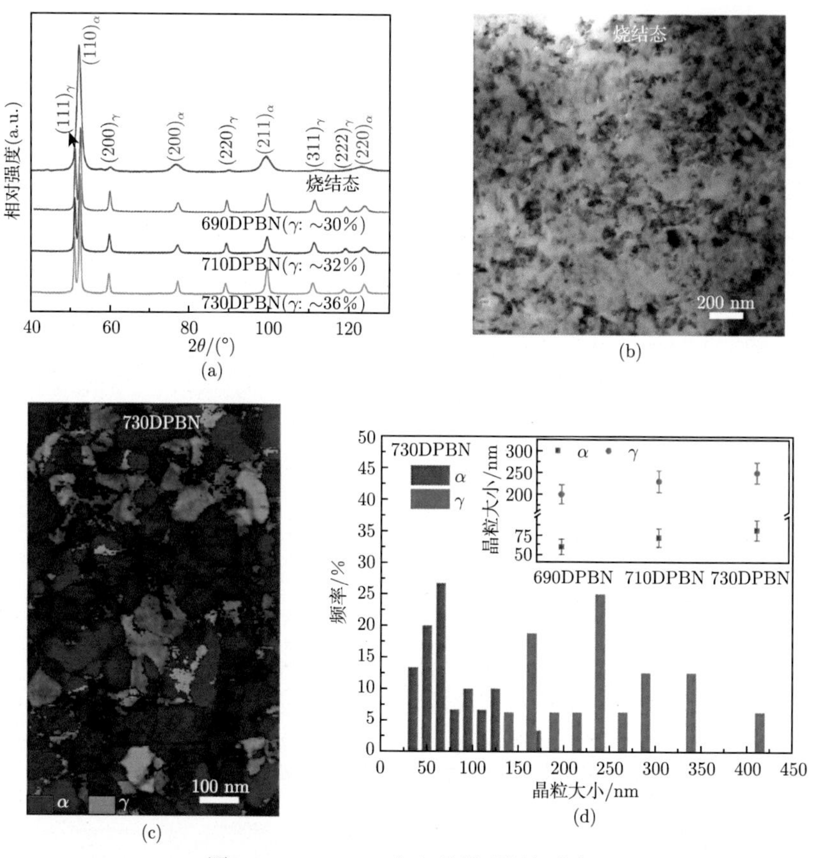

图 5-33　DPBN 合金的微观组织表征

(a) 烧结态和 DPBN 合金的 XRD 图谱；(b) 表明烧结态样品为均质纳米结构的 TEM 图；(c) 表征 730DPBN 合金的 ACOM-TEM 图；(d) 730DPBN 合金 α 相和 γ 相晶粒尺寸的统计分布，小图表明，随退火温度升高，α 相和 γ 相的平均晶粒尺寸不断增大

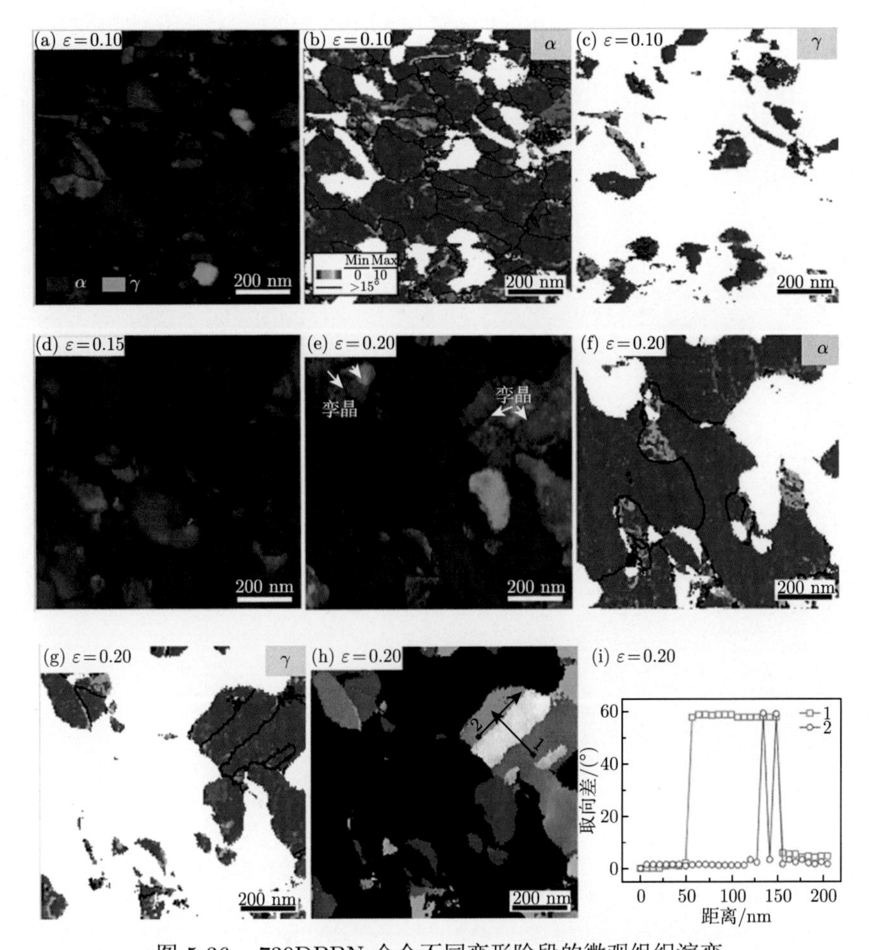

图 5-36　730DPBN 合金不同变形阶段的微观组织演变

(a) $\varepsilon = 0.10$ 时相图；(b) $\varepsilon = 0.10$ 时 α 相的 KAM 图；(c) $\varepsilon = 0.10$ 时 γ 相的 KAM 图；(d) $\varepsilon = 0.15$ 时相图；(e) $\varepsilon = 0.20$ 时相图；(f) $\varepsilon = 0.20$ 时 α 相的 KAM 图；(g) $\varepsilon = 0.20$ 时 γ 相的 KAM 图；(h) $\varepsilon = 0.20$ 时 γ 相的反极图；(i) (h) 图中沿线 1 和 2 的取向差

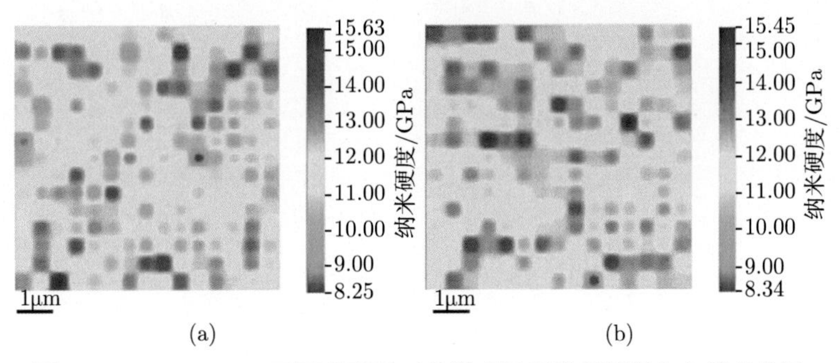

图 5-39　730DPBN 不同变形量下的微观组织纳米硬度分布等高线图

(a) $\varepsilon = 0.15$；(b) $\varepsilon = 0.20$

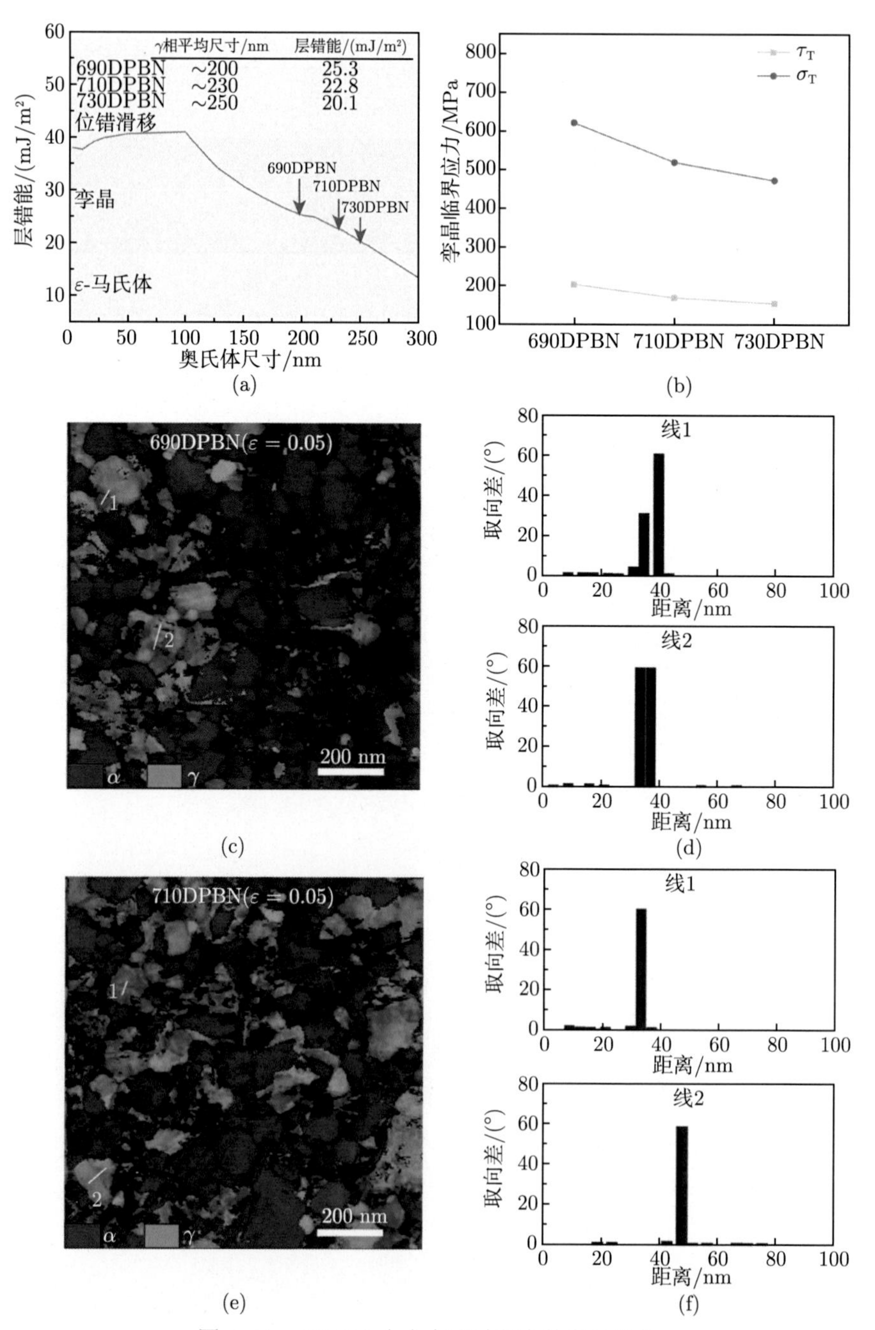

图 5-41 DPBN 合金变形过程中的孪晶演化

(a) 层错能与 γ 相晶粒尺寸的关系，插图汇总了 DPBN 合金中 γ 相晶粒尺寸和层错能；(b) DPBN 合金 γ 相中孪生临界应力；(c) 690DPBN 合金中 γ 相在 $\varepsilon = 0.05$ 时出现变形孪晶；(d) 沿 (c) 图中线 1 取向差；(e) 710DPBN 合金中 γ 相在 $\varepsilon = 0.05$ 时出现变形孪晶；(f) 沿 (e) 图中线 2 的取向差